新世纪高等院校精品教材

U0692552

电气控制技术基础

潘再平　徐裕项　编著

浙江大学出版社

内容提要

本书是为电子信息类和电气类学生编写的包括电力电子技术、运动控制技术等强弱电学科知识的教材，为宽口径人才培养打入坚实的专业基础知识。本书是浙江大学 21 世纪初校级本科教学改革项目"信息电子学科类强电控制课程教学内容、方法和教学手段的探索与研究"的成果。

本书内容主要包括变压器、交流电机、直流电机、微特电机、低压电器、电机的继电接触控制、电力电子技术、电机的电子控制等，集电机学、电机拖动、微特电机、电力电子技术、电机控制等内容于一体，可使在不多的教学时数内，较为系统地介绍电力电子技术和运动控制技术的基础知识，使学生系统掌握学科知识，为今后相关课程的学习和从事相关专业工作打下基础。

前　　言

　　目前,电子信息类学生对电力电子技术、运动控制等强弱电结合的学科知识了解较少,而宽口径的人才培养模式则要求学生能掌握这些专业基础知识,适应未来的就业市场。但现在教学计划中本科生的总学时数有所下降,不可能设置较多的课程来满足上述要求。因此,如何开设出一门能综合电力电子技术、运动控制技术等内容的课程(电气控制技术)是一个全新的研究课题。浙江大学 21 世纪初校级本科教学改革项目"信息电子学科类强电控制课程教学内容、方法和教学手段的探索与研究"课题正是为了解决这一问题而设立的,而编写《电气控制技术基础》教材则是本课题的重要环节。

　　本教材对应的课程"电气控制技术"是专门针对偏重于弱电控制的信息电子类学生而开设的一门强弱电结合的专业基础课。本课程集电机学、电机拖动、微特电机、电力电子技术、低压电器及控制、电机控制等内容为一体,利用不多的学时,较为系统地介绍了电力电子技术和运动控制技术的基础知识,增强电子信息类学生在强电方面的知识,初步掌握各类电气驱动系统及其控制方法。课程的学习能加宽学生的知识面,提高工程系统设计能力,为今后相关课程的学习和从事专业工作打下基础。

　　《电气控制技术基础》教材的主要内容有直流电机、变压器、交流电机、微特电机、低压电器、电机的继电接触控制、电力电子技术、电机的电子控制等。该教材的初稿已在浙江大学信息学院自动化专业的"电气控制技术"课程教学中使用了 3 届,先后 3 次修改。本教材是经过修改的第 4 稿,其中第一章至第四章由徐裕项编写;潘再平编写了其余部分,并对全书进行了统稿。限于编者的水平,教材中难免还有一些缺点和错误,恳请读者批评指正,以便作进一步改进。

　　本教材的出版得到了浙江大学教材出版基金的资助,在此表示感谢。

编著者

2004 年 8 月于求是园

目　　录

第一章　直流电机

直流电动机的起动性能和调速性能比交流电动机好,因此在要求调速平滑、调速范围广等对调速要求较高的电气传动系统中仍广泛应用。随着电力电子技术的发展,晶闸管整流电源已越来越多地替代直流发电机。但直流发电机发出的直流电在稳定性、平滑性和可靠性方面较之静止整流装置的直流电要好得多,所以在供电质量要求较高的电解、电镀、电焊以及飞机、船舶和各种自动机械等仍继续采用直流发电机。

第一节　直流电动机的基本结构和励磁方式

一、直流电动机的基本结构

直流电机的结构如图 1-1 所示,由静止的定子和转动的转子两大部分组成,图 1-2 为横剖面示意图。

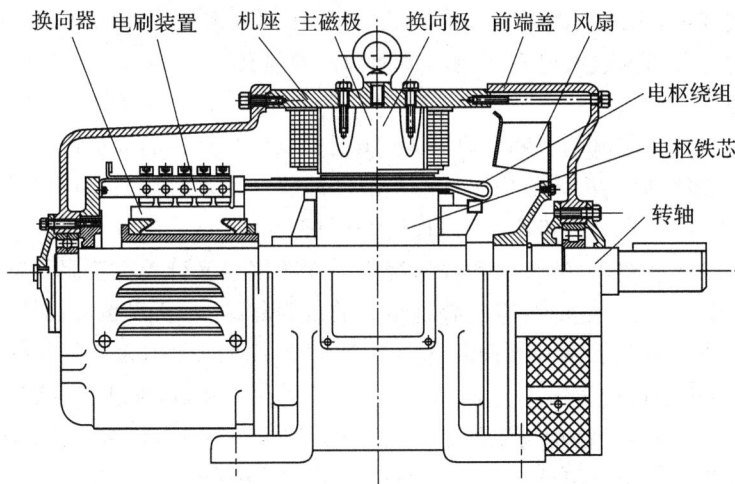

图 1-1　直流电机的结构

定子部分包括机座、主磁极、换向极、端盖、轴承和电刷装置等。转子部分包括电枢铁芯、电枢绕组、换向器、风扇和转轴等。

1. 主磁极

主磁极产生气隙磁场,并使电枢表面的气隙磁通密度按一定波形沿空间分布。

主磁极包括主磁极铁芯和励磁绕组。主磁极铁芯由 1~1.5mm 厚的低碳钢薄板冲片叠压而成。励磁绕组用圆形或矩形纯铜绝缘电磁线制成。各磁极的励磁绕组串联联接成一路。

大的直流电机在极靴上开槽,槽内嵌放补偿绕组,与电枢绕组串联,用以抵消极靴范围内的电枢反应磁动势,从而减少气隙磁场的畸变,改善换向,提高电机运行可靠性。

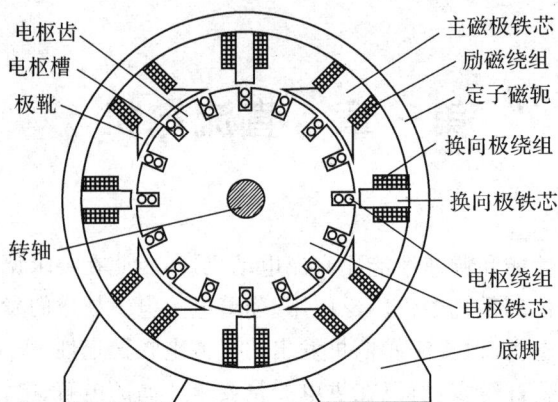

图 1-2　直流电机横剖面示意图

2. 换向极(或称附加极)

换向极用于改善直流电机的换向性能。换向极由换向极铁芯和换向极绕组组成。换向极绕组必须和电枢绕组相串联。

3. 机座

直流电机的机座不仅支撑和固定整个电机,而且还是磁极间的磁通路。所以机座应用导磁性好、机械强度较高的铸钢或厚钢板制成,绝不能用铸铁。

4. 电枢铁芯

电枢铁芯是主磁路的一部分。由于转子在定子主磁极产生的恒定磁场内旋转,所以电枢铁芯内的磁通是交变的,为减少涡流和磁滞损耗,通常用两面涂绝缘漆的 0.5mm 硅钢片叠压而成。冲片上有均匀分布的嵌放电枢绕组的槽和轴向通风孔。

5. 电枢绕组

电枢绕组是产生感应电动势和电磁转矩、实现机电能量转换的关键部件。容量很小的直流电机用圆形电磁线绕制而成,一般均用矩形绝缘导线绕制成定形线圈。每个线圈(亦称元件)两边的跨距(称节距)一般在一个极距左右,首尾按要求与换向器上的两片换向片相焊接,形成闭合绕组。电枢绕组分叠绕组、波绕组和蛙形绕组。而叠绕组又分单叠绕组和复叠绕组;波绕组又分单波绕组和复波绕组;蛙形绕组是叠绕组和波绕组相结合,所以也称混合绕组。

一般将两端出线分别和两片换向片连接的单匝或多匝线圈称为绕组元件;有时为增加绕组元件数,在同一个槽内放置 μ 个元件,并将它们绑扎在一起,这绑扎在一起的 μ 个元件称为线圈;电枢表面所开的嵌线槽称为实槽数,用 Z 表示;同一个槽内放置 μ 个元件时,$Z_i = \mu Z$ 称为虚槽数。计算极距 τ 和绕组节距时用虚槽数表示,则极距 $\tau = Z_i/(2p) = \mu Z/(2p)$,$p$ 为主磁极极对数。

因每个元件的两个出线端分别与两个不同的换向片相连,而每个换向片上焊接了两个不同元件的出线端,所以元件数 S 和换向片数 k 必然相等,即 $S = k = Z_i$。

绕组在电枢上的绕法可以用绕组节距来表征,一定的绕组节距规定了元件边在电枢上的串联情况,元件串联时在电枢上的移动情况和每个元件的出线端在换向器上的移动情况。同一个元件的上、下两元件边在电枢表面所跨开的距离(用虚槽数表示)称为第一节距,用 y_1 表示,选择时应使两元件边电势相加后获得的感应电动势尽可能最大,尽量接近极距 τ,即 $y_1 = Z_i/(2p) \pm \varepsilon =$ 整数,ε 为小于 1 的数。

(1)单叠绕组　紧接着相连的两个元件是相邻的,其端部连线叠在一起,如图 1-3 所示,故称为单叠绕组。

单叠绕组将上元件边（图1-3中实线边）在同一个极下的元件连接成一条支路，所以单叠绕组的并联支路对数 a 和主磁极极对数 p 相等，即 $a=p$。电枢电流 $I_a=2ai_a$，其中，i_a 为每条支路的电流。

（2）单波绕组 单波绕组中，两个直接串联的元件构成波浪形，如图1-4所示，故有此称呼。

单波绕组将元件上层边（或下层边）处在同一极下的元件组成一条支路，所以单波绕组的并联支路对数只能为 $a=1$。

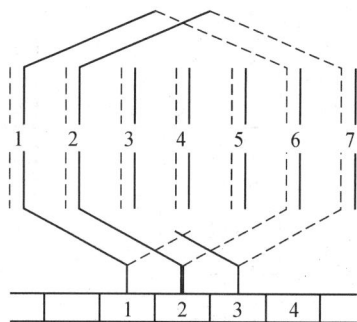

图 1-3 单叠绕组

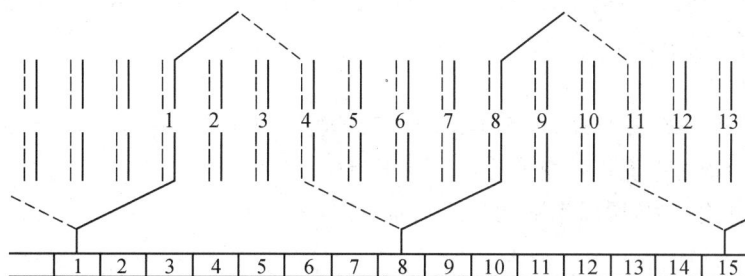

图 1-4 单波绕组

6. 换向器

换向器是直流电机换向的组成部分。它是直流电机特有的关键部件，也是最薄弱的一环，它的质量好坏直接影响直流电机的运行可靠性。由换向器套筒、换向片（铜）、云母片（0.4～1.2 mm 厚）和压紧圈等组成紧密整体。小型换向器用热固性环氧树脂热压成整体。换向片数目与元件数目相等。元件首尾端嵌放在换向片端部槽内或升高片上，并焊接在一起。

7. 电刷装置

电刷装置由电刷、刷握、刷杆和刷杆座等组成。电刷和换向片将转动的电枢绕组和静止的外电路联通。电刷装置与换向器配合，起整流或逆变作用。

8. 气隙

定、转子之间的气隙是主磁路的一部分，其大小直接影响运行性能。由于气隙磁场由直流励磁产生，可比异步电动机大得多，小型直流电机为 1～3mm，大型直流电机可达 12mm。

二、直流电动机的励磁方式

励磁方式是指励磁绕组中励磁电流获得的方式，分他励、并励、串励和复励。复励又分积复励和差复励。

1. 他励

励磁绕组与电枢绕组在电路上互不相连，由两个独立的直流电源 U_f 和 U 分别向励磁绕组和电枢绕组供电，如图1-5(a)所示。由永磁体做成主磁极的亦可看作他励的一种。

由于励磁电流 I_f 的大小与电枢端电压 U 和电枢电流 I_a 无关，所以为便于控制，I_f 相对于 I_a 来说，要小得多，所以励磁绕组的匝数较多，截面积较小。

2. 并励

励磁绕组与电枢绕组并联，由同一直流电源 U 供电，如图1-5(b)所示。因励磁回路自成一

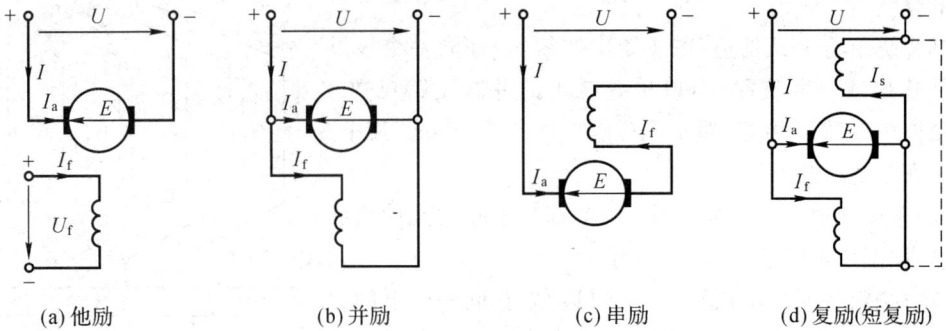

|(a) 他励|(b) 并励|(c) 串励|(d) 复励(短复励)|

图 1-5　直流电动机的励磁方式

路,所以一般也与他励一样,选较小的励磁电流、较多的励磁绕组匝数。对并励直流电动机来说,电源提供的线路电流 $I=I_a+I_f$。

3. 串励

励磁绕组与电枢绕组串联,如图 1-5(c)所示。因此,对于直流电动机,电源提供的线路电流 I、电枢电流 I_a 和励磁电流 I_f 是相等的,即 $I=I_a=I_f$。

由于电枢电流较大,所以串励绕组的截面积大,匝数少。

4. 复励

同时具有并励绕组和串励绕组称为复励,如图 1-5(d)所示。并励绕组和电枢绕组并联后再与串励绕组相串联称为短复励,如图 1-5(d)中实线所示;串励绕组和电枢绕组串联后再与并励绕组相并联,相应于图 1-5(d)中的虚线,称为长复励。

短复励时,流过串励绕组的电流 $I_s=I$;长复励时,$I_s=I_a$。但无论是短复励还是长复励,$I=I_a+I_f$。

更值得注意的是,按产生的磁动势相互叠加结果分积复励和差复励。如具有 w_f 匝的并励绕组所产生的磁动势为 $F_f=I_f w_f$,具有 w_s 匝的串励绕组所产生的磁动势为 $F_s=I_s w_s$。积复励时,F_s 与 F_f 的方向相同,总励磁磁动势 $\sum F = F_f + F_s$;差复励时,F_s 与 F_f 的方向相反,总励磁磁动势 $\sum F = F_f - F_s$。这两种复励形式的直流电机的运行特性差别很人,直流电动机根本不采用差复励;差复励发电机则作直流电焊机用。

三、直流电动机的额定值

额定值是电机生产标准对产品在指定工作条件下(即额定工作条件)所规定的一些量值。主要额定值通常标在电机的铭牌上。直流电动机的主要额定值有:

(1)额定功率 P_N　指直流电动机转轴上输出的机械功率,单位为 W 或 kW;

(2)额定电压 U_N　指额定状态下电机出线端的电压,即电源的输入电压,单位为 V;

(3)额定电流 I_N　指额定状态下电机出线端的电流,即电源输入的总电流,单位为 A;

(4)额定转速 n_N　指直流电动机转轴上输出的转速,单位为 r/min。

此外,直流电动机铭牌上还标有电机型号、绝缘等级、额定励磁电压 U_{fN}、额定励磁电流 I_{fN} 等说明电动机特点的内容。而额定效率 η_N、额定转矩 T_N 等通常不标注在铭牌上。

显然,直流电动机的 $P_N=U_N I_N \eta_N$。在实际运行时,如果电流恰好等于额定电流,就称为额定运行或满载运行;如果电流小于额定电流,就称为欠载或轻载;如果电流大于额定电流就称为过载或超载。长期过载不仅使电机过热,降低电机的使用寿命,甚至会损坏电机。长期轻载不仅不能充分利用电机的设备容量,而且电机运行的效率低。

第二节　直流电动机的基本工作原理

一、直流电动机的基本工作原理

图 1-6(a)是直流电动机的工作模型。图中 N 和 S 是定子主磁极直流励磁后所产生的恒定磁场,当电刷 A 和 B 间外施直流电压 U,若 A 刷与电源的"+"极相连,B 刷与电源的"-"极相连,则在图示瞬间,外电流 I 经电刷 A 及与之相接触的换向片进入绕组元件 abcd,如元件内的电流为 i_a,则 i_a 的方向是从 A 刷→a→b→c→d→B 刷。i_a 与磁场相互作用,产生电磁力 f,方向根据左手定则确定,如图 1-6(b)所示。作用在电枢圆周切线方向的电磁力 f 将产生电磁转矩 T_{em},方向为逆时针。当电磁转矩 T_{em} 大于负载转矩 T_2 和空载转矩 T_0 之和时,在电磁转距 T_{em} 作用下,电枢以 n 速度按逆时针方向旋转。同时,转动的电枢绕组切割恒定磁场,感应电动势 e,方向按右手定则确定,与 i_a 正好相反。

转过 180°的位置,由于电刷 A 通过换向片仍与处在 N 极下的元件边相连,所以从空间上看,i_a 的方向不变,即从 A 刷→d→c→b→a→B 刷,电磁转矩 T_{em} 仍是逆时针方向,因此 n 亦不变。但 i_a 相对于元件 abcd 来说,已改变了方向。

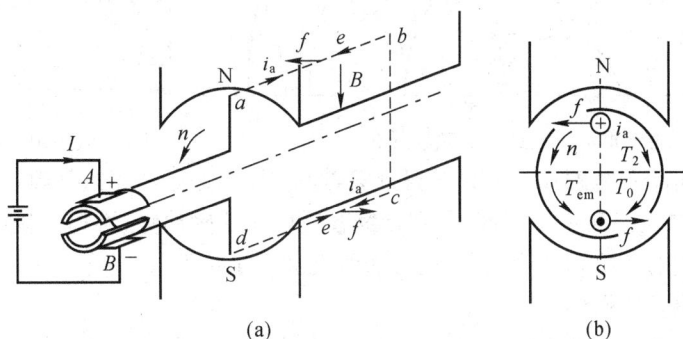

图 1-6　直流电动机的工作模型

所以直流电机在作电动机运行时,有以下几个特点:

(1)电刷间外施电压 U 和外电流 I 均为直流,通过换向片和电刷的逆变作用,在每个电枢线圈内流动的电流 i_a 变成了交流,同时产生的感应电动势 e 亦为交流;

(2)元件内的感应电动势 e 和电流 i_a 的方向相反,故称 e 为反电动势;

(3)某一固定的电刷(如 A 刷)只与处在一定极性(N 极)磁极下的导体相联接。由于处在一定极性下的导体电动势和电流的方向是不变的,所以由电枢电流所产生的磁场在空间上也是固定不变的;

(4)电磁转矩 T_{em} 起驱动作用,即 n 与 T_{em} 同方向,所以只要电动机外部持续不断地供给电能,电动机就有持续不断的电磁转矩 T_{em} 去驱动生产机械或设备。然而,只有一个元件的电动机,其所产生的电磁转矩是脉动的,所以实际电动机中在圆周表面均匀开有较多的槽,槽内嵌放着相当多的元件,使所得的电磁转矩 T_{em} 基本上不变。

二、空载气隙磁场和电枢反应

1. 空载气隙磁场

直流电动机空载运行时,电枢电流 $I_a \approx 0$,主磁极直流电流励磁后所产生的恒定磁场就是直流电动机的空载磁场。图 1-7 为四极电机空载时磁场的分布情况。

从图 1-7 可见,励磁磁动势所产生的主磁极磁通 Φ_p 分两部分:大部分磁通的路径为主磁极→气隙→电枢铁芯齿部→电枢铁芯轭部→电枢铁芯齿部→气隙→另一个主磁极→定子轭部→返回原主磁极,并与电枢绕组和两个极的励磁绕组相交链,是实现机电能量转换的媒介,故称为主磁通,用 Φ_0 表示;另一小部分磁通不经过电枢铁芯而仅通过极间气隙,或主磁极邻近的铁磁材料和空隙形成闭合回路,并仅与励磁绕组相交链,不会在电枢绕组中感应电动势和参与机电能量转换,称为漏磁通,用 Φ_σ 表示。电机实现机电能量转换依靠主磁通 Φ_0 来完成,而漏磁通仅仅影响电机的运行性能。

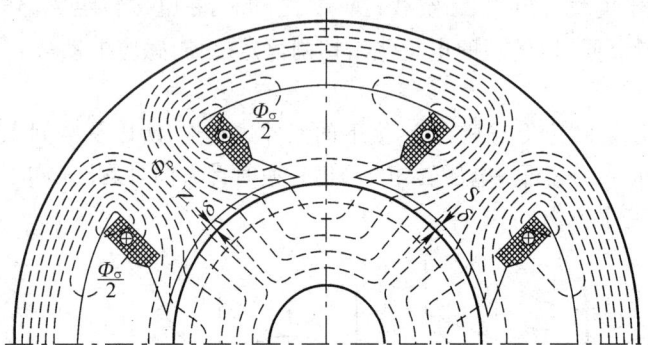

图 1-7　直流电动机空载时的磁场分布　　　　图 1-8　气隙中主磁场磁密的分布

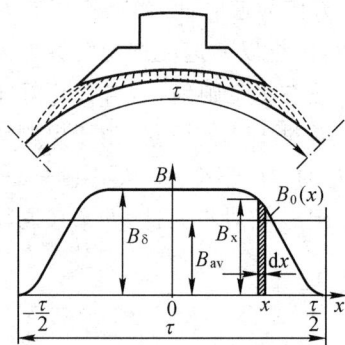

主磁通整个回路所需磁动势可以分段计算,即分成主磁极(2 段)、气隙(2 段)、电枢铁芯齿部(2 段)、电枢铁芯轭部和定子轭部,分别计算各段所需的磁动势,再相加就可以了。

主磁通所对应的气隙磁通密度 B_δ 的分布情况如图 1-8 所示。显然,在不计齿槽影响时,气隙磁场的磁密曲线呈笠帽形。

由于电机的磁路由铁芯和气隙组成,所以当 Φ_0 较小时,铁磁材料部分的磁压降很小,磁动势主要降落在气隙部分,Φ_0 与磁动势 F_0 或励磁电流 I_f 基本上成直线关系。当 Φ_0 较大以后,铁芯部分的磁压降逐渐增加,并随铁磁材料的磁通饱和程度的增加而迅速增加。故磁动势 F_0 或励磁电流 I_f 与磁通 Φ_0 的关系曲线——磁化曲线呈弯曲形状,与铁磁材料的磁化曲线的形状基本一致,如图 1-9 所示。电机空载,在额定转速下,额定电压所对应的磁通值为 $\overline{oa}$ 时所需磁动势为 $F_0' = \overline{ac}$,此时气隙中所需磁动势为 F_δ',如图 1-9 所示,则 $k_\mu = F_0'/F_\delta'$ 称为饱和系数。一般电机中,饱和系数 $k_\mu = 1.1 \sim 1.35$。

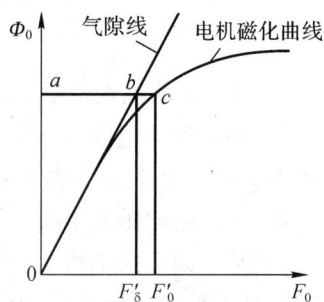

图 1-9　电机的磁化曲线

2. 直流电动机的电枢磁动势和磁场(主要分析气隙磁场)

当电枢电流 $I_a \neq 0$ 时,气隙磁场由励磁电流 I_f 产生的励磁磁动势 F_f 和由电枢电流 I_a 产生的电枢磁动势 F_a 共同建立。

电枢磁场的分布如图 1-10(a)所示。分析时假设电枢槽内总有效串联导体数为 N,并均匀分布在电枢表面上,不计齿槽影响;电刷位于换向器几何中性线。根据全电流定律,距原点$\pm x$处的闭合回路如图1-10(b)所示。在不计铁芯部分磁压降时,可以表达为:

$$\sum Hl \approx 2F_{ax} \approx \sum i = (Ni_a/\pi D_a)2x = 2Ax$$

式中,F_{ax}为距原点x处一个气隙所需的磁动势,i_a为导体中的电流(即支路电流),D_a为电枢外径,$A = \dfrac{Ni_a}{\pi D_a}$表示电枢表面线负荷。因此,$F_{ax} = (Ni_a/\pi D_a)x = Ax$。

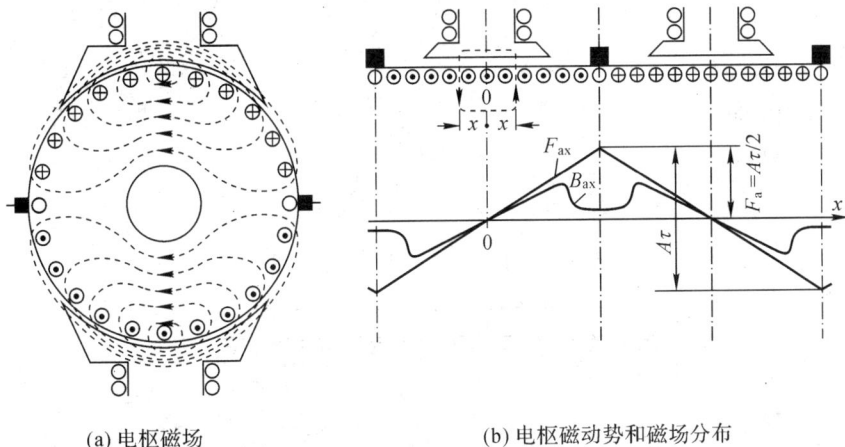

(a) 电枢磁场　　　　　　　(b) 电枢磁动势和磁场分布

图 1-10　电刷放在几何中性线上时的电枢磁动势和磁场

由此可以画出沿电枢表面电枢磁动势的分布曲线$F_{ax} = f(x)$,如图1-10(b)所示,从而得到气隙电枢磁密B_{ax}的空间分布为$B_{ax} = \mu_0 H_{ax} = \mu_0(F_{ax}/\delta') = \mu_0 Ax/\delta'$。

显然,尽管离磁极中心线愈远,磁动势愈大,但由于极间气隙增大,该处的磁密B_{ax}反而减小。气隙电枢磁密B_{ax}沿电枢表面呈马鞍形分布,如图1-10(b)所示。

3. 电枢反应

电机负载运行时,电枢电流产生的电枢磁场对主极励磁磁动势建立的气隙磁场产生影响,使气隙磁场发生畸变的作用称为电枢反应。

将电枢某一点在运行中首先进入的主磁极极尖称前极尖,离开的极尖称后极尖。

电枢反应分交轴电枢反应和直轴电枢反应。

当电刷放在换向器几何中性线上时,电枢磁场轴线与主磁极轴线正交(即成90°电角度),故这时的电枢反应称交轴电枢反应。

图1-11(a)是由I_f产生的空载气隙磁场,图1-11(b)是由电枢电流I_a产生的电枢气隙磁场,图1-11(c)为负载时的气隙合成磁场。

当电机磁路不饱和,即磁路为线性时,可以采用叠加原理。图1-12表示了交轴电枢反应采用叠加原理进行分析:先分别求出单独由I_f产生的空载气隙磁场和由电枢电流I_a产生的电枢气隙磁场,再将它们叠加,获得负载时的气隙磁场。图中呈笠帽形分布的B_{0x}为主磁极直流励磁空载磁密波,呈马鞍形分布的B_{ax}为交轴电枢磁动势产生的负载磁密波,$B_{\delta x}$为合成气隙磁密波(图中实线所示)。

从图1-12可见,电动机运行时的交轴电枢反应的作用是:

(1)使气隙磁场发生畸变。前极尖磁场加强,后极尖减弱;

(2)物理中性线(即电枢表面磁密为零之处)从空载时与几何中性线重合位置,逆转向偏移

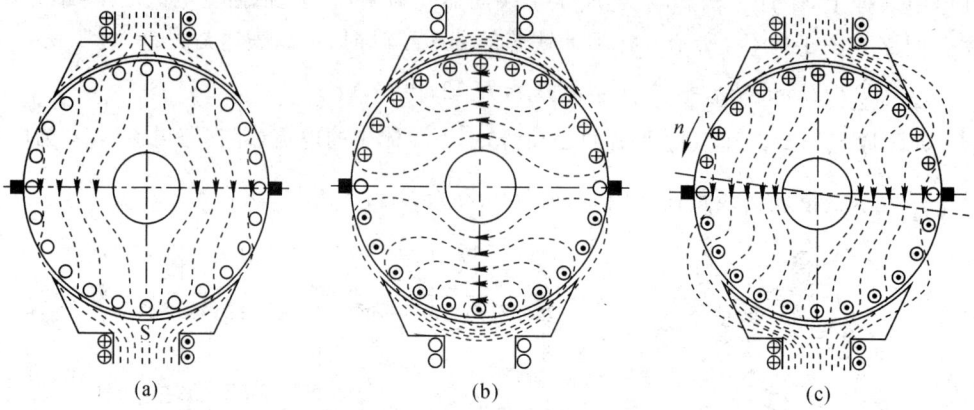

(a)　　　　　　　　(b)　　　　　　　　(c)

图 1-11　直流电动机负载运行时的气隙磁场

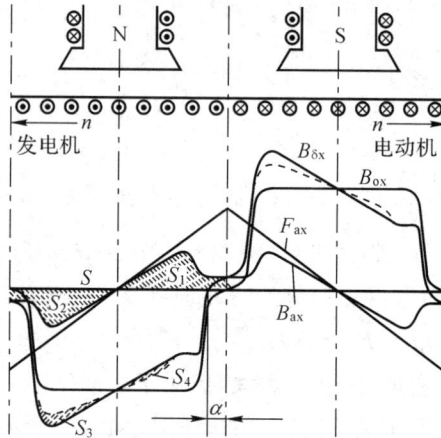

图 1-12　电刷在换向器几何中性线上时的交轴电枢反应

α 角;

（3）磁路不饱和时,主磁极产生的主磁场被电枢反应削弱的数量等于被加强的数量,每极气隙总磁通量保持不变;磁路饱和时,由于磁场被加强部分更趋于饱和,磁通密度相应减少,故每极总磁通有所减少,合成气隙磁密波 $B_{\delta x}$ 如虚线所示。

电刷不在换向器几何中性线上时,同时存在交轴电枢反应和直轴电枢反应。直轴电枢反应的作用仅对主磁极磁场起去磁作用或助磁作用。

三、直流电动机的感应电动势和电磁转矩计算

1. 直流电动机的感应电动势

电枢旋转时,电枢绕组切割气隙磁场,就会感应电动势。为便于计算,假设电枢表面光滑无齿,电枢绕组元件均匀地分布在电枢表面,绕组为整距元件,电刷位于换向器几何中性线上。不计被电刷短路的元件导体数。

电枢绕组感应电动势是指正、负电刷间的支路感应电动势。而每一条支路中的串联导体数为 $N/(2a)$。组成叠绕组每条支路的上元件边（即导体）均匀地分布在一个磁极下,下元件边均匀地分布在另一不同极性的磁极下;而组成波绕组每条支路的上元件边均匀地分布在同一极性的磁极下,下元件边均匀分布在不同极性的磁极下,每根导体的感应电动势 $e_i = B_{\delta x i} l v$ 各不

相同,每条支路电动势等于支路中各条串联导体的电动势之和,即

$$E = \sum_{i=1}^{N/(2a)} e_i = lv \sum_{i=1}^{N/(2a)} B_{\delta xi}$$

式中,e_i 是支路中第 i 根导体的感应电动势,$B_{\delta xi}$ 为第 i 根导体处的气隙磁通密度值。

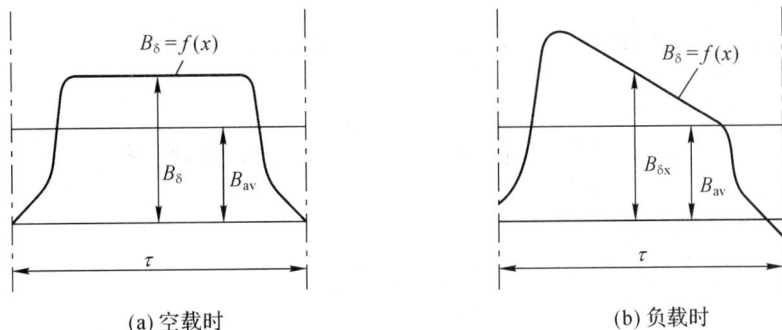

(a)空载时   (b)负载时

图 1-13 每极下气隙磁通密度的分布曲线

气隙磁场 $B_{\delta xi}$ 在不同空间位置的数值是不一样的,尤其是在负载运行时,如图 1-13(b)所示,所以实际计算感应电动势时就会非常不便。由于每条支路的导体均匀分布在磁极下,因此用平均磁密 B_{av} 替代实际磁密 $B_{\delta xi}$,每根导体感应的平均电动势 $e_{av} = B_{av}lv$。则每条支路,即电动机的感应电动势

$$E = \frac{N}{2a} e_{av} = \frac{N}{2a} B_{av} lv \tag{1-1}$$

式中,B_{av} 为一个极距内的磁通密度平均值,即 $B_{av} = \frac{1}{\tau} \int_0^{\tau} B_{\delta x} \mathrm{d}x = \frac{\Phi}{l\tau}$,电枢表面的线速度 $v = 2p\tau \frac{n}{60}$。将它们代入式(1-1)得

$$E = \frac{N}{2a} \frac{\Phi}{l\tau} l \frac{2p\tau n}{60} = \frac{pN}{60a} \Phi n = C_e \Phi n \tag{1-2}$$

式中,$C_e = \frac{pN}{60a}$,称为电动势常数。

式 1-2 中,当 Φ 的单位为 Wb,n 的单位为 r/min 时,感应电动势 E 的单位为 V。同时可以看出,电枢电动势仅与每极磁通和转速有关,而与每极下磁密分布状态无关。

当电刷不在换向器几何中性线上或绕组短距时,因磁通变化不大,所以感应电动势的变化也不大,上述结果仍基本正确。但负载时式中的 Φ 应以合成磁通数值代入。

2. 直流电动机的电磁转矩

当电枢绕组中有电流流通时,每一导体将受到电磁力作用,并产生电磁转矩。第 i 根导体所受的电磁力 $f_i = B_{\delta xi} l i_a$,电磁力 f_i 产生的电磁转矩

$$T_i = f_i(D_a/2) = B_{\delta xi} l i_a (D_a/2)$$

直流电机电磁转矩应是电枢所有串联的 N 根导体所产生的电磁转矩的总和,即

$$T_{em} = \sum_{i=1}^{N} T_i = l i_a \frac{D_a}{2} \sum_{i=1}^{N} B_{\delta xi}$$

实际计算时,与计算感应电动势一样,用 B_{av} 替代实际磁密 $B_{\delta xi}$,计算平均电磁力和所产生的电磁转矩。这样就可方便地求得直流电机电磁转矩

$$T_{em} = N B_{av} l i_a D_a/2$$

由于 $D_a = \dfrac{2p\tau}{\pi}$，$i_a = \dfrac{I_a}{2a}$，$B_{av} = \dfrac{\Phi}{\tau l}$，故

$$T_{em} = N\frac{\Phi}{\tau l}l\frac{I_a}{2a}\frac{2p\tau}{2\pi} = \frac{pN}{2\pi a}\Phi I_a = C_T\Phi I_a \tag{1-3}$$

式中，$C_T = \dfrac{pN}{2\pi a}$，称为转矩常数。

当 Φ 的单位为 Wb，I_a 的单位为 A 时，电磁转矩 T_{em} 的单位为 N·m。

第三节 直流电动机的机械特性

一、直流电动机的基本方程

1. 电动势平衡方程式

并励直流电动机各物理量的正方向按习惯规定，如图 1-14 所示。根据电路定律可以列出直流电动机的电动势平衡方程式为

$$U = E + I_a(R_a + R_j) \tag{1-4}$$

式中，I_a 是电枢电流；R_a 为电枢回路总电阻，包括电枢绕组、换向极绕组、补偿绕组电阻和电刷接触电阻；R_j 是电枢回路中的外接电阻，用于起动、调速和制动。

而励磁回路中的电压平衡方程式为

$$U = I_f(r_f + r_j) = I_f R_f \tag{1-5}$$

式中，r_f 为励磁绕组的电阻；r_j 是励磁回路中的外接电阻，用于调节励磁电流；R_f 是励磁回路总电阻。

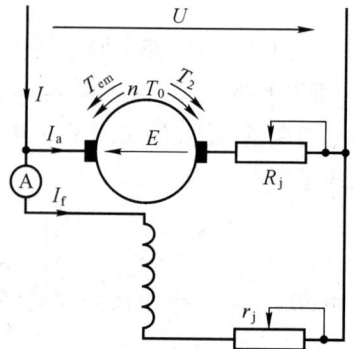

图 1-14 并励直流电动机电路图

由于 $E = C_e\Phi n$，所以

$$n = \frac{U - I_a(R_a + R_j)}{C_e\Phi} \tag{1-6}$$

这个公式称为直流电动机的转速公式，其中 Φ 是电动机的每极磁通。

2. 转矩平衡方程式

电动机在正常稳定运行时，电磁转矩 T_{em} 与负载转矩 T_2 和空载转矩 T_0 相平衡，故转矩平衡方程式为

$$T_{em} = T_2 + T_0 = T_C \tag{1-7}$$

式中，T_C 称为总负载转矩。

理想空载运行时，$T_C = 0$，$I_a = 0$，此时所对应的转速

$$n_0 = U/(C_e\Phi) \tag{1-8}$$

称为理想空载转速。

实际空载运行时，$T_2 = 0$，$T_0 \neq 0$，故电枢电流 $I_{a0} = T_0/(C_M\Phi) \neq 0$。

在稳定运行时，$T_{em} = T_C$。但当 T_{em} 发生变化或 T_C 发生变化，$T_{em} \neq T_C$ 时，电动机的转速 n 就会发生变化。根据运动力学原理，瞬时的转矩平衡方程式为

$$T_{em} - T_C = J\frac{d\Omega}{dt} = \frac{GD^2}{375}\frac{dn}{dt} \tag{1-9}$$

式中，GD^2 为系统转动部分的等效飞轮矩；J 为系统转动部分的等效转动惯量。

3. 功率平衡方程式

直流电动机由电源输入的电功率为

$$P_1 = UI = U(I_a + I_f)$$

在电枢回路中不串接外电阻 R_j 时：

$$P_1 = (E + I_a R_a)I_a + UI_f = EI_a + I_a^2 R_a + UI_f = P_{em} + p_{cua} + p_{cuf} \tag{1-10}$$

式中，P_{em} 为电动机的电磁功率，是直流电动机将电能转化为机械能的全部电功率；p_{cua} 为电枢回路的总损耗；p_{cuf} 为励磁回路的总损耗。

电动机的电磁功率亦可写成：

$$P_{em} = EI_a = T_{em}\Omega = (T_2 + T_0)\Omega = P_2 + p_0 \tag{1-11}$$

式中，$P_2 = T_2\Omega$ 为轴上输出的机械功率；$p_0 = T_0\Omega$ 为空载损耗。

空载损耗包括铁耗 p_{Fe}、机械摩擦损耗 p_{mec} 和附加损耗 p_{ad}，即

$$p_0 = p_{Fe} + p_{mec} + p_{ad} \tag{1-12}$$

综上所述，可得并励直流电动机的功率平衡方程式为

$$P_1 = p_{cuf} + p_{cua} + p_{Fe} + p_{mec} + p_{ad} + P_2 = \sum p + P_2 \tag{1-13}$$

式中，$\sum p = p_{cuf} + p_{cua} + p_{Fe} + p_{mec} + p_{ad}$ 为电动机的总损耗。

电动机的效率为

$$\eta = \frac{P_2}{P_1} \times 100\% = \left(1 - \frac{\sum p}{P_1}\right) \times 100\%$$

$$= \left(1 - \frac{\sum p}{P_2 + \sum p}\right) \times 100\% \tag{1-14}$$

二、直流电动机的机械特性

电力拖动系统能否在平衡状态下稳定运行，取决于电动机的机械特性和负载的转矩特性之间的配合是否恰当。

直流电动机的机械特性是指在 $U = U_N$，$I_f = I_{fN}$，$R_a + R_j =$ 常数条件下，电动机转速 n 和电磁转矩 T_{em} 之间的关系，即 $n = f(T_{em})$。除了自然机械特性，还可用人为的方法改变电动机的机械特性，得到人为机械特性，以便更好地满足生产机械的需要。

根据式(1-3)和式(1-6)，就可以获得直流电动机机械特性的一般表达形式：

$$n = \frac{U}{C_e\Phi} - \frac{R_a + R_j}{C_e C_T \Phi^2} T_{em} \tag{1-15}$$

式中，U 是电枢端电压，单位为 V；C_e 是电动势常数；C_T 是转矩常数；R_a 是电枢回路总电阻，单位为 Ω；R_j 是电枢回路外接电阻，单位为 Ω；Φ 是每极有效磁通，单位为 Wb；T_{em} 是电磁转矩，单位为 N·m；n 为转速，单位为 r/min。

1. 并励(他励)直流电动机的自然机械特性

当直流电动机的电枢端电压 $U = U_N$，外接电阻 $R_j = 0$，$I_f = I_{fN}$(或 $\Phi = \Phi_N$)时，所获得的机械特性就是自然机械特性(或称固有机械特性)。所以，自然机械特性的表达式为

$$n = \frac{U_N}{C_e\Phi_N} - \frac{R_a}{C_e C_T \Phi_N^2} T_{em} = n_0 - \beta_N T_{em} \tag{1-16}$$

式中，n_0 为额定电压、额定励磁时所对应的理想空载转速；β_N 为自然机械特性的斜率。

按式(1-16)所得的自然机械特性曲线如图 1-15 所示,为一条下垂的斜线。

额定负载时转速降:

$$\Delta n_N = n_0 - n_N = \beta_N T_{emN} \qquad (1\text{-}17)$$

因为 $R_a \ll C_e C_M \Phi_N^2$,所以 β_N 很小,Δn_N 很小,这种机械特性就称为硬机械特性。

人为改变电枢端电压 U、电枢回路外接电阻 R_j 和励磁回路外接电阻 r_j(即磁通 Φ)中的任一项,而在其他项仍保持不变的情况下所获得的机械特性称人为机械特性(或称人工机械特性)。对应于不同情况,可以直接从机械特性的一般表达形式获得相应的人为机械特性表达式。

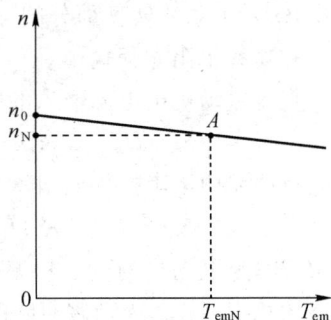

图 1-15　并励直流电动机
自然机械特性

2. 并励直流电动机人为机械特性

保持电枢端电压 U_N 和励磁电流 I_{fN}(即磁通 Φ_N)不变,仅改变电枢回路外接电阻 R_j 的机械特性称为改变电枢回路外接电阻 R_j 的人为机械特性,其表达式为

$$n = \frac{U_N}{C_e \Phi_N} - \frac{R_a + R_j}{C_e C_T \Phi_N^2} T_{em} = n_0 - \beta T_{em} \qquad (1\text{-}18)$$

显然,对应于每一个不同的 R_j 值,就有一条特性曲线,但理想空载转速 n_0 均与自然机械特性曲线所对应的 n_0 值不变,随着 R_j 的增大,β 值增大,特性曲线变软。所以此时的人为机械特性是一组通过 n_0 点的放射形曲线,如图 1-16(a)所示。

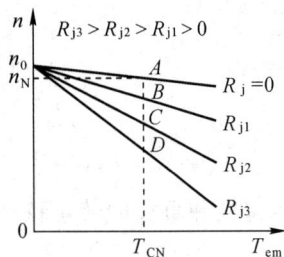

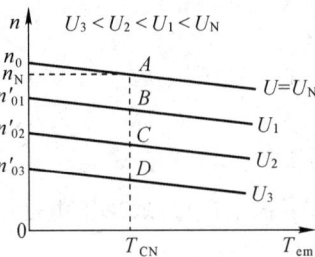

(a)电枢回路串电阻　　　　(b)电枢端电压下降　　　　(c)改变励磁电流(弱磁)

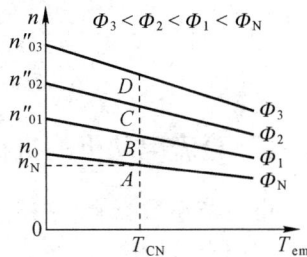

图 1-16　并励直流电动机的人为机械特性

电枢回路不串接外接电阻 R_j,保持励磁电流 I_{fN}(即磁通 Φ_N)不变,仅改变电枢端电压 U 的机械特性称为改变电枢端 U 的人为机械特性,其表达式为

$$n = \frac{U}{C_e \Phi_N} - \frac{R_a}{C_e C_T \Phi_N^2} T_{em} = n_0' - \beta_N T_{em} \qquad (1\text{-}19)$$

同样,对应于每一不同的端电压 U,就有一条特性曲线,随着 U 的下降,理想空载转速 n_0' 减小,但因各条曲线的斜率 $\beta = \beta_N$ 保持不变,所以是一组与自然机械特性曲线平行的曲线,如图 1-16(b)所示。

电枢回路不串接外接电阻 R_j,保持电枢端电压 U_N 不变,仅改变励磁电流 I_f(即磁通 Φ)的机械特性称为减弱主磁通 Φ(即增大励磁回路外接电阻 r_j,改变励磁电流)的人为机械特性,其表达式为

$$n = \frac{U_N}{C_e \Phi} - \frac{R_a}{C_e C_T \Phi} T_{em} = n_0'' - \beta' T_{em} \qquad (1\text{-}20)$$

同样,对应于每一不同的磁通 Φ 值,就有一条特性曲线。随着磁通 Φ 的减小,理想空载转速 n_0''

增大,特性曲线的斜率 β' 也随之增大,所以也是一组特性曲线,如图 1-16(c)所示。

注意:为了保证电动机安全可靠运行,电枢端电压和磁通只能减小,而外接电阻则只能增大。有时,电枢端电压、外接电阻和磁通可能有两项,甚至三项同时变化,同样可以获得相应的机械特性曲线。

利用机械特性曲线,对正确了解、分析直流电动机的各种运行状态(起动、调速和制动)更加清晰和有效。

第四节　并励(他励)直流电动机的起动、调速和制动

一、并励(他励)直流电动机的起动

直流电动机起动时,若在额定电压下起动,起动电流 $I_{st} \approx U_N/R_a \approx 10 \sim 20 I_N$。如此大的起动电流将使换向恶化;电枢绕组因受到很大的电磁力而损坏;大电流在线路上的压降使电网电压 U 下降,影响其他电气设备正常工作;起动时 $\Phi = \Phi_N$, $T_{st} = T_{em} = C_T \Phi_N I_{st} \approx 10 \sim 20 T_{emN}$,过大电磁转矩冲击将使传动机构损坏。所以一般控制起动电流 $I_{st} \approx I_a = 1.5 \sim 2 I_N$,即 $T_{st} = T_{em} = 1.5 \sim 2\, T_{emN}$。

从图 1-16 可见,如取 $I_{st} = 2 I_N$,$T_{st} = 2 T_{emN}$,只能采用两种方法:一是电枢回路串一定的电阻 R_j 起动,二是降低电枢端电压 U 起动。起动时,为了在一定的起动电流下获得尽可能大的起动转矩,一般保持励磁电流为额定值不变,$I_f = I_{fN}$,即 $\Phi = \Phi_N$ 不变。

1. 回路串电阻 R_j 起动

电枢回路串一定的电阻 R_j 后,起动电流可以控制在

$$I_{si} \approx I_a = \frac{U_N}{R_a + R_j} = 2 I_N$$

起动瞬间,$n = 0$,起动转矩 $T_{st} = 2 T_N$。但随着转速上升,反电动势增大,电枢电流下降,电磁转矩也就相应减小。为使起动过程中有足够大的电磁转矩,一般随着转速的上升,应逐步地适时切除部分电阻,起动结束后将外电阻全部切除,这就是所谓的电阻分级起动法,如图 1-17 所示。

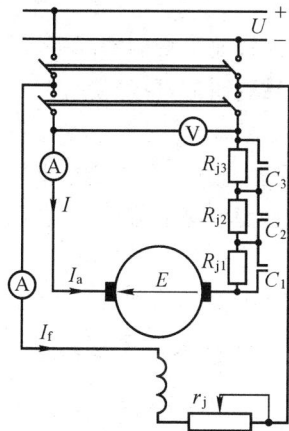

(a) 电枢回路串电阻分级起动接线图　　　　　　(b) 电阻分级起动时的机械特性曲线

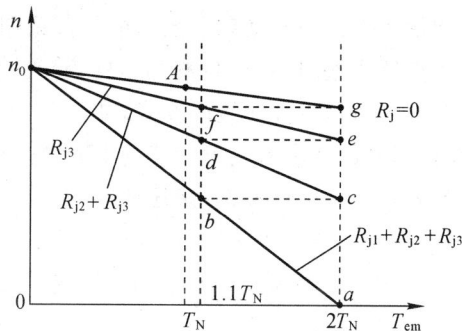

图 1-17　并励直流电动机电枢回路串电阻起动

2. 降低电枢端电压起动

降低电枢端电压后,亦可以控制起动电流

$$I_{st} \approx I_a = \frac{U}{R_a} = 2I_N$$

对应的机械特性如图 1-18 所示。起动瞬间,$n=0$ 时,使起动转矩 $T_{st} = 2T_N$,随着转速上升,逐渐升高电压,以保持起动转矩不变。起动结束,电压也就上升到额定值。

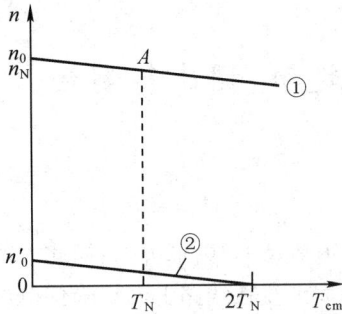

图 1-18　并励电动机降压起动机械特性　　　图 1-19　并励电动机降压调速机械特性曲线

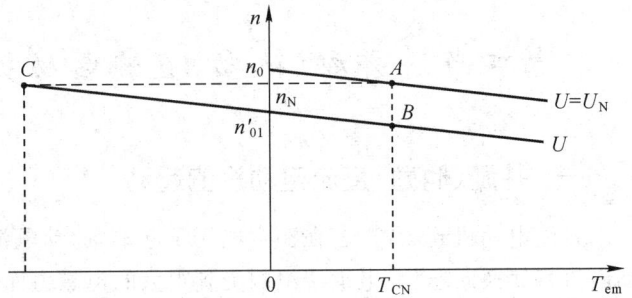

例题 1-1　一台他励直流电动机的额定数据如下:$P_N = 30kW$,$U_N = 220V$,$I_N = 160A$,$n_N = 1000r/min$,$R_a = 0.1\Omega$。求直接起动时的电流是额定电流的多少倍?若将起动电流控制在 $I_a = 2I_N$,如采用电枢回路串电阻起动时,所需的串接电阻为多少?如采用降压起动,电压应降为多少?

解　直接起动时的起动电流为　$I_{st} = \frac{U_N}{R_a} = \frac{220}{0.1} = 2200A$

起动电流倍数为　$k_{st} = \frac{I_{st}}{I_N} = \frac{2200}{160} = 13.75$ 倍

采用电枢回路串电阻起动时,所需的电阻为　$R_j = \frac{U_N}{2I_N} - R_a = \frac{220}{2 \times 160} - 0.1 = 0.5875\Omega$

采用降压起动时,电压应降为　$U = 2I_N R_a = 2 \times 160 \times 0.1 = 32V$

二、并励(他励)直流电动机的调速

各种机械和设备的速度调节可以采用机械调速,即在电动机转速不变的情况下,利用传动机械的速比改变达到速度调节的目的。但采用电动机调速,效果更明显,更经济合算。

分析调速方法时,假定负载为恒转矩负载,原来在额定情况下运行,则工作点在负载的转矩特性和自然机械特性曲线的交点,如图 1-16 所示的 A 点。调速的方法有改变电枢端电压调速(降压调速)、改变串入电枢回路的电阻调速(串电阻调速)和改变励磁电流调速(弱磁调速)。

1. 改变电枢端电压调速(降压调速)

降压调速时,保持励磁电流为额定值不变,即 $\Phi = \Phi_N$ 不变,则降压后机械特性如图 1-19 所示。电压刚下降瞬间,由于机械惯性,转速 n 暂不改变,所以工作点从 A 平移到 $n = n_N$ 与降压后的机械特性曲线的延长线的交点 C,这时 $I_a = \frac{U - E_N}{R_a} < 0$,$T_{em} = C_T \Phi_N I_a < 0$,$T_{em}$ 与 n 反方向,$P_1 \approx UI_a < 0$,所以实际上电机处在回馈制动状态。此后,电机工作点沿降压后的机械特性曲线下降到 B 点。

B 点为降压后直流电动机的新稳定运行点。对应的转速小于额定转速,达到了调速的目的。

降压调速可以连续平滑地无级调速,机械特性硬,调速范围大,效率高,无论是轻载或重载均有明显的调速效果。但转速只能从额定转速往下调节,初投资大,维护要求高。

2. 改变串入电枢回路的电阻调速(串电阻调速)

串电阻调速时,保持 $U＝U_N$ 和励磁电流为额定值不变,即 $\Phi＝\Phi_N$ 不变。机械特性如图1-20所示,最后将稳定运行在 B 点,同样达到了调速目的。

串电阻调速是有级调速,随着所需转速的降低,效率降低,特性曲线变软,调速范围较小,转速也只能往下调,轻载时调速效果不明显,但投入少,操作简便,适用于调速要求不高的设备上(如起重机、电车等)。

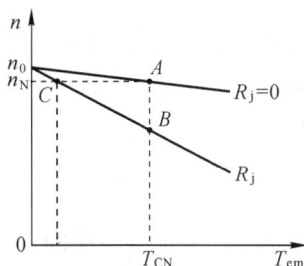

图1-20　并励电动机串电阻调速机械特性　　　　图1-21　并励电动机弱磁调速时的机械特性曲线

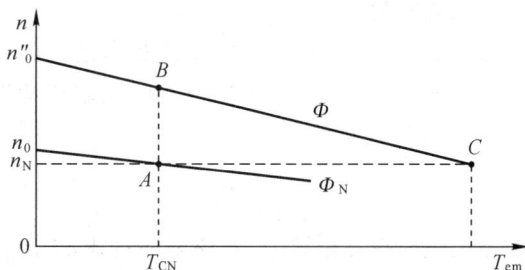

3. 改变励磁电流调速(弱磁调速)

弱磁调速时,保持 $U＝U_N$ 不变,$R_j＝0$。改变励磁电流(即 Φ 减小)后,机械特性如图1-21所示。最后将稳定运行在 B 点,转速上升,达到了调速的目的。

但应注意到在恒转矩负载时,因磁通 Φ 减小,而 $T_{em}＝C_T\Phi I_a＝T_{emN}＝C_T\Phi_N I_{aN}$。显然,$I_a＞I_{aN}$,电动机运行时间一长,就会过热,是非常不利的。所以,弱磁调速一般不在恒转矩场合使用,而适用于恒功率场合调速。

弱磁调速也可以连续平滑调速,改变励磁电流控制方便,但转速只能从额定速度往上调,最高转速受机械强度和换向能力限制。

普通直流电动机在弱磁调速时,一般最高转速设定为 $n_{max}＝1.2\sim2.0n_N$,所以调速范围不大。专用于弱磁调速的直流电动机的调速范围可达到4倍。

例题1-2　他励直流电动机的额定数据同例题1-1。试求:在保持额定励磁电流不变,不计电枢反应去磁作用的情况下,当总负载转矩为额定运行时的0.71倍,欲将转速降低到 $n＝800r/min$ 时,可以采用什么方法达到? 相应的数值是多少?

解　额定电枢反电动势　$E_N＝U_N－I_{aN}R_a＝U_N－I_N R_a＝220－160\times0.1＝204V$

额定运行时　$C_e\Phi_N＝E_N/n_N＝204/1000＝0.204$

转速 $n＝800r/min$ 时的电枢反电动势为　$E＝C_e\Phi_N n＝0.204\times800＝163.2V$

保持额定励磁电流不变,不计电枢反应去磁作用时,磁通 $\Phi＝\Phi_N$ 保持不变,则根据 $T_{em}＝C_T\Phi I_a$ 可知,当总负载转矩为额定运行时的0.71倍时,所需电枢电流为

$$I_a＝0.71I_{aN}＝0.71I_N＝0.71\times160＝113.6A$$

由于 $n＝800r/min＜n_N＝1000r/min$,所以需采用电枢回路串电阻或降低电枢端电压的方法来达到调速的目的。

所以,当总负载转矩为额定运行时的0.71倍,采用电枢回路串电阻调速,使 $n＝800r/min$ 时,需要串接的电阻为

$$R_j = (U_N - E)/I_a - R_a = (220 - 163.2)/113.6 - 0.1 = 0.4\Omega$$

当总负载转矩为额定运行时的 0.71 倍,采用降低电枢端电压调速,使 $n = 800\text{r/min}$ 时,电压应降为 $U = E + I_a R_a = 163.2 + 113.6 \times 0.1 = 174.56\text{V}$。

三、并励(他励)直流电动机制动

断开电源,让电动机自由停车,尽管简单方便,但时间太长,不适用于现代化生产需要。依靠机械摩擦力制动有时也非常麻烦和可靠性差。所以直流电动机依靠自身产生一个与转向相反的电磁转矩,实现电气制动是方便、有效、经济和可靠的。

电机在制动时,一般保持 $\Phi = \Phi_N$ 不变。电气制动有能耗制动、反接制动和回馈制动三类。

1. 能耗制动

将按如图 1-22(a)所示电动机状态运行的直流电机的电枢回路从电源脱开,并立即串接制动电阻 R_j 后短路,如图 1-22(b)所示,电机即进入制动状态。这时,由于 $\Phi = \Phi_N$,方向不变,且 $U = 0$,所以,机械特性变为

$$n = -\frac{R_a + R_j}{C_e C_T \Phi_N^2} T_{em}$$

是一条通过原点穿过第二、四象限的直线,如图 1-23 中曲线②所示。制动开始瞬间,由于惯性,转速 $n = n_N$ 暂不变,$E = E_N$ 不变,工作点从 A 点平移至 B 点,此瞬时的电枢电流

$$I_a = -\frac{E_N}{R_a + R_j} = -\frac{C_e \Phi_N n_N}{R_a + R_j} < 0$$

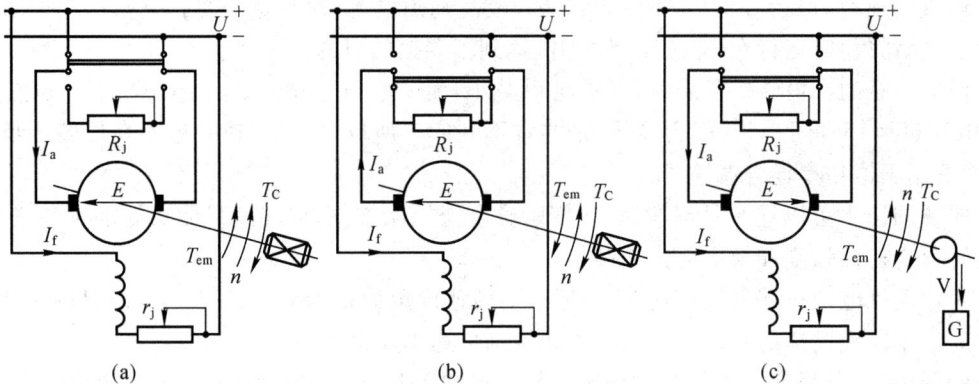

图 1-22　并励电动机能耗制动原理图

若不串接电阻($R_j = 0$),则 $I_a = \dfrac{-E_N}{R_a} \approx -\dfrac{U_N}{R_a}$,相当于直接起动电流,对应的机械特性如图 1-23 中曲线③所示。所以必须串接电阻,以控制电流在一定的数值内。为保持一定的制动转矩,当转速 n 下降到一定值时,也适时切除部分电阻,方法与分级电阻起动法类似。

在 B 点,转速 $n > 0$,电枢电流 $I_a < 0$,电动势 $E = E_N > 0$,电磁转矩 $T_{em} = C_T \Phi_N I_a < 0$,电磁功率 $P_{em} = E I_a < 0$,由于电枢已从电源脱离,所以输入功率 $P_1 = 0$。

电磁转矩 T_{em} 和转速 n 反方向,电磁功率 $P_{em} < 0$ 是电机工作在制动状态的共同特点。这时电力拖动系统的动能转换成电能,消耗在电枢回路电阻上,电源不再输入功率,是能耗制动所独有的特点。

若负载为反抗性恒转矩负载,当转速下降到 $n = 0$ 时,电动机就停止转动;但若负载为位能性负载(如电动机作起重机动力),当 $n = 0$ 时,虽然电磁转矩 $T_{em} = 0$,但负载转矩 $T_c \neq 0$,且方

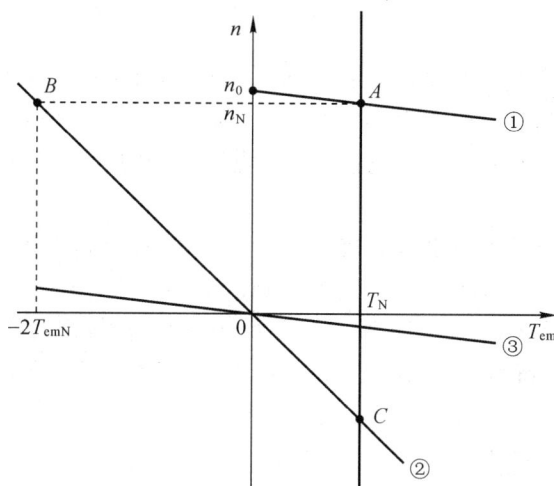

图 1-23　并励电动机能耗制动时的机械特性曲线

向不变,根据 $T_{em}-T_C=\dfrac{GD^2}{375}\dfrac{\mathrm{d}n}{\mathrm{d}t}$ 可知:$\dfrac{\mathrm{d}n}{\mathrm{d}t}<0$,电动机将反向起动(对起重机来说就是重物下放),直至到达 C 点,$T_{em}=T_C$,才能稳定运行,即重物稳速下放,如图 1-22(c)所示。

在工作点 C,转速 $n<0$,电动势 $E<0$,电枢电流 $I_a=-E/(R_a+R_j)>0$,电磁转矩 $T_{em}=C_T\Phi_N I_a>0$,电磁功率 $P_{em}<0$,输入功率 $P_1=0$。所以电机仍然工作在能耗制动状态,这时重物的位能转换成机械能后再转换成电能,消耗在电枢回路电阻上。

2. 反接制动

(1)电压反向的反接制动(用于快速停机),接线图如图 1-24(a)所示。当电源开关由上向下合闸瞬间,电枢电压反向($U=-U_N$),由于 $\Phi=\Phi_N$,且方向不变,机械特性变为

$$n=\frac{-U_N}{C_e\Phi_N}-\frac{R_a+R_j}{C_e C_T\Phi_N^2}T_{em}$$

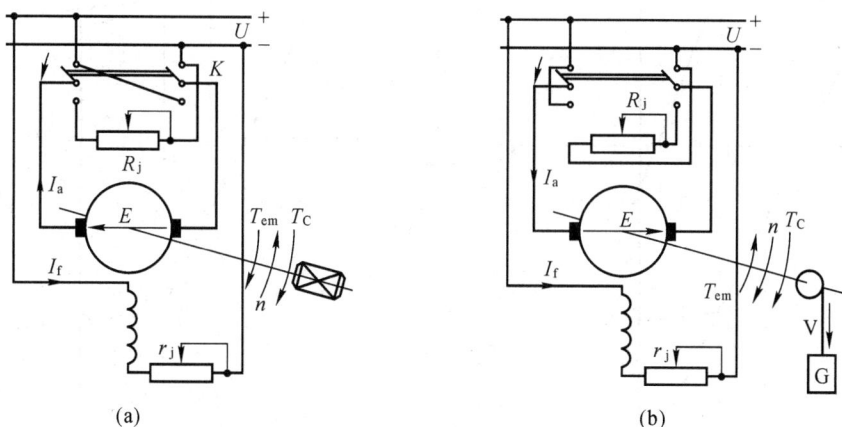

图 1-24　并励直流电动机反接制动接线图

理想空载转速 $n_0'=-U_N/(C_e\Phi_N)=-n_0$,说明这时的机械特性曲线通过 $-n_0$ 点,如图 1-25 中曲线②所示。制动开始瞬间,由于惯性,转速 $n=n_N$ 暂不变,$E=E_N$ 不变,工作点从 A 点平移至 B 点,此瞬时的电枢电流为

$$I_a = \frac{-U_N - E_N}{R_a + R_B} < 0$$

显然,若不串接电阻,瞬间电枢电流将达到非常大的数值,有可能将绕组烧毁。

在 B 点,与能耗制动时一样,转速 $n>0$,电枢电流 $I_a<0$,电动势 $E=E_N>0$,电磁转矩 $T_{em}<0$,电磁功率 $P_{em}<0$。但此时电机电枢仍挂在电网上,电源输入功率

$$P_1 \approx UI_a = (-U_N I_a) > 0$$

这说明电源仍然需要向电机提供电能,同时系统动能转换成的电能,一起消耗在电枢回路电阻上。而输入功率 $P_1>0$,转速 n 和理想空载转速 n_0' 反方向是反接制动独有的特点。因为是电枢两端反接(电压反向)引起的制动,故称为反接制动。反接制动的效果比能耗制动好,更有利于快速制动;转速下降到 $n=0$ 时应立即切断电源,否则因 $T_{em}\neq 0$,在 T_{em} 作用下,有可能反向起动。

(2)电势反向的反接制动

电势反向的反接制动只有在位能性负载稳速下放时存在。起重机械原来在提升,如串接一个大的电阻 R_B,得到机械特性如图 1-25 中曲线④所示,则在电阻串入后,电机工作点从 A 点平移到曲线④上后,由于电磁转矩 T_{em} 下降,转速将顺着曲线④下降,直至进入第四象限,与负载特性曲线相交于 E 点时,$T_{em}=T_C$,才能稳定运行,即重物稳速下放,如图 1-24(b)所示。

在 E 点,转速 $n<0$,电动势 $E<0$,电枢电流 $I_a=\frac{U_N-E}{R_a+R_B}>0$,电磁转矩 $T_{em}>0$,电磁功率 $P_{em}<0$。但此时电机电枢仍挂在电网上,电源输入功率 $P_1>0$,这说明电源仍然向电机提供电能,重物位能转换成电能,一起消耗在电枢回路电阻上。由于同样具有输入功率 $P_1>0$,转速 n 和理想空载转速 n_0 反方向的独有特点,所以也称为反接制动。但这时实际上没有反接,仅仅是电动势反向而已。

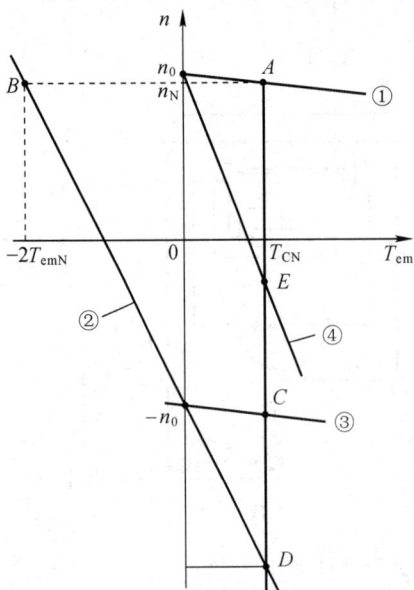

图 1-25　并励电动机反接制动时的机械特性　　　图 1-26　并励电动机回馈制动时的机械特性

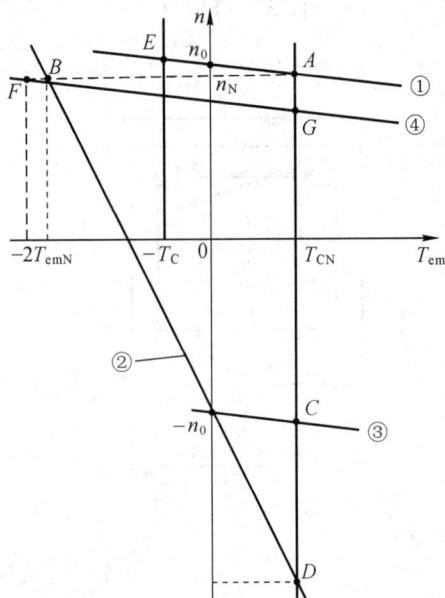

3. 回馈制动

(1)电压反向的回馈制动

在电压反向反接制动后,若负载属于位能性恒转矩负载,当 $n=0$ 时,不切断电源,则因 $T_{em}<0$,在 T_{em} 和负载转矩 T_C 共同作用下,电机反向起动,进入第三象限。在第三象限,由于电磁转矩 $T_{em}<0$,所以电机仍然反向加速,直至 $-n_0$ 点。在前面反向加速过程中如将电枢回路外接电阻全部切除,则机械特性如图 1-26 中曲线③所示。在 $-n_0$ 点,虽然 $T_{em}=0$,但因负载转矩 T_C 的大小和方向不变,所以电机还要沿着曲线③继续反向加速,直至到达曲线③和负载特性曲线的交点 $C,T_{em}=T_C$,才能稳定运行,即重物稳速下放。

在 C 点,转速 $n<0$,电动势 $E<0$,但因 $|n|>|-n_0|$,所以 $|E|>|-U_N|$,则这时的电枢电流 $I_a=\dfrac{-U_N-E}{R_a}>0$,电磁转矩 $T_{em}>0$,电磁功率 $P_{em}<0$。电源输入功率

$$P_1\approx(-U_N)I_a<0$$

这说明电机将系统所储存位能转换成电能返回电网,处于再生发电状态,故称为回馈制动。输入功率 $P_1<0$,转速绝对值大于理想空载转速绝对值而方向相同,是回馈制动所独有的特点。

(2)电压不反向的回馈制动

直流电动机驱动的电车下坡时,车在总重量的作用下沿斜坡前进方向有一个与转动方向一致的转矩 $-T_C$。在 T_{em} 与 $-T_C$ 共同作用下,沿着图 1-26 曲线①上升,使车速越来越快。随着转速上升,电磁转矩减小,当 $n=n_0$ 时,虽然 $T_{em}=0$,但在 $-T_C$ 作用下,转速继续上升,进入第二象限。这时,电磁转矩为负值,直至到达 E 点。在 E 点,$n>n_0,E>U_N$,电枢电流

$$I_a=\frac{U_N-E}{R_a}<0$$

电机同样处在回馈制动状态。

降压调速过程中,电机有可能运行在第二象限。如图 1-26 所示,工作点从 A 点平移到曲线④上的 F 点,此时转速高于对应的理想空载转速,则电机同样运行在回馈制动状态。

例题 1-3 他励直流电动机的额定数据同例题 1-1。试求:在保持额定励磁电流不变,不计电枢反应去磁作用的情况下,在额定运行时采用电压反向的反接制动或能耗制动,欲控制最大制动电流为 $2I_N$ 时,电枢回路应各串入多少电阻?若负载为位能性恒转矩负载,则在制动过程中将所有外接电阻逐步全部切除后的最后稳定转速各为多少?分别处于什么运行状态?

解　由例题 1-2 得额定电枢反电动势

$$E_N=U_N-I_{aN}R_a=U_N-I_NR_a=220-160\times0.1=204\text{V}$$

额定运行时　$C_e\Phi_N=E_N/n_N=204/1000=0.204$

制动开始瞬间,因机械惯性转速来不及变化,而这时的电流为最大,相当于图 1-26 的 B 点。

制动开始瞬间的电枢反电动势　$E=E_N=204\text{V}$

制动开始瞬间的电流　$I_a=-2I_N=-2\times160=-320\text{A}$

采用电压反向的反接制动时　$U=-U_N=-220\text{V}$

故应串入的电阻为　$R_{B1}=\dfrac{-U_N-E}{I_{amax}}-R_a=\dfrac{-220-204}{-320}-0.1=1.225\Omega$

采用能耗制动时　$U=0\text{V}$

故应串入的电阻为　　　$R_{B2}=\dfrac{-E}{I_{amax}}-R_a=\dfrac{-204}{-320}-0.1=0.5375\Omega$

当负载为位能性恒转矩负载时,制动过程中将所有外接电阻逐步全部切除后的最后稳定运行时的电枢电流恢复到额定电流,即 $I_a=I_N=160A$。

位能性恒转矩负载在电压反向时的最后稳定运行转速为

$$n=\frac{-U_N-I_aR_a}{C_e\Phi_N}=\frac{-220-160\times0.1}{0.204}=-1157r/min<0$$

这时由于 $n_0'=\dfrac{-U_N}{C_e\Phi_N}=\dfrac{-220}{0.204}=-1078r/min<0$,$n$ 与 n_0' 同方向,但 $|n|>|n_0'|$;

$P_1=-U_NI_a=-220\times160=-35200W<0$;

$T_{em}=C_T\Phi_NI_a=9.55C_e\Phi_NI_a=9.55\times0.204\times160=311.7N\cdot m>0$,与 n 反方向;

$E=C_e\Phi_Nn=0.204\times(-1157)=-236V$,$P_{em}=EI_a=-236\times160=-37764W<0$。

所以,这时直流电机处于回馈制动状态,相当于图 1-26 的 C 点。

位能性恒转矩负载在能耗制动时的最后稳定运行转速为

$$n=\frac{-I_aR_a}{C_e\Phi_N}=\frac{-160\times0.1}{0.204}=-78.43r/min<0$$

这时,由于 $n_0'=\dfrac{U}{C_e\Phi_N}=0$;$P_1=UI_a=0\times160=0$;

$T_{em}=C_M\Phi_NI_a=9.55C_e\Phi_NI_a=9.55\times0.204\times160=311.7N\cdot m>0$,与 n 反方向;

$E=C_e\Phi_Nn=0.204\times(-78.43)=-16V$,$P_{em}=EI_a=-16\times160=-2560W<0$。

所以,这时直流电机处于能耗制动状态。

习　题

1-1　直流电动机机座中的磁通是恒定不变的还是交变的或是旋转的?而电枢铁芯中的磁通又是什么性质的?

1-2　为什么直流电动机的主磁极铁芯由 $1\sim1.5mm$ 厚的低碳钢薄板冲片叠压而成,而电枢铁芯通常用两面涂绝缘漆的 $0.5mm$ 硅钢片叠压而成?

1-3　直流电动机各个主磁极的励磁线圈为什么串联成一条支路而不采用并联方式?

1-4　直流电动机的主磁通与哪些绕组相交链?为什么有的绕组中有感应电动势,而有的绕组中不会感应电动势?

1-5　为什么直流电机电动机状态时,电枢绕组中的感应电动势总是小于电枢两端的电压? 当感应电动势大于端电压时,电机处于什么运行状态?

1-6　一台直流电动机的额定功率 $P_N=22kW$,额定电压 $U_N=220V$,额定效率 $\eta_N=83\%$,求该电动机的额定电流及额定运行时输入功率。

1-7　一台六极直流电机电枢为单叠绕组,每极磁通 $\Phi=2.1\times10^{-2}Wb$,电枢总导体数 $N=398$,转速 $n=1500r/min$,求电枢电动势 E。若其他条件不变,绕组改变为单波,求电枢电动势 $E=230V$ 时的转速。

1-8　一台四极他励直流电动机的电枢绕组为单波,电枢总导体数 $N=372$,电枢回路的总电阻 $R_a=0.22\Omega$,运行于 $U=220V$ 的直流电网并测得转速 $n=1500r/min$,每极磁通 $\Phi=0.011Wb$,铁耗 $p_{Fe}=362W$,机械损耗 $p_{mec}=260W$,附加损耗忽略不计。问:

(1)此时该机是运行于发电机状态还是电动机状态？

(2)电磁功率与电磁转矩为多少？

(3)输入功率与效率为多少？

1-9　一台并励直流电动机的额定数据如下：$P_N=15kW$，$U_N=220V$，$\eta_N=85.3\%$，$R_a=0.2\Omega$，$R_f=44\Omega$。今欲使电枢起动电流限制为额定电枢电流的 1.5 倍，试求：

(1)电枢回路需接入的起动变阻器的电阻值为多少？

(2)若不接起动变阻器直接起动，则起动电流为多少？是额定电流的多少倍？

(3)如采用降压起动，则电枢两端的电压应降低到多少？

1-10　一台他励直流电动机的额定电压 $U_N=220V$，额定电流 $I_N=10A$，额定转速 $n_N=1500$ r/min，电枢回路总电阻 $R_a=0.5\Omega$，试求：

(1)额定负载时的电磁功率和电磁转矩。

(2)保持额定时励磁电流及负载转矩不变而端电压降为 190V，则稳定后的电枢电流与转速为多少？

1-11　一台并励直流电动机的额定电压 $U_N=220V$，额定电流 $I_N=74.5A$，额定转速 $n_N=1000r/min$，电枢回路总电阻 $R_a=0.25\Omega$，额定时励磁回路总电阻 $R_{fN}=88\Omega$，铁耗及附加损耗 $p_{Fe}+p_{ad}=600W$，机械损耗 $p_{mec}=225W$，电枢反应去磁作用不计。试求：

(1)额定运行时的电磁转矩 T_{emN} 与输出转矩 T_{2N}；

(2)理想空载转速；

(3)实际空载电流 I_0 及实际空载转速。

1-12　一台直流并励电动机的额定数据如下：$P_N=17kW$，$U_N=220V$，$n_N=3000r/min$，电枢回路总电阻 $R_a=0.312\Omega$。实际空载时电枢电流 $I_{a0}=5A$，转速 $n_0'=3440r/min$，保持额定运行时的励磁电流不变，并忽略电枢反应影响。试求：

(1)额定运行时的电磁转矩 T_{emN}、输出转矩 T_{2N}；

(2)理想空载转速；

(3)保持额定运行时总制动转矩 T_C 不变，而在电枢回路串入 $R_j=0.35\Omega$ 电阻，稳定后转速为多少？

1-13　一台他励直流电动机的额定功率 $P_N=5.6kW$，额定电压 $U_N=220V$，额定电流 $I_N=30A$，额定转速 $n_N=1000r/min$，电枢回路总电阻 $R_a=0.4\Omega$。保持额定运行时的励磁电流不变，并不计电枢反应作用，当 $T_C=0.8T_{emN}$ 时：

(1)如果电枢回路中串入电阻 $R_j=0.8\Omega$，求稳定后的转速和电流。

(2)采用降压调速使转速降低到 500r/min，端电压应降低到多少？稳定后的电流为多少？

(3)如将磁通减少 15%，求稳定后的转速和电流。

(4)如将电枢端电压和磁通均减少 10%，求稳定后的转速和电流。

1-14　一台他励直流电动机的数据与题 1-13 相同，试求：

(1)为使电动机在额定运行状态下进行能耗制动停机，要求最大制动电流不超过 $2I_N$，求所需的制动电阻值。

(2)在(1)的制动电阻时，如负载为位能性恒转矩额定负载，求能耗制动后的稳定转速。

(3)若电动机在额定运行状态下进行电压反向的反接制动，要求最大制动电流不超过 $2I_N$，求所需的制动电阻值。

1-15　一台他励直流电动机的数据与题 1-13 相同,保持额定运行时的励磁电流不变,并不计电枢反应作用,当负载为 $T_C = 0.8T_{emN}$ 的位能性恒转矩负载时:

　　(1)使重物以 800r/min 速度提升,可以采用哪些方法? 相应的数值是多少?

　　(2)欲使重物以 100r/min 速度下放,可以采用哪些方法? 相应的数值是多少?

第二章　变压器

第一节　变压器的结构和基本工作原理

变压器是一种静止的电气设备,通过电磁耦合作用把电能或信号从一个电路传递到另一个电路。在电力系统中,变压器可将一种电压的交流电变成同频率的另一种电压交流电;在电信及通讯系统中,变压器除了用作电源变压器外,还可用于传递信息及阻抗变换等;自耦变压器用于调压,互感器用于将高电压或大电流变换成便于测量和控制的低电压或小电流;还有其他各种特殊用途的变压器。

一、基本结构与分类

普通电力变压器的结构如图 2-1 所示。除自耦变压器外,变压器主体部分由一个铁芯和高、低压两套绕组组成。

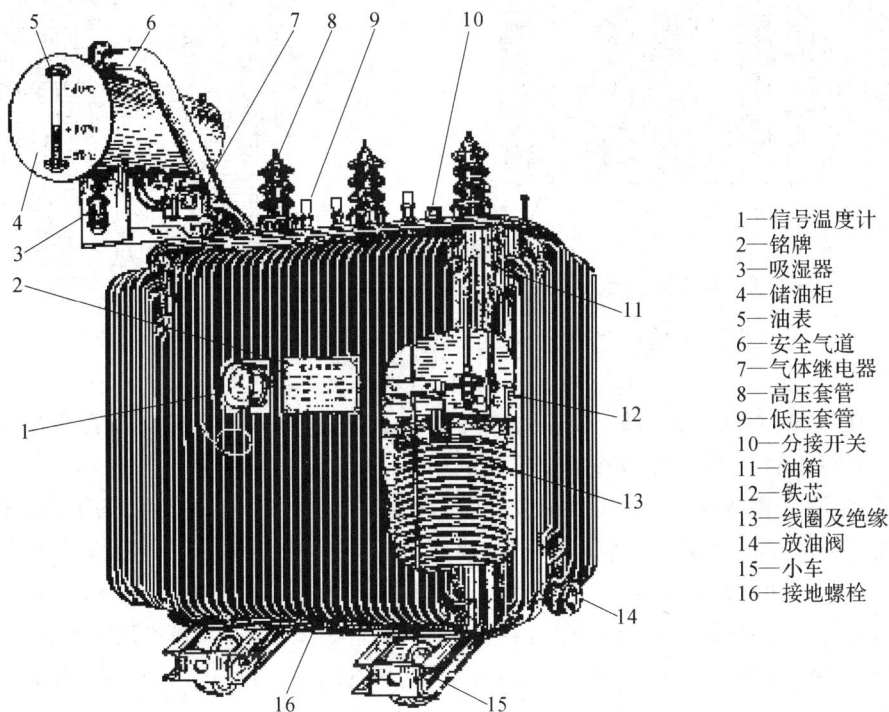

1—信号温度计
2—铭牌
3—吸湿器
4—储油柜
5—油表
6—安全气道
7—气体继电器
8—高压套管
9—低压套管
10—分接开关
11—油箱
12—铁芯
13—线圈及绝缘
14—放油阀
15—小车
16—接地螺栓

图 2-1　油浸式电力变压器

铁芯是变压器主磁通经过的磁路部分。为提高磁路的导磁性能和减少涡流损耗,铁芯用含硅量较高、厚度为 0.35mm 的硅钢片涂绝缘漆后叠压或卷压而成。脉冲变压器等容量极小的

特殊变压器也常用高磁导率低损耗的铁氧体制成。

　　铁芯分叠片式和渐开线式两种,分别如图 2-2(a)、(b)所示。叠片式又分芯式和壳式(如图2-2(c)所示)。芯式变压器是线圈包围铁芯,用铁量较少,结构简单,用于容量较大的变压器中;壳式变压器是铁芯包围线圈,用铜量较少,多用于小容量变压器。

　　绕组用绝缘铜线或铝线制成。电力变压器线圈必须留有纵、横向冷却通道,以加强散热和冷却效果。根据高、低压线圈之间相对位置不同,分为同心式和交叠式两大类,如图 2-3 所示。

| (a) 叠片式芯式 | (b) 渐开线式芯式 | (c) 壳式 |

图 2-2　变压器铁芯分类

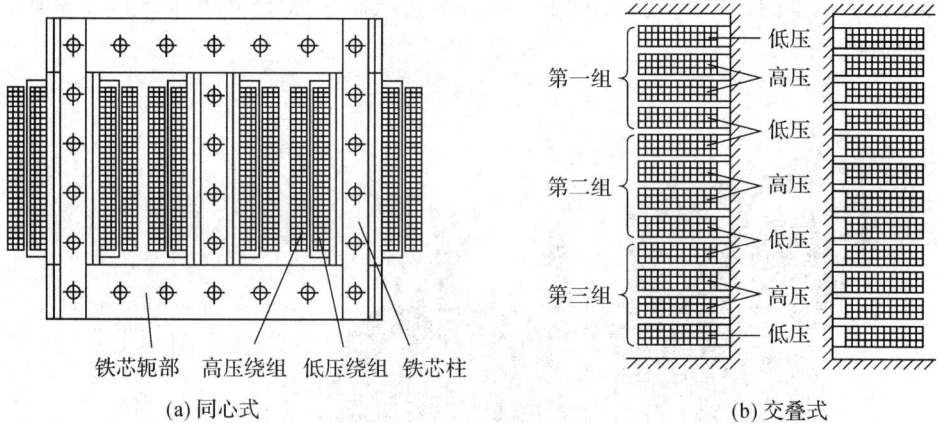

铁芯轭部　高压绕组　低压绕组　铁芯柱

(a) 同心式

第一组　低压　高压　低压
第二组　低压　高压　低压
第三组　低压　高压　低压

(b) 交叠式

图 2-3　高、低压线圈布置

　　根据线圈绕制特点分为圆筒式、饼式、连续式、纠结式、螺旋式和铝箔筒式等几种主要型式,以适应不同容量、不同电压等级的变压器选用。

　　变压器除按铁芯结构不同分类外,还可按用途分为:电力变压器、特种变压器(如整流变压器、电炉变压器、矿用变压器、电焊变压器、中频变压器等)和仪用试验用变压器(如电子线路中使用的电源、隔离和脉冲变压器、阻抗变换器、互感器、自耦变压器、高压试验变压器等);还可以按冷却方式分为:油浸自冷、油浸风冷、油浸水冷、强迫油循环风冷、强迫油循环水冷、干式空气自冷和干式浇注绝缘等;按线圈数目分为:双线圈和三线圈等;按相数分为:单相和三相。

二、变压器额定值

变压器的额定值主要有:

(1)额定容量 S_N　额定容量是指变压器的视在功率,以 VA 或 kVA 表示。

（2）额定电压，原边 U_{1N}、副边 U_{2N}　原边额定电压 U_{1N} 是指电源加在变压器原边的额定电压，而副边额定电压 U_{2N} 是当原边加上额定电压，变压器空载状态时的副边电压。U_{1N} 和 U_{2N} 均以 V 或 kV 表示。对三相变压器来说，两者均指线电压。

（3）额定电流，原边 I_{1N}、副边 I_{2N}　根据额定容量和额定电压算出的线电流值，以 A 表示。对单相变压器，原、副边的额定电流分别为

$$I_{1N}=S_N/U_{1N}; \qquad I_{2N}=S_N/U_{2N} \tag{2-1}$$

对三相变压器，原、副边的额定电流分别为

$$I_{1N}=S_N/(\sqrt{3}\,U_{1N}); \qquad I_{2N}=S_N/(\sqrt{3}\,U_{2N}) \tag{2-2}$$

（4）额定频率 f_N　我国规定额定工频为 50Hz。

额定运行时的变压器效率、温升等数据也是其额定值。此外，变压器铭牌上还标有变压器的型号、相数、组号和接线图、阻抗电压、运行方式和冷却方式等。为便于运输，有时还标出变压器的总重、油重、器身重和外形尺寸等数据。

三、单相变压器基本工作原理

1. 单相变压器空载运行

当变压器副边 ax 开路，原边 AX 接到额定频率、电压为 u_1 的交流电源上，原边就会有电流 i_0 流通，这种运行状态称为空载运行状态，i_0 称为空载电流，如图 2-4 所示。i_0 产生空载磁动势 i_0w_1，建立空载磁场。这个磁场在变压器内部的分布情况很复杂，为便于分析计算，将它们分成两部分等效磁通，主要部分（约为总磁通量的 99% 以上）在铁芯中闭合流通，并与原、副边线圈相交链，是变压

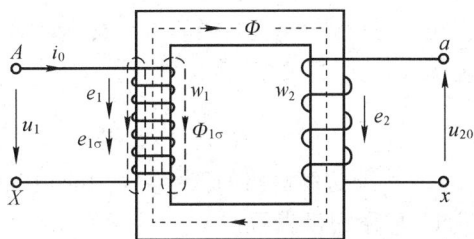

图 2-4　单相变压器空载运行原理图

器实现能量转换和传递的主要因素，称为主磁通，用 Φ 表示；另一小部分主要通过非磁性介质（空气或变压器油），仅与原边线圈交链，称为漏磁通，用 $\Phi_{1\sigma}$ 表示。

因电压 u_1、电流 i_0 是随时间交变的，故磁通 Φ 和 $\Phi_{1\sigma}$ 也必定是交变的，根据电磁感应定律，主磁通 Φ 在原、副边线圈中就会感应电动势 e_1、e_2，漏磁通 $\Phi_{1\sigma}$ 在原边线圈感应电动势 $e_{1\sigma}$，即

$$\begin{cases} e_1=-w_1\dfrac{d\Phi}{dt} \\ e_2=-w_2\dfrac{d\Phi}{dt} \end{cases}$$

$$e_{1\sigma}=-w_1\dfrac{d\Phi_{1\sigma}}{dt}$$

按图 2-4 所规定的正方向，根据基尔霍夫第二定律，变压器空载运行时原边的电动势平衡方程式为

$$u_1=-e_1-e_{1\sigma}+i_0r_1 \tag{2-3}$$

当上式各物理量都随时间按正弦规律变化时，可用相量形式表示：

$$\dot{U}_1=-\dot{E}_1-\dot{E}_{1\sigma}+\dot{I}_0r_1 \tag{2-4}$$

在一般变压器中，I_0r_1 和 $E_{1\sigma}$ 均远远小于 E_1，I_0r_1 约为 E_1 的 0.2% 以下，$E_{1\sigma}$ 约为 E_1 的 0.1% 以下，故可将 I_0r_1 和 $E_{1\sigma}$ 略去，式(2-4)可以近似地改写为

$$\dot{U}_1\approx-\dot{E}_1 \tag{2-5}$$

这就是说，外施电压 $\dot{U}_1$ 和电动势 $\dot{E}_1$ 在数值上近似相等，相位上近似相反。

一般原边电压 u_1 按正弦规律变化，故电动势 e_1 近似按正弦规律变化，显然，主磁通 Φ 也近似按正弦规律变化。现假设：

$$\Phi = \Phi_m \sin\omega t$$

式中，Φ_m 为主磁通的幅值。则

$$e_1 = -w_1\omega\Phi_m\cos\omega t = 2\pi f w_1\Phi_m\sin(\omega t - 90°)$$

显然，感应电动势 e_1 在时间相位上滞后于磁通 Φ 为 $90°$，有效值为

$$E_1 = 2\pi f w_1\Phi_m / \sqrt{2} = 4.44 f w_1\Phi_m \tag{2-6}$$

主磁通在原边线圈中感应的电动势用相量表示时：

$$\dot{E}_1 = -\text{j}4.44 f w_1\dot{\Phi}_m \tag{2-7}$$

同理可得：

$$\dot{E}_2 = -\text{j}4.44 f w_2\dot{\Phi}_m \tag{2-8}$$

原、副边感应电动势 E_1 和 E_2 之比称为变压器的变比 k，即

$$k = \frac{E_1}{E_2} = \frac{w_1}{w_2} \tag{2-9}$$

由于漏磁通 $\Phi_{1\sigma}$ 主要经非磁性材料闭合，所以漏磁路是不饱和的。因此，漏磁通 $\Phi_{1\sigma}$ 和空载电流 i_0 成正比，即 $\Phi_{1\sigma} = w_1 i_0 \Lambda_{1\sigma}$。

则

$$e_{1\sigma} = -w_1\frac{\text{d}\Phi_{1\sigma}}{\text{d}t} = -w_1^2\Lambda_{1\sigma}\frac{\text{d}i_0}{\text{d}t} = -L_{1\sigma}\frac{\text{d}i_0}{\text{d}t}$$

式中，$\Lambda_{1\sigma}$ 为原边漏磁路的磁导，$L_{1\sigma}$ 为原边线圈的漏电感，它们均是常数。于是，当 i_0 按正弦规律变化时，可用相量表示：

$$\dot{E}_{1\sigma} = -\text{j}\dot{I}_0\omega L_{1\sigma} = -\text{j}\dot{I}_0 x_{1\sigma} \tag{2-12}$$

式中，$x_{1\sigma}$ 称为原边漏电抗。若原边线圈电阻用 r_1 表示，则 $Z_1 = r_1 + \text{j}x_{1\sigma}$，称为原边漏阻抗。

这样，电动势平衡方程式（2-4）变成

$$\dot{U}_1 = -\dot{E}_1 + \dot{I}_0 r_1 + \text{j}\dot{I}_0 x_{1\sigma} = -\dot{E}_1 + \dot{I}_1 Z_1 \tag{2-13}$$

采用和原边漏电抗相似的概念，感应电动势 $\dot{E}_1$ 也用参数形式表示，即 $\dot{E}_1 = -\text{j}\dot{I}_0 x_m$，$x_m$ 称为激磁电抗，它的数值等于主磁通感应的电动势 $\dot{E}_1$ 和产生主磁通 Φ 的电流 $\dot{I}_0$ 之间的比例系数；另一个方面，主磁通在铁芯中还会引起损耗，为计及这一因数的影响，通常引入一个等效电阻 r_m，使 $I_0^2 r_m$ 等于主磁通产生的铁耗，这个电阻称为激磁电阻。它们的大小与主磁通密度的大小和变化频率有关，不是常数。当主磁通增加，磁路的饱和程度提高时，x_m 的数值减小，反之相反。磁通发生变化，铁耗变化，所以 r_m 也将发生变化。这样，当 $\dot{E}_1$ 用参数形式表达时

$$\dot{E}_1 = -\dot{I}_0(r_m + \text{j}x_m) = -\dot{I}_0 Z_m \tag{2-14}$$

式中，$Z_m = r_m + \text{j}x_m$，称为激磁阻抗。

变压器从空载到额定负载，当施加在原边的电压保持额定值不变时，主磁通基本不变，磁路的饱和程度和铁耗基本不变，所以激磁阻抗 $Z_m = r_m + \text{j}x_m$ 就近似地认为是常数。

根据式（2-13）和（2-14）可以画出变压器空载运行时的等效电路，如图 2-5(b) 所示。

变压器副边电动势平衡方程式为

$$\dot{U}_{20} = \dot{E}_2 \tag{2-15}$$

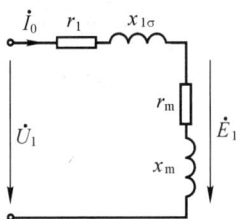

图 2-5　变压器空载运行等效电路图　　　　图 2-6　单相变压器负载运行原理图

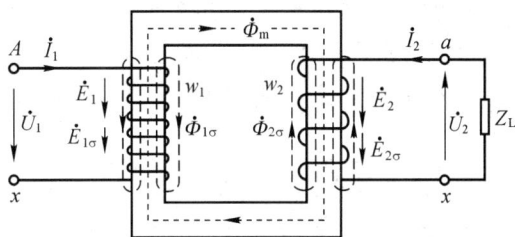

2. 单相变压器负载运行

变压器负载运行时的原理图如图 2-6 所示。当副边与负载阻抗 Z_L 接通时,就有电流 $\dot{I}_2$ 流通。根据全电流定律,这时铁芯中的主磁通 Φ 由原边磁动势和副边磁动势共同产生,与空载相比有所变化,从而改变了原、副边的感应电动势 $\dot{E}_1$ 和 $\dot{E}_2$,在电压 $\dot{U}_1$ 和原边漏阻抗 Z_1 一定的情况下,$\dot{E}_1$ 的改变必然引起原边电流从空载时的 $\dot{I}_0$ 变为负载时的 $\dot{I}_1$。但应注意:由于原边漏阻抗很小,所以主磁通 Φ 和感应电动势 $\dot{E}_1$ 的变化也是很小的。当然,副边磁动势除了参与产生主磁通外,同样会产生只与副边线圈相交链的漏磁通 $\dot{\Phi}_{2\sigma}$,会在副边线圈中感应电动势 $\dot{E}_{2\sigma}$,同样原理

$$\dot{E}_{2\sigma} = -j\dot{I}_2\omega L_{2\sigma} = -j\dot{I}_2 x_{2\sigma} \tag{2-16}$$

(1)磁动势平衡方程式

当原、副边磁动势分别为 $\dot{F}_1$、$\dot{F}_2$,合成磁动势为 $\dot{F}_m$ 时,则

$$\dot{F}_1 = \dot{I}_1 w_1 \tag{2-17}$$

$$\dot{F}_2 = \dot{I}_2 w_2 \tag{2-18}$$

$$\dot{F}_1 + \dot{F}_2 = \dot{F}_m = \dot{I}_m w_1 \tag{2-19}$$

或

$$\dot{I}_m = \dot{I}_1 + \frac{w_2}{w_1}\dot{I}_2 = \dot{I}_1 + \frac{\dot{I}_2}{k} \tag{2-20}$$

式中,$\dot{I}_m$ 称为励磁电流,其数值和空载电流 $\dot{I}_0$ 基本接近。

(2)电动势平衡方程式

原边电动势平衡方程式为

$$\dot{U}_1 = -\dot{E}_1 + \dot{I}_1 r_1 + j\dot{I}_1 x_{1\sigma} = -\dot{E}_1 + \dot{I}_1(r_1 + jx_{1\sigma}) = -\dot{E}_1 + \dot{I}_1 Z_1 \tag{2-21}$$

副边电动势平衡方程式为

$$\dot{U}_2 = \dot{E}_2 + \dot{E}_{2\sigma} - \dot{I}_2 r_2 = \dot{E}_2 - j\dot{I}_2 x_{2\sigma} - \dot{I}_2 r_2 = \dot{E}_2 - \dot{I}_2 Z_2 \tag{2-22}$$

式中,$Z_2 = r_2 + jx_{2\sigma}$,称为副边的漏阻抗。

$$\dot{U}_2 = \dot{I}_2 Z_L \tag{2-23}$$

式中,$Z_L = R_L + jx_L$,称为副边的负载阻抗。

但因变压器原、副边线圈的匝数相差较大,原、副边的参数和电压、电流的数值相差较大,计算时不方便,画相量图更困难,所以一般均采用折算法,即用一个匝数和原边线圈相等的新的副边线圈来替代实际的副边线圈。这个新的副边线圈的各种物理量就称为副边的折算值。应当注意:折算仅仅是一种数学方法,所以在副边线圈折算前后,保持变压器原来的电磁关系、磁

场分布情况、有功功率和无功功率不变。折算的方法为:电动势、电压的折算值等于原值乘以变比 k;电流的折算值等于原值除以 k;阻抗的折算值等于原值乘以 k^2。折算值用原来物理量符号的右上角加"′"来表示,即 $\dot{I}_2' = \dot{I}_2/k$,$E_2' = kE_2$,$U_2' = kU_2$,$r_2' = k^2 r_2$,$R_L' = k^2 R_L$,$x_{2\sigma}' = k^2 x_{2\sigma}$,$x_L' = k^2 x_L$。

折算后的基本方程式为

$$
\left.
\begin{aligned}
&\dot{U}_1 = -\dot{E}_1 + \dot{I}_1 r_1 + j\dot{I}_1 x_{1\sigma} \\
&\dot{U}_2' = \dot{E}_2' - \dot{I}_2' r_2' - j\dot{I}_2' x_{2\sigma}' \\
&\dot{U}_2' = \dot{I}_2' Z_L' = \dot{I}_2'(R_L' + jx_L') \\
&\dot{I}_1 + \dot{I}_2' = \dot{I}_m \\
&\dot{E}_1 = \dot{E}_2' = -j4.44 f w_1 \Phi_m \\
&\dot{E}_1 = \dot{E}_2' = -\dot{I}_m Z_m = -\dot{I}_m(r_m + jx_m)
\end{aligned}
\right\} \quad (2\text{-}24)
$$

(3)等效电路图

根据方程式组(2-24)可以画出等效电路图,如图 2-7(a)所示。由于电路中的阻抗分布呈"T"形,所以称为 T 形等效电路图。

为简化计算,考虑到 $Z_1 \ll Z_m$,可以将 T 形等效电路中的 r_m 和 x_m 直接移到电源端,成为如图 2-7(b)所示的近似 Γ 形等效电路图。将近似 Γ 形等效电路图中的励磁支路忽略掉,就得到如图 2-7(c)所示的简化等效电路图。

在 Γ 形和简化等效电路图中,常将原、副边的漏阻抗合并起来,即

$$
\left.
\begin{aligned}
&r_k = r_1 + r_2' \\
&x_k = x_{1\sigma} + x_{2\sigma}' \\
&Z_k = r_k + jx_k = Z_1 + Z_2'
\end{aligned}
\right\} \quad (2\text{-}25)
$$

式中,Z_k 称为短路阻抗;r_k 称为短路电阻;x_k 称为短路电抗。

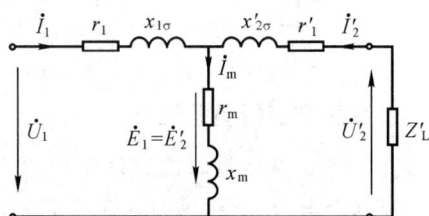

(a) T 形等效电路图

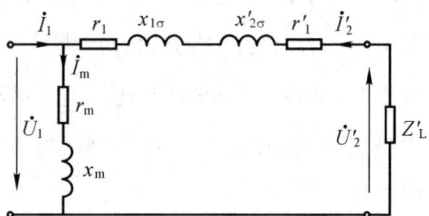

(b) Γ 形等效电路图

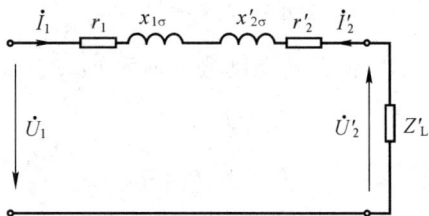

(c) 简化等效电路图

图 2-7　变压器的等效电路图

第二节　变压器的空载电流和铁耗[*]

一、铁磁材料的特性

变压器的铁芯由硅钢片叠成,硅钢片是常用的铁磁材料,它既有高导磁性能,又有良好的导电性能。

非铁磁材料(如铜、铝、绝缘材料和空气等)的磁导率和真空中的磁导率 μ_0 基本相等,而铁磁材料的磁导率比 μ_0 大几百倍到几千倍。电机、变压器和电磁铁等中所使用的铁磁材料的磁导率约为 μ_0 的 200~6000 倍。

铁磁材料之所以具有高导磁性能,是由于铁磁材料内部具有许许多多强烈磁化了的自发

磁化单元——磁畴。平时,由于磁畴是杂乱无章排列的,磁场相互抵消,所以对外不显示磁性;但在外界磁场的作用下,磁畴沿外界磁场的方向作有规则的排列,形成一个附加磁场叠加在外磁场上,使总磁场大大加强。

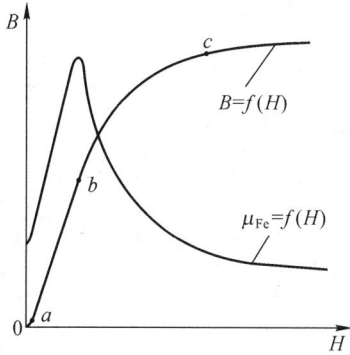

图 2-8　铁磁材料的磁化曲线

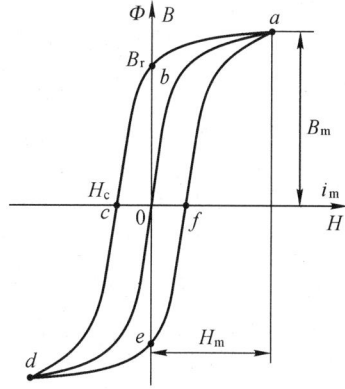

图 2-9　铁磁材料的磁滞回线

当外界磁场强度很小时,还不足以影响磁畴,此时随着磁场强度 H 的增大,磁通密度(或称磁感应强度)B 的增大缓慢,如图 2-8 中 $0a$ 段所示;当外界磁场强度达到一定数值后,磁畴开始沿外界磁场的方向作有规则的排列,因此,B 随着 H 的增大几乎呈正比地迅速增大,如图 2-8 中 ab 段所示;在 bc 段,磁畴在外界磁场作用下已逐渐排列整齐,故随 H 的增大,B 的增大速度减慢;在 c 点以后,因磁畴沿外界磁场方向已几乎排列整齐,故当 H 继续增大时,B 几乎不再增大(实际增大速度与空气中一样)。随着 H 的增大,B 的增大减慢或几乎不变的现象称为磁饱和现象。所以铁磁材料的磁化特性曲线是一条具有饱和特性的曲线。

在交变励磁的情况下,铁磁材料的磁化曲线是一条回线,称为磁滞回线,如图 2-9 所示。开始励磁时,H 从零上升到某一最大值 H_m 时,B 沿磁化曲线 $0a$ 上升,H_m 对应的磁通密度为 B_m;当 H 由 H_m 下降到零时,B 沿着另一条曲线 ab 下降到某一数值 B_r,B_r 称为剩余磁通密度(或称剩余磁感应强度),这种 B 的变化滞后于 H 的变化称为磁滞现象;反向磁化开始,当 H 变到某一数值 $-H_c$,即 c 点时,剩余磁场全被抵消,H_c 称为矫顽力;继续增强反向磁化强度达到 $-H_m$ 时,B 为 $-B_m$,如曲线 cd 段所示;此时开始削弱反向磁场强度,B 将沿 de 变化到 e 点,这时的 $B=-B_r$;当反向磁化强度继续减弱到零时,B 沿 ef 变化;这时若正向励磁,B 将沿 fa 上升,直至 a 点。一般,当 H 在 $+H_m$ 和 $-H_m$ 反复多次变化后才能得到闭合曲线 $abcdefa$,称为铁磁材料的磁滞回线。同一材料,在不同的 H_m 值下有不同的磁滞回线。将不同 H_m 值下所得的磁滞回线的顶点连接起来所得的曲线(基本上就是曲线 $0a$)称为基本磁化曲线。

二、铁磁材料在交变磁场中产生的铁耗

铁磁材料在外界交变磁场作用下反复磁化时,内部磁畴必将随外界磁场变化而不停地往返转向,磁畴间相互摩擦而消耗能量,引起损耗,称为磁滞损耗。磁滞损耗 p_k 与最大磁通密度 B_m、交变频率 f 和材料等因素有关,即 $p_k \propto f B_m^{\alpha}$。

对于常用的硅钢片,当 $B_m=1.0\sim1.6T$ 时,$\alpha\approx2$。铁磁材料不同,磁滞回线的形状就不同,磁滞损耗与磁滞回线所包围的面积有关,面积愈大,磁滞损耗也就愈大。

同时,当铁芯中磁通发生交变时,根据电磁感应定律,铁芯中同样会感应涡流状的电动势并产生电流,这种电流就称为涡流,如图 2-10 中虚线所示。涡流在铁芯中流通时,同样会产生

损耗,就称为涡流损耗。涡流损耗 p_w 与 B_m、f、磁力线方向的硅钢片厚度 d 和硅钢片电阻率 ρ 等因素有关,即 $p_w \propto f^2 B_m^2 d^2 / \rho$。

因此,为了减少涡流损耗,应尽量减少硅钢片的厚度。一般,变压器用硅钢片为 0.35mm 厚,含硅量较高;电机用硅钢片为 0.5mm 厚,含硅量较低。

铁芯在交变磁场中产生的磁滞损耗和涡流损耗统称为铁芯损耗,简称铁耗,用 p_{Fe} 表示,$p_{Fe} \propto f^\beta B_m^2$,其中 $\beta = 1.2 \sim 1.6$。

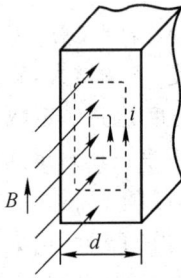

图 2-10　硅钢片中的涡流

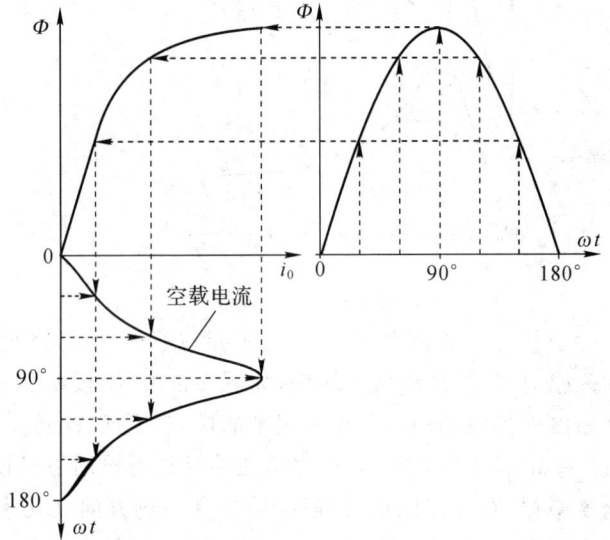

图 2-11　不计铁耗,磁通为正弦波时的励磁电流波形

三、变压器的空载电流和磁通

1. 单相变压器的空载电流

当单相变压器的原边加上按正弦规律变化的电压后,磁通亦按正弦规律变化。由于变压器铁芯的磁化曲线是一条饱和曲线,因此空载电流 i_0 并不按正弦规律变化。不考虑铁耗时空载电流为对称的尖顶波,如图 2-11 所示。尖顶波的空载电流与磁通 Φ 同相位,超前于感应电动势 e_1 为 90°,即近似地滞后于原边电压 u_1 为 90°,是起励磁作用的无功的磁化电流。铁芯的饱和程度愈高,电流波形愈尖。

考虑磁滞作用时,空载电流为不对称的尖顶波,如图 2-12 所示。不对称的尖顶波可以分解出对称的尖顶波和与电压降 $-e_1$ 同相位的有功电流分量,这是磁滞损耗所引起的。再考虑涡流损耗时,将有功电流分量增加,称为铁耗电流。

在分析变压器的功率关系时,常用等效正弦波来替代尖顶的空载电流。等效正弦波电流的频率和尖顶波的频率相同,不考虑铁耗时的对称尖顶波的等效正弦波仍与主磁通同相位,有效值和尖顶波的有效值相等,即

$$I_0 = \sqrt{I_{01}^2 + I_{03}^2 + I_{05}^2 + \cdots\cdots} \tag{2-26}$$

式中,I_{01}、I_{03}、I_{05}……为尖顶波空载电流所含的基波、三次谐波、五次谐波等一系列奇次谐波的有效值。

考虑铁耗时的不对称尖顶波的等效正弦波电流 $\dot{I}_0$ 超前于主磁通 $\dot{\Phi}_m$ 一个小角度 α_{Fe},滞后

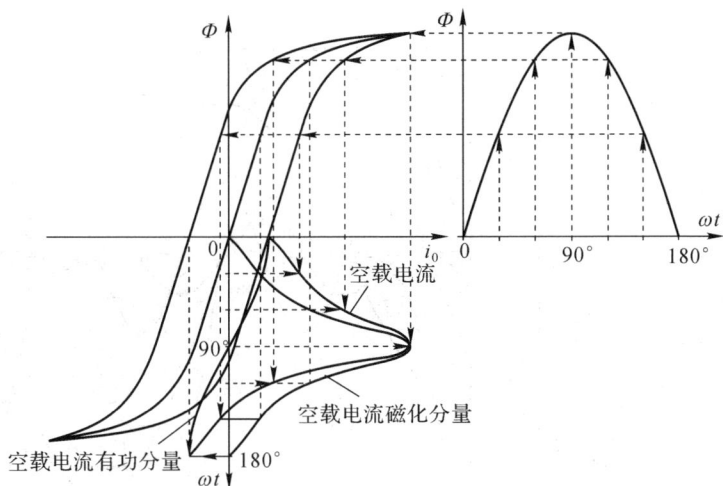

图 2-12 考虑磁滞影响，磁通为正弦波时的励磁电流波形

于电压降 $-\dot{E}_1$ 为 $(90°-\alpha_{Fe})<90°$。这时，$\dot{I}_0$ 可以分解为无功的磁化电流 $\dot{I}_\mu$ 和有功的铁耗电流 $\dot{I}_{Fe}$

$$\left.\begin{array}{l} \dot{I}_0 = \dot{I}_{Fe} + \dot{I}_\mu \\ I_0 = \sqrt{I_{Fe}^2 + I_\mu^2} \end{array}\right\} \tag{2-27}$$

综上所述，当变压器原边输入电压为正弦波时，空载电流为不对称的尖顶波，一般用等效正弦波电流来替代。在交流电流建立交变磁场时，需要吸收滞后的无功功率，同时需要吸收有功功率以抵偿铁芯中磁场交变所引起的铁耗。其他含有铁芯的交流线圈，如交流电磁铁、电抗器、异步电机等，在通入交流电流建立交变磁场时同样需要吸收滞后的无功功率和有功功率。

2. Y/Y 连接三相变压器的空载电流和磁通

当三相变压器采用 Y/Y 连接时，由于没有中线引出，所以励磁电流中的三次谐波无法流通，励磁电流近似于正弦波。根据变压器铁芯的磁化曲线，用作图法作出的磁通波形为一平顶波，如图 2-13 所示。可以分解出基波和谐波，其中与各相绕组相交链的三次和同一次数三倍次谐波磁通在时间上同相位。

在三相组式变压器中，由于各相磁路独立，所以三次谐波磁通和主磁通一样沿铁芯闭合，故其数值较大；加上三次谐波的交变频率为基波的三倍，即 $f_3 = 3f_1$，所以由三次谐波磁通感应的三次谐波相电动势的数值较大，其幅值有时可达到基波幅值的 $45\%\sim60\%$，甚至更大；同时，当基波达到幅值时，三次谐波亦达到幅值，结果使相电动势的最大值升高很多，如图 2-13 所示，从而可能将绕组绝缘击穿。至于三相三次谐波线电动势，由于同相位的三次谐波相电动势相互抵消，因此线电动势波形仍为正弦波。

在三相式三铁柱变压器中，由于三相磁路彼此相关，因此同相位的三相三次谐波磁通无法沿铁芯闭合，故只能借助变压器油和油箱壁等形成闭合回路。由于这一磁路的磁阻很大，故三次谐波磁通被大大削弱，三次谐波电动势也就相应减少，相电动势也就接近正弦波。但三次谐波在油箱壁中引起附加损耗，使变压器油箱壁局部过热，并降低了变压器的效率。

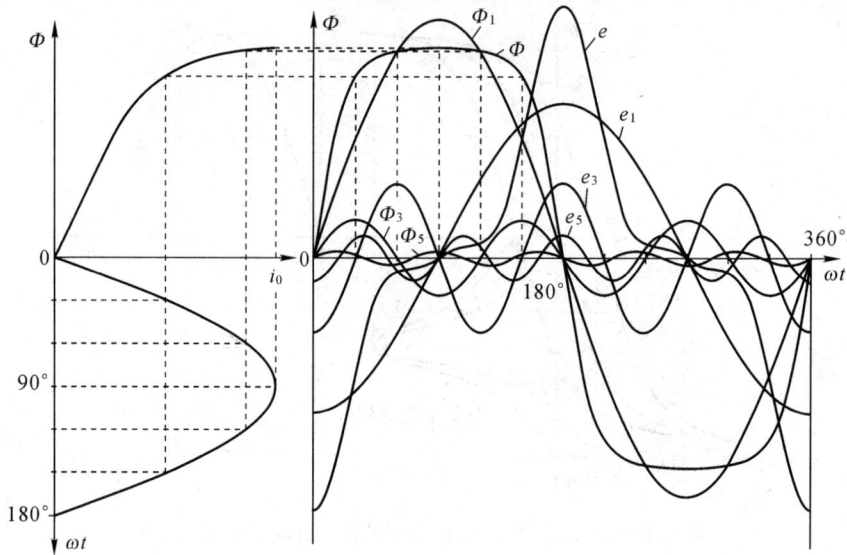

图 2-13　Y/Y 连接的三相组式变压器的磁通和相电动势波形

第三节　变压器的运行特性和参数测定

一、外特性和电压变化率

当 $U_1 = U_{1N}$，$\cos\phi_2 =$ 常数时，$U_2 = f(I_2)$ 的关系曲线称为变压器的外特性。由于变压器原、副边线圈中均有漏阻抗存在，因此在负载运行时，当负载电流流过漏阻抗时，就会有电压降落，因而变压器副边的输出电压将随负载电流 I_2 的变化而变化，变化规律与负载的性质有关，图 2-14 是变压器在不同负载性质时的外特性。一般为电感性负载，所以是一条下垂曲线。

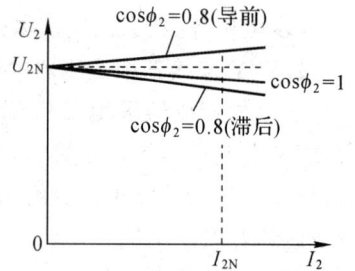

图 2-14　变压器的外特性

为表征 U_2 随负载电流 I_2 变化而变化的程度，用电压变化率（或称电压调整率）Δu 来表示。它的定义是：当原边施加额定频率的额定电压时，副边空载电压 U_{20} 与某一功率因数下额定负载时的副边电压 U_2 之差，对副边额定电压 U_{2N} 的百分值，即

$$\Delta u = \frac{U_{20} - U_2}{U_{2N}} \times 100\% = \frac{U_{2N} - U_2}{U_{2N}} \times 100\% = \frac{U_{1N} - U_2'}{U_{1N}} \times 100\% \qquad (2-28)$$

二、损耗和效率特性

变压器负载运行时，将产生铁耗和铜耗。

铁耗 p_{Fe} 包括基本铁耗和附加铁耗两部分。基本铁耗就是由铁芯中的磁通密度、频率和材料等所决定的磁滞损耗 p_h 和涡流损耗 p_w；附加铁耗包括叠片间绝缘损伤所引起的局部涡流损耗、结构件中的涡流损耗和高压变压器绝缘材料中的介质损耗等。附加铁耗占基本铁耗的

15%～20%。

　　铜耗包括基本铜耗和附加铜耗两部分。基本铜耗就是原、副边线圈的直流电阻铜耗，即 I^2r；附加铜耗主要是由集肤效应和邻近效应使导线中电流分布不均匀所增加的铜耗。附加铜耗相当于使基本铜耗增加到 1.005～1.05 倍。

　　对于已有的变压器，其损耗可以通过试验测定。变压器空载运行，当电压为额定值时，空载电流仅为额定电流的 2%～10%，铜耗可以忽略，所以额定电压时的空载损耗 p_0 就是变压器的铁耗。由于变压器的主磁通 Φ 从空载到负载基本不变，所以变压器的铁耗基本不变，将铁耗称为不变损耗。变压器短路运行，当短路电流达到额定值时，所需电压仅为额定电压的 4.5%～10.5%，所以此时铁芯中的主磁通 Φ 很小，铁耗和励磁电流均可忽略，此时的短路损耗 P_k 就是额定负载时的铜耗。由于铜耗和电流的平方成正比，所以是随负载变化而变化的可变损耗。

　　变压器的总损耗

$$\sum p = p_{Fe} + p_{cu} = P_0 + (I_2/I_{2N})^2 P_k = P_0 + I_2^{*2} P_k \tag{2-29}$$

式中，$I_2^* = I_2/I_{2N}$，称为副边电流的标么值。

　　变压器的效率

$$\eta = \frac{P_2}{P_1} \times 100\% = \left(1 - \frac{\sum p}{P_1}\right) \times 100\% = \left(1 - \frac{\sum p}{P_2 + \sum p}\right) \times 100\% \tag{2-30}$$

式中，P_1 为变压器的输入功率，

$$P_1 = U_1 I_1 \cos\phi_1 \tag{2-31}$$

P_2 为变压器的输出功率

$$P_2 = U_2 I_2 \cos\phi_2 \approx U_{2N} I_2 \cos\phi_2 = S_N I_2^* \cos\phi_2 \tag{2-32}$$

将式(2-29)、(2-32)代入式(1-30)可得

$$\eta = \left(1 - \frac{P_0 + I_2^{*2} P_k}{I_2^* S_N \cos\phi_2 + P_0 + I_2^{*2} P_k}\right) \times 100\% \tag{2-33}$$

令 $d\eta/dI_2^* = 0$，解得 $I_2^* = \sqrt{P_0/P_k}$，即当 $I_2^{*2} P_k = P_0$，也就是当可变损耗和不变损耗相等时，变压器的效率将达到最大。一般电力变压器通常将最大效率设计在 $I_2^* = 0.5～0.58$ 的时候。效率特性曲线如图 2-15 所示。

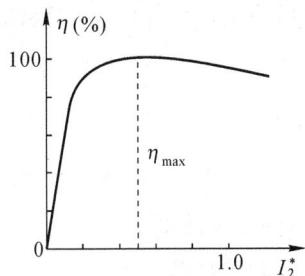

图 2-15　变压器的效率特性

三、参数测定

　　在求解变压器基本方程式、画等效电路图和相量图时，均需要知道参数，即原、副边绕组的电阻、漏抗和激磁阻抗。这些参数，对已有的变压器可以通过空载和短路试验来测定。

　　1. 空载试验

　　为便于测量和安全起见，通常将正弦波电源电压加在低压绕组上。试验接线图如图 2-16 所示。考虑到空载试验时电压需超过额定值，而电流很小，为减少测量仪表所需电流引起的误差，一般将电流表和功率表的电流线圈接在靠变压器绕组侧。为了获得空载时各物理量随电压变化的曲线，外施电压应能在一定范围内变化。一般地，先将电源电压升高到 $1.2U_N$，然后再逐渐单调下降，依次分别测出空载电流 I_0 和空载损耗 P_0，即可作出曲线 $I_0 = f(U_0)$ 和 $P_0 = f(U_0)$。

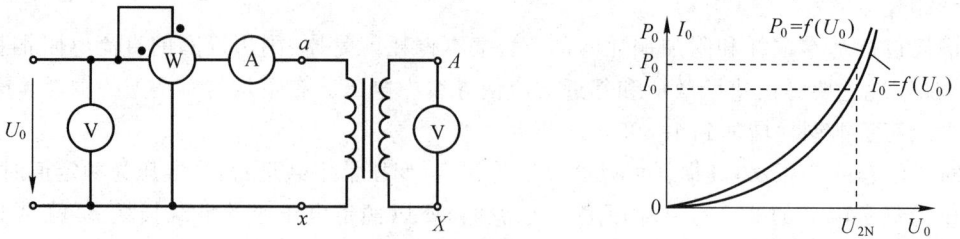

图 2-16　变压器空载试验接线图和 $I_0 = f(U_0)$ 及 $P_0 = f(U_0)$ 曲线

分析变压器时,常以降压变压器为例。从 T 形等效电路可知,空载试验时测得的总阻抗为

$$Z_0 = Z_2 + Z_{2m} = (r_2 + jx_{2\sigma}) + (r_{2m} + jx_{2m}) \tag{2-34}$$

式中,Z_{2m}、r_{2m} 和 x_{2m} 分别为折算到低压边的激磁阻抗或激磁电阻和激磁电抗。

在电力变压器中,由于 $r_{2m} \gg r_2$,$x_{2m} \gg x_{2\sigma}$,所以近似地认为

$$Z_0 \approx Z_{2m} = r_{2m} + jx_{2m} \tag{2-35}$$

由于 r_{2m} 和 x_{2m} 的数值与磁路的饱和程度有关,即在不同电压下所测得的数值不同,为使所测得的参数更符合于实际运行的情况,应取额定电压点的数据来计算激磁阻抗,即从试验所得曲线 $I_0 = f(U_0)$ 和 $P_0 = f(U_0)$ 上查出 $U_0 = U_N$ 所对应的 I_0 和 P_0,再进行计算:

$$\left. \begin{array}{l} z_{2m} = U_0 / I_0 \\ r_{2m} = p_0 / I_0^2 \\ x_{2m} = \sqrt{z_{2m}^2 - r_{2m}^2} \end{array} \right\} \tag{2-36}$$

根据空载试验低压边加额定电压时所测得的高压边电压值,可以计算出变压器的变比 k,然后将上述计算所得的激磁阻抗值乘以 k^2,就得到折算到高压边的激磁阻抗值,即

$$\left. \begin{array}{l} z_m = k^2 z_{2m} \\ r_m = k^2 r_{2m} \\ x_m = k^2 x_{2m} \end{array} \right\} \tag{2-37}$$

一般电力变压器在额定电压时,空载电流 $I_0 = (2 \sim 10)\% I_N$,空载损耗 $P_0 \approx (0.2 \sim 1.0)\% S_N$;随着变压器容量的增大,$I_0$ 和 P_0 的百分值逐渐减小。

2. 短路试验

为便于测量,短路通常将电源施加在高压边,而副边直接短路。试验接线图如图 2-17 所

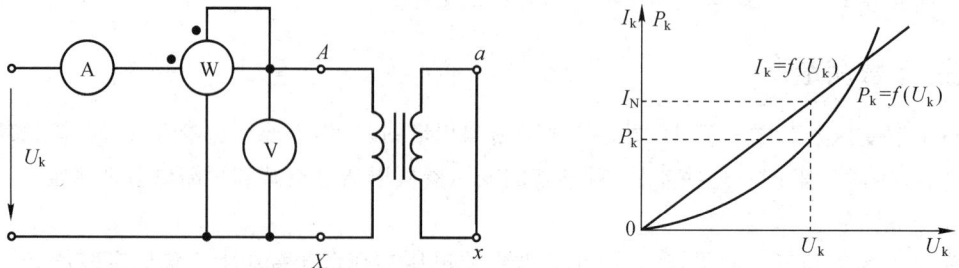

图 2-17　变压器短路试验接线图及 $I_k = f(U_k)$ 和 $P_k = f(U_k)$ 曲线

示。考虑到短路试验时电流需超过额定值,而电压很低,为减少测量仪表上的电压降引起的误差,一般将电压表和功率表的电压线圈接在靠变压器绕组侧。变压器短路时,外施电压仅用于克服变压器中的等效漏阻抗压降;由于一般电力变压器的短路阻抗 Z_k 很小,为了避免产生过大的短路电流而使绕组烧毁,短路试验应当在低电压下进行。调节外施电压,使短路电流 I_k 从

0 逐渐增加到 $1.2I_N \sim 1.3I_N$，测出短路电流 I_k 和短路损耗 P_k 随外施电压 U_k 变化的曲线及 $P_k = f(U_k)$。由于漏磁路不饱和，短路阻抗（即漏阻抗）Z_k 可视为常值，故短路电流曲线为一直线；而短路损耗的曲线近似为指数曲线。

由于短路试验时外施电压很低，铁芯中磁通密度很低，铁耗和励磁电流均可忽略，所以在短路情况下可采用变压器的简化等效电路。在 $I_k = f(U_k)$ 和 $P_k = f(U_k)$ 曲线上，取 $I_k = I_N$ 查出对应的 U_k 和 P_k，计算变压器的短路参数

$$\left. \begin{array}{l} z_k = U_k / I_K \\ r_k = p_k / I_k^2 \\ x_k = \sqrt{z_k^2 - r_k^2} \end{array} \right\} \tag{2-38}$$

由于导体的电阻值和温度有关，而短路试验时的温度与变压器实际运行时不同，因此需将短路试验测得的电阻值换算到基准工作温度。E 级和 B 级绝缘的基准工作温度为 $75\,℃$，则

$$\left. \begin{array}{l} r_{k75\,℃} = \dfrac{\alpha + 75}{\alpha + \theta} r_{k\theta} \\[2mm] z_{k75\,℃} = \sqrt{r_{k75\,℃}^2 + x_k^2} \end{array} \right\} \tag{2-39}$$

式中，θ 为试验时的室温；α 为电阻随温度变化的系数，对于铜线变压器，$\alpha = 234.5$，对于铝线变压器，$\alpha = 228$；$r_{k\theta}$ 为室温为 θ 下测得的短路电阻。一般认为

$$\left. \begin{array}{l} x_{1\sigma} = x_{2\sigma}' = 0.5 x_k \\ r_1 = r_2' = 0.5 r_{k75\,℃} \end{array} \right\} \tag{2-40}$$

这样，就能绘制 T 形等效电路和利用 T 形等效电路进行计算，这在工程计算中已足够精确。

一般电力变压器在额定电流下的短路电压 $U_k = (4.5 \sim 10.5)\% U_N$，短路损耗 $P_k \approx (0.4 \sim 4.0)\% S_N$；随着变压器容量的增大，$P_k$ 的百分值逐渐减小。

四、标幺值及其应用

在进行工程计算时，各种物理量，如电压、电流、阻抗和功率等，往往不以实际值表示，而用实际值与同单位的基值之比来表示，这个比值就称为标幺值。

通常选取原、副边的额定电压和额定电流作为这些物理量的基值，其他物理量（如阻抗、容量等）的基值通过量纲之间的换算关系来确定，故原、副边阻抗的基值为 $Z_{1N} = U_{1N}/I_{1N}$，$Z_{2N} = U_{2N}/I_{2N}$；原、副边的功率基值为 $S_N = U_{1N}I_{1N} = U_{2N}I_{2N}$。经过这样处理，可使采用标幺值表示的基本方程式与采用实际值表示的方程式保持一致。各物理量符号右上角加"＊"号就表示该物理量的标幺值。

原、副边电压、电流的标幺值为

$$U_1^* = U_1/U_{1N}; \quad I_1^* = I_1/I_{1N};$$
$$U_2^* = U_2/U_{2N}; \quad I_2^* = I_2/I_{2N}$$

原、副边阻抗的标幺值为

$$r_1^* = r_1/Z_{1N}; \quad x_{1\sigma}^* = x_{1\sigma}/Z_{1N}; \quad z_1^* = z_1/Z_{1N}$$
$$r_2^* = r_2/Z_{2N}; \quad x_{2\sigma}^* = x_{2\sigma}/Z_{2N}; \quad z_2^* = z_2/Z_{2N}$$

采用标幺值后，有以下优点：

(1)当变压器容量变化时,用标么值表示的参数和性能数据的变化范围很小,便于分析比较。如空载电流 $I_0^* \approx 0.02 \sim 0.1$,短路阻抗 $z_k^* \approx 0.045 \sim 0.105$。

(2)采用标么值表示的原、副边各物理量不再需要进行折算。如

$$r_2^* = \frac{r_2}{Z_{2N}} = \frac{I_{2N} r_2}{U_{2N}} = \frac{(I_{2N}/k) k^2 r_2}{k U_{2N}} = \frac{I_{1N} r_2'}{U_{1N}} = \frac{r_2'}{Z_{1N}} = r_2'^*$$

(3)原、副边电压、电流为额定值时,标么值为1,这给计算带来方便。

例题 2-1　一台单相变压器,$S_N = 20000 kVA$,$U_{1N} = 220/\sqrt{3}\ kV$,$U_{2N} = 11kV$。低压边空载试验当电压为额定电压时,测得 $I_0 = 45.4A$,$P_0 = 47kW$;高压边短路试验,当电流为额定电流时,测得 $U_k = 9.24kV$,$P_k = 129kW$;试验时的室温为 15℃。求:

(1)近似 Γ 形等效电路中的激磁阻抗、激磁电阻和激磁电抗,短路阻抗、短路电阻和短路电抗的实际值和标么值表示的参数值;

(2)利用近似 Γ 形等效电路求副边满载,$\cos\phi_2 = 0.8$(滞后)时的电压和电压变化率 Δu。

解　$I_{1N} = S_N/U_{1N} = 20000/(220/\sqrt{3}) = 157.46A$

$I_{2N} = S_N/U_{2N} = 20000/11 = 1818.2A$

$Z_{1N} = U_{1N}/I_{1N} = (220 \times 10^3/\sqrt{3})/157.46 = 806.67\Omega$

$Z_{2N} = U_{2N}/I_{2N} = 11000/1818.2 = 6.05\Omega$

$k = U_{1N}/U_{2N} = (220/\sqrt{3})/11 = 11.547$

(1)由空载试验求得折算到低压边的激磁阻抗为

$z_{2m} = U_0/I_0 = 11000/45.4 = 242.29\Omega$

$r_{2m} = P_0/I_0^2 = 47000/45.4^2 = 22.803\Omega$

$x_{2m} = \sqrt{z_{2m}^2 - r_{2m}^3} = \sqrt{242.29^2 - 22.803^2} = 241.22\Omega$

$z_m^* = z_{2m}/Z_{2N} = 242.29/6.05 = 40.048$

$r_m^* = r_{2m}/Z_{2N} = 22.803/6.05 = 3.7691$

$x_m^* = x_{2m}/Z_{2N} = 241.22/6.05 = 39.87$

折算到高压边的激磁阻抗为

$z_m = k^2 z_{2m} = 11.547^2 \times 242.29 = 32305\Omega$

$r_m = k^2 r_{2m} = 11.547^2 \times 22.803 = 3040.4\Omega$

$x_m = k^2 x_{2m} = 11.547^2 \times 242.22 = 32162\Omega$

由短路试验求得的高压边的短路阻抗为

$z_k = U_k/I_k = 9240/157.46 = 58.682\Omega$

$r_k = P_k/I_k^2 = 129000/157.46^2 = 5.2029\Omega$

$x_k = \sqrt{z_k^2 - r_k^2} = \sqrt{58.682^2 - 5.2029^2} = 58.451\Omega$

$z_k^* = z_k/Z_{1N} = 58.682/806.67 = 0.07275$

$r_k^* = r_k/Z_{1N} = 5.2029/806.67 = 0.00645$

$x_k^* = x_k/Z_{1N} = 58.451/806.67 = 0.07246$

(2)利用近似 Γ 形等效电路求低压边的电压和电压变化率。根据图 2-7(b)可得:

$$\dot{U}_1^* = -\dot{U}_2^* - \dot{I}_2^* r_k^* - j\dot{I}_2^* x_k^*$$

设 $-\dot{I}_2^* = 1\angle 0°$，作相量图如图 2-18 所示。

显然，$\dot{U}_1^* = 1\angle\alpha$，$-\dot{U}_2^* = U_2^*\angle\phi_2$。

从三角形的几何关系可得

$$U_1^*\cos\alpha = U_2^*\cos\phi_2 + I_2^* r_k^* \atop U_1^*\sin\alpha = U_2^*\sin\phi_2 + I_2^* x_k^* \Big\}$$

解联立方程，即将上两式两边平方后相加得

$$U_2^{*2} + 2U_2^*(r_k^*\cos\phi_2 + x_k^*\sin\phi_2) + r_k^{*2} + x_k^{*2} - 1 = 0$$

将已获得的数据代入并整理后得

图 2-18 Γ形等效电路相量图

$$U_2^{*2} + 0.097272U_2^* - 0.99471 = 0$$

解得 $\qquad U_2^* = 0.9499$

所以 $\qquad U_2 = U_2^* U_{2N} = 0.9499 \times 11000 = 10449\text{V}$

$$\Delta u = (1 - U_2^*) \times 100\% = 5.01\%$$

如直接利用 Δu 公式计算，因为 $\cos\phi_2 = 0.8$ 滞后，所以 $\sin\phi = 0.6$，则

$$\Delta u = (r_k^*\cos\phi + x_k^*\sin\phi) \times 100\%$$
$$= (0.00645 \times 0.8 + 0.07246 \times 0.6) \times 100\% = 4.864\%$$

两者略有差别，这是因为推导 Δu 计算公式时有所忽略引起的。

例题 2-2 一台单相变压器，$S_N = 210\text{kVA}$，$U_{1N}/U_{2N} = 6000/230\text{V}$，$f = 50\text{Hz}$，$r_m = 720\Omega$，$x_m = 7200\Omega$，$r_1 = r_2' = 2.7\Omega$，$x_{1\sigma} = x_{2\sigma}' = 9\Omega$，负载阻抗 $Z_L = 0.32 + j0.24$。当原边施加额定电压时，试用 T 形等效电路求原、副边电流 $\dot{I}_1$ 和 $\dot{I}_2$，副边电压 U_2 和功率因数 $\cos\phi_1$。

解

变比 $\qquad k = U_{1N}/U_{2N} = 6000/230 = 26.087$

负载折算 $\qquad Z_L' = k^2 Z_L = 26.087^2 \times (0.32 + j0.24) = 217.77 + j163.33 = 272.21\angle 36.87°\Omega$

磁阻抗 $\qquad Z_m = r_m + jx_m = 720 + j7200 = 7235.9\angle 84.29°\Omega$

$$Z_2' + Z_L' = (2.7 + j9) + (217.77 + j163.33) = 279.83\angle 38.01°\Omega$$

原边等效电阻 $\quad Z_d = Z_1 + \dfrac{1}{1/Z_m + 1/(Z_2' + Z_L')} = Z_1 + \dfrac{Z_m(Z_2' + Z_L')}{Z_m + Z_2' + Z_L'} = 280.3\angle 40.64°\Omega$

设 $\qquad \dot{U}_{1N} = (220/\sqrt{3}) \times 10^3 \angle 0°\text{V}$

则原边电流 $\qquad \dot{I}_1 = \dfrac{\dot{U}_{1N}}{Z_d} = \dfrac{6000\angle 0°}{280.3\angle 40.64°} = 21.406\angle -40.64°\text{A}$

功率因数 $\qquad \cos\phi_1 = \cos 40.64° = 0.75882$

副边电流折算值 $\quad \dot{I}_2' = \dfrac{-Z_m}{Z_m + Z_2' + Z_L'}\dot{I}_1 = 20.841\angle 140.92°\text{A}$

副边电流实际值 $\quad \dot{I}_2 = k\dot{I}_2' = 26.087 \times 20.841\angle 140.92° = 543.68\angle 140.92°\text{A}$

副边电压折算值 $\quad \dot{U}_2' = \dot{I}_2' Z_L' = 20.841\angle 140.92° \times 272.21\angle 36.87° = 5673.1\angle 177.79°\text{V}$

副边电压实际值 $\quad \dot{U}_2 = \dfrac{\dot{U}_2'}{k} = \dfrac{5673.1\angle 177.79°}{26.087} = 217.47\angle 177.79°\text{V}$

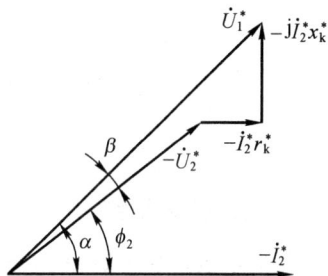

第四节　三相变压器和特殊变压器

一、三相变压器

在电力系统中广泛使用三相变压器。三相变压器在对称三相负载下运行时,可以取三相中的任意一相来研究,就和单相变压器没有差别。当然,三相变压器也具有自身的特点,如三相绕组的联接方式、三相磁路系统以及绕组内的感应电动势波形等问题。

1. 三相变压器的绕组联接法和联接组

在变压器绕组进行联接之前,必须将绕组的各个出线端点给予标志,高压边首端用 A、B、C(或 U_1、V_1、W_1)表示,末端用 X、Y、Z(或 U_2、V_2、W_2)表示;低压边首端用 a、b、c(或 u_1、v_1、w_1)表示,末端用 x、y、z(或 u_2、v_2、w_2)表示。

在联接绕组之前,首先必须确定高、低压边绕组中电动势之间的相位关系,即极性关系。对于单相变压器,高、低压边绕组同时与铁芯中的主磁通 Φ 相交链,在任意一个瞬间,若高压边绕组的某一端为高电位,则低压边绕组也必有一个端点为高电位,则这两个对应的同极性端点就称为同极性端,通常在这对应的两端点旁标以“.”或“＊”。显然,另两个对应的端点也同样是同极性端。所以,高、低压边绕组中电动势的相位关系与是否同时命名为首端有关,如图 2-19 所示,(a)为同极性端命名首端时,高、低压边电动势同相位;(b)为非同极端命名为首端时,则高、低压边电动势反相位。

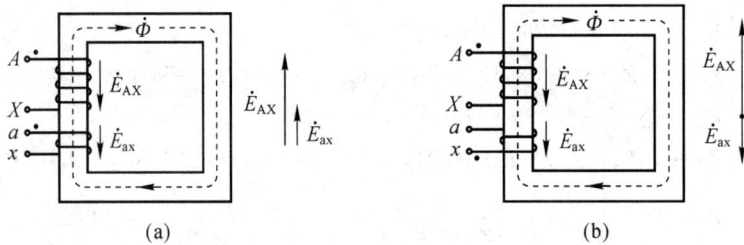

图 2-19　绕组的绕向和出线端的标志与电动势的相位关系

为表示高、低压绕组中的电动势的相位关系,用变压器的联接组号标志。联接组号的表示法是:将高压边电动势的相量作为时钟中的长针,并固定指向 12 数字,把低压边电动势的相量作为时钟中的短针,则根据高、低边电动势的相位差所决定的钟点数就是变压器的联接组号。对于图 2-19(a),用 I / I-12 来表示,图 2-19(b)用 I / I-6 来表示,其中 I / I 表示高、低压边均是单相绕组。至于三相变压器的联接组应分别取对应的线电动势进行比较判别。

三相绕组通常采用星形(Y 形)或三角形(△形)联接,有些特种变压器,如三相整流变压器有时还采用曲折形(Z 形)联接,如图 2-20 所示。由于一般变压器有原、副边两套绕组,两边可以采用相同或不相同的联接法,因此可以出现多种不同的配合,通常有 Y/Y、Y/△、△/Y、△/△,其中 Y 接法当有中点引出时用 Y_0(或 YN)表示。

三相变压器的联接组别不仅与绕组的绕向和首末端的标志有关,而且还与三相绕组的联接方式有关。下面以 Y/Y、Y/△接法为例来分析几种不同的联接组。

图 2-21(a)为三相变压器 Y/Y 接法时的联接图。此时若取高、低压边绕组同极性端为首端

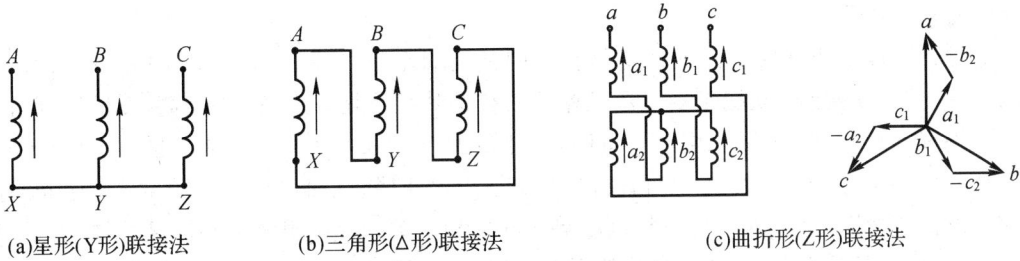

(a)星形(Y形)联接法   (b)三角形(△形)联接法   (c)曲折形(Z形)联接法

图 2-20 三相绕组的联接法

或末端,则对应的每一相高、低压边绕组的电动势同相位,当我们将高、低压边绕组首端 A 和 a 重合,作出三相变压器电动势的相量图后,显见高压边线电动势 $\dot{E}_{AB}$ 和低压边线电动势 $\dot{E}_{ab}$ 同相位,则变压器的联接组用 Y/Y-12 表示。如果把副边绕组的首、末端对调,如图 2-21(b)所示,这时对应的每一相高、低压边绕组的电动势反相位,作相量图可见,联接组变为 Y/Y-6 。

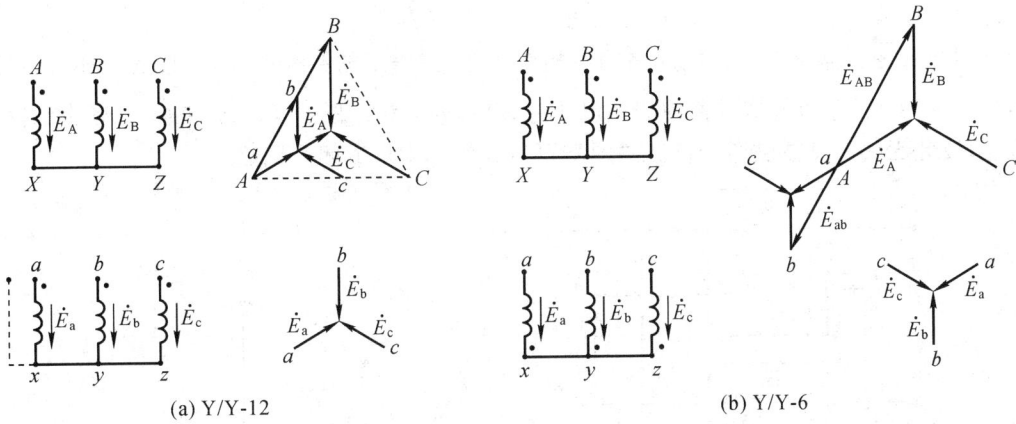

(a) Y/Y-12   (b) Y/Y-6

图 2-21 Y/Y 联接组

图 2-22(a)为三相变压器 Y/△(或 Y,d)接法时的联接图,取高、低压边绕组同极性端为首端或末端,副边△接法次序为 $a{\rightarrow}y{\rightarrow}b{\rightarrow}z{\rightarrow}c{\rightarrow}x{\rightarrow}a$ 时,从相量图可见:$\dot{E}_{ab}$ 滞后于 $\dot{E}_{AB}$ 为 $11\times30°=330°$,联接组用 Y/△-11 表示。当△接法联接次序为 $a{\rightarrow}z{\rightarrow}c{\rightarrow}y{\rightarrow}b{\rightarrow}x{\rightarrow}a$,如图 2-22

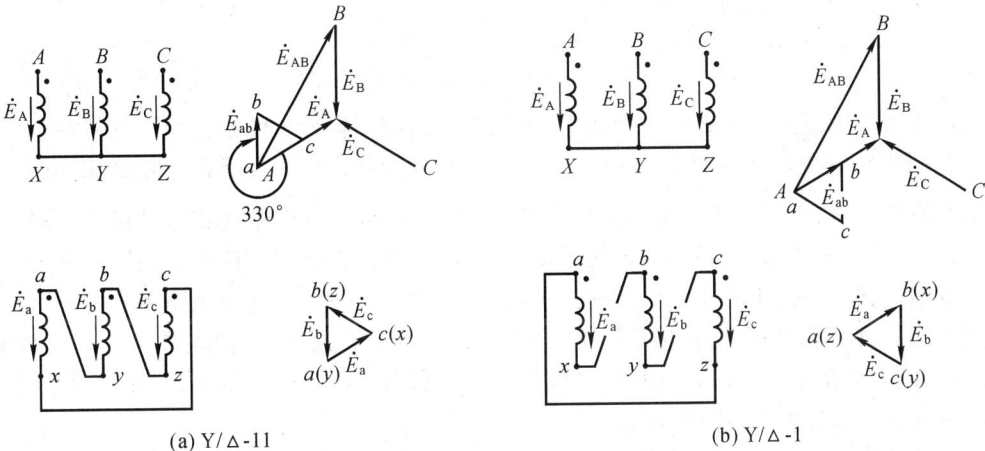

(a) Y/△-11   (b) Y/△-1

图 2-22 Y/△联接组

(b)所示时,$\dot{E}_{ab}$滞后于$\dot{E}_{AB}$为 30°,故用 Y/△-1 表示。

综上所述,改变出线端标志或选择是否用同极性端作为首端,或采用不同的△接法次序,可以获得不同的联接组。联接组别可用试验方法校核其组号是否正确。根据高、低压边绕组联接图,判别联接组号时,必须先绘出相量图,绘相量图时,将 A、a 点重合在一起,以便于比较,相量图中,A、B、C 和 a、b、c 均按顺时针方向排列。根据联接组绘制绕组联接图时,亦应先绘制相量图,根据相量图中原、副边绕组相电动势之间的相位关系标出出线端和同极性端,不过 A、B、C 和 a、b、c 均是从左到右,或是依次顺移。采用 Y/Y 或△/△联接时,可获得所有偶数的联接组;采用 Y/△或△/Y 联接时,可获得所有奇数的联接组。

为避免混乱和便于制造与使用,国家标准规定 Y/Y$_0$-12、Y/△-11 、Y$_0$/△-11、Y$_0$/Y-12 和 Y/Y-12 为电力变压器的标准联接组。

2. 三相变压器的磁路系统

三相变压器的磁路系统分为各相磁路彼此独立的三相组式变压器和各相磁路彼此相关的三相芯式变压器。

三相组式变压器是由三台同规格的单相变压器,按一定的接线方式,联接成三相变压器,如图 2-23 所示。当原边外施对称的三相电压时,对称的三相主磁通 $\dot{\Phi}_A$、$\dot{\Phi}_B$ 和 $\dot{\Phi}_C$ 在各自的铁芯中流通,彼此无关。基波磁通和谐波磁通均可以在铁芯中形成闭合回路。

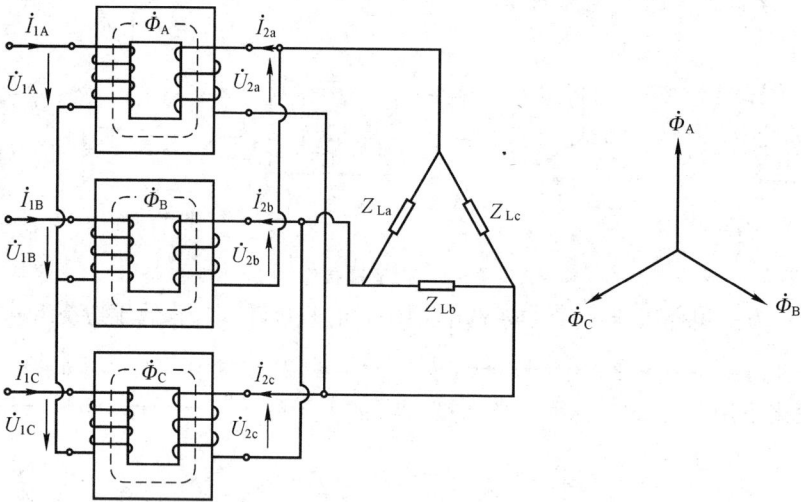

图 2-23 三相组式变压器磁路系统

三相芯式变压器的各相磁路彼此相关,我国电力系统用得最多的是三相三铁芯柱变压器。如将三台同规格的单相变压器的各一个铁芯柱合并成如图 2-24(a)所示的形式,则由于三相磁通是对称的,所以中间铁芯柱中的磁通为 $\dot{\Phi}_A+\dot{\Phi}_B+\dot{\Phi}_C=0$。这样中间铁芯柱可以省略,变成如图 2-24(b)所示的形式。实用上,为便于制造,常将三相的三个铁芯柱布置在同一个平面内,这样就得到了常用的三相芯式变压器的铁芯,如图 2-24(c)所示。在这种磁路系统中,每相主磁通均要借助另外两相的磁路才能闭合,由于中间 B 相的磁路最短,因而在外施三相对称电压时,三相励磁电流是不相等的,B 相的励磁电流最小。但由于励磁电流很小,因此这种不对称对变压器负载运行的影响可以忽略不计。

三相芯式变压器具有材料消耗少、价格低、占地面积小和维护方便等优点,因此得到广泛应用。但对容量很大的巨型变压器,为便于运输和减少备用容量,常常采用三相组式变压器。

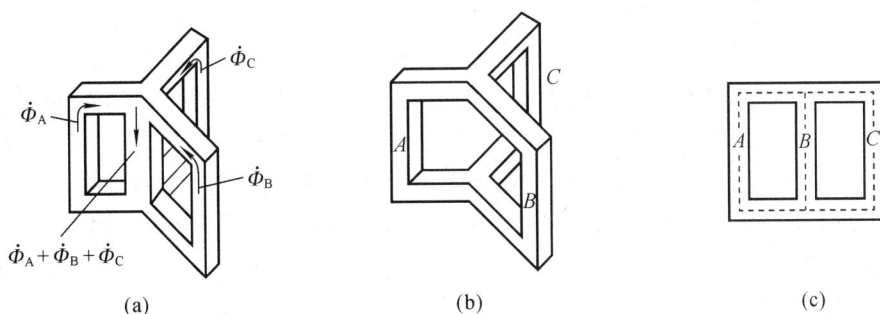

图 2-24 三相芯式变压器的磁路系统

3. 三相变压器的绕组联接法和磁路系统对电动势波形的影响

三相变压器铁芯中的主磁通波形和绕组中的相感应电动势的波形,受到铁芯饱和程度和励磁电流中的三次谐波电流分量的影响。这种影响不仅与绕组的联接方式有关,而且还与三相磁路系统有关。

(1)Y/Y 联接的三相变压器

磁通和感应电动势的波形在第二章第二节中已经分析过。根据分析结果,三相组式变压器绝对不应采用 Y/Y 联接法;在容量较大和电压较高的三相芯式变压器中,为减少附加损耗,也不宜采用 Y/Y 联接法。

(2)△/Y 或 Y/△联接的三相变压器

当三相变压器采用△/Y 联接时,励磁电流中三相同相位的三次谐波分量可以在原边流通,所以磁通和相电动势均基本上为正弦波。

当三相变压器采用 Y/△联接时,由于原边绕组中励磁电流的三次谐波分量无法流通,主磁通和相电动势中就会出现三次谐波。副边绕组在三相同相位的三次谐波电动势作用下,就有三次谐波电流流通,而此时的漏电抗常远大于电阻,故三次谐波电流滞后于三次谐波电动势近 90°,即滞后于三谐波磁通近 180°,对三次谐波磁通起削弱作用,从而使主磁通和相电动势接近正弦波。

综上所述,当三相变压器的原边和副边绕组中如有一边联接成△形,就可以使主磁通和相电动势接近正弦波,有利于变压器安全运行。

二、特殊变压器

1. 自耦变压器

自耦变压器的铁芯上仅绕一个绕组,当作降压变压器使用时,原边绕组中的一部分兼作副边绕组,如图 2-25 所示;当作升压变压器使用时,外施电压只施加在部分绕组上,而整个绕组作为副边绕组。因此,自耦变压器的原、副边绕组之间,不仅有磁的耦合,而且还有电的直接联接。

普通变压器原、副边的电流实际上接近反相位,而自耦变压器公用部分绕组中电流却正好是原、副边绕组电流之和,接近于空载电流,所以自耦变压器的材料和体积均较普通变压器小得多,常在电力系统中用作不同电压等级电网之间的联络变压器使用。

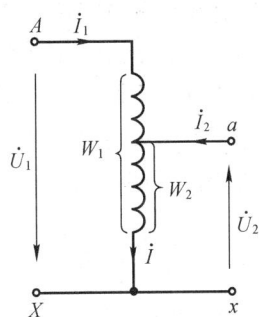

图 2-25 自耦变压器示意图

在实验室和家用电器中,为了能在负载情况下平滑地调节输出电压,常使用自耦接触式调压器,它实际上是一台将绕组绕在环形铁芯上,环形绕组的一端经加工后铜线裸露,放一组可滑动的电刷与裸铜线相接触,作为副边绕组的一个出线头。这样,当电刷移动时,便可以平滑地调节输出电压。自耦接触式调压器结构简单、效率高和便于移动,使用较多。但因受被电刷短路线圈中短路电流的限制,绕组每一匝的电压不能太高,一般不超过 1V,而且负载电流也不能太大,所以容量一般小于几十 kVA,电压多在 500V 以下。因此,需要更大容量和更高电压时,应选用动圈式或感应式调压器。

2. 仪用互感器图

仪用互感器分为电流互感器和电压互感器两种。当被测电流很大或电压很高时,如电力系统中,为了使测量仪表、控制回路和继电保护装置与高压线路隔离,以保障操作人员和设备的安全;为与其他测量仪表和控制线路配合,对电流、电压和功率等进行自动检测和控制,以及将被测的大电流和高电压转换成统一标准值范围(一般互感器副边的满量程电流为 5A,电压为 500V)来测量,以利于仪表和控制装置的标准化。

(1)电流互感器

电流互感器的原边绕组由一匝或数匝截面积较大的导线绕制,与被测量电路串联;副边绕组匝数较多,截面积较小,并与阻抗很小的仪表(如电流表、功率表的电流线圈等)组成闭合回路,如图 2-26 所示。所以电流互感器相当于运行在变压器的短路运行状态。

为减少测量误差,铁芯中的磁通密度一般取得较低,约为 0.08~0.1T,故所需励磁电流很小,可以忽略不计。则根据磁动势平衡关系,得到

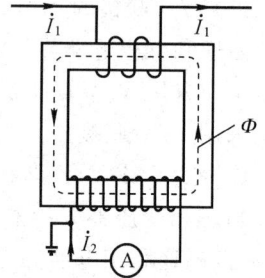

图 2-26   电流互感器原理图

$$I_1 = (w_2/w_1)I_2 = k_i I_2 \tag{2-41}$$

这样,利用原、副边绕组不同的匝数比,可以将被测量电路中的电流变为小电流来测量。一般电流互感器副边的额定电流为 5A。

使用电流互感器时应注意:

1)副边绕组一端必须可靠接地,以防止高压绕组损坏后使副边绕组带高压而引起伤害事故。

2)电流互感器在工作时,副边绕组绝对不允许开路,这是因为当副边开路时,原边流通的被测量电流均成为励磁电流,就会使铁芯中的磁通密度显著增加,导致铁芯过热而损坏绕组绝缘,同时大大降低了准确度。更为严重的是,当磁路高度饱和时,磁通接近矩形波,当磁通过零时,dΦ/dt 很大,而副边绕组的匝数又很多,副边将感应出幅值极高的尖顶波电压,会将绝缘击穿,并危及人身和仪表安全。因此,在工作情况下需要在副边更换仪表时,首先应将副边绕组短接,待更换结束后再打开短接开关。

3)副边回路不能串过多测量和控制仪表,不能使总阻抗超过允许的额定值,以免测量误差增大。

(2)电压互感器

电压互感器的原边绕组并联在被测电压两端,副边绕组与内阻抗很大的电压表、功率表电压线圈等组成闭合回路,如图 2-27 所示。所以电压互感器相当于变压器的空载运行状态。

如果忽略励磁电流和原、副边的漏阻抗压降,则有

$$U_1 = \frac{w_1}{w_2} U_2 = k_u U_2 \qquad (2\text{-}42)$$

同样,为减少测量误差,铁芯中的磁通密度一般取得较低,约为 0.6~0.8T,同时采用大截面导线和改进原、副边绕组之间的排列,使漏阻抗减小。副边额定电压一般为 100V。

使用电压互感器时,副边绕组绝对不允许短路,否则会产生很大的短路电流将绕组烧毁;为安全起见,副边绕组的一端和铁芯必须可靠接地;另外,电压互感器工作时,也不宜接过多的仪表,以免电流过大引起较大的漏阻抗压降,影响互感器的准确度。

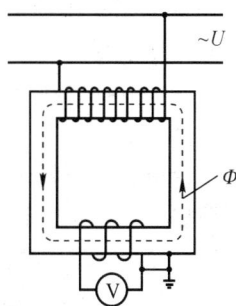

图 2-27　电压互感器原理图

习　题

2-1　变压器的铁芯有何作用? 为什么铁芯要用硅钢片叠压而成而不用整块硅钢?

2-2　变压器有哪些主要部件? 各部件的作用是什么?

2-3　变压器有哪些主要的额定值? 各额定值的含义是什么?

2-4　有一台单相变压器,额定容量 $S_N = 250\text{kVA}$,额定电压 $U_{1N}/U_{2N} = 10/0.4\text{kV}$,试求原、副边的额定电流。

2-5　有一台三相变压器,额定容量 $S_N = 5000\text{kVA}$,额定电压 $U_{1N}/U_{2N} = 10/6.3\text{kV}$,Y/△联接。试求原、副边的额定电流。

2-6　有一台单相变压器,额定容量 $S_N = 5\text{kVA}$,原、副边均由两个线圈组成,原边每个线圈的额定电压为 $U_{1N} = 1100\text{V}$,副边每个线圈的额定电压为 $U_{2N} = 110\text{V}$,将这个变压器进行不同的联接。试问:可得几种不同的变比? 每种联接时的原、副边额定电流各为多少?

2-7　有一台单相变压器,$U_{1N}/U_{2N} = 220/110\text{V}$。当在高压侧加 220V 电压时,空载电流为 I_0,主磁通为 Φ,铁耗为 p_{Fe}。今将 X 与 a 端联接在一起,在 Ax 端加 330V 电压,试问此时主磁通、空载电流和铁耗各为多少? 若将 X 与 x 端联接在一起,在 Aa 端加 110V 电压,则主磁通、空载电流和铁耗又各为多少?

2-8　将一台 1000 匝带铁芯线圈接到 110V、50Hz 交流电源上,测得电流和功率为 $I_1 = 0.5\text{A}$,$P_1 = 10\text{W}$;把铁芯取出后,电流和功率变为 100A 和 10000W。试求:

(1)两种情况下的参数和等效电路;

(2)两种情况下磁通的最大值。

2-9　一台变压器,原来设计的额定频率为 60Hz,现若接到 50Hz 的电网上运行而额定电压不变。试问励磁电流、铁耗和漏抗将如何变化?

2-10　试说明磁动势平衡关系的物理概念及如何使用它来分析变压器运行。

2-11　为什么变压器的空载损耗可以近似地看成铁耗,短路损耗可以近似地看成铜耗?

2-12　在高压侧加电压做空载试验和短路试验求得的参数,与在低压侧加电压做同样试验求得的参数有何不同? 又有什么内在联系?

2-13　在高压侧加电压或在低压侧加电压做空载试验,当电压达到额定值时测得的空载损耗是否相同? 为什么?

2-14 一台单相变压器，$S_N=10kVA$，$U_{1N}/U_{2N}=380/220V$，$f_N=50Hz$，原、副边线圈的电阻和漏抗分别为：$r_1=0.14\Omega$，$x_{1\sigma}=0.22\Omega$，$r_2=0.035\Omega$，$x_{2\sigma}=0.055\Omega$。空载时，原边外施额定电压380V时，$I_0=1.22A$，$P_0=45W$；负载时，副边接负载$Z=4+j3\Omega$。用T形等效电路计算I_1、I_2和U_2。

2-15 一台单相变压器，$S_N=100kVA$，$U_{1N}/U_{2N}=3000/230V$，$f_N=50Hz$，空载和短路试验的数据如下表所示。试验在15℃下进行，绕组由铜线绕制。

试验名称	$U(V)$	$I(A)$	$P(W)$	备注
空载试验	230	18	980	电压加在低压侧
短路试验	70	33.3	1050	电压加在高压侧

试求：

(1)折算到高压侧和低压侧的参数，设$r_1=r_2'=0.5r_k$，$x_{1\sigma}=x_{2\sigma}'=0.5x_k$；

(2)画出折算到高压侧的T形等效电路；

(3)满载且$\cos\phi_2=0.8$(滞后)时的电压变化率Δu和效率η；

(4)最大效率η_{max}。

2-16 由一台Y/△-11联接的三相变压器，$S_N=5600kVA$，$U_{1N}/U_{2N}=10/6.3kV$，$f_N=50Hz$。试验数据如下：外施额定电压时，空载电流为额定电流的1.45%，空载损耗$P_0=6800W$；短路电流为额定电流时，短路电压为额定电压的5.5%，短路损耗$P_k=18000W$。设折算到同一侧后，高、低压线圈的电阻和漏抗分别相等。试求：

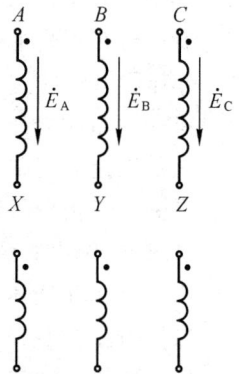

(1)变压器参数的实际值和标么值；

(2)满载且$\cos\phi_2=0.8$(滞后)时的电压变化率Δu和效率η。

2-17 一台三相变压器，原、副边线圈的12个端点和各相绕组的极性如图2-28所示。试将此三相变压器联接成Y/△-7(或$Y,d\,7$)和Y/Y-4(或$Y,y\,4$)，并画出相量图和联接图。

2-18 试标出图2-29中各种联接法的联接组号。

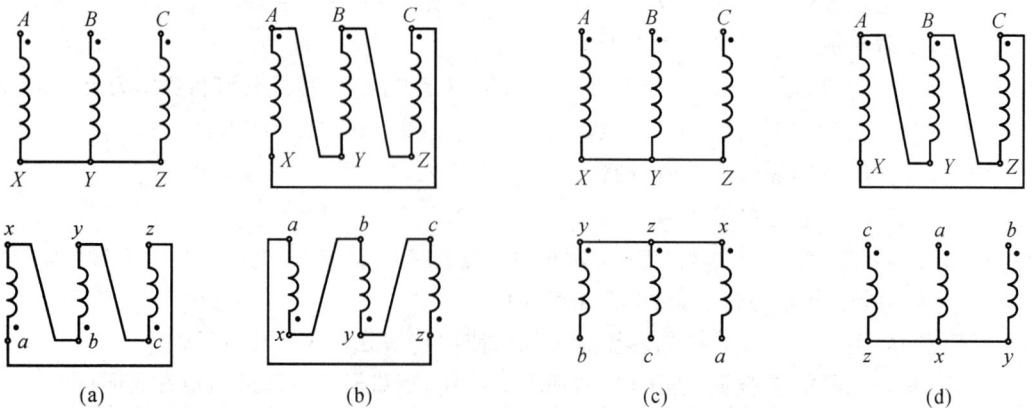

图2-28 习题2-17图

图2-29 习题2-18图

第三章 交流电机

运行于交流电网的电机称为交流电机,交流电机定、转子之间的气隙中存在着一个旋转磁场。当交流电机的极对数为 p、电网频率为 f_1 时,磁场旋转速度:

$$n_1 = 60f_1/p \tag{3-1}$$

如交流电机的转子转速为 n,则当转速 $n = n_1$,并在负载变化时保持不变的电机称为同步电机;如转速 n 在同步速度 n_1 附近,并随负载的变化而变化的电动机称为异步电动机。

第一节 三相异步电动机的结构和工作原理

异步电动机是交流电机的主要一种,一般作电动机使用。与其他各种电动机相比,具有结构简单、制造容易、运行可靠、效率较高、价格低廉、坚固耐用等优点。它在工农业生产和日常生活中使用最为广泛。在电网的总负荷中,异步电动机的用电量占 60% 以上。

但是,异步电动机也有不少不足之处,主要是:异步电动机运行时,气隙旋转磁场靠交流电流建立,所以必须从电网吸取滞后的无功功率,使电网的功率因数降低,也就是使电网提供的电流增加,既增加了输电线路损耗,又降低了交流发电机的有功功率输出;另外,与直流电动机相比,它的起动和调速性能较差,在要求有较宽广范围和平滑调速的场合,没有直流电动机那样经济和方便;再有,它的转速会随负载大小的改变而有所改变,不能使用于要求恒速运行的场合。所以,在单机容量较大(如大型粉碎机)或恒速运行的场合使用同步电动机,调速要求较高的场合使用直流电动机。

一、异步电动机的结构和额定值

异步电动机按定子绕组供电电源相数,可分为单相异步电动机(内部为二相定子绕组)、三相异步电动机和二相异步电动机(常用作控制系统中的执行电机);

按转子绕组的结构型式,可分为鼠笼式和绕线式,鼠笼式如图 3-1 所示。而鼠笼式又分单鼠笼和双鼠笼,鼠笼导条用铸铝或铜条。

另外,还可按外壳防护型式、通风冷却方式、安装结构型式和按电机中心高(或铁芯外径)进行分类。

三相异步电动机由定子和转子组成。定子包括定子铁芯、定子绕组、机座、端盖和接线盒等。转子包括转子铁芯、转轴和转子绕组等。绕线式用滑环引出接线端。

异步电动机定、转子之间的气隙很小,一般在 0.2～1.5mm。气隙过大使励磁电流(滞后的无功电流)增加,功率因数下降,也可能使效率下降;气隙过小使装配困难,容易造成定转子相擦,高次谐波增强,附加损耗增加,功率因数下降,起动性能变差。

异步电动机的额定值有:

(1)额定功率 P_N 指电动机在额定工况下运行时,转轴上输出的机械功率,单位用 W 或

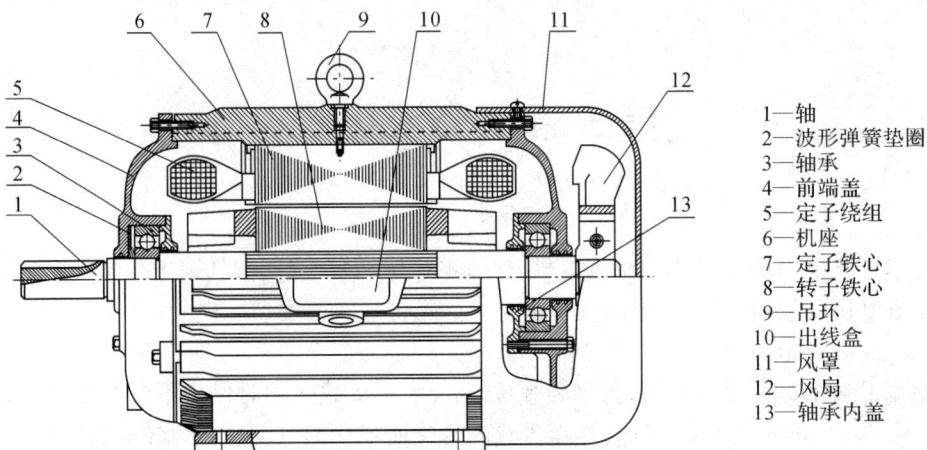

图 3-1　鼠笼式异步电动机结构图

1—轴
2—波形弹簧垫圈
3—轴承
4—前端盖
5—定子绕组
6—机座
7—定子铁心
8—转子铁心
9—吊环
10—出线盒
11—风罩
12—风扇
13—轴承内盖

kW 表示。

(2)额定电压 U_N　指电动机在额定工况下运行时,加在定子绕组出线端的线电压,单位用 V 或 kV 表示。

(3)额定电流 I_N　指电动机在额定电压、额定频率下,轴上输出额定功率时,电源输入的线电流,单位用 A 表示。

(4)额定频率 f_N　指电动机所用电网的频率,单位 Hz。我国工业用电频率规定为 50Hz。

(5)额定转速 n_N　是额定运行时的转速,单位用 r/min 表示。

异步电动机额定运行时

$$P_N = \sqrt{3}\,U_N I_N \cos\phi_N \eta_N \tag{3-2}$$

式中,$\cos\phi_N$ 是额定运行时的功率因数;η_N 是额定运行时的效率。

随着电力电子学理论和电力电子技术的发展,各种利用变流技术进行交流调速的方法得到迅速发展,尤其是电子交流变频器的出现和日趋完善,使异步电动机的调速性能接近和达到直流电动机的调速性能,使异步电动机的应用领域更为广泛,特别在大容量或恶劣工作环境下,异步电动机比直流电动机更具有其优越性。

二、交流绕组的构成和气隙旋转磁场的产生

1. 交流绕组的构成

尽管将定子槽内的导体组成交流绕组的型式很多,按相数分单相、二相和三相;按槽内线圈边层数分单层、单双层和双层,其中单层绕组又分为同心式、链式和交叉式,双层绕组分为叠绕和波绕。但为了满足制造和运行的需要,其构成原则是基本相同的:

(1)交流绕组通电以后,必须形成规定的磁场极数。

(2)对于多相(相数用 m 表示)绕组,各相绕组必须对称,即匝数相等、线径相同、线圈的跨距一样、分布情况相似、各相绕组轴线对称(空间上互差 $360°/m$ 电角度)。这样,各相绕组的电阻和电抗都相同,从而使各相感应的电动势和产生的磁动势对称。

(3)建立的磁场作正弦分布,感应电动势随时间正弦变化。常采用分布、短距绕组。

(4)在一定导体数下,建立的基波磁场尽可能最强,而谐波磁场尽可能最弱。一般绕组的节距(线圈两边的跨距)y_1 接近于 $5\tau/6$(τ 为极距),并尽可能采用 $60°$(电角度)相带。

(5)用铜量少,制造和检修方便;强度好(包括绝缘性能好、机械强度高和散热条件好)。

交流电机的定子铁芯内圆边开有均匀分布的槽,槽内嵌放交流电枢绕组(下称交流绕组)。图 3-2 表示一台四极 24 槽的交流电机定子。

由于定子每个槽的空间位置不同,所以槽中每个线圈边所感应的基波和谐波电动势在时间上有相位差。将所有线圈边的感应电动势用相量表示,组成了星形状图形,称为槽电动势星形图。图 3-2 所示的交流绕组的基波槽电动势的星形图如图 3-3 所示。相邻两槽的基波槽电动势的相位差,就是用电角度表示的槽距角,电角度 $=p\times$ 机械角度 $=p\times$ 圆周几何角度。当定子槽数为 Z_1 时,槽距角 $\alpha=p\times360°/Z_1$。相邻两槽的 ν 次谐波的槽电动势相位差是基波的 ν 倍。

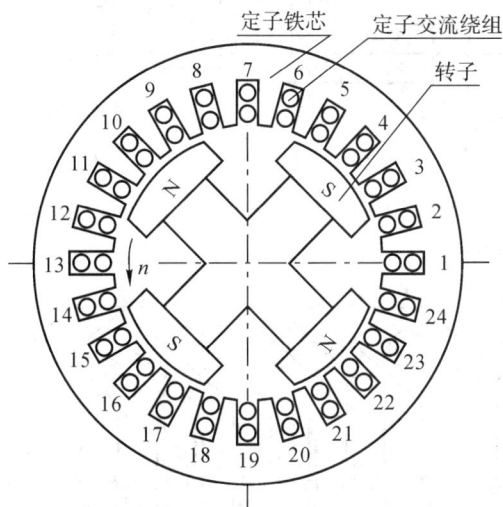

图 3-2 交流绕组在定子槽内的分布 图 3-3 基波槽电动势星形图

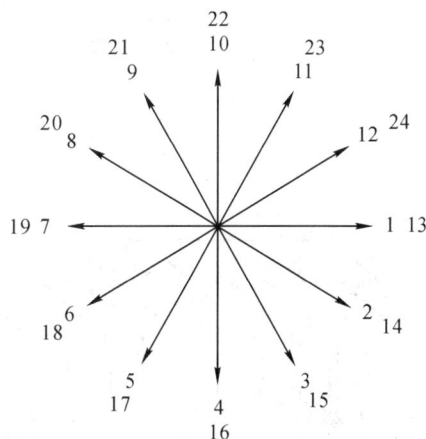

为削弱交流绕组所感应的电动势和所产生的磁动势中的高次谐波,一般均做成分布、短距的绕组。根据基波槽电动势星形图和绕组构成原则,可以方便地构成交流绕组。以三相绕组为例,每个极下每一相绕组可以分得的槽数为 q 个,$q=Z_1/(2mp)$,称为每极每相槽数。当图 3-2 槽内的导体属于同一个线圈时,则可以构成三相单层链式绕组,其展开图如图 3-4 所示。当图 3-2 槽内的导体分属于两个线圈时,则可以构成三相双层叠绕组,其展开图如图 3-5 所示。

从图 3-4 可见,由于单层绕组的两个线圈边分处在不同极性下,所以 p 对极的电机每相只能组成 p 个线圈组。如线圈边 2 与 7,8 与 13 组成的两个线圈构成一个线圈组,余类推。这 p 个线圈组所感应的电动势将是同相位的,根据需要可以串联也可以并联,则并联支路数最少为 $a_{min}=1$,最多为 $a_{max}=p$。

由于每个线圈组由 q 个线圈组成,每相 p 个线圈组平分成了 a 条支路,所以单层绕组每条支路的串联匝数,即每相串联匝数为

$$w=pqw_y/a=pqN_c/a \tag{3-3}$$

式中,w_y 为每个线圈的串联匝数,N_c 为每槽串联导体数。

单层绕组每槽只有一个线圈边,所以线圈数少嵌线方便,无层间绝缘槽利用率高,端部较短材料省。但不能利用短距手段削弱磁动势和电动势中的高次谐波。所以单层绕组在小功率异步电动机中使用较多。

由图 3-5 可见,由于双层叠绕组的每个线圈的上层边和下层边分处在不同极性下,所以对于整数槽(q 为整数)绕组,可以构成所感应电动势相位相同或相反、数值相等的 $2p$ 个线圈

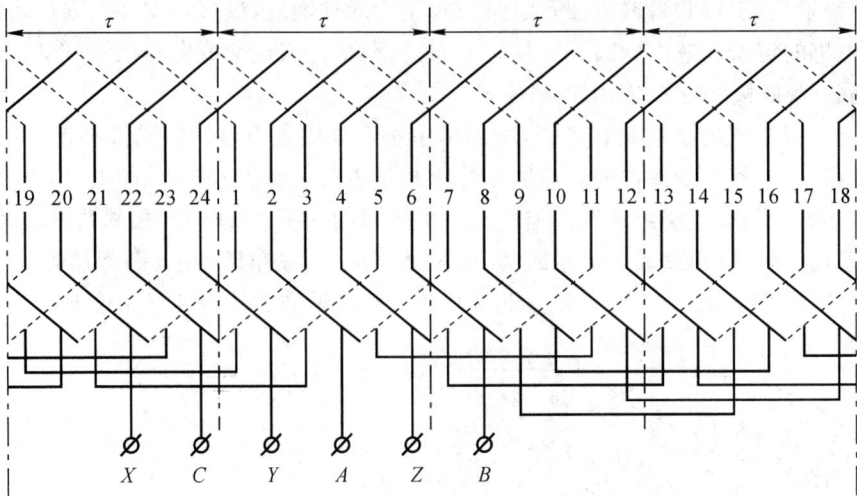

图 3-4　三相单层链式绕组展开图

$$2P=4,Z=24,a=1$$

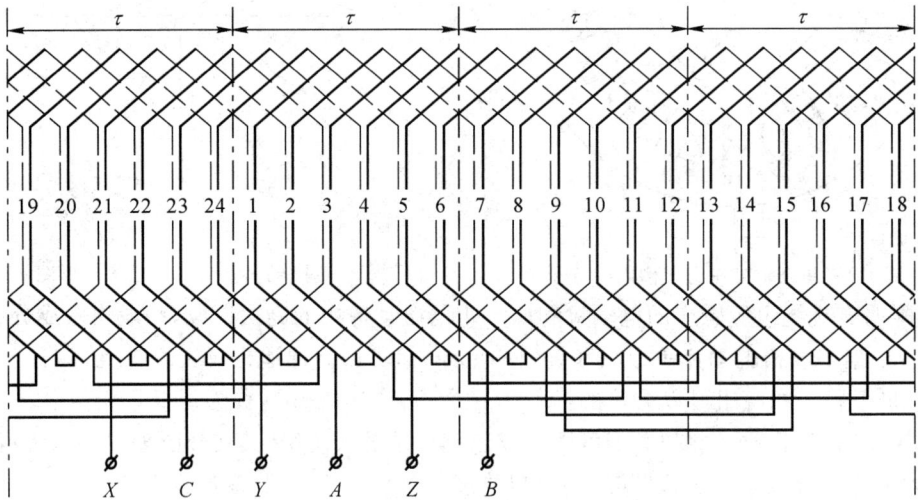

图 3-5　三相双层叠绕组展开图

$$2P=4,Z=24,y_1=5,a=1$$

组。这 $2p$ 个线圈组根据需要可以串联也可以并联，则并联支路数最少为 $a_{min}=1$，最多为 $a_{max}=2p$。

双层绕组每条支路的串联匝数，即每相串联匝数为

$$w=2pqw_y/a=pqN_c/a \tag{3-4}$$

2. 交流绕组的感应电动势

当气隙磁场以恒定速度 n_1 旋转时，由于静止的定子绕组和旋转的磁场之间有相对运动，则在定子绕组内会产生感应电动势 $e=Blv$。一般希望电动势随时间按正弦规律变化。然而，气隙磁场沿定子表面不可能完全作正弦分布，除了根据电机极对数决定的基波磁场以外，还有许多高次谐波磁场。这些高次谐波磁场在定子绕组内会产生高次谐波感应电动势。也就是说，交流绕组中感应的总电动势是一个不一定按正弦变化的交流电动势。然而，任意一个交流电动势都可以用波形、频率和有效值这三个要素来表征，而它们又决定于磁密波 B、导体在磁场

中的有效长度 l 和导体与磁场的相对运动速度 v。下面主要分析基波磁场在交流绕组中感应的电动势。

（1）线圈边的感应电动势

基波磁场旋转时，就会切割定子绕组产生交流感应电动势。当基波磁通密度波沿气隙圆周表面按 $B_1 = B_{m1}\sin\theta$ 规律分布，以 n_1 恒定转速旋转时，由于磁场转过一对磁极，线圈边的感应电动势就变化一个周期，当气隙磁场有 p 对极时，磁场在空间旋转一周，线圈边电动势就变化 p 个周期。因此，线圈边的感应电动势频率为

$$f_1 = pn_1/60 \tag{3-5}$$

根据 $e = Blv$，每一线圈边的感应电动势有效值为

$$E_{c1} = B_{m1}lv/\sqrt{2} \tag{3-6}$$

由于空间电角度 $\theta = (\pi/\tau)x$，则磁场切割线圈边的线速度为

$$v = \frac{\mathrm{d}x}{\mathrm{d}t} = \frac{\tau}{\pi}\frac{\mathrm{d}\theta}{\mathrm{d}t} = \frac{\tau}{\pi}\omega = \frac{\tau}{\pi}2\pi f_1 = 2\tau f_1$$

当磁密按正弦规律分布时，每极磁通 $\Phi_1 = \int_0^\tau B_{m1}\sin\theta \times l \times \mathrm{d}x = \dfrac{2}{\pi}B_{m1}\tau l$，则 $B_{m1} = \dfrac{\pi\Phi_1}{2\tau l}$。将 v 和 B_{m1} 代入式（3-6）得：

$$E_{c1} = \frac{\pi\Phi_1}{2\tau l} \cdot l \cdot 2\tau f_1 \cdot \frac{1}{\sqrt{2}} = \frac{\pi}{\sqrt{2}}f_1\Phi_1 = 2.22f_1\Phi_1 \tag{3-7}$$

（2）线圈的感应电动势

设单匝线圈的两个线圈边的感应电动势分别为 $\dot{E}_{c1}$ 与 $\dot{E}_{c1}'$，如图 3-6(a) 所示，则整距线圈（即节距 $y_1 = \tau$）的 $\dot{E}_{c1}$ 与 $\dot{E}_{c1}'$ 正好反相位，如图 3-6(b) 所示，线圈的感应电动势

$$\dot{E}_{tl(y_1=\tau)} = \dot{E}_{c1} - \dot{E}_{c1}' = 2\dot{E}_{c1}$$

其有效值为　　$E_{tl(y_1=\tau)} = 2E_{c1} = 4.44f_1\Phi_1$

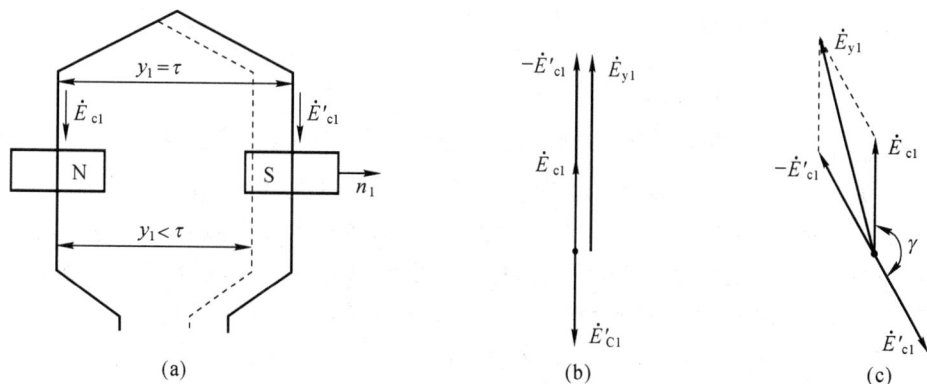

图 3-6　线圈电动势计算

短距线圈 $y_1 < \tau$，$\dot{E}_{c1}'$ 滞后于 $\dot{E}_{c1}$ 为一小于 180° 的 γ 角，$\gamma = (y_1/\tau) \times 180°$，如图 3-6(a) 虚线和图 3-6(c) 所示，线圈感应电动势有效值为

$$E_{t1} = 2E_{c1}\sin(\gamma/2) = 2E_{c1}\sin[(y_1/\tau) \times 90°] = 2E_{c1}k_{y1} \tag{3-8}$$

式中，$k_{y1} = \sin[(y_1/\tau) \times 90°]$，称为基波短距系数。当线圈为短距或长距时，两个线圈边电动势的相量相加小于代数相加，相量和与代数和之比就是绕组基波短距系数，也就是线圈非整距后基波感应电动势应打的折扣。

如线圈由 w_y 匝组成,则线圈的感应电动势为

$$E_{y1}=w_y E_{t1}=4.44 f_1 w_y k_{y1}\Phi_1 \tag{3-9}$$

由图 3-6 也可看出,一个有 w_y 匝的短距或长距线圈,可以用另一个与其同轴但匝数减为 $w_y k_{y1}$ 的等效整距线圈来替代,仍能产生相同大小和相位的线圈基波电动势。

(3)一个线圈组的感应电动势

同样道理,由于每相所分得的 q 线圈的空间位置不同,如图 3-7(a)所示,线圈边 1 上与 8 下、2 上与 9 下和 3 上与 10 下构成三个空间位置不同的线圈,它们的电动势分别为 $\dot{E}_{y11}$、$\dot{E}_{y12}$ 和 $\dot{E}_{y13}$,如图 3-7(b)所示。

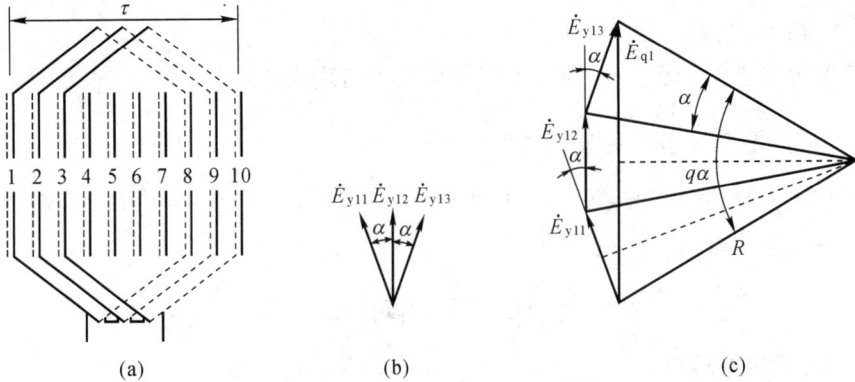

（a）　　　　　　　　（b）　　　　　　　　（c）

图 3-7　线圈组基波电动势计算

由于 $E_{y11}=E_{y12}=E_{y13}=E_{y1}$,当它们组成线圈组后,线圈电动势 $\dot{E}_{y11}$、$\dot{E}_{y12}$ 和 $\dot{E}_{y13}$ 相加得到线圈组电动势 $\dot{E}_{q1}$。显然,线圈组电动势比三个线圈的电动势的代数和为小,如图 3-7(c)所示。从图 3-7(c)可知,当线圈组由 q 个线圈组成时,由于 $E_{y1}=2R\sin(\alpha/2)$,$E_{q1}=2R\sin(q\alpha/2)$,因此,线圈组的感应电动势为

$$E_{q1}=q E_{y1}\frac{\sin(q\alpha/2)}{q\sin(\alpha/2)}=q E_{y1}k_{q1} \tag{3-10}$$

式中,$k_{q1}=\dfrac{\sin(q\alpha/2)}{q\sin(\alpha/2)}$,称为基波分布系数。它就是线圈分布后,组成线圈组的各线圈电动势的相量和与代数和之比,也就是线圈分布后电动势应打的折扣。

从图 3-7 可见,由 q 个 w_y 匝线圈组成的线圈组,可以用另一个线圈轴线与该相组轴线重合的匝数为 $q w_y k_{q1}$ 的等效集中线圈来替代,仍能产生相同大小和相位的线圈组基波电动势。

如果线圈组是由既分布又短距的线圈组成时,线圈组的感应电动势为

$$E_{q1}=q E_{y1}k_{q1}=4.44 f_1 q w_y k_{y1}k_{q1}\Phi_1=4.44 f_1 q w_y k_{w1}\Phi_1 \tag{3-11}$$

式中,$k_{w1}=k_{y1}k_{q1}$,称为基波绕组系数。它是当绕组由既分布又短距的线圈组成时,感应电动势应打的折扣。

这就是说,用一个匝数为 $q w_y k_{w1}$ 的与该相组轴线同轴的集中整距线圈去替代一个由 q 个 w_y 匝既分布又短距的线圈组成的线圈组时,所产生的基波电动势大小和相位仍然相同。

(4)一相绕组的感应电动势

每相绕组的感应电动势,就是每条支路的感应电动势。对单层绕组来说,每条支路由 p/a 个独立线圈组构成,所以每相绕组的感应电动势为

$$E_{\Phi 1}=(p/a)E_{q1}=4.44 f_1 (p q w_y/a)k_{w1}\Phi_1=4.44 f_1 w k_{w1}\Phi_1$$

对双层绕组来说,每条支路由 $2p/a$ 个独立线圈组构成,所以每相绕组的感应电动势为

$$E_{\Phi 1}=(2p/a)E_{q1}=4.44f_1(2pqw_y/a)k_{w1}\Phi_1=4.44f_1wk_{w1}\Phi_1$$

可见,无论是单层绕组,还是双层绕组,每相感应电动势的最后表达式是一样的,即

$$E_{\Phi 1}=4.44f_1wk_{w1}\Phi_1 \tag{3-12}$$

式中, f_1 为基波电动势频率, w 为每相串联匝数, k_{w1} 为基波绕组系数, Φ_1 为基波每极磁通。

(5)三相线感应电动势

三相线电动势 E_{L1} 与三相的联接方法有关:

当三相为 Y 接法时: $E_{L1}=\sqrt{3}\,E_{\Phi 1}$;

当三相为△接法时: $E_{L1}=E_{\Phi 1}$ 。

(6)绕组感应电动势和与它相交链的磁通之间的相位关系

交流绕组的相感应电动势求得后,还须获得电动势与该相所交链的磁通 Φ_1 之间的相位关系,才能利用相量图进行分析。上面已知由既分布又短距的线圈一相绕组可以用等效的集中整距绕组来替代。

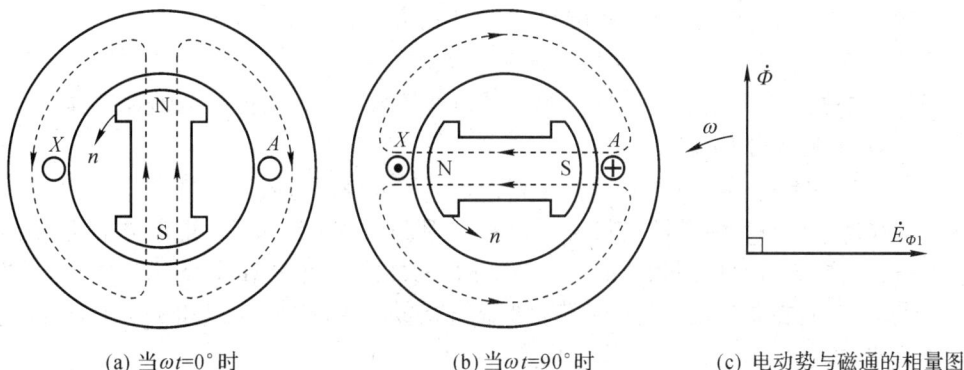

(a) 当 $\omega t=0°$ 时　　　　　　(b) 当 $\omega t=90°$ 时　　　　　(c) 电动势与磁通的相量图

图 3-8　交流绕组的感应电动势与它相交链的磁通之间的相位关系

当 $\omega t=0°$ 时,磁场的轴线(即磁场的最大值)和等效集中整距绕组的轴线相重合,则这时绕组相交链的磁通达到最大值,正好等于整个极面下的磁通 Φ_1 ,如图 3-8(a)所示。但这时线圈的两个线圈边刚好处在磁通密度为零的位置,线圈边的感应电动势均为零,相绕组的感应电动势也就为零。

当 $\omega t=90°$ 电角度时,旋转磁场在空间也转过 90°电角度,如图 3-8(b)所示。此时绕组所交链的磁通为零,但绕组的两个线圈边刚好处在磁通密度为最大的位置,绕组的感应电动势达到最大值。

由上可知,感应电动势 $\dot E_{\Phi 1}$ 滞后于绕组所交链的磁通 $\dot\Phi_1$ 为 90°电角度,如图 3-8(c)所示。

(7)高次谐波磁场在交流绕组中感应电动势及其削弱方法

一般地,气隙磁场是非正弦分布的,如同步电机转子励磁产生的气隙磁场 $B_\delta(x)$ 如图 3-9 所示,除了基波 B_1 (x) 外,还有一系列奇次的高次谐波磁场 $B_3(x)$ 、 $B_5(x)$

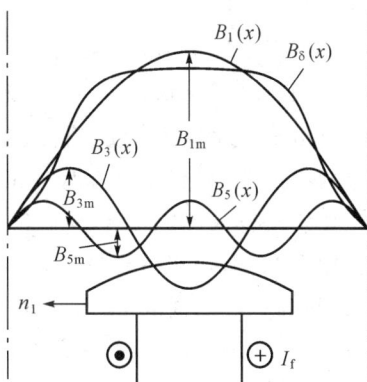

图 3-9　凸极同步电机转子直流励磁所建立的气隙磁场

……存在。高次谐波磁场同样会在交流绕组中感应高次谐波电动势。

ν 次谐波磁场的极对数 $p_{\nu}=\nu p$，用电角度表示的槽距角也就扩大了 ν 倍。所以，相邻两槽导体所感应的谐波电动势的相位差应为 $\nu\alpha$。

相应的短距系数、分布系数和绕组系数为

$$k_{y\nu}=\sin\left(\nu\frac{y_1}{\tau}\times90°\right) \tag{3-13}$$

$$k_{q\nu}=\frac{\sin(\nu q\alpha/2)}{q\sin(\nu\alpha/2)} \tag{3-14}$$

$$k_{w\nu}=k_{y\nu}k_{q\nu} \tag{3-15}$$

ν 次谐波电动势的有效值为

$$E_{\Phi\nu}=4.44f_{\nu}wk_{w\nu}\Phi_{\nu} \tag{3-16}$$

谐波电动势的存在使合成感应电动势为非正弦波，造成附加损耗增加、效率降低、温升增加；高次谐波电流在输电线上可能引起谐振而产生过电压，或对通讯产生干扰。而在异步电动机中将产生有害的附加转矩，引起震动和噪声，使运行性能变坏。

为了削弱高次谐波磁场所感应的电动势，采用的方法有：

1）改善主磁极形状，使磁场分布接近正弦，削弱 Φ_{ν}。

凸极同步电机一般采用非均匀气隙和合适的极靴宽度来改善磁场波形，隐极同步电机采用分布绕组，使主磁场分布接近正弦。

2）采用 Y 接法或△接法使 3 次或 3 的奇次倍谐波电势得以消除或削弱。

由于 3 次或 3 的奇次倍谐波电势是同相位的，所以在 Y 接法时，线电动势中就不存在；在△接法时，同相位的△接法，同相位的 3 次或 3 的奇次倍谐波电势在闭合回路中产生 3 次或 3 的奇次倍的环流，它在漏阻抗上的电压降恰好将 3 次或 3 的奇次倍谐波电势抵消，使线电动势中同样不会出现 3 次或 3 的奇次倍谐波电势。

3）采用短距和分布绕组削弱其他高次谐波电势。

一般，谐波磁场的次数愈大，其数值愈小，所以尽量减少 5 次和 7 次谐波就很有必要。通常选用绕组节距 $y_1=5\tau/6$ 的短距绕组和 $q\geqslant2$ 的分布绕组。

当 $y_1=5\tau/6$ 时，$k_{y5}=\sin\left(5\times\dfrac{5}{6}\times90°\right)=0.2588$，$k_{y7}=\sin\left(7\times\dfrac{5}{6}\times90°\right)=0.2588$。

当 $q=2$ 时，$k_{q5}=\dfrac{\sin(5\times2\times30°/2)}{2\times\sin(5\times30°/2)}=0.2588$，$k_{q7}=\dfrac{\sin(7\times2\times30°/2)}{2\times\sin(7\times30°/2)}=-0.2588$。

如绕组采用 $q=2$，$y_1=5\tau/(6y)$ 的既分布又短距的绕组，则 $k_{w5}=0.2588\times0.2588=0.067$，$k_{w7}=(-0.2588)\times0.2588=-0.067$，说明 5 次和 7 次谐波均可以降到极小。因此，采用分布短距绕组虽然使基波电动势有所减少，但可以有效地削弱高次谐波电动势。

为了削弱因定、转子齿槽存在引起的齿谐波，是不能使用短距和分布所能达到的，而需采用斜槽或斜极来减少齿槽影响，使削弱齿谐波得到有效削弱。

例 3-1 有一双层三相绕组，$Z=48$，$2p=4$，$a=4$，绕组节距 $y_1=10$，每槽串联导体数为42，已知绕组为△接法，基波磁通为 $\Phi_1=0.022\text{Wb}$，谐波和基波磁场之比为 $B_1:B_5=1:0.2$，旋转速度相同。试求基波和 5 次谐波的相电动势和线电动势有效值，以及合成线电动势。

解 极距　　　$\tau=\dfrac{Z}{2p}=\dfrac{48}{4}=12$

槽距角　　　$\alpha=\dfrac{p\times360°}{48}=\dfrac{2\times360°}{48}=15°$

每极每相槽数 $\quad q=\dfrac{Z}{2pm_1}=\dfrac{48}{4\times3}=4$

每相串联匝数 $\quad w=\dfrac{2pqw_y}{a}=\dfrac{pqN_c}{a}=\dfrac{2\times4\times42}{4}=84$

基波短距系数 $\quad k_{y1}=\sin\left(\dfrac{y_1}{\tau}\times90°\right)=\sin\left(\dfrac{10}{12}\times90°\right)=0.96593$

基波分布系数 $\quad k_{q1}=\dfrac{\sin(q\alpha/2)}{q\sin(\alpha/2)}=\dfrac{\sin(4\times15°/2)}{4\times\sin(15°/2)}=0.95766$

基波绕组系数 $\quad k_{w1}=k_{y1}k_{q1}=0.96593\times0.95766=0.92503$

基波相电动势 $\quad E_1=4.44fwk_{w1}\Phi_1=4.44\times50\times84\times0.92503\times0.022=379.5\text{V}$

基波线电动势 $\quad E_{l1}=E_1=379.5\text{V}$

因为磁通密度按正弦分布时 $\Phi_1=\dfrac{2}{\pi}B_1l\tau,\Phi_\nu=\dfrac{2}{\pi}B_\nu l\tau_\nu=\dfrac{2}{\pi}B_\nu l\dfrac{\tau}{\nu}$,故 $\Phi_\nu=\dfrac{1}{\nu}\dfrac{B_\nu}{B_1}\Phi_1$,

所以 $\qquad\qquad \Phi_5=(1/5)\times0.2\times0.022=8.8\times10^{-4}\text{Wb}$

5次谐波短距系数 $\quad k_{y5}=\sin\left(5\times\dfrac{y_1}{\tau}\times90°\right)=\sin\left(5\times\dfrac{10}{12}\times90°\right)=\sin350°=0.25882$

5次谐波分布系数 $\quad k_{q5}=\dfrac{\sin(5q\alpha/2)}{q\sin(5\alpha/2)}=\dfrac{\sin(5\times4\times15°/2)}{4\times\sin(5\times15°/2)}=0.20533$

5次谐波绕组系数 $\quad k_{w5}=k_{y5}k_{q5}=0.25882\times0.20533=0.053145$

5次谐波相电动势 $\quad E_5=4.44f_5wk_{w5}\Phi_5$

$\qquad\qquad\qquad\qquad\quad =4.44\times5\times50\times84\times0.053145\times8.8\times10^{-4}=4.3606\text{V}$

5次谐波线电动势 $\quad E_{l5}=E_5=4.3606\text{V}$

合成线电动势 $\qquad E_l=\sqrt{E_{l1}^2+E_{l5}^2}=\sqrt{379.5^2+4.3606^2}=379.53\text{V}$

3. 交流绕组产生的磁动势和气隙磁场

对同步电机和异步电机定子绕组,或是异步电机转子绕组通入交流电流后所产生的磁动势的性质和大小,以及磁动势所产生的气隙磁场进行研究,是非常重要的。

交流绕组均匀分布在圆周表面的槽内,流通的是交变电流,所以由交流电流产生的磁动势,既是沿圆周表面空间分布的,又是随时间而变化的,即既是空间又是时间的函数。

在分析交流绕组所感应的电动势时,已经知道可以用一个匝数为 qw_yk_{w1} 的与该相组轴线同轴的集中整距线圈去替代一个由 q 个 w_y 匝既分布又短距的线圈组成的线圈组。为简便计,在分析磁动势时就采用等效的集中整距线圈。

(1)单相绕组产生的磁动势——脉振磁动势

当一相绕组通入按正弦规律变化的交流电时,2极电机产生的磁场如图3-10所示。由于绕组的空间位置不变,电流的大小和方向随时间而变,产生的磁动势是空间位置不变,大小和方向随时间而变的脉振磁动势。分解出的基波磁动势亦是脉振磁动势,幅值处在绕组的轴线上。基波磁动势最大幅值为

$$F_{\Phi1}=0.9wk_{w1}I/p \qquad (3-17)$$

式中,w 为每相串联匝数,k_{w1} 为基波绕组系数,I 为相电流有效值,p 为极对数。

(2)三相绕组产生的磁动势——圆形旋转磁动势

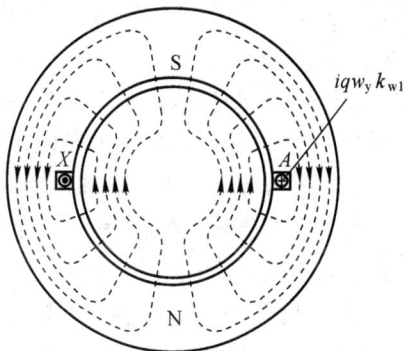

图 3-10 单相绕组产生的磁场

当对称的三相电流 $i_A=\sqrt{2}I\cos\omega t$，$i_B=\sqrt{2}I\cos(\omega t-120°)$，$i_C=\sqrt{2}I\cos(\omega t-240°)$通入三相对称绕组时，由于每相绕组所产生的基波磁动势幅值处于各相绕组的轴线上，因此当电流变化时，三相合成基波磁动势的变化如图 3-11 所示。图 3-11 下方是不同时刻的电流相量图，上方为磁动势空间相量、磁场和电机示意图。设电流从绕组的首端流入为正。

当 $\omega t=0°$瞬间，$i_A=0$，$i_B=-(\sqrt{3}/2)I_m$，$i_C=(\sqrt{3}/2)I_m$，根据假定的正方向，A 相基波磁动势为零，B、C 相基波磁动势为相基波磁动势最大幅值 $F_{\Phi 1}$的 $\sqrt{3}/2$，$\vec{F}_B$ 在 B 相轴线反方向，$\vec{F}_C$ 在 C 相轴线正方向，三相基波合成磁动势 $\vec{F}_1$ 处在水平位置，如图 3-11(a)所示，大小为 $F_{\Phi 1}$的 3/2 倍。

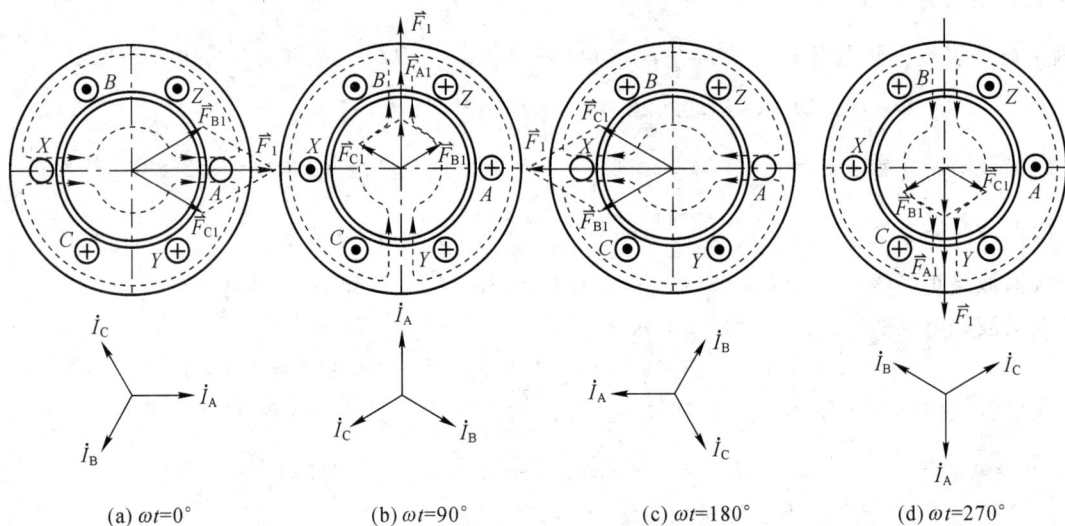

(a) $\omega t=0°$	(b) $\omega t=90°$	(c) $\omega t=180°$	(d) $\omega t=270°$

图 3-11　三相对称绕组通入三相对称电流产生的基波磁动势

同理可画得 $\omega t=90°$，$\omega t=180°$，$\omega t=270°$瞬间的三相基波合成磁动势 $\vec{F}_1$，分别如图 3-11(b)、(c)、(d)所示。由图 3-11 可以直观地看出：

1)波合成磁动势相量 $\vec{F}_1$ 的幅值大小不变，即

$$F_1=\frac{3}{2}F_{\Phi 1}=\frac{3}{2}\times 0.9\frac{wk_{w1}}{p}I=1.35\frac{wk_{w1}}{p}I \tag{3-17}$$

2)磁动势在空间旋转，其端点轨迹为一圆，所以称为圆形旋转磁动势。当电流交变一周，合成旋转磁动势就相应旋转 360°电角度，即 $1/p$ 转，因此转速恰好为电流频率所对应的同步速，即 $n_1=60f_1/p$。

3)转向为逆时针，恰与电流相序一致，由通入超前相电流绕组转向通入滞后相电流绕组。也可以看出，当某一相电流达到最大时，三相基波合成磁动势幅值恰好在该相绕组轴线上。

由于单相绕组只能产生脉振磁动势，所以交流电机的电枢绕组必须二相或二相以上，才能产生气隙旋转磁场。各相绕组轴线必须错开，即既不可以重合，但也不可以相差 180°，通入各相的电流相互之间应有相位差。当各相绕组分布对称(即线圈的空间位置错开 360°/m 电角度)，通入电流对称(即幅值大小相等，时间相位各差 360°/m 电角度)，产生的磁动势幅值相等时，基波合成磁动势为圆形旋转磁动势。当各相绕组分布不对称，或各相电流不对称，或各相绕组产生的磁动势幅值不相等时，基波合成磁动势为椭圆旋转磁动势，正、反转磁动势将同时存在(但大小不等)，合成磁动势的幅值大小和旋转角速度将随时间改变而改变，幅值大时角速度

较慢,幅值小时角速度较快,但其平均转速仍和圆形旋转磁动势一样。

例 3-2　一台三相异步电动机,$P_N = 40kW$,$U_N = 380V$,$I_N = 75A$,定子绕组采用△接法,双层叠绕组,4 极,36 槽,$y_1 = 7$,每个线圈的匝数 $w_y = 2$,并联支路 $a = 2$。试求:

(1)每相脉振磁动势基波和 3、5 次谐波的振幅,设 A 相电流为 $i_a = 61.2\cos\omega t$;

(2)计算三相合成磁动势基波及 5 次谐波幅值。

解　极距　　　　　　　$\tau = Z/(2p) = 36/4 = 9$

每极每相槽数　$q = \dfrac{Z}{2pm_1} = \dfrac{36}{4 \times 3} = 3$

槽距角　　　　$\alpha = \dfrac{p \times 360°}{48} = \dfrac{2 \times 360°}{36} = 20°$

每相串联匝数　$w = \dfrac{2pqw_y}{a} = \dfrac{4 \times 3 \times 2}{2} = 12$

基波短距系数　$k_{y1} = \sin\left(\dfrac{y_1}{\tau} \times 90°\right) = \sin\left(\dfrac{7}{9} \times 90°\right) = 0.93969$

基波分布系数　$k_{q1} = \dfrac{\sin(q\alpha/2)}{q\sin(\alpha/2)} = \dfrac{\sin(3 \times 20°/2)}{3 \times \sin(20°/2)} = 0.9598$

基波绕组系数　$k_{w1} = k_{y1}k_{q1} = 0.93969 \times 0.9598 = 0.90191$

3 次谐波短距系数　$k_{y3} = \sin\left(3 \times \dfrac{y_1}{\tau} \times 90°\right) = \sin\left(3 \times \dfrac{10}{12} \times 90°\right) = -0.5$

3 次谐波分布系数　$k_{q3} = \dfrac{\sin(3q\alpha/2)}{q\sin(3\alpha/2)} = \dfrac{\sin(3 \times 3 \times 20°/2)}{3 \times \sin(3 \times 20°/2)} = 0.66667$

3 次谐波绕组系数　$k_{w3} = k_{y3}k_{q3} = (-0.5) \times 0.66667 = -0.33333$

5 次谐波短距系数　$k_{y5} = \sin\left(5 \times \dfrac{y_1}{\tau} \times 90°\right) = \sin\left(5 \times \dfrac{7}{9} \times 90°\right) = -0.17365$

5 次谐波分布系数　$k_{q5} = \dfrac{\sin(5q\alpha/2)}{q\sin(5\alpha/2)} = \dfrac{\sin(5 \times 3 \times 20°/2)}{3 \times \sin(5 \times 20°/2)} = 0.21757$

5 次谐波绕组系数　$k_{w5} = k_{y5}k_{q5} = -0.17365 \times 0.21757 = -0.03778$

相电流有效值　$I = I_m/\sqrt{2} = 61.2/\sqrt{2} = 43.275A$

(1)每相脉振磁动势振幅

基波　　　　　$F_{\Phi1} = 0.9wk_{w1}I/p = 0.9 \times 12 \times 0.90191 \times 43.275/2 = 210.76At$

3 次谐波　　　$F_{\Phi3} = 0.9w|k_{w3}|I/(3p) = 0.9 \times 12 \times 0.33333 \times 43.275/(3 \times 2) = 25.965At$

5 次谐波　　　$F_{\Phi5} = 0.9w|k_{w5}|I/(5p) = 0.9 \times 12 \times 0.03778 \times 43.275/(5 \times 2) = 1.7657At$

(2)三相合成磁动势振幅

基波　　　　　$F_1 = 1.5F_{\Phi1} = 1.5 \times 210.76 = 316.14At$

3 次谐波　　　$F_3 = 0$

5 次谐波　　　$F_5 = 1.5F_{\Phi5} = 1.5 \times 1.7657 = 2.6486At$

(3)定子三相绕组建立的磁场

交流电机定子对称的三相绕组通入对称的三相电流以后,会在气隙中建立起以同步速度 n_1 旋转的基波磁动势。当气隙均匀时,由基波磁动势在气隙中建立的基波磁场也是一个以同步转速 n_1 旋转的圆形旋转磁场。在不考虑铁芯磁压降或不考虑铁芯损耗时,磁密 $\vec{B}_1$ 与 $\vec{F}_1$ 同相位。考虑铁耗时,$\vec{B}_1$ 滞后于 $\vec{F}_1$ 一个铁耗角 α_{Fe}。

在异步电机中,基波磁场 $\vec{B}_1$ 与定、转子绕组相交链,在定、转子绕组中产生随时间正弦变化的主磁通 $\dot{\Phi}_1$,从而在定子和转子绕组中感应电动势,实现机电能量转换,故 $\dot{\Phi}_1$ 又称为主磁

通 $\dot{\Phi}_m$。同时定子交流绕组中的电流亦将在槽部和端部产生漏磁通,如图 3-12 所示。

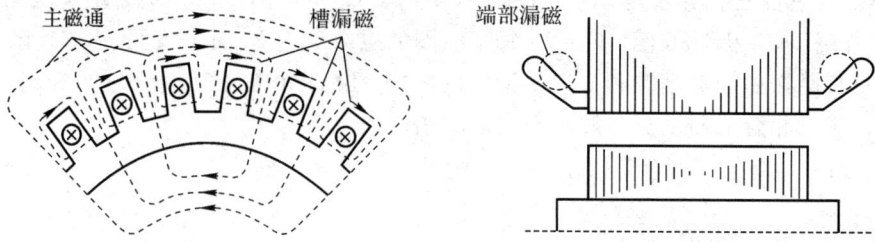

图 3-12　定子绕组建立的磁场

异步电动机的谐波磁场在定子绕组中感应的电动势频率和基波磁场感应的电势频率相同,直接影响定子回路的电压平衡关系。但其数值较小,又不能产生有效的转矩,通常作漏磁处理。

（4）交流电机的时-空相量图

凡随时间作正弦变化的物理量（如电压、电动势、电流、磁通等）都可以用一个以其交变角频率作为角速度环绕时间参考轴 t（时轴）作逆时针旋转的时间相量来替代,该相量在时轴 t 上的投影即为该时刻该物理量瞬时值的 $1/\sqrt{2}$。

三相电机中,如只有一根公共时轴 t,则必须有 $\dot{I}_A$、$\dot{I}_B$ 和 $\dot{I}_C$ 三个电流相量,如图 3-13(a)所示,及相应的电压、电动势和磁通各三个相量,这给利用相量分析带来很大的麻烦。

若以 A 相轴线 $\vec{A}$ 为时轴 t_A,$\vec{B}$ 轴为时轴 t_B,$\vec{C}$ 轴为时轴 t_C,则只要一个电流相量 $\dot{I}_1$ 就能表示定子对称的三相电流 $\dot{I}_A$、$\dot{I}_B$ 和 $\dot{I}_C$。$\dot{I}_1$ 在各个时轴上的投影即为此瞬间各相的瞬时值的 $1/\sqrt{2}$ 倍。而 $\dot{I}_1$ 就称为统一的时间电流相量,如图 3-13(b)所示。

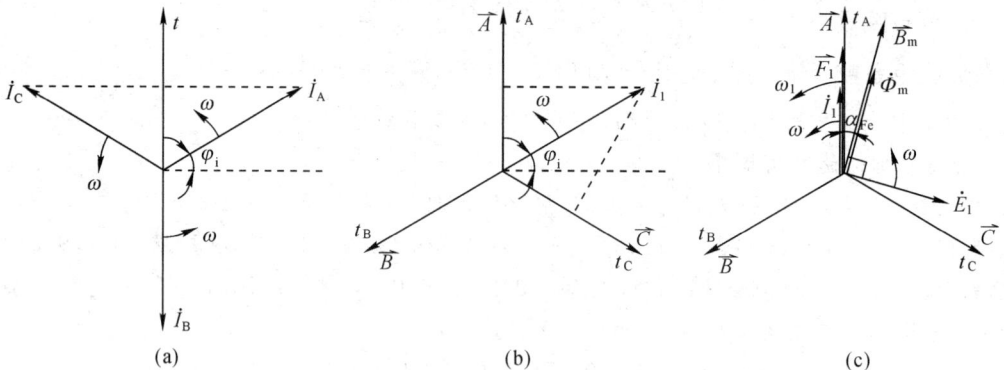

(a)　　　　　　　　　　　(b)　　　　　　　　　　　(c)

图 3-13　统一时间相量和时-空相量图

而沿空间按正弦规律分布的物理量——磁动势和磁密,可以用空间相量来表示。三相电机中磁动势和磁密各只有一个,而且当 A 相电流达到最大,即 $\dot{I}_1$ 和 A 相轴线 $\vec{A}$ 重合时,三相基波合成磁动势幅值位置刚好和 A 相轴线重合,即合成基波磁动势相量 $\vec{F}_1$ 和 $\vec{A}$ 重合,并且电流 $\dot{I}_1$ 的角频率 ω 和磁动势 $\vec{F}_1$ 的电角速度 ω_1 相等,因此当时间相量和空间相量画在同一张相量图上,即画在时-空相量图上时,对交流电机的分析研究就显得特别方便。在这瞬间,$\vec{F}_1$ 所建立的气隙基波旋转磁场 $\vec{B}_m$,在计及铁耗时滞后于 $\vec{F}_1$ 一个铁耗角 α_{Fe}（在不计铁耗时,$\vec{B}_m$ 和 $\vec{F}_1$ 亦重合在一起）。与 A 相绕组的相交链得主磁通 $\dot{\Phi}_m$ 达到最大,即 $\dot{\Phi}_m$ 与 $\vec{B}_m$ 同相位。而绕组中

的感应电势 $\dot{E}_1$ 滞后于 $\dot{\Phi}_m$ 为 90°。图 3-13(c) 就是这一瞬时的时-空相量图。

4. 异步电动机的基本工作原理

当异步电动机的定子三相对称绕组中通入对称三相电流以后,就会在气隙中产生一个以同步速度 n_1 旋转的圆形旋转磁场。假如磁场的起始位置如图 3-14(a) 所示,则当 n_1 的转向为逆时针方向时,静止的转子导体被磁力线切割,就会产生感应电动势 e_2,其方向根据右手定则确定。

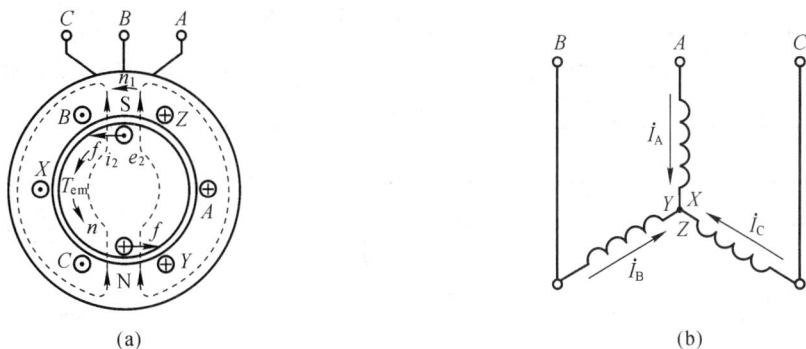

图 3-14　三相异步电动机的基本工作原理

因为转子绕组自成闭合回路,所以就有电流 i_2 流通,i_2 的有功分量和电动势 e_2 同相位,它与气隙相互作用,产生电磁力 f。f 的大小根据 $f = Bli_2$ 决定,方向由左手定则确定。电磁力 f 产生电磁转矩 T_{em},方向由电磁力决定,与旋转磁场的转向 n_1 一致。电磁转矩 T_{em} 驱动转子沿着和旋转磁场同样的旋转方向转动。随着转子转速的增加,转子和旋转磁场之间相对转差速度减小,感应电动势会减少,频率也会降低。当转子转速 $n = n_1$ 时,转子导体与旋转磁场之间相对静止,$e_2 = 0$,$i_2 = 0$,$f = 0$,$T_{em} = 0$,转子在总负载转矩 T_C 作用下必然减速。但一旦 $n < n_1$,转子导体中就会感应电动势,也就有电流、电磁力和电磁转矩产生。当转子达到某一转速 n 时,若转子产生的电磁转矩 T_{em} 和电动机所拖动的生产机械的制动转矩和空载转矩之和,即总负载转矩 T_C 相平衡时,异步电动机的转子就会在这一转速下稳定运行,从而实现将电能转换成机械能的能量转换过程。如果负载增加,转子转速就下降;反之,转速就上升。这就是异步电动机的基本工作原理。

异步电动机气隙旋转磁场同步转速 n_1 与转子转速 n 的转差用 Δn 表示,即 $\Delta n = n_1 - n$,转差 Δn 与同步转速 n_1 的比值称为转差率,用 s 表示,则

$$s = \frac{\Delta n}{n_1} = \frac{n_1 - n}{n_1} \tag{3-18}$$

转差率是异步电机运行时的一个重要变量。当负载变化时,转差率也随之改变,使转子导体中的感应电动势和电流改变,以产生另一电磁转矩适应负载变化。

按照转差率 s 的大小和正负,异步电机可分为电动机、发电机和电磁制动三种运行状态。

(1)电动机运行状态

当 $0 < n < n_1$,即 $1 > s > 0$ 时,异步电机处在电动机运行状态,如图 3-15(b) 所示。为使电机能稳定、可靠和高效率地工作,额定转速 n_N 总是很接近于 n_1 的,一般中小型异步电动机,额定运行时的转差率 s_N 在 5% 以下。但功率很小或极数很多的异步电动机,有时达 10% 左右。总的来说,极数越少,功率越大,s_N 就越小。

(2)发电机运行状态

当 $n > n_1$,即 $s < 0$ 时,转子导体中的感应电动势、电流的有功分量和所产生的电磁转矩的方向和电动机运行状态刚好相反,如图 3-15(c) 所示。这时电磁转矩 T_{em} 与转子转速 n 的方向

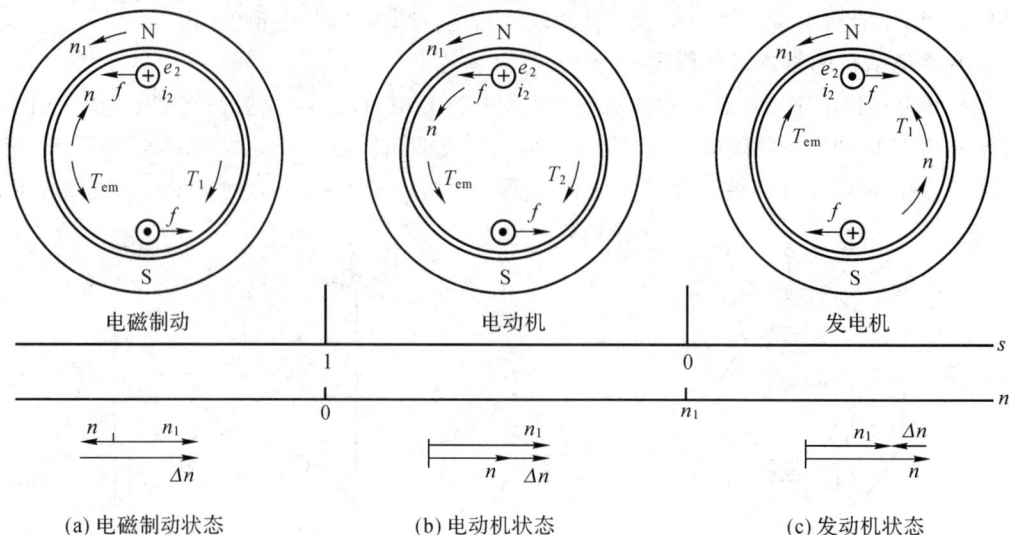

图 3-15　异步电机的三种运行状态

相反,所以电磁转矩 T_{em} 起制动作用,因此,这时转子必须有原动机械输入转距 T_1,以克服电磁转矩 T_{em} 的制动作用,才能从定子绕组输出电功率。异步电机就运行在发电机状态。

（3）电磁制动运行状态

当 n 的方向与 n_1 的方向相反,即 $s>1$ 时,转子导体中的感应电动势、电流的有功分量和所产生的电磁转矩方向与电动机运行状态相同,如图 3-15(a)所示,电机仍从电网中吸取电功率,但因此时转子转速 n 的方向与电动机运行状态时相反,所以电磁转矩 T_{em} 与转子转速 n 的方向相反,电磁转矩 T_{em} 起制动作用。

电机运行在电磁制动状态时,一方面定子从电网吸取电功率,另一方面 n 的方向与 n_1 的方向相反,必须有外界输入机械转矩。由电网输入的电功率和外界输入的机械功率所转换的电磁功率均转换成电机内部的损耗,变成热能散发掉,所以在制动状态运行时,电机发热较厉害。

第二节　三相异步电动机的运行分析

异步电机通过电磁感应作用将功率从定子(相当于变压器原边)传输到转子(相当于变压器副边),其工作原理和变压器相似。其基本方程式、等效电路图和相量图与变压器有很多相似之处。但在绕组构成、电动势、磁动势和转矩的分析却与其他旋转电机有许多共同之处。

一、三相异步电动机转子静止时的基本平衡方程式和相量图

以绕线式转子为对象,而后再说明笼型转子的特点。由于异步电机的能量转换主要依靠气隙基波磁场起作用,因此在分析计算时,有关磁通、磁通密度、电动势和电流的基波的符号都不再加下标“1”,而下面所有物理量凡是加下标“1”的代表定子这一边的量,凡是加下标“2”的代表转子这一边的量。

异步电机定、转子绕组各有自己的相数、每相串联匝数、绕组系数和极对数,设定子绕组分别为 m_1、w_1、k_{w1} 和 p_1,转子绕组分别为 m_2、w_2、k_{w2} 和 p_2。其中,为了产生恒定的电磁转矩,定、

转子极对数必须相同,即 $p_1=p_2=p$。而相数、每相串联匝数和绕组系数一般不相等,在绕线式异步电机中则取同样的相数,即 $m_1=m_2$。

当定子三相对称绕组通入对称三相电流 $\dot{I}_1$,产生圆形旋转基波磁动势 $\vec{F}_1$,用空间相量表示时

$$\vec{F}_1=0.9\,\frac{m_1}{2}\frac{wk_{w1}}{p}\dot{I}_1 \tag{3-19}$$

它相对于定子绕组,即相对于空间的旋转速度为 $n_1=\dfrac{60f_1}{p_1}=\dfrac{60f_1}{p}$。

由于转子绕组也是对称的三相绕组,所以转子绕组中的感应电动势 $\dot{E}_2$ 亦是对称的,产生的电流 $\dot{I}_2$ 也是对称的,则 $\dot{I}_2$ 所产生的合成基波磁动势也应为圆形旋转磁动势。

感应电动势 $\dot{E}_2$ 和电流 $\dot{I}_2$ 的频率为

$$f_2=\frac{pn_1}{60}=\frac{p}{60}\frac{60f_1}{p}=f_1 \tag{3-20}$$

转子电流产生的基波磁动势为

$$\vec{F}_2=0.9\,\frac{m_2}{2}\frac{w_2k_{w2}}{p_2}\dot{I}_2=0.9\,\frac{m_2}{2}\frac{w_2k_{w2}}{p}\dot{I}_2 \tag{3-21}$$

$\vec{F}_2$ 相对于转子绕组,即相对于空间的旋转速度为

$$n_2=\frac{60f_2}{p_2}=\frac{60f_1}{p}=n_1 \tag{3-22}$$

从图 3-16 所示气隙磁场 $\vec{B}_m$ 对转子绕组切割的方向,可知转子三相电流相序为 $a \to b \to c$,所以磁动势 $\vec{F}_2$ 的方向与磁动势 $\vec{F}_1$ 的方向一致,而转速又相等,因此两者相对静止,同步旋转。实际上此时的气隙磁场 $\vec{B}_m$ 是由定、转子电流产生的磁动势共同建立的。与变压器相似,异步电动机的磁动势平衡方程式为

$$\vec{F}_1+\vec{F}_2=\vec{F}_m \tag{3-23}$$

式中,$\vec{F}_m$ 为励磁磁动势。

$$\vec{F}_m=0.9\,\frac{m_1}{2}\frac{w_1k_{w1}}{p}\dot{I}_m \tag{3-24}$$

将式(3-19)、式(3-21)和式(3-24)代入式(3-23)得:

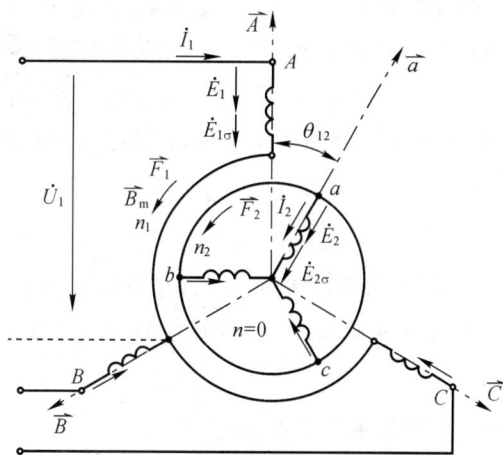

图 3-16 三相异步电动机转子静止时的示意图

$$0.9\,\frac{m_1}{2}\frac{w_1k_{w1}}{p}\dot{I}_1+0.9\,\frac{m_2}{2}\frac{w_2k_{w2}}{p}\dot{I}_2=0.9\,\frac{m_1}{2}\frac{w_1k_{w1}}{p}\dot{I}_m$$

将上式简化即得转子静止时三相异步电动机磁动势平衡方程式的电流形式为

$$\dot{I}_1+\frac{\dot{I}_2}{k_i}=\dot{I}_m \tag{3-25}$$

式中,$k_i=\dfrac{m_1w_1k_{w1}}{m_2w_2k_{w2}}$,称为异步电动机的电流变比。

合成磁动势 $\vec{F}_m$ 同样以同步转速 n_1 旋转,并在空间作正弦分布。但在电机主磁通所经过的整个磁回路中,除了空气隙外,还经过铁芯部分,而铁磁材料中交变磁通流通时,总是存在磁滞和涡流损耗,所以气隙磁场的基波 $\vec{B}_m$ 在空间上滞后于 $\vec{F}_m$ 一个铁耗角 α_{Fe}。而与绕组相交链的

磁通 $\dot{\Phi}_m$ 和 $\vec{B}_m$ 在时-空相量图中是同相位的。定、转子绕组的感应电动势 $\dot{E}_1$ 和 $\dot{E}_2$ 则滞后于 $\dot{\Phi}_m$ 为 $90°$。转子电流 $\dot{I}_2$ 滞后于 $\dot{E}_2$ 为 ϕ_2 角,数值为

$$\phi_2 = \arctan(x_{2\sigma}/r_2) \tag{3-26}$$

式中,$x_{2\sigma}$ 为转子绕组漏电抗,r_2 为转子绕组电阻。

$\vec{F}_2$ 与 $\dot{I}_2$ 同相位,所以 $\vec{F}_2$ 滞后于 $\dot{\Phi}_m$(或 $\vec{B}_m$)为 $(90°+\phi_2)$ 角,而与定、转子对应相绕组轴线之间的夹角 θ_{12} 无关。异步电动机转子静止时的时-空相量图如图 3-17 所示。

气隙旋转磁场在定子绕组中感应的电动势为

$$\dot{E}_1 = -j4.44 f_1 w_1 k_{w1} \dot{\Phi}_m \tag{3-27}$$

气隙旋转磁场在转子绕组中感应的电动势为

$$\dot{E}_2 = -j4.44 f_2 w_2 k_{w2} \dot{\Phi}_m$$
$$= -j4.44 f_1 w_2 k_{w2} \dot{\Phi}_m \tag{3-28}$$

则 $\dfrac{E_1}{E_2} = \dfrac{w_1 k_{w1}}{w_2 k_{w2}} = k_e$,称为异步电动机的电动势变比。

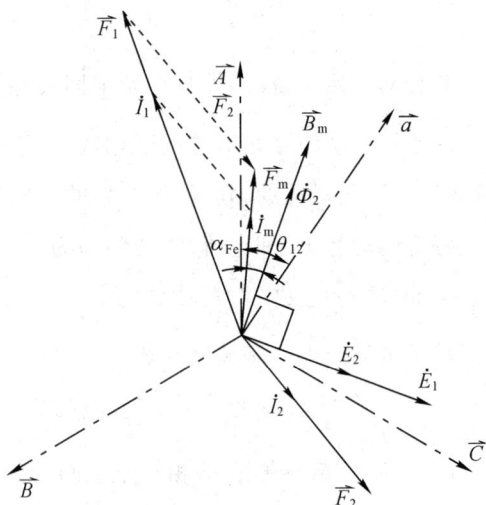

图 3-17 异步电动机转子静止时的时-空相量图

静止的异步电动机与变压器很相似,相当于变压器短路时的情况。所以可以仿照变压器,根据图 3-16,列出电动势平衡方程式:

$$\dot{U}_1 = -\dot{E}_1 - \dot{E}_{1\sigma} + \dot{I}_1 r_1 = -\dot{E}_1 + j\dot{I}_1 x_{1\sigma} + \dot{I}_1 r_1 = -\dot{E}_1 + \dot{I}_1 Z_1 \tag{3-29}$$

式中,$x_{1\sigma}$ 为定子绕组的漏电抗,r_1 为定子绕组的电阻,Z_1 称为定子绕组的漏阻抗。

$$0 = \dot{E}_2 + \dot{E}_{2\sigma} - \dot{I}_2 r_2$$

或

$$\dot{E}_2 = -\dot{E}_{2\sigma} + \dot{I}_2 r_2 = j\dot{I}_2 x_2 + \dot{I}_2 r_2 = \dot{I}_2 Z_2 \tag{3-30}$$

式中,$x_{2\sigma}$ 为转子绕组的漏电抗,r_2 为转子绕组的电阻,Z_2 称为转子绕组的漏阻抗。

与变压器相似,考虑铁耗后的感应电动势 $\dot{E}_1$ 可以表达为

$$\dot{E}_1 = -\dot{I}_m Z_m = -j\dot{I}_m x_m - \dot{I}_m r_m \tag{3-31}$$

式中,x_m 称为激磁电抗,r_m 为铁耗电阻,Z_m 称为激磁阻抗。

由于异步电动机的磁回路中有两段气隙,总磁阻较大,所以它的激磁电抗 x_m 比变压器的小许多。故空载电流 $I_0 \approx I_m$ 比变压器的大得多,一般 $I_0 \approx (20\sim40)\% I_N$,随着电动机极数增多,或额定功率减小,空载电流会更大些。

二、三相异步电动机转子转动时的基本平衡方程式、等效电路图和相量图

前面已经论述,转子绕组在旋转磁场 $\vec{B}_m$ 的作用下感应电动势,产生电流,产生电磁转矩,使转子沿旋转磁场转动方向转动,带动负载以低于磁场旋转速度 n_1 的转速 n 稳定运行。这时,气隙旋转磁场 $\vec{B}_m$ 将以 $\Delta n = n_1 - n = s n_1$ 的速度沿 n_1 的方向切割转子绕组,所以转子绕组中感应的对称三相电动势 $\dot{E}_{2s}$ 和电流 $\dot{I}_{2s}$ 的频率为:

$$f_2 = \frac{p \Delta n}{60} = \frac{p s n_1}{60} = s f_1 \tag{3-32}$$

转子转动时,由 $\dot{I}_{2s}$ 所产生的转子基波磁动势用 $\vec{F}_{2s}$ 来表示。$\vec{F}_{2s}$ 相对于转子绕组的转速 n_{2s} 决定于电流 $\dot{I}_{2s}$ 的频率,即

$$n_{2s}=\frac{60f_2}{p}=\frac{60sf_1}{p}=sn_1 \tag{3-33}$$

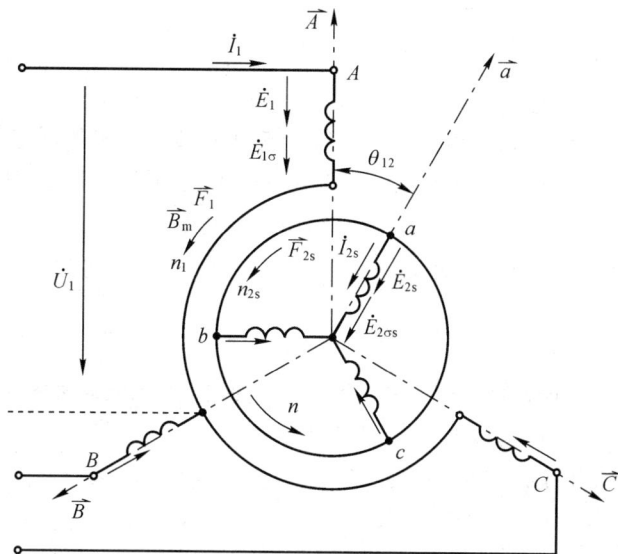

图 3-18 三相异步电动机转子转动时的示意图

$\vec{F}_{2s}$ 的转向与转子静止时一样,决定于转子电流 $\dot{I}_{2s}$ 的相序,即决定于 $\vec{B}_m$ 相对于转子绕组的转动方向,所以仍和静止时一样,与旋转磁场 $\vec{B}_m$ 和转子的转动方向一致,也就是与定子电流产生的磁动势 $\vec{F}_1$ 的旋转方向一致。

$\vec{F}_{2s}$ 相对于空间,即相对于定子的旋转速度还应加上转子转速为

$$n_{2s}{}'=n_{2s}+n=sn_1+n=n_1 \tag{3-34}$$

显然,转子转动时,尽管转子电流的频率变了,但它所产生的磁动势 $\vec{F}_{2s}$ 仍然和定子电流产生的磁动势 $\vec{F}_1$ 相对静止,均以 n_1 速度同步旋转。$\vec{F}_{2s}$ 的数值为

$$\vec{F}_{2s}=0.9\frac{m_2}{2}\frac{w_2k_{w2}}{p}\dot{I}_{2s} \tag{3-35}$$

将定子电流产生的磁动势 $\vec{F}_1$ 和转子电流所产生的磁动势相加,得磁动势平衡方程式为

$$\vec{F}_1+\vec{F}_{2s}=\vec{F}_m \tag{3-36}$$

但由于 $\dot{I}_{2s}$ 与 $\dot{I}_1$ 的频率不同,所以不能用电流形式表示磁动势平衡方程式,即

$$\dot{I}_1+\frac{\dot{I}_{2s}}{k_i}\neq\dot{I}_m$$

这时定、转子两边均可以列出电动势平衡方程式,进行分析计算。但此时既不能使用相量图又不能使用等效电路图,会显得非常不便。

通常用一个等效的静止转子替代以转速 n 转动的转子。这时,频率又变成了 f_1,为了保持电机内部的电磁本质不变,即保持定子电流 $\dot{I}_1$、电网输入功率 P_1、电磁功率 P_{em} 和输出功率 P_2 不变,这就要求等效静止转子电流 $\dot{I}_2$ 所产生的磁动势 $\vec{F}_2$ 必须与实际转动转子 $\dot{I}_{2s}$ 所产生的磁

动势 $\dot{F}_{2s}$ 完全相同,也就是它们的幅值大小、转向、转速及空间相位应完全相同,使定、转子产生的合成气隙磁场 $\dot{B}_{\mathrm{m}}$ 保持与转子转动时完全一样。

转子转动时转子绕组所感应的电动势为

$$E_{2s} = 4.44 f_2 w_2 k_{\mathrm{w2}} \Phi_{\mathrm{m}} \tag{3-37}$$

转子转动时转子绕组中的电流为

$$I_{2s} = \frac{E_{2s}}{\sqrt{r_{2s}^2 + x_{2\sigma s}^2}} \tag{3-38}$$

式中,r_{2s} 为转子转动时转子绕组的电阻,$x_{2\sigma s}$ 为转子转动时转子绕组的漏电抗。由于实际运转时的转差率很小,频率很低,所以这一电阻值很接近于直流电阻,与 50Hz 时的交流电阻 r_2 不相同。为方便分析,取 $r_{2s} \approx r_2$,$x_{2\sigma s} = 2\pi f_2 L_{2\sigma} = s 2\pi f_1 L_{2\sigma} = s x_{2\sigma}$。

转子电流 $\dot{I}_{2s}$ 滞后于电动势 $\dot{E}_{2s}$ 的相位角为

$$\phi_{2s} = \arctan \frac{x_{2\sigma s}}{r_{2s}} = \arctan \frac{s x_{2\sigma}}{r_2} \tag{3-39}$$

在合成气隙磁场 $\dot{B}_{\mathrm{m}}$ 不变的情况下,转子直接不动时,转子绕组所感应的电动势为

$$E_2 = 4.44 f_1 w_2 k_{\mathrm{w2}} \Phi_{\mathrm{m}} \tag{3-40}$$

转子不动时转子绕组中的电流为

$$I_2 = \frac{E_2}{\sqrt{r_2^2 + x_{2\sigma}^2}} \tag{3-41}$$

并比较式(3-37)和式(3-40),得 $E_{2s} = s E_2$。则式(3-38)可改写为

$$I_{2s} = \frac{s E_2}{\sqrt{r_2^2 + (s x_{2\sigma})^2}} = \frac{E_2}{\sqrt{\left(\dfrac{r_2}{s}\right)^2 + x_{2\sigma}^2}} \tag{3-42}$$

比较式(3-42)和式(3-41)不难发现,若将一台转子转动的异步电动机直接停止下来,转子中的电流将发生改变。如果将转子转动的异步电动机每一相串接一个 $\dfrac{1-s}{s} r_2$ 的纯电阻,这时转子回路电阻变为 $r_2 + \dfrac{1-s}{s} r_2 = \dfrac{r_2}{s}$,再停止下来,其转子电流为

$$I_2 = \frac{E_2}{\sqrt{(r_2/s)^2 + x_{2\sigma}^2}}$$

这和实际转动时的转子电流完全一样。这样就能产生同样大小的磁动势。等效静止转子的电流 $\dot{I}_2$ 滞后于 $\dot{E}_2$ 的相位角为

$$\phi_2 = \arctan \frac{x_{2\sigma}}{r_2/s}$$

这也和实际转动时的相位角完全一样。

转子转动时,转子电流 $\dot{I}_{2s}$,即旋转转子产生的磁动势 $\dot{F}_{2s}$ 滞后于电动势 $\dot{E}_{2s}$ 为 ϕ_{2s} 角,滞后于气隙合成磁场 $\dot{B}_{\mathrm{m}}$ 为 $\phi_{2s} + 90°$ 电角度。而当转子每一相串接一个 $\dfrac{1-s}{s} r_2$ 的纯电阻后停止时,转子电流 $\dot{I}_2$,即静止转子产生的磁动势 $\dot{F}_2$ 滞后于气隙合成磁场 $\dot{B}_{\mathrm{m}}$ 为 $\phi_2 + 90°$ 电角度,两者完全一样。同时,转子旋转或静止时转子电流产生的磁动势与定子电流产生的磁动势同方向、同转速同步旋转。所以,完全可以用一台转子绕组每一相串接一个 $\dfrac{1-s}{s} r_2$ 纯电阻的静止异步电动

机来替代在转差率为 s 下旋转的异步电动机。

这样,异步电动机转子回路的电动势平衡方程式从转子旋转时的

$$\dot{E}_{2s} = \dot{I}_{2s} Z_{2s} = \dot{I}_{2s}(r_{2s} + jx_{2\sigma s}) = \dot{I}_{2s}(r_2 + jsx_{2\sigma}) \tag{3-43}$$

变成了等效静止转子的

$$\dot{E}_2 = \dot{I}_2\left(\frac{r_2}{s} + jx_{2\sigma}\right) = \dot{I}_2 Z_2 + \dot{I}_2\left(\frac{1-s}{s}r_2\right) \tag{3-44}$$

因 $\dot{I}_{2s}$ 与 $\dot{I}_1$ 的频率不同,不能用电流形式表示磁动势平衡方程式,在用等效静止转子替代后又可以表示了,即

$$\dot{I}_1 + \frac{\dot{I}_2}{k_i} = \dot{I}_m$$

和变压器一样,为便于利用等效电路图和相量图分析异步电动机的性能,应把转子绕组折算为一个相数、匝数和绕组系数都与定子相同的等效转子。折算方法和原则与变压器相似:折算前后保持主磁场和转子漏磁场不变、从定子传输到转子上的有功功率和无功功率不变,得:

$$I_2' = I_2/k_i \quad E_2' = k_e E_2 = E_1 \quad r_2' = k_e k_i r_2 \quad x_{2\sigma}' = k_e k_i x_{2\sigma}$$

这样,折算后的平衡方程式组为

$$\left.\begin{array}{l}
\dot{U}_1 = -\dot{E}_1 - \dot{E}_{1\sigma} + \dot{I}_1 r_1 = -\dot{E}_1 + \dot{I}_1(jx_{1\sigma} + r_1) = -\dot{E}_1 + \dot{I}_1 Z_1 \\[2mm]
\dot{E}_2' = \dot{I}_2'(r_2'/s + jx_{2\sigma}') = \dot{I}_2' Z_2' + \dot{I}_2'[(1-s)/s]r_2' \\[2mm]
\dot{I}_2 + \dot{I}_2' = \dot{I}_m \\[2mm]
\dot{E}_1 = \dot{E}_2' = -\dot{I}_m Z_m = -\dot{I}_m(r_{m'} + jx_m) \\[2mm]
\dot{E}_1 = \dot{E}_2' = -j4.44 f_1 w_1 k_{w1} \dot{\Phi}_m \\[2mm]
k_i = m_1 w_1 k_{w1}/(m_2 w_2 k_{w2}); \quad k_e = w_1 k_{w1}/(w_2 k_{w2})
\end{array}\right\} \tag{3-45}$$

根据转子绕组折算后的基本方程式组(3-45),可以像变压器一样,作出异步电动机的 T 形等效电路,如图 3-19 所示。并根据方程式组或 T 形等效电路图作出相量图,如图 3-20 所示。

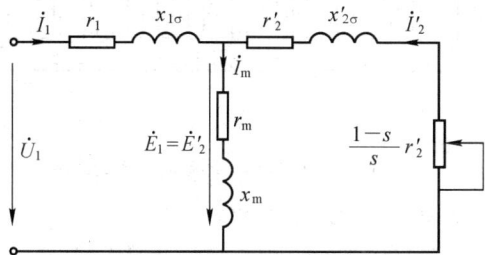

图 3-19　异步电机的 T 形等效电路

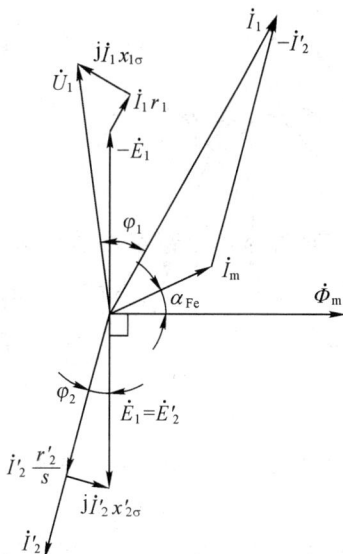

图 3-20　异步电动机的相量图

等效电路中的参数 r_1 由电桥测定，r_2'、$x_{1\sigma}$、$x_{2\sigma}'$、r_m 和 x_m 和变压器一样，可以通过空载试验和短路试验[或称堵转($n=0$)试验]测定。

　　Γ 形等效电路是串并联电路，在进行相量运算时比较麻烦，和变压器一样，常将激磁支路前移，得到 Γ 形等效电路，但由于异步电动机的激磁阻抗比变压器的小，而定、转子漏阻抗反比变压器大，所以具体的 Γ 形等效电路与变压器有所不同。在中、大型异步电动机和精确度要求不高的计算场合，常用简化 Γ 形等效电路，如图 3-21 所示。

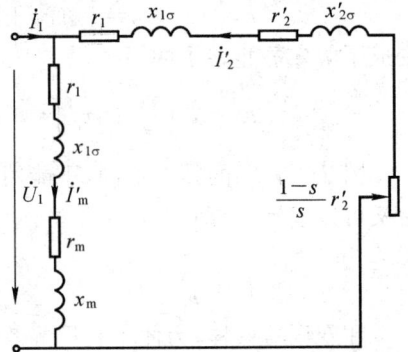

三、鼠笼式异步电动机的绕组数据

　　上面以绕线式异步电动机为例分析了异步电动机的原理，但所得结论同样适用于鼠笼式异步电动机。

图 3-21　异步电机简化 Γ 形等效电路

　　当气隙旋转磁场 $\vec{B}_m$ 以转速 n_1 在转动，转子以转速 n 与旋转磁场同方向转动时，旋转磁场以 sn_1 的转速切割转子导条，感应出电动势。由于转子导条在空间的位置各不相同，所以每根导条中电动势的瞬时值不同，与导条所在位置的磁通密度成正比，将每根导条在这一瞬时的电动势按大小沿转子圆周方向所绘出的空间分布波 $\vec{E}_{2s}$ 与 $\vec{B}_m$ 是同波形、同相位，如图 3-22(a)所示。但对每根导条来说，其电动势 $\dot{E}_{2s}$ 是以 sf_1 频率随时间交变的。

　　由于鼠笼式绕组同样有漏阻抗存在，所以每根导条中的电流在时间上滞后于该导条中的电动势一个 φ_2 相位角。这样，按每根导条在这一瞬时电流大小沿转子圆周方向所绘出的空间分布波 $\vec{I}_{2s}$，其空间相位也应滞后于电动势 $\vec{E}_{2s}$ 为 φ_2 相位角，如图 3-22(a)所示。导条中电流经端环形成回路，对应于图 3-22(a)所示瞬间的导条和端环中电流的分布，如图 3-22(b)所示。

　　按导条中电流的大小和流向，根据全电流定律可以画出转子基波磁动势空间分布波 $\vec{F}_{2s}$，如图 3-22(a)所示。

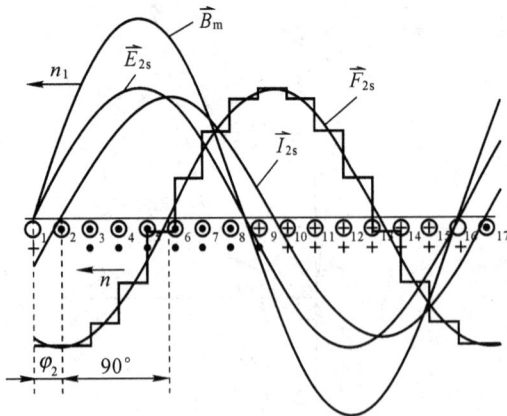

(a) 导条 $\vec{E}_{2s}$、$\vec{I}_2$ 和 $\vec{F}_2$ 的空间波　　　　(b) 导条电流和端环电流形成的回路

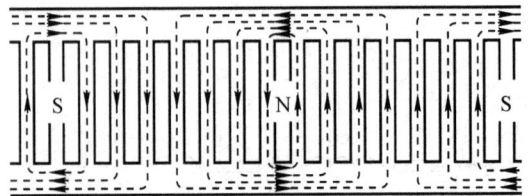

图 3-22　鼠笼式转子电流产生的磁动势及其形成的极数

　　从图可见，$\vec{F}_{2s}$ 波与 $\vec{B}_m$ 波的极数相等，并与绕线式转子一样，$\vec{F}_{2s}$ 波在空间上滞后于 $\vec{B}_m$ 波一个($90°+\varphi_2$)相位角。气隙旋转磁场极数是由定子绕组的极数决定的，故鼠笼式转子的极数必定与定子绕组的极数自动保持相等。

鼠笼式转子槽是均匀分布的,因此槽内导条构成了一个对称的多相绕组。各根导条所感应的电动势在时间相位上是各不相同的,所以每一根导条就是独立的一相。因此,鼠笼式转子的相数与转子的槽数相等,即

$$m_2 = Z_2 \tag{3-46}$$

式中,Z_2 为转子槽数。

相邻两根导条的感应电动势在时间上的相位差 α 为

$$\alpha = 2\pi p / Z_2 \tag{3-47}$$

由于鼠笼式转子绕组每相只有一根导条,相当于半匝,因此每相串联匝数 $w_2 = 1/2$。每相只有一根导条,就不存在短距和分布的问题,所以绕组系数 $k_{w2} = 1$。

这样,就可以利用上面由绕线式转子所获得的结果进行分析、研究和计算。

第三节　三相异步电动机的电磁转矩和机械特性

当异步电动机定子绕组接到交流电网后,气隙旋转磁场和转子感应电流相互作用,产生电磁力和电磁转矩,电能转换成了机械能,拖动生产机械工作。因此,电磁转矩的产生是实现机电能量转换的关键。利用等效电路,分析研究异步电动机的功率传递过程,功率和转矩平衡关系,导出电磁转矩与转差率间的关系式是相当需要的。

一、异步电动机的功率和转矩平衡方程式

1. 功率平衡方程式

输入功率 P_1:电网输入到异步电动机的电功率。其数值为

$$P_1 = m_1 U_1 I_1 \cos\phi_1 \tag{3-48}$$

式中,m_1、U_1、I_1 和 $\cos\phi_1$ 分别代表定子绕组相数、相电压、相电流和输入功率因数。

从图 3-19 所示的 T 形等效电路可见,输入功率 P_1 扣除定子铜耗 p_{cu1} 和铁耗 p_{Fe} 后,通过电磁感应作用,由气隙旋转磁场传递到转子的电功率就是电磁功率 P_{em}。其数值为

$$P_{em} = P_1 - p_{cu1} - p_{Fe} = m_1 I_2'^2 (r_2'/s) = m_1 E_2' I_2' \cos\phi_2 \tag{3-49}$$

式中,$p_{cu1} = m_1 I_1^2 r_1$,为定子绕组铜耗;$p_{Fe} = m_1 I_m^2 r_m$,为定子铁芯铁耗。由于正常运转时,转子和气隙旋转磁场之间的转差 Δn 很小,转子铁芯中磁场的交变频率为 sf_1,所以转子铁耗实际上很小,因此铁耗 p_{Fe} 近似等于定子铁耗。

转子中有电流流通后,产生转子铜耗 p_{cu2}。其数值为

$$p_{cu2} = m_1 I_2'^2 r_2' = sP_{em} \tag{3-50}$$

从电磁功率 P_{em} 中扣除转子铜耗 p_{cu2} 以后,剩下的电功率全部转换成机械功率,称为总机械功率 P_{mec},即

$$P_{mec} = P_{em} - p_{cu2} = m_1 I_2'^2 \left(\frac{1-s}{s}\right) r_2' = (1-s)P_{em} \tag{3-51}$$

由式(3-50)和式(3-51)可见,在异步电动机在正常运行时,由于 s 值很小,所以电磁功率中的绝大部分转换成了机械功率,而转子铜耗仅占电磁功率的很小一部分,因而转子铜耗有时又称为转差功率。然而,随着负载增大,转速 n 下降,或用改变 s 调速时,由于 s 增大,转子铜耗也就相应增大,而总机械功率相应降低。

总机械功率包括轴端输出的机械功率 P_2、机械损耗 p_{mec} 和附加损耗 p_{ad}，则输出功率

$$P_2 = P_{mec} - p_{mec} - p_{ad} \tag{3-52}$$

机械损耗是因电机旋转时，由轴承摩擦和通风引起的损耗。附加损耗由于定、转子齿槽相对运动和磁场中分解出来的高次谐波分量的影响，在定、转子铁芯中产生的损耗。在小型异步电动机中，满载时的附加损耗 p_{ad} 约为输出功率 P_N 的 $1\% \sim 3\%$，而在大型异步电动机中，约为输出功率 P_N 的 0.5%。

综合上述各式，得到异步电动机的功率平衡方程式为

$$P_1 = P_2 + p_{cu1} + p_{Fe} + p_{cu2} + p_{mec} + p_{ad} \tag{3-53}$$

异步电动机的总损耗为

$$\sum p = p_{cu1} + p_{Fe} + p_{cu2} + p_{mec} + p_{ad} \tag{3-54}$$

电动机的效率为

$$\eta = (P_2/P_1) \times 100\% = (1 - \sum p/P_1) \times 100\% \tag{3-55}$$

其中，铁耗 p_{Fe}、机械损耗 p_{mec} 和附加损耗 p_{ad} 在负载变化时基本保持不变，称为不变损耗；负载变化时，定、转子电流随负载变化而变化，所以定子铜耗 p_{cu1} 和转子铜耗 p_{cu2} 称为可变损耗。当可变损耗和不变损耗相等时，效率达到最大。

2. 转矩平衡方程式

根据动力学原理，旋转物体的机械功率等于转矩乘以机械角速度。因此，电磁转矩

$$T_{em} = \frac{P_{mec}}{\Omega} = \frac{(1-s)P_{em}}{(1-s)\Omega_1} = \frac{P_{em}}{\Omega_1} \tag{3-56}$$

式中，$\Omega = 2\pi n/60$，是转子的机械角速度；$\Omega_1 = 2\pi n_1/60$，是气隙旋转磁场的同步机械角速度。

输出转矩，即电动机负载的制动转矩为

$$T_2 = P_2/\Omega \tag{3-57}$$

机械损耗转矩为

$$T_{mec} = p_{mec}/\Omega \tag{3-58}$$

附加损耗转矩为

$$T_{ad} = p_{ad}/\Omega \tag{3-59}$$

空载制动转矩约为

$$T_0 \approx T_{mec} + T_{ad} = (p_{mec} + p_{ad})/\Omega \tag{3-60}$$

转矩平衡方程式为

$$T_{em} = T_2 + T_{mec} + T_{ad} = T_2 + T_0 = T_C \tag{3-61}$$

式中，T_C 称为总负载转矩或总制动转矩。

例 3-3　一台三相四极异步电动机的输入功率 $P_1 = 10.7kW$，$p_{cu1} = 450W$，$p_{Fe} = 200W$，$s = 0.029$，试问电动机的 P_{em}、P_{mec}、p_{cu2} 和 T_{em} 各为多少？

解　电磁功率　$P_{em} = P_1 - p_{cu1} - p_{Fe} = 10700 - 450 - 200 = 10050W$

转子铜耗　$p_{cu2} = sP_{em} = 0.029 \times 10050 = 291.45W$

总机械功率　$P_{mec} = (1-s)P_{em} = (1-0.029) \times 10050 = 9758.55W$

同步转速　$n_1 = 60f_N/p = 60 \times 50/2 = 1500r/min$

电磁转矩　$T_{em} = \dfrac{P_{em}}{\Omega_1} = \dfrac{P_{em}}{2\pi n_1/60} = \dfrac{10050 \times 60}{2\pi \times 1500} = 63.98N \cdot m$

例 3-4　一台三相六极异步电动机，$P_N = 7.5kW$，$U_N = 380V$，$f_N = 50Hz$，$n_N = 960r/min$，

$\cos\phi_N = 0.824$，定子绕组△接法。$p_{cu1} = 474W$，$p_{Fe} = 231W$，$p_{mec} = 45W$，$p_{ad} = 37W$。试计算额定负载时：(1)转差率；(2)转子电流频率；(3)转子铜耗；(4)效率；(5)定子电流。

解 (1)电机的极对数 $p = 3$

同步转速 $\qquad n_1 = 60f_N/p = 60 \times 50/3 = 1000r/min$

额定转差率 $\qquad s_N = (n_1 - n_N)/n_1 = (1000 - 960)/1000 = 0.04$

(2)转子电流频率 $\qquad f_2 = s_N f_N = 0.04 \times 50 = 2Hz$

(3)总机械功率 $\qquad P_{mec} = P_N + p_{mec} + p_{ad} = 7500 + 45 + 37 = 7582W$

电磁功率 $\qquad P_{em} = P_{mec}/(1 - s_N) = 7582/(1 - 0.04) = 7897.9W$

转子铜耗 $\qquad p_{cu2} = s_N P_{em} = 0.04 \times 7897.9 = 315.9W$

(4)输入功率 $\qquad P_1 = P_{em} + p_{cu1} + p_{Fe} = 7897.9 + 474 + 231 = 8602.9W$

效率 $\qquad \eta = (P_N/P_1) \times 100\% = (7500/8602.9) \times 100\% = 87.18\%$

(5)定子额定电流 $\qquad I_N = \dfrac{P_1}{\sqrt{3}\, U_N \cos\phi_N} = \dfrac{8602.9}{\sqrt{3} \times 380 \times 0.824} = 15.863A$

二、异步电动机的机械特性

1. 机械特性的参数表达式

异步电动机的机械特性是指在电压额定 $U_1 = U_{1N}$，额定频率 $f_1 = f_N$，电机参数不变的情况下，异步电动机转速 n 随着电磁转矩 T_{em} 而变化的关系曲线，即 $n = f(T_{em})$。因为异步电动机转差率 s 与转子转速 n 密切相关，所以机械特性通常用 $s = f(T_{em})$ 来表示，简称 T-s 曲线。

由简化 Γ 形等效电路图，得到转子电流为

$$I_2' = U_2 \bigg/ \sqrt{\left(r_1 + \frac{r_2'}{s}\right)^2 + (x_{1\sigma} + x_{2\sigma}')^2}$$

根据 $P_{em} = m_1 I_2'^2 r_2'/s$ 可得机械特性表达式：

$$T_{em} = \frac{P_{em}}{\Omega_1} = \frac{m_1 I_2'^2 \dfrac{r_2'}{s}}{2\pi f_1/p} = \frac{m_1 p U_1^2 \dfrac{r_2'}{s}}{2\pi f_1\left[\left(r_1 + \dfrac{r_2'}{s}\right)^2 + (x_{1\sigma} + x_{2\sigma}')^2\right]} \tag{3-62}$$

式中计量单位，电压 U_1 用 V，电阻和漏抗用 Ω，频率用 Hz，则电磁转矩 T_{em} 就是 N・m。

从上式中可见，当电机的参数 r_1、r_2'、$x_{1\sigma}$ 和 $x_{2\sigma}'$，以及极对数 p、相数 m_1、电网电压 U_1 和频率 f_1 不变时，电磁转矩 T_{em} 仅与转差率 s 有关。

异步电动机机械特性曲线是一条具有极值的曲线，可以用数学方法论证，即令 $dT_{em}/ds = 0$，解得极值点所对应的转差率，称为临界转差率，用 s_m 表示。其数值为

$$s_m = \pm \frac{r_2'}{\sqrt{r_1^2 + (x_{1\sigma} + x_{2\sigma}')^2}} \tag{3-63}$$

将 s_m 代入机械特性表达式(3-62)，得到最大电磁转矩为

$$T_{max} = \pm \frac{m_1 p U_1^2}{4\pi f_1\left[\pm r_1 + \sqrt{r_1^2 + (x_{1\sigma} + x_{2\sigma}')^2}\right]} \tag{3-64}$$

上述两式中，"+"号用于电动机运行状态，"−"号用于发电机运行状态。从此可见，由于 r_1 的存在，发电机运行状态的最大电磁转矩略大于电动机运行状态的最大电磁转矩。对于绕线式异步电动机，上两式中的 r_2' 应以 $R_2' = r_2' + R_t'$ 来替代，其中 R_t' 是转子绕组每相所串入的外接电阻折算值，折算方法和转子电阻折算方法相同。

根据式(3-62)得到如图 3-23 所示的异步电动机机械特性曲线。

从式(3-63)和式(3-64)可以看到最大电磁转矩 $T_{\max}$ 和临界转差率 s_m 的一些变化规律：

(1)当电源频率 f_1 和电机参数不变时，最大电磁转矩与电压平方成正比，即 $T_{\max} \propto U_1^2$，而临界转差率 s_m 与电压 U_1 的变化无关，保持不变；

(2)当电源电压 U_1 和频率 f_1 不变，改变转子回路电阻 R_2'，而电机其他参数又仍不变时，最大电磁转矩 $T_{\max}$ 不变，临界转差率 s_m 与转子回路总电阻 R_2' 成正比，即 $s_m \propto R_2'$；

(3)当电源电压 U_1 和频率 f_1 不变，定、转子电阻不变，改变定、转子漏电抗时，最大电磁转矩 $T_{\max}$ 和临界转差率 s_m 与总漏电抗近似地成反比；

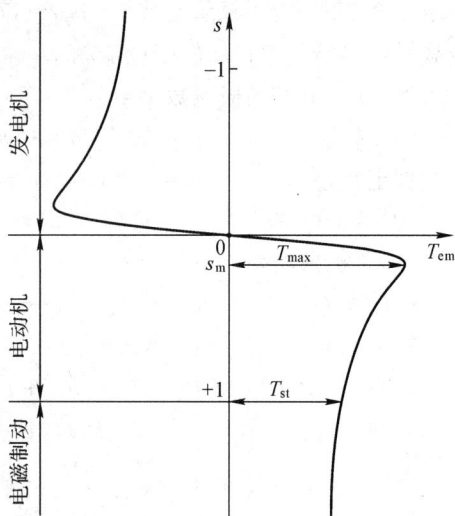

图 3-23 异步电动机的机械特性

(4)当电源电压 U_1 不变，忽略定子电阻 r_1 时，最大电磁转矩 $T_{\max}$ 与电源频率 f_1 的平方成反比，而临界转差率 s_m 与电源频率 f_1 成反比。

一般地，中、大型异步电动机的 $r_1 \ll (x_{1\sigma} + x_{2\sigma}')$，这时最大转矩和临界转差率表达式可以简化，分别为

$$s_m \approx \pm \frac{r_2'}{x_{1\sigma} + x_{2\sigma}'} \tag{3-65}$$

$$T_{\max} \approx \pm \frac{m_1 p U_1^2}{4\pi f_1 (x_{1\sigma} + x_{2\sigma}')} \tag{3-66}$$

最大电磁转矩与额定转矩之比称为电动机过载能力(或称最大转矩倍数)，用 k_M 来表示，即

$$k_M = T_{\max}/T_N \tag{3-67}$$

电动机在额定状态运行时的输出转矩称额定转矩，其数值为

$$T_N = \frac{P_N}{\Omega_N} = \frac{P_N}{2\pi n_N/60} \tag{3-68}$$

过载能力是异步电动机的重要力能指标之一，属于考核指标。异步电动机运行时，总负载转矩 T_C 不能超过 $T_{\max}$，恒转矩负载绝对不能超过 $T_{\max}$，否则，电动机的转速将迅速下降，直至停转；同时定、转子的电流也将迅速增大，而使绕组烧毁。所以，为了保证电机安全可靠运行，一般要求 $K_M = 1.8 \sim 2.5$。

异步电动机接通电源瞬间，即 $n=0$，$s=1$ 时的电磁转矩称为起动转矩，用 T_{st} 表示。将 $s=1$ 代入式(3-62)即可得到

$$T_{st} = \frac{m_1 p U_1^2 r_2'}{2\pi f_1 [(r_1 + r_2')^2 + (x_{1\sigma} + x_{2\sigma}')^2]} \tag{3-69}$$

起动转矩 T_{st} 在电源频率 f_1 和参数不变时，与电压 U_1 的平方成正比；当电压 U_1、频率 f_1 和其他参数不变时，随着转子回路电阻 R_2' 的增加，起动转矩 T_{st} 增加，但在相应的临界转差率 $s_m > 1$ 以后，起动转矩 T_{st} 反而又逐渐减小；当电压 U_1、频率 f_1 不变时，定、转子漏电抗愈大，起动转矩 T_{st} 愈小；起动转矩 T_{st} 随着频率 f_1 的增加而减小。

绕线式转子可以用转子绕组串电阻的方法使起动转矩 T_{st} 增大，显然，当 $s_m = 1$，起动转矩

达到最大，即 $T_{st} = T_{max}$。根据式(3-63)，这时转子绕组每相必须串入的电阻为

$$R_t = \frac{\sqrt{r_1^2 + (x_{1\sigma} + x_{2\sigma}')^2}}{k_e k_i} - r_2 \approx \frac{x_{1\sigma} + x_{2\sigma}'}{k_e k_i} - r_2 \tag{3-70}$$

鼠笼式转子异步电动机在电压、频率一定时，只有一个 T_{st} 值。起动转矩 T_{st} 与额定转矩 T_N 之比，称起动转矩倍数，是另一个重要的力能指标，同样是考核指标，用 k_{st} 表示，即

$$k_{st} = \frac{T_{st}}{T_N} \tag{3-71}$$

一般鼠笼式转子异步电动机的 $k_{st} = 1.0 \sim 2.0$。

值得注意的是，电动机在额定运行、临界转差下运行和起动时，由于转子电流的频率不同，定、转子电流的大小不同，所以所产生的集肤效应和漏磁通的饱和情况不同。起动时的转子电阻大于额定运行时转子电阻，而定、转子漏电抗反而小于额定运行时的漏电抗。所以精确计算时应考虑到这一情况，选用对应运行状态下的不同实际参数值。

2. 电磁转矩的实用表达式

用参数形式表达的转矩公式对异步电动机机械特性的分析具有相当重要的意义，但一般已制成的电机在供应时，产品目录中仅介绍有关的技术数据，而无参数介绍。虽然，可以用试验方法求得参数，但使用单位往往不具备试验条件，所以，如能从技术数据出发，求得电动机的机械特性，也就是转矩表达式，是具有实用意义的。一般，在异步电动机的产品目录中，不仅提供额定功率、额定电压、额定电流、额定频率和转速数据，而且还提供最大转矩倍数、起动转矩倍数和起动电流倍数等数据。

由式(3-62)和式(3-64)得电动机状态下：

$$\frac{T_{em}}{T_{max}} = \frac{\pm 2 \dfrac{r_2'}{s}\left[\pm r_1 + \sqrt{r_1^2 + (x_{1\sigma} + x_{2\sigma}')^2}\right]}{\left(r_1 + \dfrac{r_2'}{s}\right)^2 + (x_{1\sigma} + x_{2\sigma}')^2} = \frac{\pm 2 \dfrac{r_2'}{s}\left[\pm r_1 + \sqrt{r_1^2 + (x_{1\sigma} + x_{2\sigma}')^2}\right]}{2\dfrac{r_1 r_2'}{s} + \left(\dfrac{r_2'}{s}\right)^2 + r_1^2 + (x_{1\sigma} + x_{2\sigma}')^2}$$

由式(3-63)可得：

$$\sqrt{r_1^2 + (x_{1\sigma} + x_{2\sigma}')^2} = \pm \frac{r_2'}{s_m}$$

则

$$\frac{T_{em}}{T_{max}} = \frac{\pm 2 \dfrac{r_2'}{s}\left(\pm r_1 \pm \dfrac{r_2'}{s_m}\right)}{2\dfrac{r_1 r_2'}{s} + \left(\dfrac{r_2'}{s}\right)^2 + \left(\pm \dfrac{r_2'}{s_m}\right)^2} = \frac{2\dfrac{r_1 r_2'}{s} + 2\dfrac{r_2'^2}{s s_m}}{2\dfrac{r_1 r_2'}{s} + \left(\dfrac{r_2'}{s}\right)^2 + \left(\dfrac{r_2'}{s_m}\right)^2}$$

$$= \frac{2\dfrac{s_m r_1}{r_2'} + 2}{2\dfrac{s_m r_1}{r_2'} + \dfrac{s_m}{s} + \dfrac{s}{s_m}} = \frac{\varepsilon + 2}{\varepsilon + \dfrac{s_m}{s} + \dfrac{s}{s_m}} \tag{3-72}$$

式中，$\varepsilon = 2\dfrac{s_m r_1}{r_2'} \approx 2 s_m$。通常，$s_m = 0.1 \sim 0.2$，故 $\varepsilon \approx 2 s_m = 0.2 \sim 0.4$。而 $\dfrac{s_m}{s} + \dfrac{s}{s_m} > 2$。因此，通常将式(3-72)中的 ε 忽略不计，得到实际上最常用的转矩实用公式为

$$\frac{T_{em}}{T_{max}} \approx \frac{2}{\dfrac{s_m}{s} + \dfrac{s}{s_m}} \tag{3-73}$$

或

$$T_{em} = \frac{2 T_{max}}{\dfrac{s_m}{s} + \dfrac{s}{s_m}} = \frac{2 k_M T_N}{\dfrac{s_m}{s} + \dfrac{s}{s_m}} \tag{3-74}$$

在忽略异步电动机空载转矩 T_0 不计时，$T_{emN} \approx T_N$，则在额定负载时：

$$k_M = \frac{1}{2}\left(\frac{s_m}{s_N} + \frac{s_N}{s_m}\right)$$

解得

$$s_m = s_N(k_M + \sqrt{k_M^2 - 1}) \tag{3-75}$$

式中，$s_N = (n_1 - n)/n_1$，为额定运行时的转差率。

这样，我们就可以根据产品目录提供的额定功率 P_N、额定转速 n_N 和最大转矩倍数 k_M，求得最大转矩 T_{max} 和临界转差率 s_m，列出实用转矩公式，就可以计算不同转速，即不同转差 s 下的电磁转矩 T_{em} 值，画出 T-s 曲线。

第四节　三相异步电动机的起动、调速和制动

电力拖动系统以电动机作为原动机驱动生产机械或装置按预定的规律运动。所以分析和研究异步电动机的起动、调速和制动原理、方法和特点，对提高电力拖动系统的效率和质量有相当重要的作用。其中，电动机产生的电磁转矩 T_{em}、转速 n 的影响更值得研究。前已分析：在稳定运行时，电磁转矩 T_{em} 和总负载转矩 T_C 相平衡。但当 T_{em} 发生变化或 T_C 发生变化，两者不相等时，电动机的转速 n 就会发生变化。根据运动力学原理，瞬时的转矩平衡方程式为

$$T_{em} - T_C = J\frac{d\Omega}{dt} = \frac{GD^2}{375}\frac{dn}{dt} \tag{3-76}$$

式中，GD^2 为系统转动部分的等效飞轮矩，J 为系统转动部分的等效转动惯量。

一、异步电动机的起动

异步电动机拖动生产机械在起动过程中，要求电动机具有足够大的起动转矩，使生产机械较快地达到正常运行；同时又希望起动电流不要太大，以免过大的电流引起电网电压下降，而影响其他电气设备的正常工作。

异步电动机直接起动的电流就是电动机的短路电流，因此它的大小受短路阻抗 z_k 的限制，即

$$I_{st} \approx U_1/z_k \tag{3-77}$$

由于短路阻抗 z_k 很小，故起动电流 I_{st} 较大，一般鼠笼式异步电动机 $I_{st} = (5\sim7)I_N$。尽管起动电流很大，但起动转矩却不大。这是由于起动瞬时转子电流的频率 $f_2 = f_1$，内功率因数角 $\varphi_2 = \arctan(x_{2\sigma}/r_2)$，比额定运行时的内功率因数角 $\varphi_{2s} = \arctan(sx_{2\sigma}/r_2)$ 要大得多，所以转子电流的有功分量 $I_2\cos\varphi_2$ 并不大；同时，因起动电流较大，定子漏阻抗压降增大，导致感应电动势 $\dot{E}_1$ 减小，气隙磁通 $\dot{\Phi}_m$ 随之减小。故所产生的起动转矩并不大，一般 $T_{st} = (1.6\sim2.2)T_N$。

一般说来，7.5kW 以下的小容量鼠笼式转子异步电动机才允许直接起动。当容量大于 7.5kW 时，就要考虑过大的起动电流对电网的影响，通常按以下的经验公式来限制

$$\frac{I_{st}}{I_N} \leqslant \frac{3}{4} + \frac{S_N}{4P_N} \tag{3-78}$$

式中，I_{st}/I_N 是起动电流倍数，S_N 为配电变压器的容量，P_N 为异步电动机的额定输出功率。如果满足上式要求，则仍可以直接起动，否则就必须采取措施以限制起动电流。

1. 鼠笼式异步电动机的起动方法

鼠笼式转子异步电动机通常采用降压起动,用降低电动机端电压的方法来限制起动电流,起动完毕后,再将端电压恢复到额定电压。降压起动的方法有:

(1)定子回路串对称的三相电抗器起动

如图 3-24 所示,起动时将三相电抗器串入定子回路,等转子转速接近稳定时将电抗器切除。利用电抗器的分压作用,降低电动机端电压,减小起动电流。

此方法虽然设备简单,操作方便,但降压后若将起动电流降到直接起动电流的 $1/k$ 倍,则电动机端电压亦需降低到额定电压的 $1/k$ 倍,此时的起动转矩将降低到直接起动时的 $1/k^2$ 倍。所以一般只适用于空载或轻载起动。

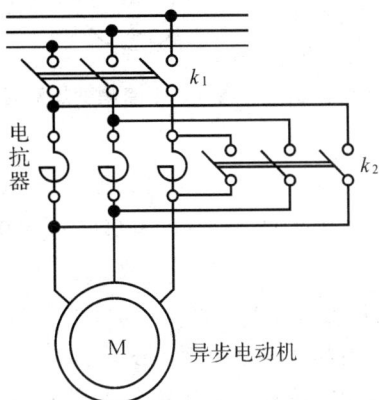

图 3-24　串对称三相电抗器起动　　　　图 3-25　星-三角(Y-△)起动

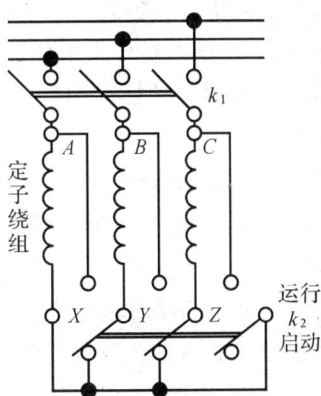

(2)星-三角(Y-△)起动

星-三角起动的方法只适用于正常运行时定子绕组为三角形(△)接法的异步电动机。国家统一设计的 Y 系列三相鼠笼式异步电动机在容量大于 4kW 时,已均采用三角形(△)接法,而且每相绕组的两个出线头均引出接线盒,所以适用面较广。

所谓星-三角(Y-△)起动就是在起动时将定子绕组接成星形(Y)接法,起动完毕后再接成规定的三角形(△)接法,如图 3-25 所示。

设电动机每相短路阻抗 z_k 为常数,则当电动机直接三角形(△)接法起动时,线电流为

$$I_{st\triangle} = \sqrt{3}\,U_1/z_k$$

式中,U_1 既是相电压,也是线电压。

当改为星形(Y)接法起动时,定子绕组相电压变为 $U_Y = U_1/\sqrt{3}$,线电流变为

$$I_{stY} = U_Y/z_k = U_1/(\sqrt{3}\,z_k)$$

式中,I_{stY} 既是相电流,也是线电流。

可见,星-三角起动时,电源供给的线电流为直接起动时的线电流的 1/3。

在不考虑参数变化的情况下,起动转矩与相电压的平方成正比。所以星-三角起动时的起动转矩是直接起动时的起动转矩的 1/3。

由于星-三角起动设备简单,操作方便,所以应用较多。

(3)自耦变压器起动

自耦变压器起动是利用降压自耦变压器,又称起动补偿器,降低定子绕组的端电压,待起动完毕后,再把端电压恢复到额定电压,如图 3-26 所示。

自耦变压器将电动机的端电压降为额定电压 U_N 时 $1/k$，所以电动机绕组的起动电流（即自耦变压器的副边电流）是直接起动时的 $1/k$，电源提供的电流（即自耦变压器的原边电流）降为 $1/k^2$；起动转矩为直接起动时的 $1/k^2$。

可见，自耦变压器起动和星-三角起动具有相同的性质，电源提供的电流和起动转矩均比直接起动时减少同样的倍数。但自耦变压器起动可以根据电动机起动时负载大小，调节变比 k，得到合适的起动转矩。一般补偿器备有 3～4 档电压抽头，不像试验用自耦变压器可以连续调节。

总之，无论采用哪一种起动方法，在减小起动电流时，起动转矩同样要减小。所以在要求既要起动电流小，又要起动转矩大的场合，需要采用起动性能较好的绕线式或深槽式、双鼠笼式异步电动机。

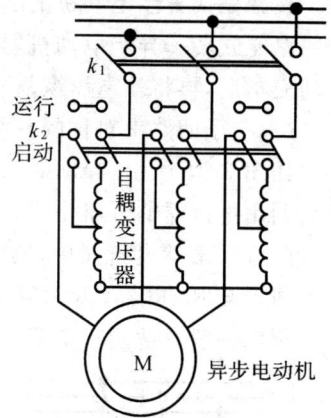

图 3-26　自耦变压器起动

例 3-5　一台三相四极笼式异步电动机，$P_N=55kW$，$U_N=380V$，$I_N=100A$，$f_N=50Hz$，$n_N=1466r/min$，定子绕组△接法。起动时电动机参数：$r_1=0.37\Omega$，$x_{1\sigma}=0.366\Omega$，$r_2'=0.13\Omega$，$x_{2\sigma}'=0.5\Omega$。

(1)在额定电压起动时定子绕组相电流和起动转矩各为多少？

(2)设起动时电网允许线电流为 164A，若采用自耦变压器降压起动，试求：

1)自耦变压器的变比应为多少？2)起动时定子绕组相电流和起动转矩各为多少？（计算时忽略自耦变压器激磁电流。）

解　(1)短路阻抗　$z_k=\sqrt{(r_1+r_2')^2+(x_{1\sigma}+x_{2\sigma}')^2}$

$$=\sqrt{(0.37+0.13)^2+(0.366+0.5)^2}=1\Omega$$

在额定电压起动时定子绕组相电流 $I_{st}=U_N/z_k=380/1=380A$

在额定电压起动时的线电流 $I_{Lst}=\sqrt{3}I_{st}=\sqrt{3}\times380=658.18A$

在额定电压起动时起动电流倍数 $I_{Lst}/I_N=658.18/100=6.5818$ 倍

在额定电压起动时的起动转矩 $T_{st}=\dfrac{m_1pU_1^2r_2'}{2\pi f_N[(r_1+r_2')^2+(x_{1\sigma}+x_{2\sigma}')^2]}$

$$=\dfrac{3\times2\times380^2\times0.13}{2\pi\times50\times[(0.37+0.13)^2+(0.366+0.5)^2]}$$

$$=358.52N\cdot m$$

(2)当起动时电网允许线电流为 164A，采用自耦变压器降压起动时：

1)自耦变压器的变比　$k_a=\sqrt{I_{Lst}/I_{Lst1}}=\sqrt{658.18/164}=2.0033$

2)起动时定子绕组相电流　$I_{st}'=I_{st}/k_a=380/2.0033=189.69A$

此时的起动转矩为　$T_{st}'=T_{st}/k_a^2=358.52/2.0033^2=89.335N\cdot m$

2. 绕线转子异步电动机的起动

三相绕线式异步电动机的起动方法有转子回路串接电阻和串接频敏变阻器两种。

(1)转子回路串接电阻起动

如图 3-27(a)所示，在绕线式异步电动机的转子回路中串入适当的起动电阻，既可减小起动电流，又可增大起动转矩，当串入电阻为式(3-70)所表示的数据时，得到的起动转矩就是电动机的最大电磁转矩，即 $T_{st}=T_{max}=k_M T_N$，最大限度地满足了负载对起动转矩的要求。随着转速的升高，可逐级切除串接电阻，以获得较大的平均起动转矩，如图 3-27(b)所示。

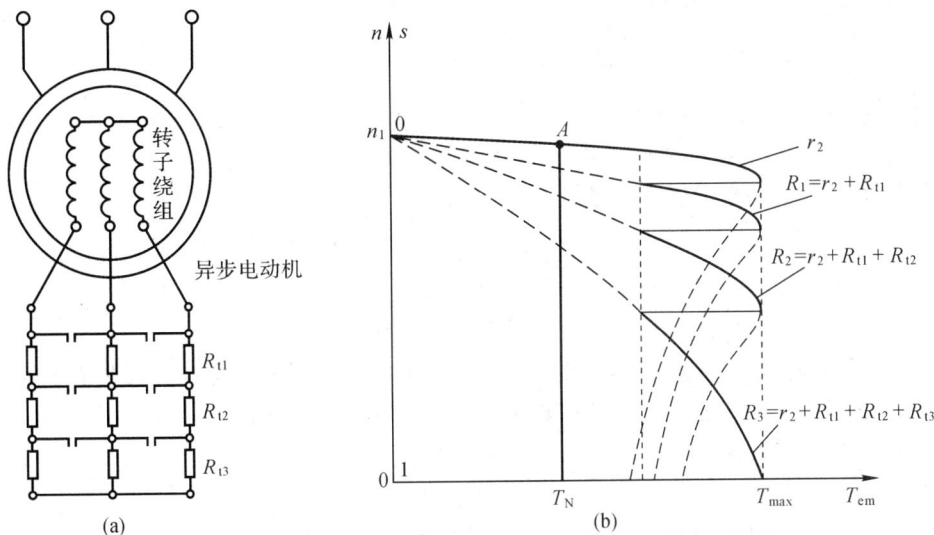

图 3-27 绕线式异步电动机转子回路串接电阻起动

(2)串接频敏变阻器起动

绕线式异步电机可以在转子回路中串接频敏变阻器起动，如图 3-28 所示。频敏变阻器似一台没有副绕组的三相芯式变压器，铁芯用 50mm 厚的钢板或铸铁板叠成，且磁路饱和。等效电路图相当于一个较小激磁电抗 sx_m 和一个较大铁耗等效电阻 r_m 串联。

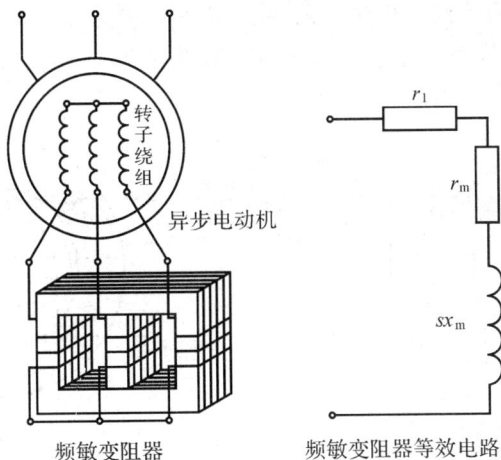

图 3-28 绕线式异步电动机转子串频敏变阻器起动

起动瞬时，$n=0,s=1$，转子电流频率 $f_2=f_1$，且由于起动电流很大，使磁路更饱和，所以此时的铁耗很大，对应的 r_m 很大，而激磁电抗 x_m 由于磁路过饱和而不大，因此转子回路相当于串入了一个大的电阻，从而使起动电流下降，而起动转矩增加。选用合适的频敏变阻器，亦可使起动转矩等于最大转矩。同时，随着转速 n 的上升，转差率 s 减小，转子电流频率下降，电流也有所下降，则 r_m 和 sx_m 均相应减小。当 $s=s_N$ 时，r_m 和 sx_m 已经很小，相当于切除了串接阻抗。

绕线转子异步电动机起动完毕，须将电刷提起，将集电环(滑环)直接短接。

二、异步电动机的调速

根据异步电动机的转速公式

$$n=(1-s)n_1=(1-s)\frac{60f_1}{p} \tag{3-79}$$

可见,异步电动机的调速方法可以分成三大类,即改变异步电动机定子绕组的极对数 P,改变加在异步电动机定子绕组上的电源频率 f_1 和改变异步电动机的转差率 s。

根据异步电动机的电磁转矩表达式

$$T_{em}=\frac{m_1pU_1^2\dfrac{r_2'}{s}}{2\pi f_1\left[\left(r_1+\dfrac{r_2'}{s}\right)^2+(x_{1\sigma}+x_{2\sigma}')^2\right]}$$

可知,在恒转矩负载时,改变转差率 s 的方法有:改变定子绕组的端电压 U_1;在定子回路中串入外加电抗或电阻,以改变 $x_{1\sigma}$ 或 r_1;在转子回路中串入外加电阻、电抗或电容,以改变 r_2' 或 $x_{2\sigma}'$;在转子回路中串入频率为 $f_2=sf_1$ 的附加电动势。

1. 变极调速

变极调速分多绕组调速和单绕组调速。多绕组变极调速时,每一种速度都有一套定子绕组,由于其利用率低,体积大,现仅用于远极比的变极调速,如 2/16 极变速等。单绕组变极调速时,定子绕组仅一套,利用改变绕组的接法,获得两种或多种极对数。当绕组改接前后的极对数成整倍数时,称为倍极比调速,如 2/4 极、4/8 极变速等;当绕组改接前后的极对数不成整数倍时,称为非倍极比调速,如 4/6 极、6/8 极变速等。

倍极比调速时,一般在少极数下定子绕组仍采用 60°相带然后将一半绕组的电流改变方向达到多极数,所以又称为反向变极法。图 3-29 为 2/4 极变速 2 极时的绕组联接法,图 3-30 则为 2/4 极变速 4 极时的绕组联接法。对比两图不难看出, A_1X_1 这组线圈的电流方向保持不变,而 A_2X_2 这组绕组的电流方向在变极前后改变了。

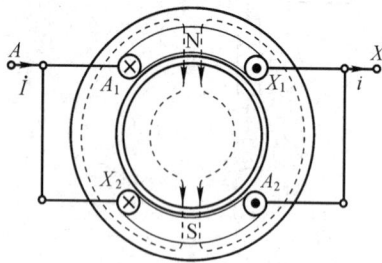

(a) 二极磁场图

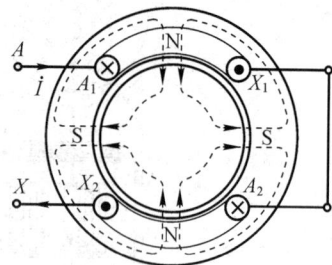

(a) 四极磁场图

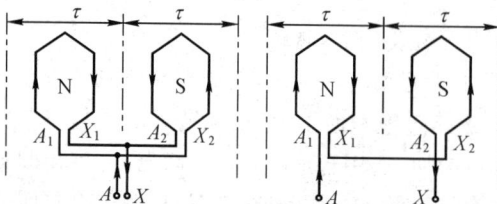

(b)并联接法　　　　(c)串联接法

图 3-29　$2p=2$ 时一相绕组的两种接法

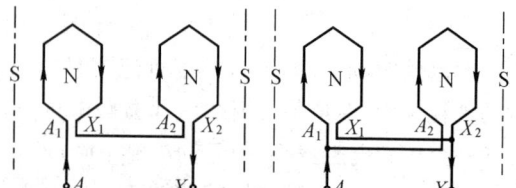

(b)并联接法　　　　(c)串联接法

图 3-30　$2p=4$ 时一相绕组的两种接法

按接线方式不同,可以获得不同的机械特性,以满足不同性质负载的调速需要。常用的方法是高速(少极数)采用双 Y 接法,低速(多极数)采用 Y 接法或△接法,但其特性就有很大差别,如图 3-31 所示。

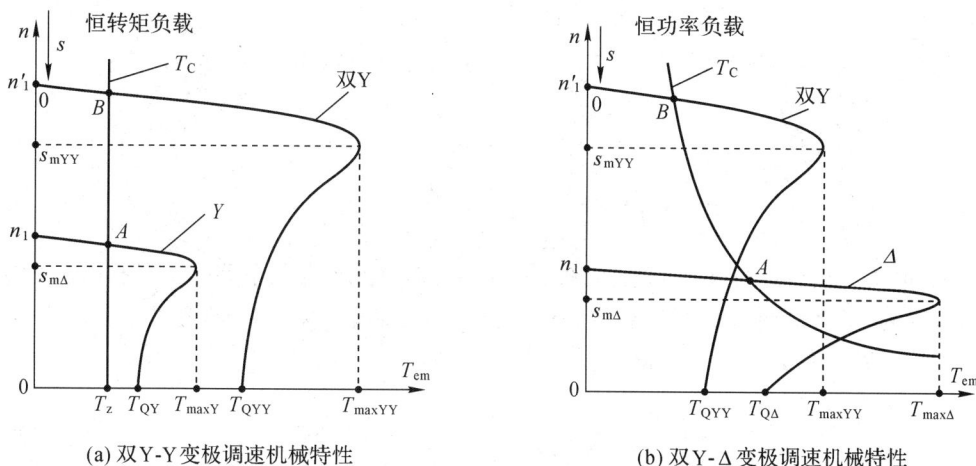

(a) 双Y-Y变极调速机械特性　　　　(b) 双Y-Δ变极调速机械特性

图 3-31　两种常用变极调速接线的机械特性

非倍极比调速时,为了使不同极数下均有较大的绕组系数,各个极下三相绕组的分布一般不是均等的,称为不规则排列。

无论是多绕组变极调速,还是单绕组变极调速,转子均采用鼠笼式绕组,这是因为鼠笼式绕组的极数是可以自动地随定子绕组的极数改变而改变的。

变极调速简单可靠,成本低,效率高,机械特性硬。不同的连接方法可适应不同性质负载调速所需。但变极调速是有级调速,最多只能进行四档速度变换。

2. 变频调速

在忽略定子漏阻抗压降时

$$U_1 \approx E_1 = 4.44 f_1 w_1 k_{w1} \Phi_m$$

可见,在外施电压 U_1 不变的情况下,改变频率 f_1 调速时,势必引起气隙磁通 Φ_m 改变,会使电动机性能变坏。故希望在频率改变时,保持主磁通 Φ_m 基本不变。同时变频调速时还希望保持过载能力 k_M 不变。

为保持主磁通 Φ_m 基本不变,在频率改变时需要

$$\frac{U_1'}{U_1} \approx \frac{4.44 f_1' w_1 k_{w1} \Phi_m}{4.44 f_1 w_1 k_{w1} \Phi_m} = \frac{f_1'}{f_1} \tag{3-80}$$

欲保持过载能力 k_M 不变,在频率改变,忽略定子绕组电阻时,考虑到

$$T_{max} \approx \frac{pmU_1^2}{4\pi f_1(x_{1\sigma}+x_{2\sigma}')} = C\left(\frac{U_1}{f_1}\right)^2$$

则

$$k_M = \frac{T_{max}}{T_N} = \frac{T_{max}'}{T_N'}, \frac{T_N'}{T_N} = \frac{T_{max}'}{T_{max}} = \frac{(U_1'/f_1')^2}{(U_1/f_1)^2},$$

因此

$$\frac{U_1'}{U_1} = \sqrt{\frac{T_N'}{T_N}\frac{f_1'}{f_1}} \tag{3-81}$$

则当负载为恒转矩负载$(T_N'=T_N)$变频调速,且保持 k_M 不变时

$$\frac{U_1'}{U_1} = \frac{f_1'}{f_1} \quad 或 \quad \frac{U_1'}{f_1'} = \frac{U_1}{f_1} \tag{3-82}$$

这就是说,在恒转矩调速时,只要 U_1 与 f_1 成比例地改变,既可保持主磁通 Φ_m 基本不变,

也可以使电动机的过载能力 k_M 基本不变。但在 f_1 较低时，由于 $x_{1\sigma}+x_{2\sigma}'$ 较小，定子绕组电阻 r_1 的影响不能忽略，虽然保持 $U_1/f_1=$ 常数，但主磁通 Φ_m 还是减小了，最大转矩也将随之减小。所以在实际设计变频装置时，当 $f_1<f_N$，且较高时，按 $U_1/U_N=f_1/f_N$ 规律控制；当 f_1 很低时，保持 U_1 一定数值不变；当 $f_1>f_N$ 时，保持 $U_1=U_N$ 不变。

当负载为恒功率负载，$P_2=P_N=T_N\Omega_N=T_N'\Omega_N'$，进行变频调速，保持 k_M 不变时

$$\frac{T_N'}{T_N}=\frac{\Omega_N}{\Omega_N'}=\frac{f_1}{f_1'}$$

所以 $\qquad \dfrac{U_1'}{U_1}=\sqrt{\dfrac{f_1}{f_1'}}\dfrac{f_1'}{f_1}=\sqrt{\dfrac{f_1'}{f_1}}\qquad$ 或 $\qquad\dfrac{U_1'}{\sqrt{f_1'}}=\dfrac{U_1}{\sqrt{f_1}}\qquad$ (3-83)

这就是说，恒功率负载进行变频调速，在保持 k_M 不变时，随着 f_1 的下降，Φ_m 有所增加。

当负载为风机型负载，$T_N'/T_N=(n'/n_N)^2$，进行变频调速，保持 k_M 不变时

$$\frac{T_N'}{T_N}=\left(\frac{n'}{n_N}\right)^2\approx\left(\frac{f_1'}{f_1}\right)^2$$

$$\frac{U_1'}{U_1}=\left(\frac{f_1'}{f_1}\right)^2 \quad \text{或} \quad \frac{U_1'}{f_1'^2}=\frac{U_1}{f_1^2} \qquad (3-84)$$

这就是说，风机型负载进行变频调速，在保持 k_M 不变时，随着频率 f_1 的下降，Φ_m 有所减小。

保持 $U_1/f_1=$ 常数，进行变频调速时的机械特性曲线如图 3-32 所示，图中虚线表示理论上的机械特性曲线，实际的机械特性曲线如实线所示。

变频调速具有调速平滑性好、效率高、机械特性硬、调速范围广、控制电压随频率变化而变化的规律，可以适应不同性质负载的调速需求，是鼠笼式异步电动机调速的发展方向。但一次性投资大，维护要求高。目前，变频调速较多使用在恒转矩负载调速场合。

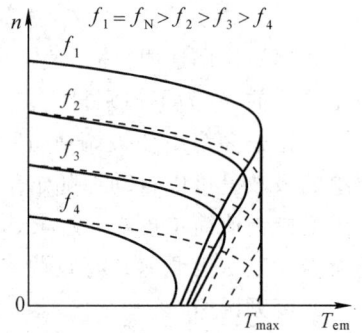

图 3-32 异步电动机 $U_1/f_1=$ 常数时的变频调速机械特性

3. 改变定子端电压调速

前面已知：在频率、参数和转差率不变时，电磁转矩和端电压平方成正比，即 $T_{em}\propto U^2$。普通鼠笼式转子异步电动机改变定子绕组端电压时的机械特性如图 3-33(a) 所示。

保持电流额定值不变时，电动机允许的输出转矩为

$$T_C=T_{em}=\frac{m_1}{\Omega_1}I_{2N}'^2\frac{r_2'}{s}\propto\frac{1}{s}$$

所以在降压调低转速时，s 增加，允许的输出转矩 T_C 将减小。显然，这一调速方法既不适用于恒转矩负载（$T_C=$ 常数），更不适用于恒功率负载（$T_C\propto 1/n$），而较适用于通风机型负载（$T_C\propto n^2$）。

对于恒转矩负载，因只有当转差率 $s<s_m$ 时，电动机才能稳定运行，因此最大调速范围只能在 $0\sim s_m$ 之间。而当电压降低时，s_m 不变，而普通鼠笼式异步电动机的 s_m 很小，所以调速范围很小，同时随着转速的降低，定、转子电流增大，有可能引起电动机过热而损坏。

为了获得较宽的调速范围，又不致于过热，可将转子绕组设计成具有较高电阻值，如高转差异步电动机。此时，其机械特性随端电压的变化情况如图 3-33(b) 所示。但这种电机机械特性较软，使低速运行的稳定性变差，因而在恒转矩负载且要求调速范围在 2：1 以上时，往往采

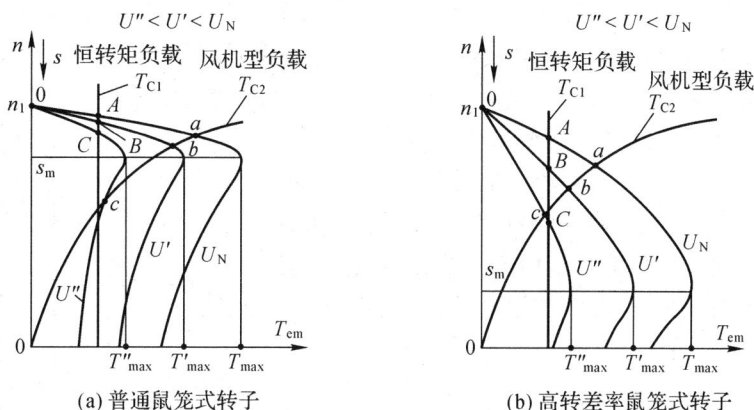

图 3-33　鼠笼式异步电动机调压的机械特性

用速度负反馈控制,以扩大平滑调速范围。

通风机型负载所需的起动转矩很小,降压后虽然起动转矩随电压的平方下降,但仍能做到 $T_{em} > T_C$,不会造成起动困难。同时在 $s > s_m$ 时,电动机仍能稳定运行,可以得到较低的转速,扩大了调速范围,且通风机型负载对调速范围要求不高,一般仅在 2:1 左右。所以此方法在通风机型负载中获得广泛应用,特别在采用速度负反馈控制后,使调速的性能更好。

4. 转子串电阻调速

这种调速方法只适合于绕线型转子异步电动机。当转子绕组串接调速电阻 R_t 后,临界转差率 s_m 随着增大,而最大转矩 T_{max} 不变,机械特性曲线如图 3-34 所示。

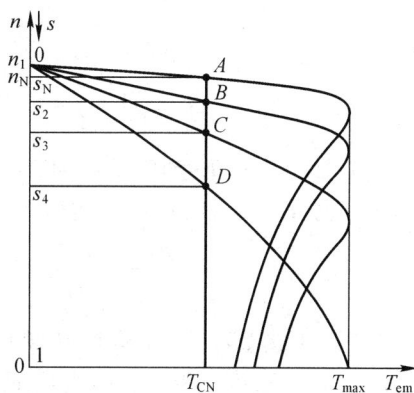

图 3-34　转子回路串电阻的机械特性

当负载为恒转矩额定负载时,由式(3-62)可知,必须保持 $\dfrac{r_2 + R_t}{s} = \dfrac{r_2}{s_N}$,则此时的转子电流基本不变:

$$I_2 = \frac{E_2}{\sqrt{\left(\dfrac{r_2 + R_t}{s}\right)^2 + x_{2\sigma}^2}} = \frac{E_2}{\sqrt{\left(\dfrac{r_2}{s_N}\right)^2 + x_{2\sigma}^2}} = I_{2N}$$

同时,在额定恒转矩负载($T_C = T_{em} = T_{emN}$)时,转子回路串入电阻前后,转子回路功率因数 $\cos\phi_2$ 和电磁功率 P_{em} 亦均保持不变:

$$\cos\phi_2 = \frac{(r_2 + R_t)/s}{\sqrt{[(r_2 + R_t)/s]^2 + x_{2\sigma}^2}} = \frac{r_2/s_N}{\sqrt{(r_2/s_N)^2 + x_{2\sigma}^2}} = \cos\phi_{2N}$$

$$P_{em} = T_{em}\Omega_1 = T_{emN}\Omega_1 = P_{emN}$$

所以这种调速方法尤其适用于恒转矩调速。

由于这种调速的方法简单方便,初投资少,而且其调速电阻可兼作起动和制动电阻使用,因而在起重机械的拖动系统中得到较广泛的使用。若在转子回路中再配以斩波调速,则可以使调速的平滑性大为改善。在泵和风机的调速中使用,有较显著的经济效益。

但由于总机械功率 $P_{mec} = (1-s)P_{em}$,随着转速的降低而降低,所以不适用于恒功率调速。

同时,由于转子回路总损耗 $p_{cu2}=sP_{em}$,随着转速降低而增加,效率就相应降低,系统发热严重。而且由于电阻串入以后,低速的机械特性变软,使系统的运行稳定性变差。

5. 串级调速

这种调速方法也只适合于绕线型转子异步电动机。此方法是在转子绕组中串入与转子电动势和电流同频率 f_2 的附加电动势来达到调速的目的。原理图如图 3-35 所示。交流整流子电机就是利用这一原理制造的。随着电力电子技术的发展,现在多利用电子技术来实现。

基本工作原理为:

在未加附加电动势 $\dot{E}_f$ 之前

$$I_2' = \frac{sE_2'}{\sqrt{r_2'^2+(sx_{2\sigma}')^2}}$$

$$\cos\phi_2 = \frac{r_2'}{\sqrt{r_2'^2+(sx_{2\sigma}')^2}}$$

$$T_{em} = \frac{P_{em}}{\Omega_1} = \frac{m_1 I_2'^2 (r_2'/s)}{\Omega_1}$$

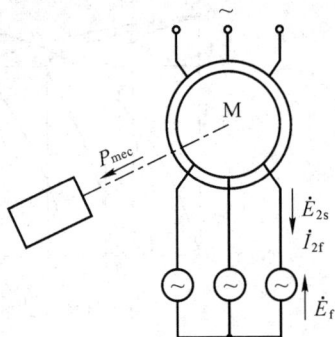

图 3-35　转子串接附加电动势 $\dot{E}_f$ 调速原理图

当附加电动势 $\dot{E}_f$ 和转子电动势 $\dot{E}_{2s}$ 反相位时,在刚引入 $\dot{E}_f$ 瞬时,由于惯性,转速暂不变,转差率 s 也暂不变,所以 $\cos\phi_2$ 也暂不变,而这时的转子电流为

$$I_{2f}' = \frac{sE_2'-E_f'}{\sqrt{r_2'^2+(sx_{2\sigma}')^2}} < I_2'$$

显然,电磁转矩 T_{em} 将减小,电动机减速。随着 n 下降,转差率 s 增加,sE_2' 增加,使转子电流 I_{2f}' 增加,电磁转矩 T_{em} 增加,直至 $T_{em}=T_C$,转速 n 就不再继续下降,电动机将在比原来低的一个转速下运行。

当附加电动势 $\dot{E}_f$ 和转子电动势 $\dot{E}_{2s}$ 同相位时,根据同样原理,附加电动势刚串入瞬时的转子电流 I_{2f}' 将大于串入前的电流 I_2',电磁转矩 T_{em} 增大,电动机加速。随着 n 上升,转差率 s 减小,sE_2' 减小,使 I_{2f}' 减小,T_{em} 减小,直至 $T_{em}=T_C$,转速 n 就不再继续上升,电动机将在比原来高的一个转速下运行。

当 $\dot{E}_f$ 导前于 $\dot{E}_{2s}$ 为 90°时,由于 $\dot{E}_{2\Sigma}=\dot{E}_{2s}+\dot{E}_f$,将使转子电流滞后于磁通的角度减小,起到了提高功率因数 $\cos\phi_1$ 的作用。如果 $\dot{E}_f$ 足够大,有可能使定子电流导前于端电压 $\dot{U}_1$,得到超前的功率因数,如图 3-36 所示。

当 $\dot{E}_f$ 导前于 $\dot{E}_{2s}$ 为任意一个角度 α 时,可以将 $\dot{E}_f$ 分解成两个分量,其中 $E_f\cos\alpha$ 分量与 $\dot{E}_{2s}$ 同相(或反相),达到提高(或降低)电动机转速的目的;而 $E_f\sin\alpha$ 分量导前于 $\dot{E}_{2s}$ 为 90°,用来改善电动机的功率因数。

所以改变 $\dot{E}_f$ 的大小和相位,可以调节异步电动机的转速与功率因数。

图 3-37 为串接附加电动势的异步电动机机械特性。

当然,利用电子技术在工程上实现串级调速往往不是真的往转子绕组中去加一个频率为 f_2 的电动势,而是先将转子电动势 $\dot{E}_{2s}$ 整流成直流,然后再串入一个可控的附加直流电动势,从而避免了随时变频的麻烦。

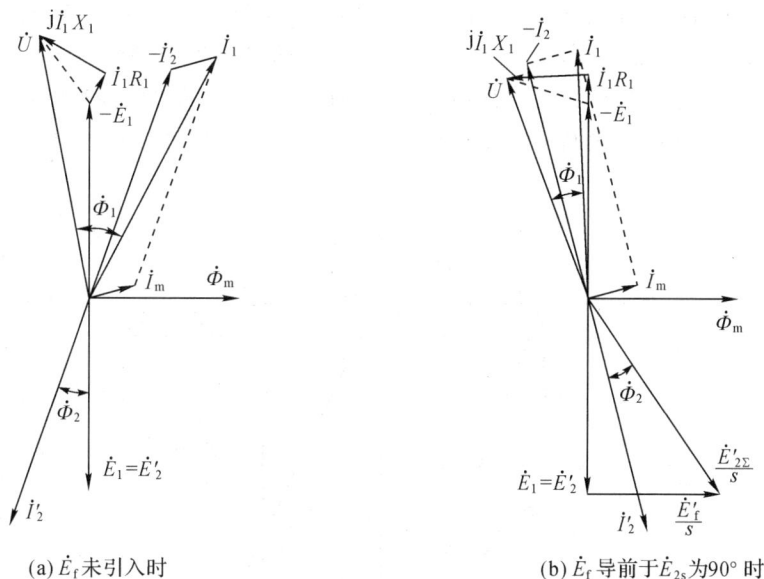

(a) $\dot{E}_f$未引入时

(b) $\dot{E}_f$导前于$\dot{E}_{2s}$为90°时

图 3-36 附加电动势 $\dot{E}_f$ 导前于 $\dot{E}_{2s}$ 为 90°时的相量图

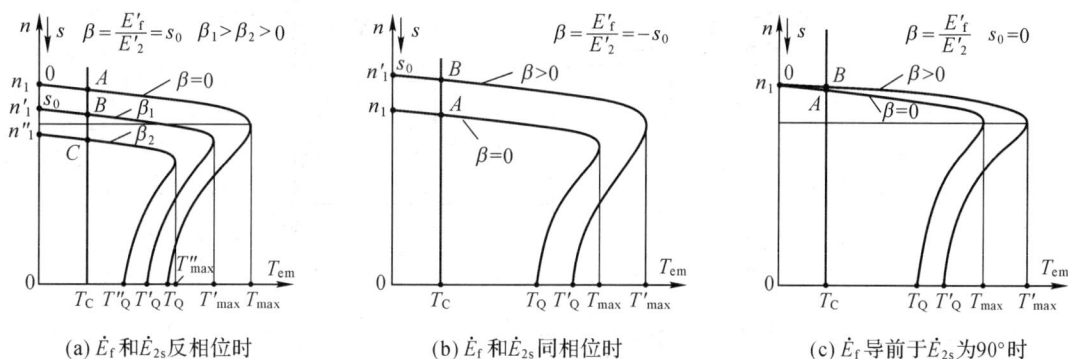

(a) $\dot{E}_f$和$\dot{E}_{2s}$反相位时

(b) $\dot{E}_f$和$\dot{E}_{2s}$同相位时

(c) $\dot{E}_f$导前于$\dot{E}_{2s}$为90°时

图 3-37 异步电动机串接调速的机械特性

串级调速的调速范围大,不仅可以降低转速,而且可以使 $n > n_1$。调速时的机械特性硬,调节范围大,平滑性好,效率高,功率因数 $\cos\phi_1$ 也可以改善,因此是绕线式转子异步电动机调速的发展方向。

三、异步电动机的制动方法

在电力拖动系统中,为了满足生产需要,要求异步电动机能迅速制动或处于制动状态运行,这就要利用电动机产生的电磁转矩与转子的旋转方向相反来实现。处于制动状态运行的异步电动机将吸收拖动系统旋转部分的动能(机械能)转化为电能,最后以热能形式消耗掉。

1. 反接制动

反接制动时 $s > 1$,转子旋转方向和气隙旋转磁场旋转方向相反。实现反接制动的方法有正接反转和反接正转两种。

(1)转子转向反向的反接制动

当电动机的负载为位能性恒转矩负载时,例如用于起重设备上的绕线型转子异步电动机在重物下放时,可以用增大转子绕组外接电阻 R_t 的方法,使电动机从提升重物状态变成下放状态,即电动机从第一象限的电动状态进入第四象限的制动状态。如不串电阻时,机械特性曲线为图 3-38 中所示的曲线①,运行在 A 点,则串接电阻后,机械特性曲线变成图中曲线④所示,工作点移到 F 点。这时因气隙旋转磁场的转向不变,但电动机已经反转,处于制动状态,所以称为转子转向反向的反接制动。而且只要改变外接电阻 R_t 的数值,就可获得不同的下放速度。

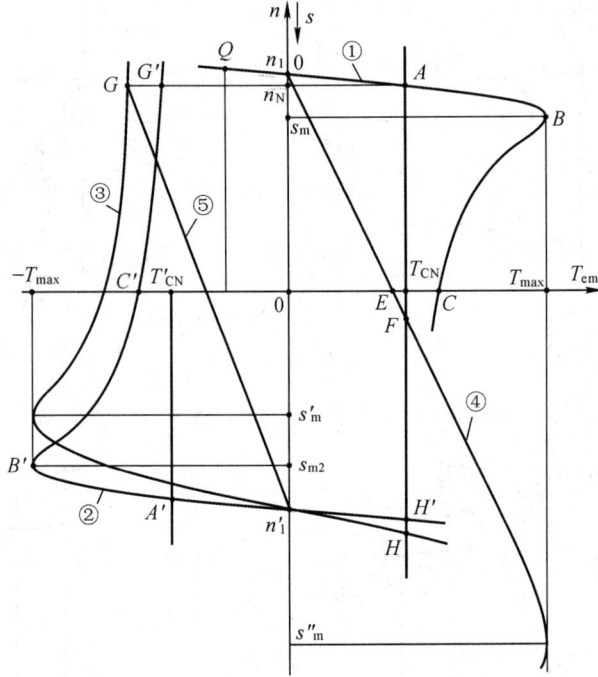

图 3-38　三相异步电动机制动时的机械特性

在 F 点,$n<0,n_1>0$,所以转差率 $s=\dfrac{n_1-(-n)}{n_1}=\dfrac{n_1+n}{n_1}>1$

电磁转矩　　　　　$P_{em}=m_1 I_2'^2 \dfrac{r_2'+R_t'}{s}>0$

总机械转矩　　　　$P_{mec}=(1-s)P_{em}<0$

转子回路总铜耗　$p_{cu2}=sP_{em}=m_1 I_2'^2(r_2'+R_t')=m_1 I_2'^2 \dfrac{r_2'+R_t'}{s}-m_1 I_2'^2 \dfrac{1-s}{s}(r_2'+R_t')$

即　　　　　　　　$p_{cu2}=P_{em}-P_{mec}=P_{em}+|P_{mec}|$

电动机输入功率 $P_1=P_{em}+p_{cu1}+p_{Fe}>0$

可见,在转子转向反向的反接制动时,电机仍然从电源吸收电功率,仍有电磁功率从定子传输到转子绕组。系统转动部分的机械功率(即重物的位能)转化为转子绕组中的电功率。转子绕组电阻和外接电阻将这些电功率转化为热功率消耗掉,当然绝大部分消耗在外接电阻 R_t 上。

(2)定子两相对调的反接制动

正常运行的电动机为了迅速制动,可将定子绕组的任意两相对调,使定子绕组产生的气隙旋转磁场反向,对应的机械特性曲线如图 3-38 中的曲线②所示。此时产生的电磁转矩和转子转向相反,从而实现电磁制动。电动机工作点从 A 点移到 G' 点。由于是定子绕组两相对调使电机处于制动状态,所以称为定子两相对调的反接制动。

在 G' 点，$n>0$，$n_1'=-n_1<0$，转差率 $s=\dfrac{-n_1-n}{-n_1}=\dfrac{n_1+n}{n_1}>1$，$\Omega_1=\dfrac{2\pi(-n_1)}{60}<0$。

显然，电磁功率 $P_{em}>0$，电磁转矩 $T_{em}=P_{em}/\Omega_1<0$，与转速 n 反方向，起制动作用。总机械功率 $P_{mec}=(1-s)P_{em}<0$，而输入电功率 $P_1>0$。

所以和转子转向反向的反接制动时一样，在定子两相对调的反接制动时，电机也仍然从电源吸收电功率，仍然有电磁功率从定子传输转子绕组。系统转动部分的机械功率转化为转子绕组中的电功率。这些电功率仍然由转子回路电阻转化为热功率消耗掉。

对于绕线式异步电动机，为了减小反接制动时的电流冲击，并增大制动转矩，往往在任意两相对调的同时，在转子回路中串入适当的电阻，使机械特性曲线变成图 3-38 中的曲线③或⑤，工作点就移到了 G 点。

2. 回馈制动（发电机制动）

（1）转向相反的回馈制动

在上面两相对调的反接制动情况下，如果负载为位能性恒转矩负载，则当电动机的转速沿曲线②下降到零时，若不切断电源，则由于 $T_{em}-T_C<0$，因此 $dn/dt<0$，电动机将反向起动并加速，从第二象限进入第三象限。当转速反向上升至 $n=-n_1$ 时，虽然电磁转矩 $T_{em}=0$，但由于 $T_{em}-T_C<0$，因此，仍使 $dn/dt<0$，电动机还会反向加速，从第三象限进入第四象限，直至到达 H' 点。在 H' 点，对应的同步转速 $n_1'<0$，转子转速 $n<0$，但 $|n|>|n_1'|$，因此，这时的转差率 $s=\dfrac{-n_1-(-n)}{-n_1}=\dfrac{n_1-n}{n_1}<0$，同步角速度 $\Omega_1=\dfrac{2\pi n_1'}{60}<0$，则

电磁功率 $\qquad P_{em}=m_1 I_2'^2\dfrac{r_2'+R_t'}{s}<0$

电磁转矩 $\qquad T_{em}=\dfrac{P_{em}}{\Omega_1}>0$

总机械功率 $\qquad P_{mec}=(1-s)P_{em}<0$

电机输入功率 $\qquad P_1=P_{em}+p_{cu1}+p_{Fe}$

当 $|P_{em}|>p_{cu1}+p_{Fe}$ 时，$P_1<0$，说明电机向电网反馈电功率，因此将这种制动状态称为转向相反的回馈制动。

（2）转向不变的回馈制动

当电机驱动车辆行驶，行驶到下坡时，由于重力作用，车速（也就是电机转子转速）n 将愈来愈快，就有可能使电机的转速超过同步速度 n_1，如图 3-38 中的 Q 点。这时车辆向前的冲力成了驱动力，对应的总负载转矩成负，即 $T_C<0$。由于 $n>n_1$，所以 $s<0$，$P_{em}<0$，$T_{em}=P_{em}/\Omega_1<0$，$P_{mec}<0$。当 $|P_{em}|>p_{cu1}+p_{Fe}$ 时，$P_1<0$。由于此时电机亦向电源反馈电功率，而转向没有改变，因此称为转向不变的回馈制动。

异步电机如由原动机拖动，转速 n 超过同步转速 n_1 时，就处于发电机运行状态，相当于转向不变的回馈制动状态。

然而，当异步电机运行于发电机状态时，虽然同样能将电机轴上输入的机械功率转化为电功率后向电网输出，但仍和电动机一样，需要向电网吸收滞后的无功功率以建立气隙旋转磁场。

所以当异步电机作单机发电时，必须在输出端并接电容器，以获得建立气隙旋转磁场的滞后无功电流。

当电容器为△接法时，自励建压至额定电压所需的每相电容量为

$$C_{\triangle} = \frac{I_0 \times 10^6}{\sqrt{3} \times 2\pi f_1 U_{1N}} \quad (\mu F) \tag{3-85}$$

当电容器为 Y 接法时,自励建压至额定电压所需的每相电容量为

$$C_Y = \frac{\sqrt{3} I_0 \times 10^6}{2\pi f_1 U_{1N}} \quad (\mu F) \tag{3-86}$$

式中,I_0 为异步电机的励磁电流(A),可以用空载试验测得,也可以近似取 $I_0 = 0.3I_N$。显然,在同样相电压下,△接法所需的电容量小于 Y 接法所需的电容量,但在需要同样线电压时,△接法电容所需的电压高于 Y 接法电容所需的电压,所以哪一种接法更经济合理应从上述两方面综合考虑。但应明确:由于所需的电容的价格不菲,工业上并不采用异步电机作发电机,而全部用同步电机作发电机;只有山区小水站偶有用异步电机作发电、灌溉两用电机。

另外,当变极调速异步电动机从原来在少极数高速运行,改为多极数低速运行的变极调速开始瞬时,由于机械惯性,转速暂不变,运行点将从高速机械特性上平移到低速机械特性上。如图 3-39 所示工作点从 A 点平移到 C 点。在 C 点至相应机械特性曲线的同步点 n_1 点之间,即在第二象限范围内,由于转速 n 高于对应的同步转速 n_1,同样运行在回馈制动状态。

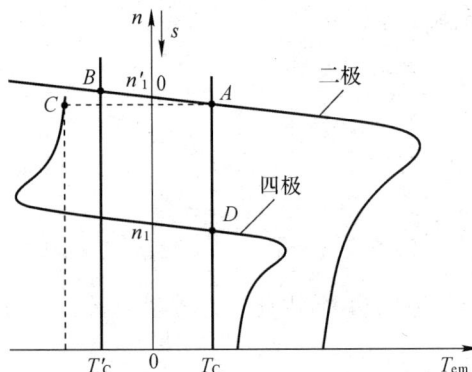

图 3-39　变极调速时的回馈制动状态

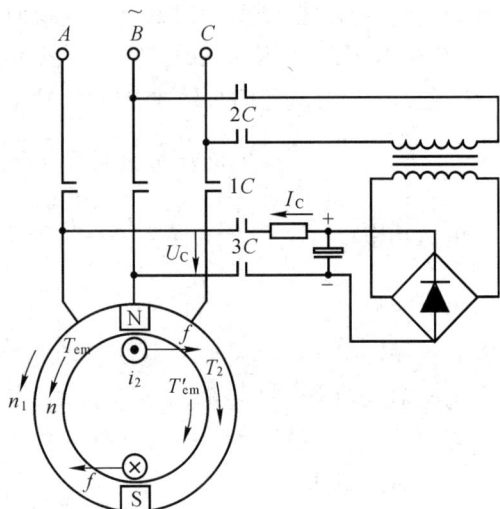

图 3-40　异步电动机能耗制动

3. 能耗制动

若异步电机在电动机运行状态时,接触器触头 $1C$ 闭合,$2C$ 和 $3C$ 断开,电动机的气隙旋转磁场转速 n_1,转子转速 n,电磁转矩 T_{em} 和负载转矩 T_2 的正方向如图 3-40 所示。

异步电动机能耗制动时,将触头 $1C$ 断开,同时将触头 $2C$ 和 $3C$ 闭合,即把定子绕组从交流电网脱离,并立即通入直流电流。这时定子绕组产生的磁场 N、S 是静止的恒定磁场,旋转的转子绕组导体切割定子磁场,感应电动势,产生电流 i_2,产生电磁力 f 和电磁转矩 T_{em}'。电磁转矩 T_{em}' 与转速 n 的方向相反,起制动作用,使电机迅速制动。由于此时的电磁功率是机组的动能转化而来,变成热能消耗掉,所以称为能耗制动。

改变直流励磁时定子绕组的接法,或调节励磁电流大小,或改变绕线式异步电机串入转子绕组的外接电阻大小,均可达到调节制动转矩大小的目的。

例 3-6　一台三相六极绕线式异步电动机 $P_N = 40kW$,$U_N = 380V$,$I_N = 73A$,$f_N = 50Hz$,$n_N = 980r/min$,转子每相电阻 $r_2 = 0.013\Omega$,过载能力 $k_M = 2$,设空载转矩略去不计。该电动机

用在起重机上，试求：

（1）当负载转矩为额定转矩的 80%，电动机以 500r/min 恒速提升重物时，转子回路每相应串入多少电阻？

（2）当负载转矩为额定转矩的 80%，电动机以 500r/min 恒速下放重物时，转子回路每相应串入多少电阻？

解　电机的极对数为　　　　　　$p = 3$

同步转速　　　　　　　　$n_1 = 60 f_N / p = 60 \times 50 / 3 = 1000 \text{r/min}$

额定运行时的转差率　$s_N = (n_1 - n_N)/n_1 = (1000 - 980)/1000 = 0.02$

解恒转矩负载转子串电阻调速时，应注意到：

①从转子串电阻前后的转矩表达式

串电阻前　　$T_{em} = \dfrac{m_1 p U_1^2 \dfrac{r_2'}{s_1}}{2\pi f_N \left[\left(r_1 + \dfrac{r_2'}{s_1} \right)^2 + (x_{1\sigma} + x_{2\sigma}')^2 \right]}$

串电阻后　　$T_{em} = \dfrac{m_1 p U_1^2 \dfrac{r_2' + R_t'}{s_2}}{2\pi f_N \left[\left(r_1 + \dfrac{r_2' + R_t'}{s_2} \right)^2 + (x_{1\sigma} + x_{2\sigma}')^2 \right]}$

可见，在恒转矩负载时，$\dfrac{r_2'}{s_1} = \dfrac{r_2' + R_t'}{s_2}$，则 $\dfrac{s_2}{s_1} = \dfrac{r_2' + R_t'}{r_2'} = \dfrac{r_2 + R_t}{r_2}$，得 $R_t = r_2 \left(\dfrac{s_2}{s_1} - 1 \right)$。

②从转子串电阻前后临界转差率

串电阻前 $s_m = \dfrac{r_2'}{\sqrt{r_1' + (x_{1\sigma} + x_{2\sigma}')^2}}$，串电阻后 $s_m' = \dfrac{r_2' + R_t'}{\sqrt{r_1' + (x_{1\sigma} + x_{2\sigma}')^2}}$。

可见，在仅改变转子回路电阻，而其他参数不变时 $\dfrac{s_m}{s_m'} = \dfrac{r_2'}{r_2' + R_t'} = \dfrac{r_2}{r_2 + R_t}$，得 $R_t = r_2 \left(\dfrac{s_m'}{s_m} - 1 \right)$。

利用常用的近似实用转矩公式求解

临界转差率 $s_m = s_N(k_M + \sqrt{k_M^2 - 1}) = 0.02 \times (2 + \sqrt{2^2 - 1}) = 0.074641$

如负载转矩为额定转矩的 80% 时的转差率为 s_1，则

$$T_{em} = \frac{2 T_{max}}{s_m / s_1 + s_1 / s_m} = \frac{4 T_N}{s_m / s_1 + s_1 / s_m} = 0.8 T_N$$

于是　　　$s_m / s_1 + s_1 / s_m = 5$，　即　$s_1^2 - 5 s_m s_1 + s_m^2 = 0$

解得　　　$s_1 = \dfrac{5 s_m - \sqrt{(5 s_m)^2 - 4 s_m^2}}{2} = \dfrac{5 - \sqrt{5^2 - 4}}{2} \times 0.074641 = 0.015578$

转子回路串入电阻 R_t 后临界转差率为 s_m'，负载转矩仍为额定转矩的 80% 时的转差率为 s_2，则

$$T_{em} = \frac{2 T_{max}}{s_m' / s_2 + s_2 / s_m'} = \frac{4 T_N}{s_m' / s_2 + s_2 / s_m'} = 0.8 T_N$$

于是　　　$s_m' / s_2 + s_2 / s_m' = 5$，　即　$s_m'^2 - 5 s_m' s_2 + s_2^2 = 0$

解得　　　$s_m' = \dfrac{5 s_2 + \sqrt{(5 s_2)^2 - 4 s_2^2}}{2} = \dfrac{5 + \sqrt{5^2 - 4}}{2} s_2 = 4.7913 s_2$

（1）当负载转矩为额定转矩的 80%，电动机以 500r/min 恒速提升重物时的转差率为 s_2，则：

$$s_2 = \frac{n_1 - n}{n_1} = \frac{1000 - 500}{1000} = 0.5$$

① $R_t = r_2\left(\frac{s_2}{s_1} - 1\right) = 0.013 \times \left(\frac{0.5}{0.015578} - 1\right) = 0.40426\Omega$

② $s_m' = 4.7913 s_2 = 4.7913 \times 0.5 = 2.3957$

$$R_t = r_2\left(\frac{s_m'}{s_m} - 1\right) = 0.013 \times \left(\frac{2.3957}{0.074641} - 1\right) = 0.40424\Omega$$

(2)当负载转矩为额定转矩的 80%，电动机以 $500r/min$ 恒速下放重物时的转差率为 s_3，则：

$$s_3 = \frac{n_1 - n}{n_1} = \frac{1000 - (-500)}{1000} = 1.5$$

① $R_t = r_2\left(\frac{s_3}{s_1} - 1\right) = 0.013 \times \left(\frac{1.5}{0.015578} - 1\right) = 1.2388\Omega$

② $s_m'' = 4.7913 s_3 = 4.7913 \times 1.5 = 7.187$

$$R_t = r_2\left(\frac{s_m''}{s_m} - 1\right) = 0.013 \times \left(\frac{7.187}{0.074641} - 1\right) = 1.2388\Omega$$

习　题

3-1　异步电机中气隙的大小对电机有什么影响？

3-2　异步电机定、转子之间没有电路上的直接联系，为什么轴上输出功率增加时，定子电流和输入功率会自动增加？

3-3　某三相四极绕线式异步电动机，如果将其定子绕组短接，而在对称三相转子绕组中通入 $f=50Hz$ 的对称三相电流。已知转子电流所产生的旋转磁动势对转子的转向是逆时针旋转。试问：

(1)转子是否也会旋转？为什么？

(2)转子转向如何？

(3)设转子转速 $n=1440r/min$，则此时转差率应如何计算？

3-4　某三相异步电动机的额定数据如下：$P_N=30kW$，$n_N=1450r/min$，$\cos\phi_N=0.80$，$\eta_N=88\%$，$f_N=50Hz$，试求：

(1)额定电流；

(2)该电动机的极对数；

(3)额定转差率。

3-5　某三相交流电机定子槽数 $Z_1=36$，极距 $\tau=9$ 槽，节距 $y_1=7$ 槽，定子三相双层绕组 Y 接法，每个线圈匝数 $W_y=2$，并联支路数 $a=1$。气隙每极基波磁通 $\Phi=0.74Wb$，而气隙谐波磁密与基波磁密的幅值之比为 $B_1:B_5=1:25$，$B_1:B_7=1:49$，基波及各次谐波磁转速相等，均为 $1500r/min$。试求：

(1)基波、五次谐波和七次谐波的绕组系数；

(2)相电动势中的基波、五次谐波和七次谐波分量有效值。

3-6　一台三相异步电动机，如果把转子抽掉，而在定子三相绕组上施加对称三相额定电压会产生什么后果？

3-7 拆修异步电动机的定子绕组,若把每相的匝数减少 5% 而额定电压、额定频率不变,则对电机的性能有什么影响?

3-8 某四极单相电机定子绕组串联匝数 $W_1 = 100$ 匝,基波绕组系数为 $k_{w1} = 0.946$,三次谐波绕组系数 $k_{w3} = 0.568$,试求:

(1)当通入相电流为 $i = \sqrt{2}\,5\sin 314t\,\text{A}$ 时,单相绕组所生的基波和三次谐波磁动势的幅值及脉振频率;

(2)若通入的相电流为 $i = \sqrt{2}\,5\sin 314t - \sqrt{2}\,\dfrac{5}{3}\sin(3 \times 314t)\,\text{A}$ 时,相电流中的三次谐波电流能否产生基波磁动势?为什么?

3-9 某三相四极 50Hz 绕线式异步电动机,定转子对称三相绕组均 Y 接法,定子每相串联匝数 $W_y = 240$ 匝,基波绕组系数 $k_{w1} = 0.93$,转子每相有效串联匝数为 $W_2 k_{w2} = 58.18$,定子额定电压 $U_{1N} = 380\text{V}$,定子每相感应电动势 E_1 为额定相电压的 85%。试求:

(1)转子额定电压 U_{2N};

(2)当 $n = 1460\text{r/min}$ 时的转子相电动势有效值和频率。

3-10 某三相四极 50Hz 绕线式异步电动机,定转子对称三相绕组均 Y 接法,转子额定电压为 240V,额定转差率 $s_N = 0.04$,当转子频率为 50Hz 时转子每相电阻 $r_2 = 0.06\Omega$,漏抗 $X_{2\sigma} = 0.2\Omega$。试求额定运行时:

(1)转子电动势的频率;

(2)转子相电动势有效值;

(3)转子电流有效值。

3-11 某三相四极 50Hz 绕线式异步电动机,$U_{1N} = 380\text{V}$,$n_N = 1450\text{r/min}$,定转子对称三相绕组均 Y 接法,其有数匝数比为 4。已知电机参数如下:$r_1 = r_2' = 0.4\Omega$,$x_{1\sigma} = x_{2\sigma}' = 1\Omega$,$x_m = 40\Omega$,$r_m$ 忽略不计,试求额定运行时:

(1)定子电流 I_1,转子电流 I_2 及空载电流 I_0(用 T 型等值电路计算);

(2)转子相电势 E_{2s};

(3)总机械功率 P_{mec}。

3-12 某三相四极 50Hz 异步电动机,已知输入功率 $P_1 = 10.7\text{kW}$,定子铜耗 $p_{cu1} = 45\text{W}$,铁耗 $p_{Fe} = 200\text{W}$,转差率 $s = 0.029$,试求此时该机的电磁功率 p_{em},总机械功率 P_{mec},转子铜耗 p_{cu2} 及电磁转矩 T_{em} 各为多少?

3-13 某三相六极 50Hz 异步电动机,$P_N = 28\text{kW}$,$U_N = 380\text{V}$,$n_N = 950\text{r/min}$,$\cos\phi = 0.88$。已知额定运行时各项损耗为 $p_{cu1} = 1.0\text{kW}$,$p_{Fe} = 500\text{W}$,$p_{mec} = 800\text{W}$,$p_{ad} = 50\text{W}$。试求额定运行时的:

(1)转差率;

(2)转子铜耗;

(3)效率;

(4)定子电流;

(5)转子电流频率。

3-14 某三相四极 50Hz 异步电动机,$P_N = 10\text{kW}$,$U_N = 380\text{V}$,$I_N = 20\text{A}$,定于绕组△接法。额定运行时的损耗为:$p_{cu1} = 557\text{W}$,$p_{cu2} = 314\text{W}$,$p_{Fe} = 276\text{W}$,$p_{mec} = 77\text{W}$,$p_{ad} = 220\text{W}$。试求额定运行时的转速、电磁转矩、输出转矩和空载转矩。

第四章　微特电机

控制用微特电机在自动控制系统中作为执行、检测、比较和放大元件,在工业自动化、办公自动化、家用电器和现代军事装备等领域得到广泛的应用。其工作原理和普通电机一样,没有本质上的差别,只是所起的作用不同。普通电机主要用作能量交换,而控制电机主要是信号的检测、传递和变换,所以要求工作稳定、运行可靠、精度高和运行范围广等特点。

控制电机分动作执行类与信号检测和传递类。执行类电机有伺服电动机、步进电动机、力矩电动机和无刷直流电动机等。信号检测和传递类电机有测速发电机、自整角机和旋转变压器等。下面着重介绍执行类控制电机。

第一节　步进电动机

步进电动机是一种电磁式增量执行元件,它可以将输入的电脉冲信号转换成机械角位移或直线位移。因输入的是脉冲信号,运动是断续的,故有时又称脉冲电动机。

步进电动机与其他型式交、直流电动机不同,其运动仅受脉冲信号的控制,每输入一个脉冲,步进电动机就转动一个角度或前进一步,所以控制输入的脉冲数就可以控制步进电动机的转速或线速度。在负载能力范围内,步距不受电压波动、负载变化和环境条件变化的影响,起动、停止或反转均受脉冲信号控制;在不丢步的情况下运行,其角位移(或线位移)误差不会长期积累。因此,它特别适合在开环控制系统中使用,具有系统简单、运行可靠等优点,广泛应用在数控机床、绘图机、计算机外设、医疗设备、包装机械、机器人,以及其他数字控制系统中。

电力电子技术、计算机和微处理机的发展,为步进电动机的发展和使用范围的开拓创造了条件,发展前景相当广阔。

步进电动机必须配置专用的驱动电源才能工作,步进电动机和驱动电源构成了步进电动机系统,如图 4-1 所示。从控制器输入速度信号(通常为 CP 脉冲)和方向信号,环形分配器实现电动机通电逻辑的控制。每来一个 CP 脉冲,环形分配器输出的通电状态转换一次。因此,步进电动机转速的高低、升速或降速、起动或停止都完全取决于 CP 脉冲的频率。方向信号决定了环形分配器输出正向通电逻辑还是反向通电逻辑。由于环形分配器输出的是弱电信号,需要通过驱动电路才能驱动步进电动机。

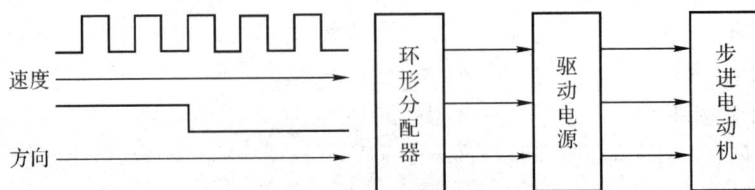

图 4-1　步进电动机系统构成

步进电动机的种类很多,为了适应门类繁多的应用要求,其结构和原理亦不相同。一般按结构不同可分为反应式(磁阻式)步进电动机、永磁式步进电动机和混合式(感应子式)步进电动机。

本节以三相反应式步进电动机为例,介绍其结构和工作原理。

一、三相反应式步进电动机的结构

图 4-2 表示三相反应式步进电动机的结构示意图。定子上有三相绕组,成星形联接,每相绕组由相对两个磁极上的线圈组成,引出 4 根线(一根为中点线),有时也将三相绕组的六根线直接引出,这取决于驱动方式。定子和转子铁芯用 0.35mm 或 0.5mm 厚的硅钢片叠压而成,定子上有六个磁极,极靴和转子铁芯表面均有小齿,一般取定、转子齿距相等。图中所示转子齿数为 20,定子的六个大极上各有三个小齿,相邻两个磁极上的小齿相互错开 1/3 齿距。一般说来,m 相的反应式步进电动机,相邻两极上的小齿相互错开 $1/m$ 齿距。

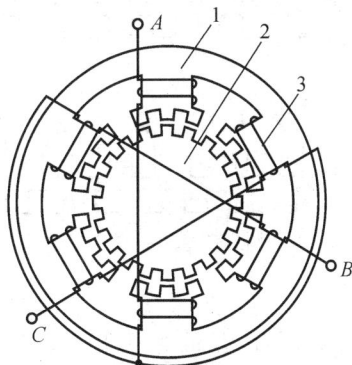

图 4-2　三相反应式步进电动机
结构示意图
1—定子;2—转子;3—定子绕组

二、基本工作原理

当 A 相绕组通电时,在 A 相磁极建立磁场,由于转子力求以磁路磁导最大来取向,转子齿与 A 相磁极上的小齿对齐,此时 B 相磁极上的小齿沿 A→B→C 方向领前转子齿 1/3 齿距,如图 4-3(a)所示;当 A 相绕组断电,B 相绕组通电时,转子沿 A→B→C 方向转过 1/3 齿距,转子齿与 B 相磁极上的小齿对齐,转子前进了一个步距角。此时 C 相磁极上的小齿沿 A→B→C 方向领前转子齿 1/3 齿距,如图 4-3(b)所示;当 B 相绕组断电,C 相绕组通电时,转子沿 A→B→C 方向又转过 1/3 齿距,转子齿与 C 相磁极上的小齿对齐,转子又前进了一个步距角,如图 4-3(c)所示。定子绕组每换接一次,转子就向前转过 $1/m$ 个齿距,即一个步距角,绕组换接 m 次,完成一个循环,转子转过一个齿距。如果连续以 A—B—C—A……顺序分别给每相绕组通电,转子就不断地沿 A→B→C(逆时针)方向转动。同理,如按 A—C—B—A……顺序分别给每相绕组通电,转子就不断地沿顺时针方向转动,但步距角不变。以上通电方式称为"三相单三拍"。

此外还有"三相双三拍"、"三相六拍"等通电方式。

"三相双三拍"通电方式为 AB—BC—CA……,每次有两个绕组通电。当 A、B 两相绕组通电时,在 A、B 相磁极建立磁场,使转子按磁导最大位置来取向,转子齿与 A、B 相磁极的小齿分别错开 1/6 齿距,如图 4-3(d)所示;当 B、C 两相绕组通电时,转子转过 1/3 齿距,转子齿与 B、C 相磁极上的小齿分别错开 1/6 齿距,如图 4-3(e)所示;当 A、C 两相绕组通电时,转子转过 1/3 齿距,转子齿与 A、C 相磁极上的小齿分别错开 1/6 齿距,如图 4-3(f)所示。可见"双三拍"的运行原理和"单三拍"是一样的,步距角并不改变,仍为 1/3 齿距,只是通电方式不同,运行性能也不相同。若按 AC—CB—BA……顺序通电,电动机的转向相反。

"三相六拍"的通电方式是 A—AB—B—BC—C—CA……,它是上述两种通电方式的综合,每换接一次绕组,转子向前转过 1/6 齿距。如果按 A—AC—C—CB—B—BA……方式通电,电动机的旋转方向相反,步距角不变,仍为 1/6 齿距。

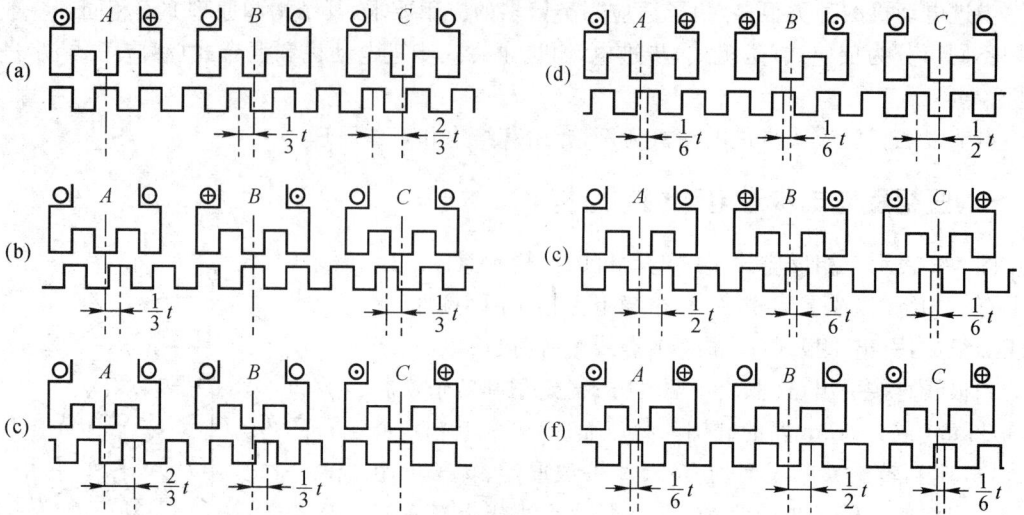

图 4-3　三相反应式步进电动机工作原理图

此外,还有四相、五相、六相和八相等反应式步进电动机,其工作原理是相同的。

由于驱动电源每来一个脉冲,步进电动机转子就转过一个步距角,因此按不同的通电方式,步距角可表示为

$$\theta_b = \frac{360°}{NZ_R} \tag{4-1}$$

式中,N—拍数,通常 $N=m$ 或 $N=2m$;m—相数;Z_R—转子齿数。

如果输入脉冲频率为 f(Hz),则步进电动机的转速

$$n = \frac{f\theta_b}{360°}(\text{r/s}) = \frac{60f\theta_b}{360°}(\text{r/min}) = \frac{60f}{NZ_R}(\text{r/min}) = \frac{f}{6°}\theta_b(\text{r/min}) \tag{4-2}$$

反应式步进电动机除图 4-2 所示的径向磁路结构外,还有轴向磁路结构(铁芯段数等于相数,各段定子铁芯沿圆周相互错开 $1/m$ 齿距)的反应式步进电动机和多段径向磁路结构的反应式步进电动机(各段定子亦错开一定角度,以获得更小的步距角)。

三、步进电动机的运行特性

这里讨论的运行特性是各种步进电动机都具有的,只是不同的步进电动机在某些特性上会有一定的差别。

1. 步距角

一般来说,每一种步进电动机有两种步距角,对应于整步(如三相反应式步进电动机的三拍)运行方式和半步(如三相反应式步进电动机的六拍)运行方式。随着微步驱动(或称细分技术)的出现,步进电动机的步距角在理论上可以实现无限细分,使步距角大大减小。细分技术是通过改变驱动电压或电流波形来实现的。

2. 矩角特性

矩角特性是指一相或几相通入直流电流时,电磁转矩与失调角的关系曲线。当某相绕组通电时,在理想空载条件下,该通电相磁极齿与转子齿的轴线将重合,如图 4-4(a)所示。这时转子不受切向拉力的作用,故电磁转矩为零。现假设转子向右转的角度为正,转子受向右作用的电磁转矩为正,如果外力使转子向右转动 θ 角($\theta > 0$),可以想象转子将受到向左的电磁转矩($T_{em} < 0$)。反之,若外力使转子向左转动 θ 角($\theta < 0$),转子将受到向右的电磁转矩($T_{em} > 0$)。通

常矩角特性曲线接近正弦波,如图 4-4(b)所示。矩角特性曲线的最大值称为最大静转矩。

图 4-4(b)中的 0 点称为初始稳定平衡点,这时 $T_{em}=0$。当外力使转子偏离此平衡位置时,只要偏离角在 $-\pi<\theta<\pi$ 范围内,一旦外力消失,在静转矩作用下,转子仍能回到初始稳定平衡位置。因此,$-\pi<\theta<\pi$ 的区域称为步进电动机的静稳定区。

3. 失调角

当步进电动机处于理想空载条件下,转子处于初始平衡点 0,$T_{em}=0$。当转子带动某一负载转矩 T_C,则转子将偏离 0 点一个角度 θ_C,使得与 θ_C 对应的电磁转矩 T_{emC} 与 T_C 平衡,则称 θ_C 为失调角。

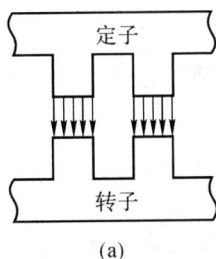

图 4-4 步进电动机的矩角特性

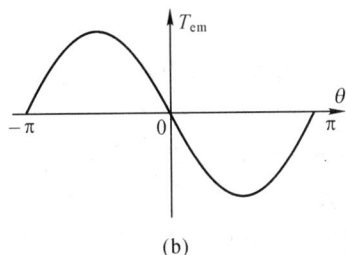

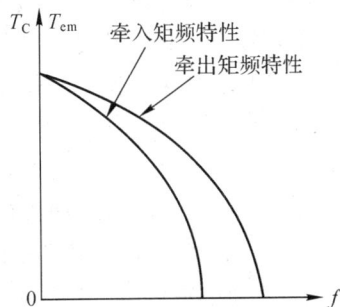

图 4-5 步进电动机矩频特性

4. 牵出矩频特性

牵出矩频特性指步进电动机在不失步运行时所能带动的最大负载转矩与频率的关系曲线,通常在驱动条件一定的情况下,不同的转速(不同的频率)所能带动的最大负载转矩是不同的,如图 4-5 所示。曲线与纵坐标轴的交点对应于最大静转矩,与横坐标轴的交点对应于步进电动机空载时能达到的最高转速。

5. 牵入矩频特性

牵入矩频特性在驱动条件一定的情况下,步进电动机能不失步地突然起动的频率与负载转矩的关系特性曲线,如图 4-5 所示。曲线与横坐标轴的交点为最高空载起动频率。

6. 起动惯性特性

起动惯性特性指负载转矩一定时,负载惯量与步进电动机起动频率的关系,如图 4-6 所示。

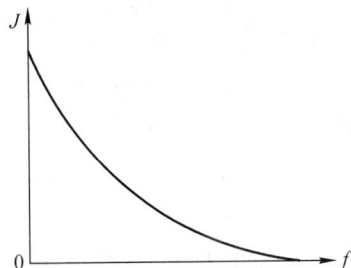

图 4-6 步进电动机起动惯频特性

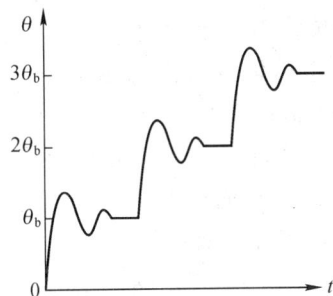

图 4-7 步进电动机单步响应曲线

7. 单步响应

步进电动机一相通电时,电动机就处在某一锁定位置。当这一相断电而下一相通电时,电动机就向前运动一步。这种转子对时间的响应定义为单步响应。单步响应是步进电动机的一个重要特性,通常采用阻尼方法以减小或消除振荡,单步响应的曲线如图 4-7 所示。

第二节　直流伺服电动机

伺服电动机又称执行电动机,在控制系统中作为执行元件,具有严格按照控制信号的要求而动作的功能,即在控制信号来到之前,转子静止不动;动作信号一到,转子立即转动;信号消失,转子立即自行停转。可以把输入的电压信号转换成轴上的角速度或角位移输出,转轴的转向和速度随信号电压的大小和方向而定。

伺服电动机应具备下列条件:

(1)无自转现象　所谓自转,是指当控制信号为零时电动机仍在转动的现象。这就是说,伺服电动机在控制信号一旦消失后,必须立即停转。

(2)灵敏度高　在很小的控制电压作用下,电动机就能从静止状态起动到运转状态。

(3)机械特性和调节特性的线性度好。

(4)快速响应性好　电动机的机电常数要小,在控制电压作用下,能迅速地从一种状态过渡到另一种状态。

伺服电动机有交流和直流两大类。交流伺服电动机的输出功率较小,一般为 0.1～100W;直流伺服电动机的输出功率较大,一般为 1～600W。

直流伺服电动机按励磁方式不同,分为电磁式和永磁式两大类。绝大部分为永磁式。电磁式直流伺服电动机按励磁方式不同,分为他励、并励、串励和复励。

近年来,为适应控制系统的要求,出现了不少高性能、多类型的直流伺服电动机,主要有无槽直流伺服电动机、杯形电枢绕组直流伺服电动机、印刷绕组直流伺服电动机等,这些直流伺服电动机的共同特点是转动惯量小、动态特性好和机电时间常数小,使控制性能更加优良。

直流伺服电动机按控制方式分为电枢控制和磁极控制两种。电枢控制时,控制信号施加于电枢绕组回路,励磁绕组接在恒定电压的直流电源上,如图 4-8(a)所示。磁极控制时,控制信号施加于励磁绕组回路,而电枢绕组接在恒定电压的直流电源上,如图 4-8(b)所示。直流伺服电动机一般调速范围宽广和平滑,而且多采用电枢控制,由于这种控制方法使机电时间常数小,故以下只讨论电枢控制直流伺服电动机的特性。

图 4-8　直流伺服电动机接线示意图

为了方便分析,假设电动机磁路不饱和,并忽略电枢反应的去磁作用。

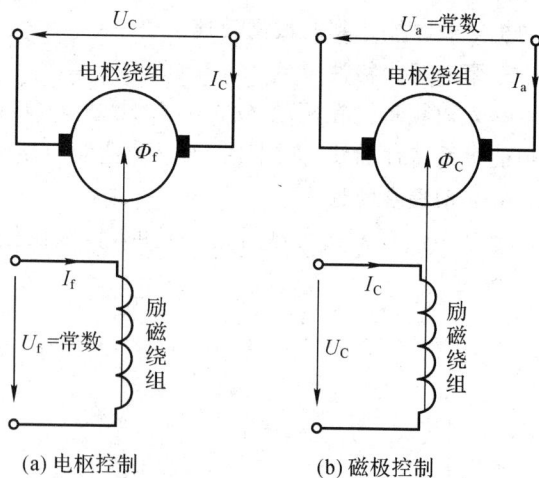

一、电枢控制直流伺服电动机的机械特性

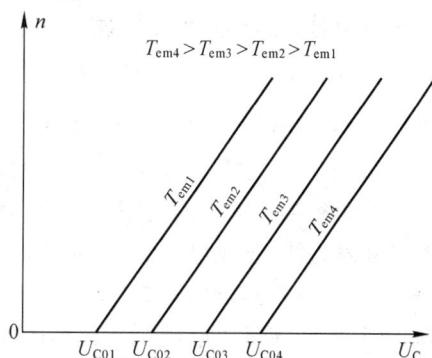

图 4-8(a)中的 U_C 为加在电枢上的控制电压，U_f 为恒值，是励磁电压。机械特性为 U_C 等于常数时，$n=f(T_{em})$ 的关系曲线。根据普通直流电机理论即可得到直流伺服电动机的机械特性表达式为

$$n=\frac{U_C}{C_e\Phi_f}-\frac{R_a}{C_eC_T\Phi_f^2}T_{em}=n_0-\beta_N T_{em} \tag{4-3}$$

显然，这是一个直线方程。n_0 为理想空载转速，是纵坐标轴上的截距；β_N 为该直线方程的斜率。β_N 与电枢回路总电阻 R_a 成正比，电枢回路总电阻 R_a 愈大，斜率 β_N 愈大，机械特性愈软。和普通直流电动机相比，直流伺服电动机的 β_N 通常较大，有利于调速。根据式 4-3 可以作出不同控制电压 U_C 的机械特性，如图 4-9 所示，为一簇平行直线。

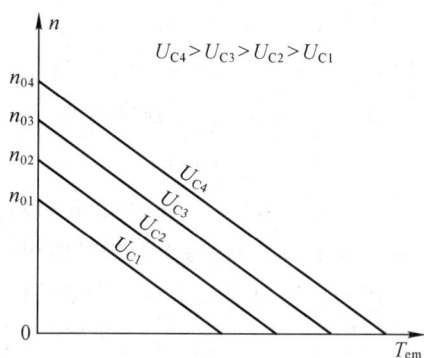

图 4-9　电枢控制直流伺服电动机机械特性　　图 4-10　电枢控制直流伺服电动机调节特性

二、直流伺服电动机的调节特性

直流伺服电动机在电磁转矩恒定时，转速与控制电压的关系 $n=f(U_C)$ 称为调节特性。由式 4-3 亦可以看出，对应于不同的电磁转矩 T_{em}，调节特性也是一簇平行的直线，如图 4-10 所示。

这些直线与横坐标的交点，表示直流伺服电动机的起始电压 U_{C0}，从图中显见：负载愈大，起始电压愈大。当 $U_C<U_{C0}$ 时，直流伺服电动机产生的电磁转矩还不足以克服电动机轴上的总制动转矩，因此电动机不能转动，称 $0\sim U_{C0}$ 这个区域为电动机的死区。当控制电压 $U_C>U_{C0}$ 时，电动机就开始旋转，随着 U_C 的增加，转速 n 也就随之升高。起始电压为

$$U_{C0}=\frac{R_a}{C_T\Phi_f}T_{em} \tag{4-4}$$

对应于不同负载有不同的起始电压。

$R_a/(C_T\Phi_f)$ 是调节特性斜率，其大小和控制电压、负载转矩无关，仅与电机的参数有关。

磁极控制时，电枢电压 U_a 保持不变，控制电压 U_C 施加于励磁绕组上，其机械特性曲线的斜率几乎随控制电压 U_C 的平方变化，当控制电压较小时，机械特性变软，负载转矩稍有变化，转速变化就很大。此外，当控制信号消失后，电动机停转，这时电枢电流等于堵转电流，电枢绕组中消耗的功率很大，换向器和电刷易过热烧毁，所以很少采用磁极控制。

第三节　交流伺服电动机

交流伺服电动机是一种微型异步电动机。其结构与普通异步电动机相似,但在特性上有很大的差异,具有接近于直线的转速-转矩曲线和良好的控制性能。图 4-11 为交流伺服电动机在自动控制系统中的典型应用方框图。

交流伺服电动机已有较长的发展历史,应用广泛,国内外大多按系列生产,功率范围一般为 0.1～100W,频率通常为 50Hz(60Hz)或 400Hz。

一、交流伺服电动机的作用原理和结构特点

1. 交流伺服电动机的作用原理

交流伺服电动机的定子上有两相绕组 W_f 和 W_c,它们在空间相差 90°电角度。其中的 W_f 为励磁绕组,运行时接在电压为 $\dot{U}_f$ 的交流电源上;W_c 为控制绕组,输入控制电压 $\dot{U}_c$,利用改变 $\dot{U}_c$ 的大小和相位达到控制电动机运行的目的。电压 $\dot{U}_c$ 和 $\dot{U}_f$ 的频率相同。

当定子两相绕组中流入两相电流后,就会在定、转子之间的气隙内产生一个旋转磁场。转子导体切割磁力线,感应电动势,在闭合的转子导体中就会有电流流通,与磁场相互作用,产生电磁力,转子也就受到电磁转矩作用。所以交流伺服电动机的作用原理也就是异步电动机的工作原理。因此,交流伺服电动机的原理图如图 4-12 所示。

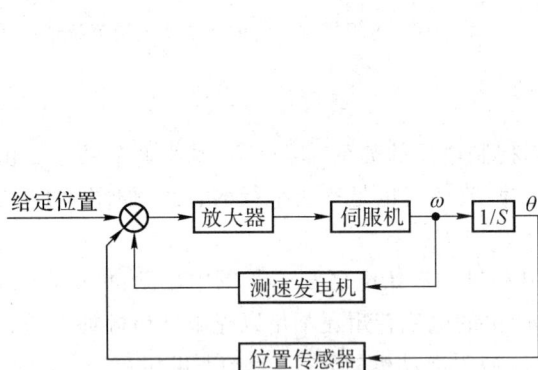

图 4-11　交流伺服电动机典型应用方框图

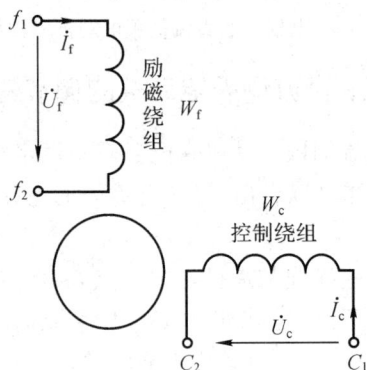

图 4-12　交流伺服电动机原理图

2. 交流伺服电动机结构特点

交流伺服电动机按转子结构分为非磁性空心杯式、铁磁杯式和鼠笼转子三种类型。

非磁性空心杯式交流伺服电动机的结构如图 4-13 所示。对于功率小(1～1.5W)的非磁性空心杯式交流伺服电动机,定子绕组可嵌放在内定子上,以便于嵌线,也可以分别放置在内、外定子上。转子是由非磁性材料(如铝合金)制成,杯壁很薄,一般在 0.5mm 以下,所以转动惯量小,快速性好。由于定、转子间无齿槽影响,因此运行平稳、噪声小和灵敏度高。但因内、外定子间的气隙大,所需励磁电流大,约占额定电流的 80%～90%,致使电动机的功率因数和效率较低;绕组的导线截面积增大,使电动机的体积和重量增大,降低了电磁材料的利用率,甚至影响电动机的快速响应性能。

铁磁杯式交流伺服电动机的转子由铁磁材料制成,无内定子,定、转子之间的气隙小。由于

铁磁材料转子的电阻率比较大,故转子阻抗相当大。同时,转子阻抗又是转速的函数。因此,这类电动机的机械特性和调节特性的线性度好,起动转矩小,惯量大,对气隙的不均匀度非常敏感,定、转子稍有偏心,便会产生转子被吸住的现象。此外,转子表面因定子齿槽所产生的磁场脉动而引起附加损耗增大,电动机发热随之增加。因此,虽然此类电动机结构简单,但弊病太多,故已很少采用。

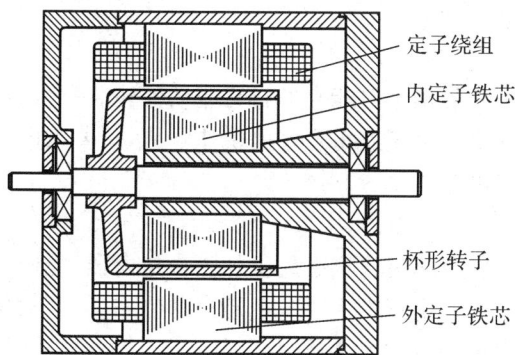

图 4-13 非磁性空心杯形交流伺服电动机结构

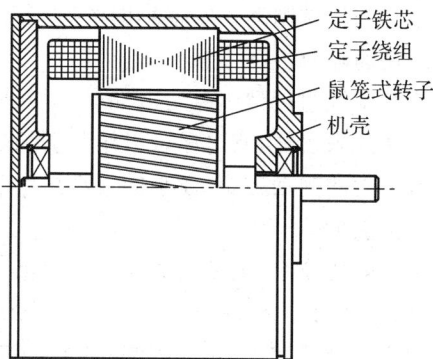

图 4-14 鼠笼转子交流伺服电动机结构

鼠笼转子交流伺服电动机的结构如图 4-14 所示。这种电动机的气隙很小,最小可达 0.025mm。在相同性能指标下,鼠笼式比非磁性空心杯式体积小、重量轻、效率高。在满足力能指标的条件下,为了减小转子转动惯量和降低时间常数,转子做得细长,长度与直径之比取得较大,一般为 1.2~2.5。为了降低齿槽效应的影响,转子或定子采用斜槽。转子导条和端环采用高电阻率的导电材料,如黄铜、青铜等,或采用铝合金铸铝转子。铸铝转子的机械强度高,可靠性好,能经受恶劣环境条件,如高温、振动和冲击等。同时,铸铝转子工艺简单,便于机械化和自动化成批生产。

二、交流伺服电动机主要技术要求

1. 运行稳定

交流伺服电动机具有下降的机械特性,即转速随转矩的增加而均匀下降,如图 4-15 中 T_{em+} 所示。机械特性的斜率为负,即 $dT_{em}/ds < 0$。由普通异步电动机理论可知:临界转差率愈大,机械特性的线性度愈好。一般用增大转子电阻的方法获得下降的机械特性。当然,电动机的效率要相应降低。

2. 可控

当控制信号消失,即控制绕组开路或短路时,电动机应立即停转。

仅由励磁绕组单相供电时,所产生的磁场是脉振磁场,可以分解成幅值大小为脉振磁场最大幅值一半、旋转方向相反、速度相等的两个圆形旋转磁场,正转磁场所产生的电磁转矩为 T_{em+},反转磁场所产生的电磁转矩为 T_{em-},合成电磁转矩为 T_{em}。由于转子电阻大,临界转差率 $s_m > 1$,故 T_{em} 分布在第 II、IV 象限,即 T_{em} 为正

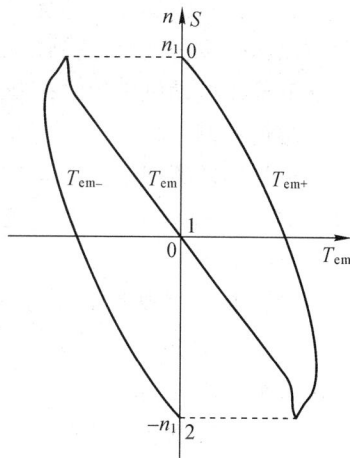

图 4-15 伺服电动机单相供电时的机械特性

时，n 为负，反之亦然。显然，T_{em} 是制动的。从而保证交流伺服电动机原来在正常运转时，一旦控制信号消失，电动机进入单相运行时，就有一个制动的电磁转矩产生，使转子迅速停转，有效地防止了交流伺服电动机的自转。

电动机自转现象还缘于工艺性原因，如定子绕组匝间短路、铁芯片间短路以及各向磁阻不等。造成控制电压 $\dot{U}_c$ 为零时产生的不是脉振磁场，而是微弱的椭圆旋转磁场，就有可能使转动惯量小和机械制动力矩很小的伺服电动机转子转动起来。

3. 快速响应

当控制绕组接到信号后电动机应能迅速起动，信号消失时能立即自行制动停转。一般用机电时间常数来表征，有时亦可以用起动加速度来衡量。为了获得良好的快速响应，均要求电动机具有很大的起动转矩，较小的转动惯量和电感与电阻之比。

4. 灵敏度

起动电压愈小，电动机的灵敏度愈高。所谓起动电压，是指励磁绕组加上额定电压，控制绕组所要施加的使电动机开始连续旋转的最低电压。起动电压的大小与电动机的静摩擦转矩、气隙中的高次谐波和定、转子的同心度等工艺因素有关。

5. 力能指标及温升

为了使交流伺服电动机具有良好的控制性能，转子电阻一般较大，导致损耗增加，效率较低。为了避免温升过高，一般用加大尺寸的方法来得到良好的控制性能。选用绝缘等级较高的绝缘材料，使温升限值留有较大的余度，以保证交流伺服电动机运行可靠。

三、交流伺服电动机的控制方式

当交流伺服电动机的两相绕组对称（导线截面积相等、匝数和分布情况一样，空间位置错开 90°电角度），施加对称的两相电压（幅值相等，时间相位相差 90°电角度）后，就有对称的两相电流（幅值相等，时间相位相差 90°电角度）分别在两相绕组中流通，就会产生圆形旋转磁场。若两个电压的幅值不等，或相位差不是 90°电角度，或两者兼有时，产生的将是椭圆旋转磁场。根据用途不同，加在控制绕组上的信号（电压）不同，得到的旋转磁场的椭圆度也就不同，这样就可以在一定负载时，达到电动机一定转速的目的。

交流伺服电动机常用的控制方法有幅值控制、相位控制和幅值相位控制。

1. 幅值控制

幅值控制的原理图如图 4-16(a)所示。控制电压 $\dot{U}_c$ 与励磁电压 $\dot{U}_f$ 之间的相位差始终保持 90°电角度，利用改变控制电压的大小来控制电动机的转速或转矩。

2. 相位控制

相位控制的原理图如图 4-16(b)所示。这种控制方式是通过改变控制电压 $\dot{U}$ 与励磁电压 $\dot{U}_f$ 之间的相位差角 α 来改变电动机的转速，而控制电压的幅值不变，当 $\alpha=0$ 时停转。

3. 幅值相位控制

幅值相位控制的原理图如图 4-16(c)所示。这种控制方式是将励磁绕组串联电容后，接到稳压电源控制电压 $\dot{U}_1$ 上，这时施加在励磁绕组上的电压 $\dot{U}_f = \dot{U}_1 - \dot{U}_{cf}$。施加在控制绕组上的电压 $\dot{U}_c$ 与 $\dot{U}_1$ 同相位。利用调节电压 U_c 的幅值来改变电动机的转速时，由于转子绕组的耦合作用，励磁绕组的电流 $\dot{I}_f$ 亦发生变化，致使励磁绕组上的电压 $\dot{U}_f$ 及电容上的电压控制电压 $\dot{U}_{cf}$ 的大小及其之间的相位关系发生变化。因此，这是一种幅值和相位的复合控制方

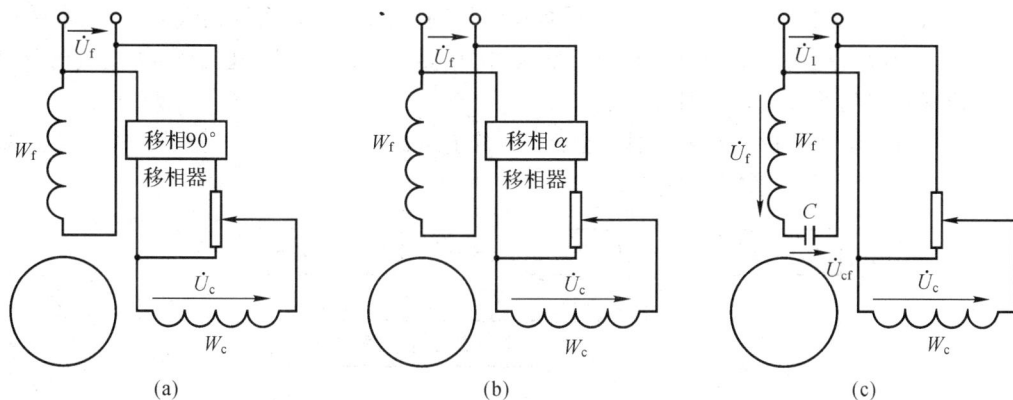

图 4-16　交流伺服电动机控制方式接线图

式。当控制电压 $\dot{U}_C=0$ 时,电动机停转。由于这种控制方式只需要一串联电容,不需要复杂的移相装置,设备简单,成本低,是较常用的一种控制方式。

四、交流伺服电动机的工作特性

交流伺服电动机在三种控制方式下的工作特性虽有一定的差异,但相差不大。幅值控制时的机械特性如图 4-17(a)所示,调节特性如图 4-17(b)所示。图中 α 为信号系数,$\alpha=U_C/U_{CN}$,U_{CN} 为额定控制电压。电磁转矩以 $\alpha=1$ 的堵转转矩为基值。

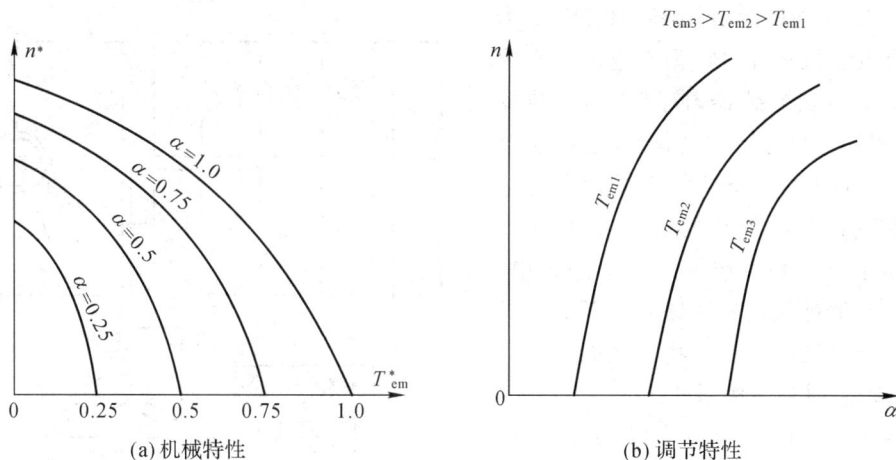

图 4-17　交流伺服电动机幅值控制时的工作特性

第四节　无刷直流电动机

无刷直流电动机是电子技术和传统的电机技术相结合的机电一体化的新型微电机。它的发展是和电力电子器件(包括双极型晶体管、MOSFET 功率开关、绝缘栅双极晶体管 IGBT 等)、数字集成电路、磁敏半导体器件以及新型永磁材料的迅速发展和近代成就分不开的。

无刷直流电动机具有有刷直流电动机效率高、起动性能和调速性能好的优点,采用电子换向取消了有刷直流电动机的电刷和换向器的滑动接触,因此具有寿命长、可靠性高、噪声低、无电气接触火花(防爆性好)和无线电信号干扰小、可工作在真空、有腐蚀性气体介质、液体介质环境和高速或超高速场合等特点。在航空航天、医疗器械、仪器仪表、化工、轻纺机械以及家用电器等领域和部门的应用正在日益广泛。

无刷直流电动机是由电动机本体(定子为嵌放绕组的电枢,转子为永磁体)、位置传感器和电子换向电路三大部分组成,如图 4-18 所示。

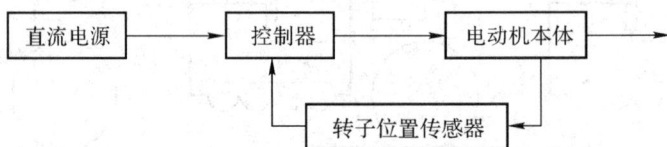

图 4-18　永磁无刷直流电动机构成框图

电动机本体与永磁同步电动机相似,定子上有多相绕组,转子上有永磁体,在定、转子间的气隙中产生有一定极对数的气隙磁场。电子换向电路功率开关器件受反映转子位置的转子位置传感器输出的信号控制,按一定顺序将定子各相绕组依次与直流电源接通或开断(换向),定子绕组通电后产生跳跃式的旋转磁场,拖动永磁转子旋转。随着永磁转子的转动,位置传感器就不断输出信号,定子绕组也就不断改变通电状态,使得在转子一定极性下的导体中的电流方向保持不变。这与普通直流电动机的工作原理一样。

一、工作原理与基本结构

图 4-19 中 VF 为逆变器,BLDCM 为无刷直流电动机本体,PS 为与电动机本体同轴联结的位置传感器,控制电路对位置传感器检测的信号进行逻辑变换后产生脉宽调制 PWM 信号,经过前级驱动电路放大送至逆变器各功率开关管,从而控制电动机本体定子各相绕组按一定顺序通电,在气隙中产生跳跃式旋转磁场。下面以常用的二相导通星形三相六状态无刷直流电动机为例来说明其工作原理。

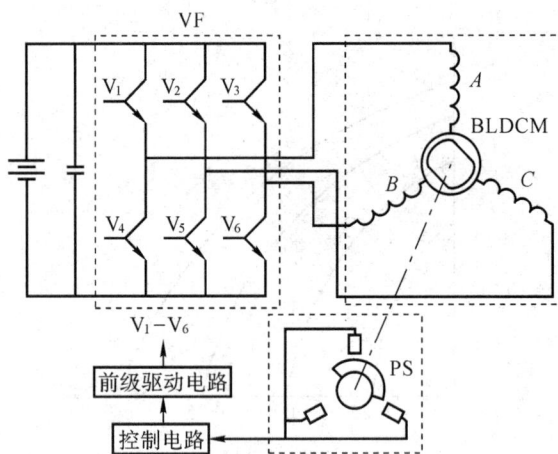

图 4-19　永磁无刷直流电动机系统图

当转子永磁体位于图 4-20(a)所示位置时,转子位置传感器输出转子磁极位置信号,经过控制电路逻辑变换后驱动逆变器,使功率开关管 V_1、V_6 导通,即绕组 A、B 相通电,A 相进 B 相出,定子绕组产生的空间合成磁动势 $\vec{F}_1$ 如图 4-20(a)所示。此时定、转子磁场相互作用拖动转子顺时针方向转动。电流流通的路径为:电源正极→V_1 管→A 相绕组→B 相绕组→V_6 管→电源负极。当转子转过 60°电角度,到达图 4-20(b)所示位置时,转子位置传感器输出信号经逻辑变换后使开关管 V_6 截止、V_5 导通,此时 V_1 仍导通。于是绕组 A、C 相通电,A 相进 C 相出,定子绕组产生的空间合成磁动势 $\vec{F}_1$ 如图 4-20(b)所示。此时,定、转子磁场相互作用拖动转子继续沿顺时针方向转动。电流流通的路径为:电源正极→V_1 管→A 相绕组→C 相绕组→V_5 管→电源负极。依次类推,当转子继续沿顺时针方向转动时,功率开关管的导通逻辑为 V_3V_5→V_3V_4→V_2V_4→V_2V_6→V_1V_6→

……,则转子磁场始终受到定子合成磁场的作用沿顺时针方向连续转动。

在图 4-20(a)到(b)的 60°电角度范围内,转子磁场沿顺时针方向连续转动,而定子合成磁场在空间保持图 4-20(a)中 $\vec{F}_1$ 的位置不动,只有当转子磁场转够 60°电角度到达图 4-20(b)中 $\vec{F}_1$ 的位置时,定子合成磁场才从 图 4-20(a)中 $\vec{F}_1$ 位置顺时针跃变至(b)中 $\vec{F}_1$ 的位置。可见定子合成磁场在空间不是连续旋转的磁场,而是一种跳跃式旋转磁场,每个跳跃角是 60°电角度。

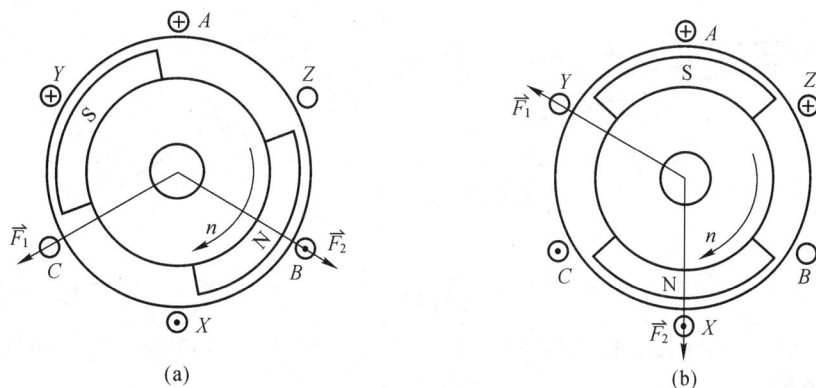

图 4-20　永磁无刷直流电动机工作原理图

转子每转过 60°电角度,逆变器开关管之间就进行一次换流,定子磁场状态就改变一次。可见,电动机有 6 个状态,每个状态都是两相导通,每相绕组中流过电流的时间相当于转子转过 120°电角度(因为持续 2 个 状态)。每个开关管的导通角为 120°,故该逆变器为 120°导通型。两相导通星形三相六状态无刷直流电动机相电压波形如图 4-21 所示。

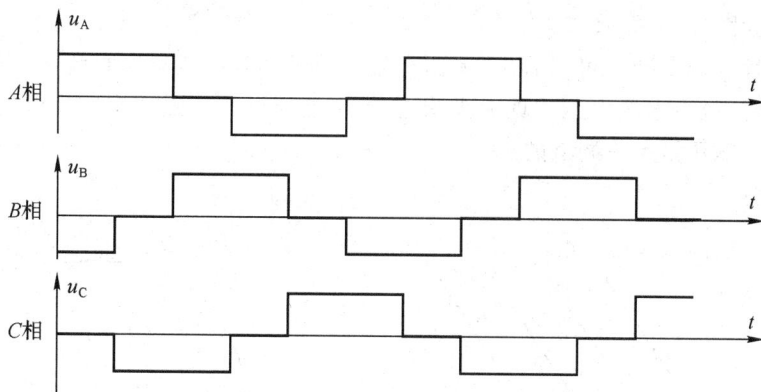

图 4-21　两相导通星形三相六状态无刷直流电动机相电压波形图

二、永磁无刷直流电动机的运行特性

1. 机械特性

永磁无刷直流电动机的机械特性:

$$n=\frac{U-2\Delta U}{C_e\Phi_\delta}-\frac{2r_a}{C_e\Phi_\delta}I_a=\frac{U-2\Delta U}{C_e\Phi_\delta}-\frac{2r_a}{C_eC_T\Phi_\delta^2}T_{em} \tag{4-5}$$

式中,U 为电源电压;ΔU 为开关管饱和电压降;r_a 为定子每相绕组电阻;Φ_δ 为气隙合成磁场每极磁通。

与有刷直流电动机的机械特性表达式相同,无刷直流电动机也有较硬的机械特性,如图4-22曲线1所示。但公式(4-5)是在忽略定子绕组电感时得到的,故实际电动机的机械特性有一定区别,如图中曲线2、3所示。

改变驱动电压的大小,可得到图4-23所示的机械特性曲线簇。图中低速大转矩时产生的弯曲现象,是由于此时定子绕组电流较大,使功率管压降以及绕组电阻压降增大所致。

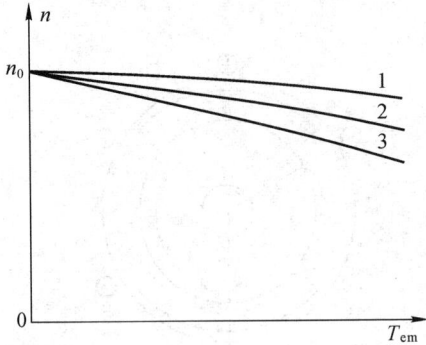

图 4-22　永磁无刷直流电动机的机械特性　　　　图 4-23　不同驱动电压下的机械特性

2. 调节特性

与直流伺服电动机一样,表征无刷直流电动机调节特性的参数有两个:始动电压 U_{c0} 和斜率 β:

$$U_{c0} = \frac{2r_a T_{em}}{C_T \Phi_\delta} + 2\Delta U \tag{4-6}$$

$$\beta = \frac{2r_a}{C_T \Phi_\delta} \tag{4-7}$$

特性曲线如图 4-24 所示。

从机械特性和调节特性可以看出,无刷直流电动机具有一般有刷直流电动机一样好的控制性能,可以通过改变电源电压实现无级调速;但不能通过改变磁通来实现调速,这是因为永磁材料励磁的主磁场是无法调节的。

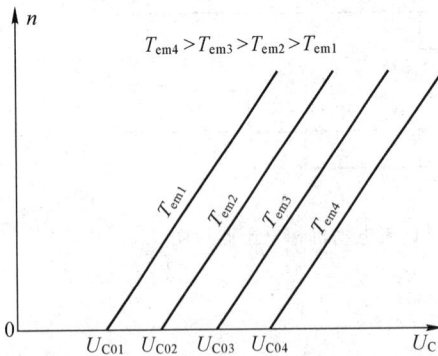

图 4-24　永磁无刷直流电动机调节特性　　　　图 4-25　永磁无刷直流电动机工作特性

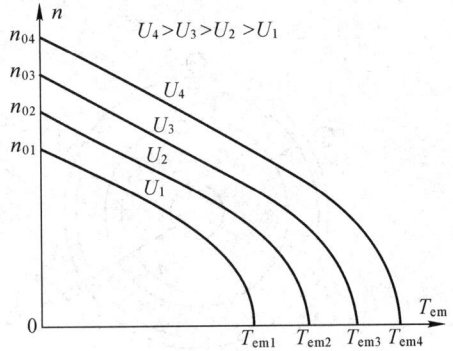

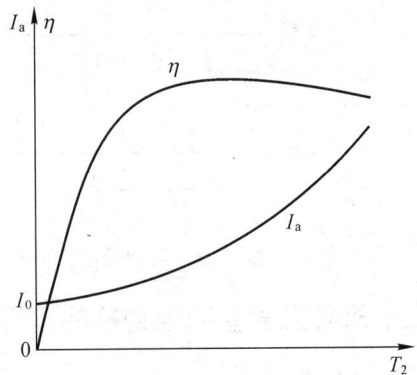

3. 工作特性

定子电流 I_a、电动机效率 η 与输出转矩 T_2 的关系如图 4-25 所示。从效率特性可以看出,无刷直流电动机的高效率段较宽,当输出转矩 T_2 在一定范围变化时,仍可以得到较高的效率。主要原因在于这类电动机的主磁通受电枢反应的影响较小,故当电动机负载增大时,其定子电流(电枢电流)的增加相对较小,铜耗就小,最高效率点下降较慢。因此,这种电动机在变负载场合使用极为有利。

三、使用注意事项

近几年来,无刷直流电动机的使用范围扩大,数量也增加很快。但在使用时应注意:

(1)应按无刷直流电动机及其驱动电路有关说明和要求进行接线。主电源极性切不可接反,控制信号电平应符合要求。除非自己熟悉控制技术,一般应采用电机生产厂配套的换向电路和控制电路。

(2)改变电动机转向应同时改变主绕组相序和转子位置传感器引线相序。

(3)电动机与控制电路出厂时已将转子位置传感器位置调好,使用时不用再调整。电动机若需进行维修装拆,应注意主电机定子铁芯与转子位置传感器之间的几何位置,装拆前后应保证相对关系不变。

(4)若电动机转子采用的是铝镍钴永磁材料,修理时不宜将转子从定子铁芯内孔中抽出,否则会引起不可恢复的失磁。

(5)对于高速无刷直流电动机,应按说明书的要求,定时给轴承加规定的润滑油脂或定时更换同规格的轴承。

习　　题

4-1　如何计算步进电动机的转速?它与负载大小有关吗?

4-2　步距角为 $1.5°/0.75°$ 的三相六极反应式步进电动机的转子齿为多少?若运行时的 CP 脉冲频率为 2000Hz,求步进电动机的转速。

4-3　直流伺服电动机的起始电压 U_{c0} 与什么因数有关?

4-4　直流伺服电动机的控制方式有哪些?各有什么特点?常用的控制方式是什么?

4-5　交流伺服电动机如何有效地防止自转?

4-6　交流伺服电动机的控制方式有哪些?各种控制方式下如何实现转速或转矩的控制?

4-7　无刷直流电动机与有刷直流电动机相比,有哪些优点?

4-8　为什么称无刷直流电动机为机电一体化产品?

第五章 电机的继电-接触控制

第一节 控制用低压电器

一、控制电器的分类

电器是对于电能的生产、输送、分配和应用起控制、调节、检测及保护等作用的工具之总称,如开关、接触器、变阻器等都属电器。按控制电器工作电压的高低,以交流 1000V,直流 1200V 为界线,可划分为高压控制电器和低压控制电器两大类。

控制电器可按下列方式分类:

1. 按动力分

可分为自动控制电器和非自动控制电器。闸刀开关、转换开关、按钮等由人工操作,为非自动控制电器;而接触器、继电器、行程开关等电器可由电流、电压及其他物理量的变化而动作,属自动控制电器。

2. 按触点分

可分为有触点电器和无触点电器。有触点控制电器的通断电路的功能由触点来控制,如刀开关、接触器等;无触点电器的通断电路的功能不是通过接触,而是根据输出信号的高低电平来实现的。

3. 按作用分

可分为信号元件和控制元件。信号元件是用以把非电量(位移、压力、温度等)的变化转换为电信号的控制电器,如按钮、压力继电器、行程开关、热继电器等;控制元件是一种电器逻辑门,常见的为"是"门和"非"门,其输入及输出都是电信号,如接触器、电磁式继电器等。

二、常用低压控制电器

1. 开关

开关又分刀开关和组合开关。

刀开关有空气开关、闸刀开关等,是低压配电电器中结构最简单的,也是应用最广泛的电器。刀开关主要用作接通及切断长期工作设备的电源。刀开关按极数可分为单极、双极和三极;按结构分有平板式和条架式;按操作方式分为直接手柄操作式(如图 5-1 所示)、杠杆操作机构式(如图 5-2 所示)和电动操作机构式。

刀开关的主要技术参数为:

(1)额定电压 指在规定条件下,保证电器正常工作的电压值。目前国内生产的刀开关的额定电压一般为交流 500V(50Hz)以下,直流 440V 以下。

(2)额定电流 指在规定条件下,保证电器正常工作的电流值。目前生产的刀开关,额定电

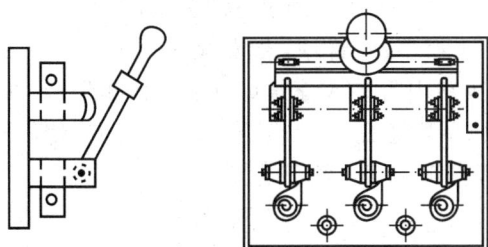

图 5-1 直接手柄操作式刀开关

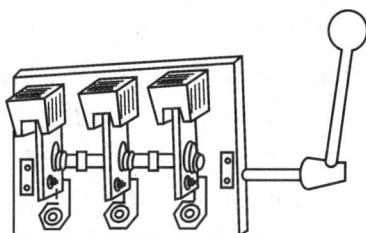

图 5-2 杠杆操作机构式刀开关

流为 10～1500A。

(3)通断能力 指在规定的条件下,能在额定电压下接通和分断的电流值。

(4)动稳定电流 指在规定的使用和性能条件下,开关电器在闭合位置上所能承受的电流峰值。刀开关的动稳定电流为其额定电流的几十倍到两百倍,因为刀开关在闭合位置时,可能通过短路电流。

(5)热稳定电流 指在规定的使用和性能条件下,开关电器在指定的短时间内,于闭合位置上所能承载的电流。热稳定电流是额定电流的数十倍。

刀开关在使用时,其额定电压应等于或大于电路额定电压;额定电流应等于或稍大于电路工作电流。若用刀开关来控制电动机,则必须考虑电动机的起动电流比较大,应选用额定电流大一挡的刀开关。另外,刀开关的通断能力、动稳定电流值等均应符合电路实际要求。

组合开关是用于通断和切换电路的手动电器。

图 5-3 为常用的 HZ10 组合开关结构示意图。它是由数层动、静触头(由铜合金片制成)分别装于绝缘件内组装而成。动触头安装在附有操作手柄的转动轴上,改变操作手柄位置,就改变了触头的通断。在转动轴上装有弹簧和凸轮机构,可以使触头瞬时断开并定位。组合开关可以接通电源或直接控制小容量电动机正反转。也可接通控制电路或切换控制电路,以选择控制功能。

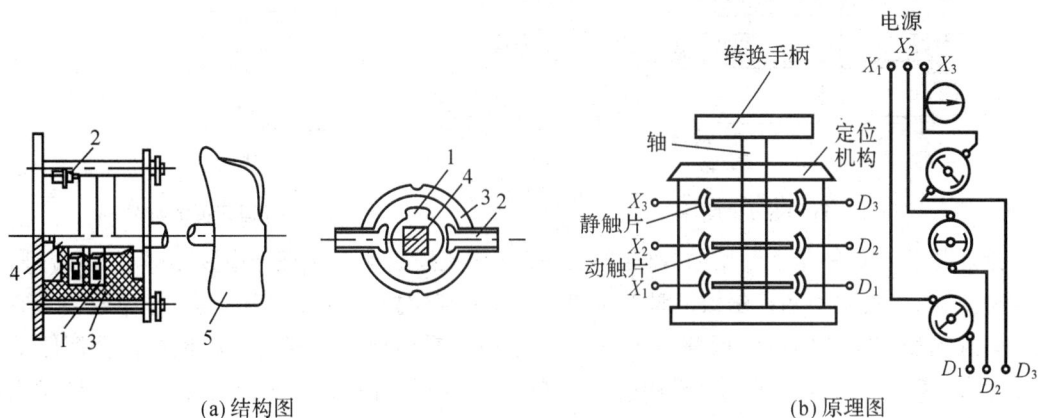

(a)结构图

(b)原理图

图 5-3 组合开关

1—动触头;2—静触头;3—绝缘盒;4—绝缘方轴;5—手柄

2. 控制按扭

按钮通常用以短时接通或断开小电流的控制电路,以实现近、远距离控制电动机的起、停或正、反转等,是专供人工操作用的。它与其他开关的不同之处在于当按钮接通(用手指去按)

电路后,一松手,靠弹簧力将它立刻恢复到原来的状态,电流不再通过它的触点,所以它只起发出"接通"和"断开"信号的作用。目前,按钮在结构上有多种结构形式,如旋钮式——用手转动旋钮进行操作,如型号 LA18-22X;指示灯式——按钮内可装入信号灯以显示操作信号,如型号 LA19-11D;紧急式——装有蘑菇形红色钮帽,以示紧急操作,如型号 LA2-A;还有钥匙式,如 LA18-22Y 等。按钮的额定电压为:交流 500V,直流 440V;额定电流为·5A。

图 5-4 示出了 LA-18 系列控制按钮的外形图。

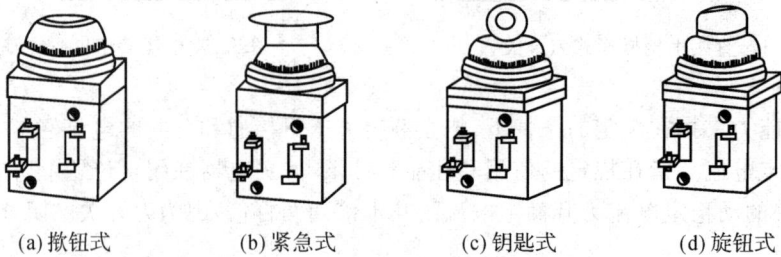

(a) 揿钮式　　　　　(b) 紧急式　　　　　(c) 钥匙式　　　　　(d) 旋钮式

图 5-4　LA-18 系列控制按钮的外形图

3. 行程开关与接近开关

行程开关是将机械位移转换为电信号,以控制运动部件的行程,作为电路自动切换、换向和限位保护及行程控制之用。行程开关的结构与按钮类似,如图 5-5 所示。它与手动按钮的不同之处在于它是靠机械力的碰撞使其触头动作的。

行程开关的类型很多,可分为快速动作和不快速动作及微动三种;在结构形式上又分为传动杆式、单滚轮式和双滚轮式,前两者能自动复位,后者不能自行复位。

行程开关的符号如图 5-6(a)、(b)所示,其中(a)表示行程开关动断触头符号;(b)表示动合触头符号。机床中常用的型号有 LX2 型、LX19 型、JLXKl 型等。

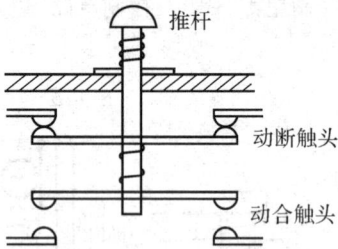

图 5-5　行程开关的结构　　　　　　　图 5-6　行程开关的符号

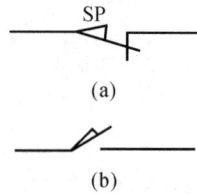

接近开关是一种非接触型的行程开关。接近开关按其作用原理分高频振荡型、电容型、感应电桥型、永久磁铁型和霍尔效应型等类型。其中以高频振荡型最常用。其工作原理是当有金属物体进入稳定振荡的高频振荡器磁场时,由于该金属体要产生涡流损耗使振荡器回路等效电阻增大,能量损耗增大,以致振荡停止。这样,在振荡电路后面接上合适的开关,即能发出相应的控制信号。这类接近开关有 LJ2 系列等。

4. 主令控制器

主令控制器是一种多挡转换开关,具有多组触头,采用凸轮转动原理,按预定程序转换控制电路的主令电器,供电动机容量较大的电力驱动装置作频繁转换控制线路用。使用时由主令控制器的触头来控制接触器,再由接触器来控制电动机。主令控制器一般有保护外壳,并可按结构形式分为:

（1）凸轮非调整式主令控制器　其凸轮不能调整,触头只能按预定的程序作分合动作。

（2）凸轮调整式主令控制器　其凸轮片上开有孔和槽,故其位置可按要求加以调整,因而其触头分合程序可以调整。

目前生产的主令控制器主要有 LK4、LK 5、LK14、LK15-LKl8 等。

主令控制器上有多组触头。手柄有多个位置,它控制触头通断的情况用接线图表示。如图 5-7(a)所示的主令控制器的手柄有三个位置:中间位置(标志 0),顺时针方向转 45°(标志 Ⅱ),逆时针方向转 45°(标志 Ⅰ);有

触头号	Ⅰ	0	Ⅱ
1-2	—	×	—
3-4	×	—	—
5-6	—	—	×

(a)　　　　　　　　(b)

图 5-7　主令控制器及触头通断表

三对触头,手柄在哪个位置、有哪些触头接通、哪些不通,均由触头通断表控制,如图 5-7(b)所示。在触头通断表内,"×"表示触头接通、"—"表示触头断开,由图 5-7(b)可见,当主令开关置于中间位置(0 处)时,触头 1-2 接通、触头 3-4 和 5-6 是断开的;在位置 Ⅰ 处时,触头 3-4 接通,其余的断开;在位置 Ⅱ 处时,触头 5-6 接通,其余的断开。

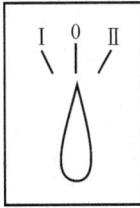

5. 接触器

接触器是用来接通或切断具有较大负载电流(如电动机)电路的一种电磁式控制电器。它可以频繁地接通和分断交、直流主电路,并可实现远距离控制。

（1）基本结构

接触器可分为交流接触器和直流接触器。交流接触器的主触头通常有 3 对,直流接触器为 2 对。交流接触器常用型号有 CJ10、CJ20 等系列。图 5-8 为 CJ20 系列交流接触器结构示意图。

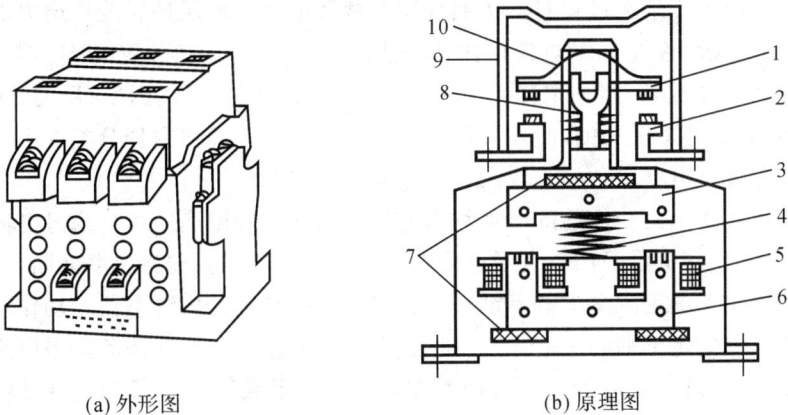

(a) 外形图　　　　　　　　　　　　(b) 原理图

图 5-8　CJ20 系列交流接触器结构示意图

1—动触桥;2—静触头;3—衔铁;4—缓冲弹簧;5—电磁线圈

6—铁芯;7—垫毡;8—触头弹簧;9—灭弧罩;10—触头压力簧片

（2）接触器的分类

接触器一般都带有能通断大电流电路的主触点和只能通断较小电流电路的辅助触点。因为主触点要接通和切断大电流电路,所以一般都设有专门的灭弧装置。接触器按其主触点用来通断电流的种类分为直流接触器和交流接触器;按其激磁线圈激磁电流的种类,又可分为交流激磁的直流接触器、直流激磁的直流接触器和交流激磁的交流接触器、直流激磁的交流接触

器。

(3)接触器的主要技术数据

1)额定电压

额定电压指主触点的额定工作电压。其电压等级为：直流接触器：110V、220V、440V、660V 等；交流接触器：220V、380V、500V、660V 等。

2)额定电流

额定电流指主触点的额定工作电流。它是在一定条件(额定电压、使用类别、额定工作制和操作频率等)下规定的，保证电器正常工作的电流值。现已有额定电流达 4000A 的接触器。一般接触器额定电流等级为：直流接触器：10A、20A、40A、100A、150A、250A、400A、600A 等；交流接触器：10A、20A、40A、60A、l00A、150A、400A、600A 等。

3)激磁线圈的额定电压

激磁线圈的额定电压为保证接触器可靠工作在激磁线圈上所加的电压值。其电压等级为：直流线圈：24V、48V、110V、220V、440V 等；交流线圈：36V、110V、127V、220V、380V 等。

4)动作值

动作值指接触器的吸合电压和释放电压。部颁标准规定接触器在线圈额定电压的 85% 以上时，应可靠吸合。释放电压不高于线圈额定电压的 70%，且交流接触器释放电压不低于线圈额定电压的 10%；直流接触器不低于额定值的 5%。

5)型号

如接触器的型号为 CJ10-100，则 CJ 表示交流接触器，10 表示设计序号，100 表示主触点额定电流值为 100A。

6. 继电器

继电器广泛应用于生产过程自动化的控制系统及电动机的保护系统。继电器主要用于通断控制电路。继电器触头通断的电流值比接触器的小，它没有灭弧装置。继电器的另一个特点是其输入信号可以是电信号(如电压、电流)，也可以是非电信号(如温度、压力、速度等)，但输出量与接触器相同，都是触头的动作。继电器的品种很多，按动作原理分类如下：

(1)电压、电流继电路

根据输入电流大小而动作的继电器称为电流继电器。按用途还可分为过电流继电器和欠电流继电器。过电流继电器的任务是当电路发生短路及过流时立即将电路切断，因此过流继电器线圈通过小于整定电流时继电器不动作，只有超过整定电流时，继电器才动作。如交流过流继电器的动作电流整定范围为 $110\%I_N \sim 350\%I_N$。欠电流继电器的任务是当电路电流过低时立即将电路切断，因此欠电流继电器线圈通过的电流大于或等于整定电流时，继电器吸合，只有电流低于整定电流时继电器才释放。欠电流继电器动作电流整定范围，吸合电流为 $30\%I_N \sim 50\%I_N$，释放电流为 $10\%I_N \sim 20\%I_N$，欠电流继电器一般可自动复位。

与此类似，电压继电器是根据输入电压大小而动作的继电器，过电压继电器动作电压整定范围为 $105\%U_N \sim 120\%U_N$，欠电压继电器吸合电压调整范围为 $30\%U_N \sim 50\%U_N$，释放电压调整范围为 $7\%U_N \sim 20\%U_N$。

(2)中间继电器

中间继电器的作用是将一个输入信号变成多个输出信号或将信号放大(即增大触头容量)的继电器。常用的中间继电器有 JZ7 系列，以 JZ7-62 为例，JZ 为中间继电器的代号，7 为设计序号，62 表示有 6 对常开触头，2 对常闭触头。

图 5-9 为中间继电器的外形图和结构图,其中各有 2 对常开和常闭触点。

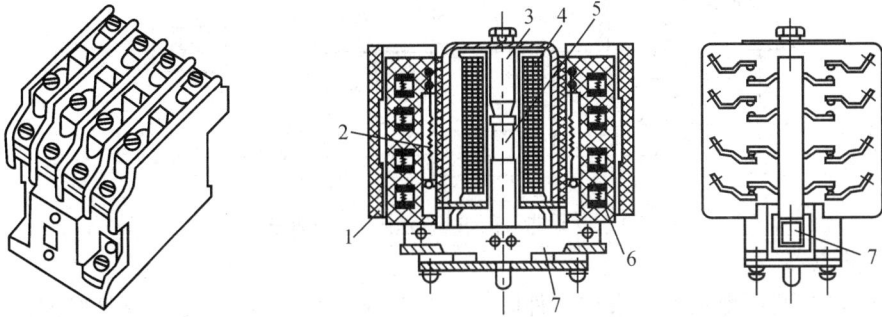

图 5-9　中间继电器的外形图和结构图

1—外壳;2—反力弹簧;3—挡铁;4—线圈;5—动铁芯;6—动触点支架;7—横梁

(3)时间继电器

根据工作原理的不同,时间继电器可分为:电磁式时间继电器、钟表式时间继电器、气囊式时间继电器、电子式时间继电器和近年来才发展起来的数字式时间继电器。

根据延时方式的不同,时间继电器又可分为:通电延时型和断电延时型两种。前者在获得输入信号后立即开始延时,需待延时完毕,其执行部分才输出信号以操纵控制电路;当输入信号消失后,继电器立即恢复到动作前的状态。后者恰恰相反,当获得输入信号后,执行部分立即有输出信号;而在输入信号消失后,继电器却需要经过一定的延时,才能恢复到动作前的状态。

1)电磁式时间继电器

电磁式时间继电器是利用电磁惯性原理制成的,结构简单、寿命长、允许操作频率高,但延时时间短,常用在直流控制回路中。

这种时间继电器在结构上与一般直流电磁式继电器相比只是铁芯上增加了一个组尼铜(铝)套。其结构示意如图 5-10 所示。由电磁感应定律可知,在继电器通断电过程中铜套内将感生涡流,阻碍穿过铜套内的磁通发生变化,因而对原有的磁通起了阻尼作用。

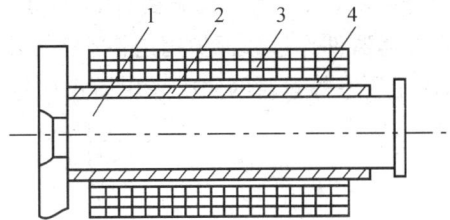

图 5-10　带铜(铝)套的铁芯示意图

1—铁芯;2—阻尼铜(铝)套;3—线圈;4—绝缘层

当继电器接在输入信号时,由于衔铁处于释放状态,气隙大、磁阻大,铜(铝)套的阻尼作用相对也小。因此,铁芯闭合时的延时不明显,一般可忽略不计。而当继电器激磁线圈断电时,磁通量的变化大,铜(铝)套的阻尼作用也大。因此,这种继电器属断电延时型时间继电器。相应的延时触点有常开延时断开触点和常闭延时闭合触点两种。

2)电子式时间继电器

电子式时间继电器,按构成原理可分为阻容式和数字式两种;按延时的方式又可分为通电延时型、断电延时型和带瞬动触点的通电延时型等三种。电子式时间继电器(阻容式)的原理见图 5-11 所示,全部电路由延时环节、鉴幅器、输出电路、电源和指示灯等五部分组成。具体电原理图可见其他有关低压电器的资料。电子式时间继电器产品种类很多,如 KT13、KTl4、KT15以至 KT20 系列等。

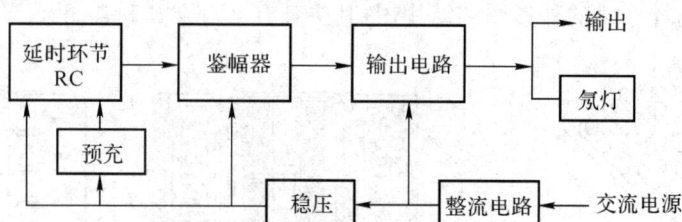

图 5-11　电子式时间继电器(阻容式)的原理框图

（4）热继电器

热继电器是利用电流通过发热元件时产生的热量、使双金属片受热弯曲而推动机构动作的一种电器。它主要用于电动机的过载、断相及电流不平衡的保护，以及其他电气设备发热状态的控制。热继电器的形式有许多种，其中常用的有双金属片式、热敏电阻式、易熔合金式三种，最常用的是双金属片式热继电器。产品主要有 JR0 及 JR10 两个系列。

7. 熔断器

熔断器是一种过流保护电器。熔断器主要由熔体和熔管两个部分组成。使用时，将熔体串联于被保护电路中，当被保护电路的电流超过规定值，并经过一定时间后，由熔体自身产生的热量熔断熔体，断开电路，起到保护作用。

发生过流有两种情况，一是过载，一般指发生小于 10 倍额定电流的过电流。这时，过电流越大要越早切断电路，即需要反时限保护特性；另一种是短路，有超过 10 倍额定电流的过电流，这时需即时切断电路，即需要瞬动保护特性。图 5-12(a)为熔断器的保护特性。常用的熔断器有瓷插式（RC1 型）、螺旋式（RL1 型）、无填料或有填料封闭管式（RT0 型）以及专用于大功率半导体器件作过载保护用的快速熔断器等。工业上多采用管式；机床上为了防振而常用螺旋式；民用住宅等建筑的照明采用插式。各种类型的熔断器如图 5-12 所示。

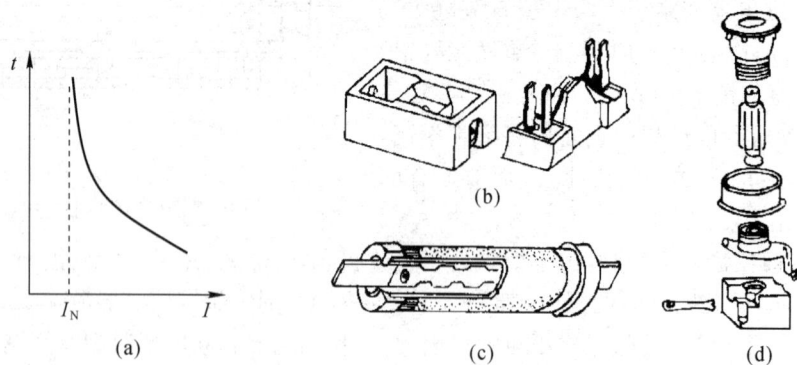

图 5-12　熔断器的保护特性和外形
(a)熔断器的保护特性；(b)插入式熔断器；(c)管式熔断器；(d)螺旋式熔断器

第二节　电气控制线路基础

由按钮、继电器、接触器等低压控制电器组成的电器控制线路，具有线路简单、维修方便、便于掌握、价格低廉等许多优点，在各种生产机械的电气控制领域中得到广泛应用。由于生产机械的种类繁多,所要求的控制线路也是千变万化、多种多样的,因此有必要掌握电器控制线路的典型环节和基本线路。

一、电器控制线路的图形和文字符号及绘制

1. 电器控制线路的图形及文字符号

电器控制线路中的图形与文字符号应符合国家有关技术标准,下表列出了电器控制线路常用的图形和文字符号。表5-1 为常用图形符号,表5-2 为常用基本文字符号,表5-3 为常用辅助文字符号。

表5-1　常用图形符号

名称	图形符号	名称	图形符号	名称	图形符号
三相鼠笼型电动机		热继电器驱动器件		延时闭合动合触点	
三相绕线型电动机		按钮开关动合触点		延时断开动合触点	
串励直流电动机		按钮开关动断触点		延时闭合动断触点	
并励直流电动机		接触器动合触点		延时断开动断触点	
换向绕组补偿绕组		接触器动断触点		三极刀开关	
串励绕组		继电器动合触点		隔离开关	
他励绕组并励绕组		继电器动断触点		断路器开关	
接触器继电器线圈		热继电器触点		熔断器	
缓吸继电器线圈		行程开关动合触点		转换开关	
缓释继电器线圈		行程开关动断触点		桥接触点	

表 5-2　常用基本文字符号

元器件种类	元件名称	基本文字符号 单字母	基本文字符号 双字母	元器件种类	元件名称	基本文字符号 单字母	基本文字符号 双字母
变换器	测速发电机	B	BR	电抗器		L	
电容器		C		电动机		M	
保护器件	熔断器	F	FU	电阻器	电位器	R	RP
	过流继电器		FA		压敏电阻		RV
	过压继电器		FV	信号器件	指示灯	H	HL
	热继电器		FR				
接触器继电器	接触器	K	KM	电力电路开关器件	断路器	Q	QF
	时间继电器		KT		保护开关		QM
	中间继电器		KA		隔离开关		QS
	速度继电器		KV	控制电路开关器件	控制开关	S	SA
	电压继电器		KV		按钮开关		SB
	电流继电器		KA		限位开关		SQ
变压器	电流互感器	T	TA	电子管晶体管	二极管	V	VE
	电压互感器		TV		晶体管		
	控制变压器		TC		晶闸管		
	电力变压器				电子管		
操作器件	电磁铁	Y	YA	发电机	同步发电机	G	GS
	电磁制动器		YB		异步发电机		GA
	电磁阀		YU				

表 5-3　常用辅助文字符号

名称	文字符号	名称	文字符号	名称	文字符号
电流	A	上	U	中	M
电压	V	下	D	额定	RT
直流	DC	控制	C	负载	LD
交流	AC	反馈	FD	转矩	T
速度	V	励磁	E	测速	BR
起动	ST	平均	ME	升	H
制动	B	附加	ADD	降	F
向前	FW	导线	W	大	L
向后	BW	保护	P	小	S
高	H	输入	IN	补偿	EQ
低	L	输出	OUT	稳定	SD
正	F	运行	RUN	等效	EQ
反	R	闭合	ON	比较	CP
时间	T	断开	OFF	电枢	A
自动	A	加速	ACC	动态	DY
手动	M	减速	DEC	中线	N
吸合	D	左	L	分流器	DA
释放	L	右	R	稳压器	VS
并励	E	串励	D		

2. 电器控制线路的绘制

电器控制线路是用导线将电机、电器、仪表等电气元件连接起来并实现某种要求的电路。电器控制线路应该根据简明易懂的原则,用规定的方法和符号进行绘制。电器控制线路根据通过电流的大小可分为主电路和控制电路。前者是流过大电流的电路,如发电机的定子和转子等,后者是流过较小电流的电路(如接触器、继电器线圈)以及消耗能量较少的信号电路、保护电路、联锁电路等。

电器控制线路可分为安装图和原理图两种表示方法。安装图是按照电器实际位置和实际接线线路,用规定的图形符号画出来的,这种电路便于安装和检修调试。原理图是根据工作原理用规定的图形符号而绘制的,能清楚地表示电路功能、分析系统工作原理。

在绘制电器控制原理图时,一般应遵循以下原则:

(1)表示导线、信号通路、连接线等的图线都应是交叉和折弯最少的直线,可以水平地布置,或者垂直地布置,也可以采用斜的交叉线。

(2)电路或元件应按功能布置,并尽可能按其工作顺序排列,对因果次序清楚的简图,尤其是电路图和逻辑图,其布局顺序应该是从左到右和从上到下。

(3)为了突出或区分某些电路、功能等,导线符号、信号通路、连接线等可采用粗细不同的线条来表示。

(4)元件、器件和设备的可动部分通常应表示在非激励或不工作的状态或位置。

(5)所用图形符号应符合国家标准,同一电器元件的不同部分的线圈和触点均采用同一文字符号标注。

二、电器控制电路的设计

1. 基本控制逻辑单元

基本控制逻辑单元是电器控制线路的基本单元,主要包括:与逻辑、或逻辑、非逻辑、禁逻辑、锁定逻辑、记忆逻辑、延时逻辑。由这些逻辑可以组成各种各样的控制线路。

(1)与逻辑

与逻辑是各触点串联的控制电路。在图 5-13 中,左侧为触点组合,右侧为线圈。对于与逻辑,只要一个触点为打开状态,则线圈为断电状态,只有全部触点为闭合状态,线圈才为通电状态。

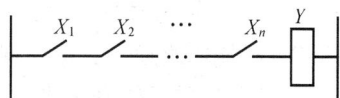

图 5-13 与逻辑

与逻辑的逻辑表达式为

$$Y = X_1 X_2 \cdots X_n = \prod_{i=1}^{n} X_i$$

(2)或逻辑

如图 5-14 所示的或逻辑是各触点并联的控制电路。在或逻辑中,只要有一个触点为闭合状态,线圈就为通电状态;而只有全部触点为断开状态,线圈才为断电状态。

或逻辑的逻辑表达式为

$$Y = X_1 + X_2 + \cdots + X_n = \sum_{i=1}^{n} X_i$$

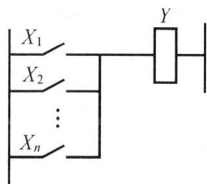

图 5-14 或逻辑

(3)非逻辑

如图 5-15 所示的非逻辑是触点在电器不工作时为闭合状态的控制电路。电器不工作时,线圈为通电状态;在电器工作时,线圈为断电状态。

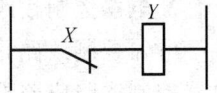

图 5-15　非逻辑

非逻辑的逻辑表达式为

$$Y = \overline{X}$$

(4)禁逻辑

禁逻辑为由一个触点的状态来控制其他触点的操作能否实现的控制电路。在图 5-16 中,X 触点对 Z 触点起到禁的作用。当 X 触点处于闭合状态时,Z 触点的状态能够决定 Y 线圈的状态;

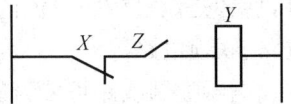

图 5-16　禁逻辑

当 X 触点处于打开状态时,无论 Z 触点处于何种状态,Y 线圈的状态都不受影响,始终保持断电状态。

禁逻辑的逻辑表达式为

$$Y = \overline{X}Z$$

(5)锁定逻辑

锁定逻辑包括自锁逻辑、互锁逻辑和联锁逻辑等。

1)自锁逻辑

如图 5-17 所示的是自锁逻辑原理图。按下按钮 S,线圈 Y 通电,触点 Y 闭合。松开按钮 S 后,由于其并联的触点 Y 仍为闭合状态,线圈 Y 仍能继续通电。这种现象称为自锁。

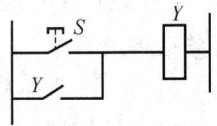

图 5-17　自锁逻辑

图 5-16 的逻辑表达式为

$$Y = S + Y$$

2)互锁逻辑

如图 5-18 所示的是互锁逻辑原理图。触点 X_1 闭合后,线圈 Y_1 通电,则触点 Y_1 打开,使线圈 Y_2 断电。同理,触点 X_2 闭合后,线圈 Y_2 通电,触点 Y_2 通电,则触点 Y_2 打开,使线圈 Y_1 断电。通过上述分析可知,当一个线圈先通电时,另一个线圈就不能再通电了,即线圈 Y_1 和线圈 Y_2 不能同时通电。这种现象称为互锁。

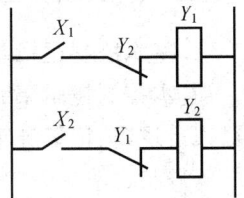

图 5-18　互锁逻辑

互锁逻辑的逻辑表达式为

$$Y_1 = X_1 \cdot \overline{Y_2}$$
$$Y_2 = X_2 \cdot \overline{Y_1}$$

3)联锁逻辑

如图 5-19 所示的是联锁逻辑原理图。X_1 触点闭合后,Y_1 线圈通电,使 Y_1 触点闭合,从而使 Y_2 线圈通电成为可能,这时 Y_2 线圈的状态由 X_2 触点的状态决定。由于 Y_2 线圈所在电路中串入 Y_1 的常开触点,使得 Y_1 线圈通电后才允许 Y_2 线圈通电,即 Y_1 线圈和 Y_2 线圈的通电要按照一定的次序,Y_1 线圈通电是 Y_2 线圈通电的前提条件。这种现象称为联锁。

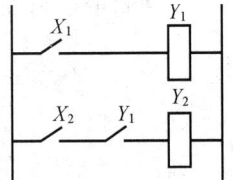

图 5-19　联锁逻辑

联锁逻辑的逻辑表达式为

$$Y_1 = X_1$$
$$Y_2 = X_2 \cdot Y_1$$

(6)记忆逻辑

在图 5-20 中，按下按钮 S_1，线圈 Y 通电，与按钮 S_1 并联的触点 Y 闭合，使得按钮 S_1 松开时线圈 Y 仍保持通电状态。按下按钮 S_2，线圈 Y 断电，触点 Y 打开，则按钮 S_2 松开时线圈 Y 仍保持断电状态。该逻辑能记住按钮 S_1、或按钮 S_2 动作时的状态，故称为记忆逻辑。

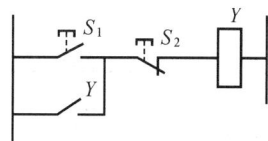

图 5-20　记忆逻辑

记忆逻辑的逻辑表达式为

$$Y = (S_1 + Y)\overline{S_2}$$

（7）延时逻辑

在图 5-21 中，触点 X 闭合后，时间继电器线圈 KT 通电。经过 Δt 的延时后，触点 KT 闭合，使线圈 Y 通电。从触点 X 闭合到线圈 Y 通电需经过 Δt 的时间，故称这个逻辑为延时逻辑。

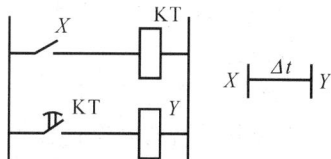

图 5-21　延时逻辑

2. 经验设计法

电器控制线路的常用设计方法有逻辑设计法和经验设计法。逻辑设计法是用真值表与逻辑代数式相配合，对控制线路进行综合，或者对设计出的草图进行校核。这种方法适用设计比较复杂的电器控制线路。经验设计法，又叫分析设计法，它是根据生产机械的工艺要求和加工过程，利用现有的典型环节，加以修改、补充、综合，组成所需要的控制线路。如无现成的典型环节可利用，则可根据要求自行设计，采用拼凑的办法，边分析边画图，将画出的草图，进行综合、比较，在满足控制要求的前提下，将设计的线路化成最简电路。经验设计法适用于设计逻辑关系比较简单的电器控制线路。

用经验设计法设计控制线路时，应注意以下几个原则：

（1）应满足生产机械和工艺对电器控制线路的要求

设计时，首先要搞清楚生产要求，因为控制线路是为整个设备和工艺过程服务的。电气设计人员就机械设计人员提供的设计一般性原则意见对同类或接近产品进行调查、分析、综合，然后提出具体、详细的要求，作为设计电器控制线路的依据。

一般控制线路只要求满足起动、反向和制动就可以了，有些则要求在一定范围内平滑调速和按一定的规律改变转速、出现事故时需要有必要的保护及信号预报以及各部分运动要求有一定的配合和联锁关系。如果已经有类似设备，还应了解现有控制线路的特点以及操作者对它们的反映。这些都是在设计之前应该调查清楚的。

（2）控制线路力求简单、经济

设计时应尽量选用标准的、常用的、或经过实际考验过的线路和环节，尽量缩短连接导线的数量和长度。设计控制线路时，应考虑到各个元件之间的实际接线，特别要注意电气柜、操作台和限位开关之间的连接线。图 5-22 表示起动按钮、停止按钮和接触器的接线图。由于按钮在操作台上，而接触器在电气柜内，按(a)图接线就需要由电气柜二次引出连接线到操作台的按钮上；所以一般都将起动按钮和停止按钮直接连接，这样就可以减少一次引出线，如(b)图所示。

设计时应尽量缩减电器的数量、采用标准件，并尽可能选用相同型号。应减少不必要的触点以简化线路。控制线路在工作时除必要的电器必须通电外，其余的尽可能不通电以节约电能。

（3）控制线路的可靠性和安全性

为了保证控制线路工作可靠，首先是选用可靠的元件，尽可能选用机械和电气寿命长、结

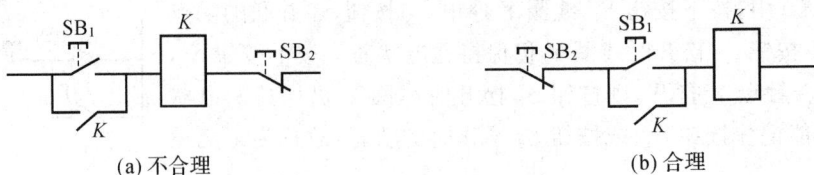

(a) 不合理　　　　　　　　　　　　　　(b) 合理

图 5-22　按钮和接触器的连线图

构坚实、动作可靠、抗干扰性能好的电器；同时在具体线路设计中注意以下几点：

(1)正确连接电器的触点，正确连接电器的线圈，在交流控制电路中不能串联接入两个电器的线圈。

(2)在控制线路中应避免出现寄生电路。在控制线路的动作过程中，那种意外接通的电路叫寄生电路(或叫假回路)。如图5-23所示是一个具有指示灯和热保护的正反向电路。在正常工作时，能完成正反向起动、停止和信号指示。但当热继电器FR动作时，线路就出现了寄生电路如图5-23中虚线所示，使正向接触器KM1不能释放，起不了保护作用。

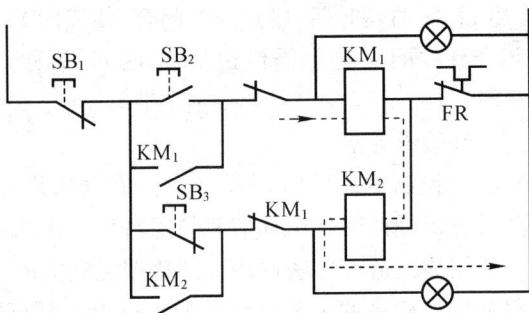

图 5-23　寄生电路

(3)在线路中应尽量避免许多电器依次动作才能接通另一个电器的控制线路。

(4)在频繁操作的可逆线路中，正、反向接触器之间不仅要有电气连锁，而且要有机械连锁。

(5)在线路中采用小容量继电器的触点来控制大容量接触器的线圈时，要计算继电器触点断开和接通容量是否足够。如果不够必须加小容量接触器或中间继电器。

(6)应具有完善的保护环节，以避免因误操作而发生事故。完善的保护环节包括过载、短路、过流、过压、失压等保护环节，还应设有合闸、断开、事故、安全等必需的指示信号。

(7)应尽量使操作和维修方便。

3. 逻辑设计法

逻辑设计法是利用逻辑代数这一数学工具设计电器控制线路，同时也可以用于线路的简化。采用逻辑设计法设计出来的控制电路既符合工艺要求，又能达到电路简单、工作可靠、经济合理的目的，但这种设计方法比较复杂，难度较大，在一般常规设计中较少采用。

我们把接触器、继电器等电器元件线圈的通电和断电，触点的闭合和断开，看成是逻辑变量，其中线圈的通电状态和触点的闭合状态规定为"1"态，线圈的断电状态和触点的断开状态规定为"0"态。根据上述要求将这些逻辑变量关系表示为逻辑函数表达式，然后对逻辑函数表达式进行化简，由简化的函数表达式并利用上面介绍的基本控制逻辑单元画出对应的电气原理图，最后进一步检查、完善，使设计出来的控制电路既满足工艺要求，又经济合理，安全可靠。

下面利用简单实例介绍逻辑设计法的方法和步骤，实际使用此法设计的系统要比该例复杂得多。

例　某电动机只有在按钮SB_1、SB_2、SB_3中任何一个或任何两个按下时才能运转，而在其他任何情况下都不运转，试设计其控制线路。电动机的运转由接触器KM控制。

解　根据题目的要求,列出接触器通电状态的真值表,如表 5-4 所示。

根据真值表,按钮 SB_1、SB_2、SB_3 中任何一个按钮动作时接触器 KM 通电的逻辑函数式为

$$KM = SB_1 \cdot \overline{SB_2} \cdot \overline{SB_3} + \overline{SB_1} \cdot SB_2 \cdot \overline{SB_3} + \overline{SB_1} \cdot \overline{SB_2} \cdot SB_3$$

按钮 SB_1、SB_2、SB_3 中仅有两个按钮动作时,接触器 KM 通电的逻辑函数关系式为

$$KM = SB_1 \cdot SB_2 \cdot \overline{SB_3} + SB_1 \cdot \overline{SB_2} \cdot SB_3 + \overline{SB_1} \cdot SB_2 \cdot SB_3$$

表 5-4　接触器通电状态的真值表

SB_1	SB_2	SB_3	KM
0	0	0	0
0	0	1	1
0	1	0	1
0	1	1	1
1	0	0	1
1	0	1	1
1	1	0	1
1	1	1	0

因此,接触器 KM 通电的逻辑函数关系式为

$$KM = SB_1 \cdot \overline{SB_2} \cdot \overline{SB_3} + \overline{SB_1} \cdot SB_2 \cdot \overline{SB_3} + \overline{SB_1} \cdot \overline{SB_2} \cdot SB_3$$
$$+ SB_1 \cdot SB_2 \cdot \overline{SB_3} + SB_1 \cdot \overline{SB_2} \cdot SB_3 + \overline{SB_1} \cdot SB_2 \cdot SB_3$$

利用逻辑代数基本公式进行化简:

$$KM = \overline{SB_1} \cdot (SB_2 \cdot \overline{SB_3} + \overline{SB_2} \cdot SB_3 + SB_2 \cdot SB_3)$$
$$+ SB_1 \cdot (SB_2 \cdot \overline{SB_3} + \overline{SB_2} \cdot SB_3 + \overline{SB_2} \cdot \overline{SB_3})$$
$$= \overline{SB_1} \cdot [SB_2 \cdot \overline{SB_3} + SB_3 \cdot (\overline{SB_2} + SB_2)]$$
$$+ SB_1 \cdot [(SB_2 + \overline{SB_2}) \cdot \overline{SB_3} + \overline{SB_2} \cdot SB_3]$$
$$= \overline{SB_1} \cdot (SB_2 \cdot \overline{SB_3} + SB_3) + SB_1 \cdot (\overline{SB_3} + \overline{SB_2} \cdot SB_3)$$
$$= \overline{SB_1} \cdot (SB_2 + SB_3) + SB_1 \cdot (\overline{SB_3} + \overline{SB_2})$$

根据简化的逻辑函数关系式,可绘制如图 5-24 所示的电路控制电路,可见按此法设计的控制线路简单合理,使用元器件较少。

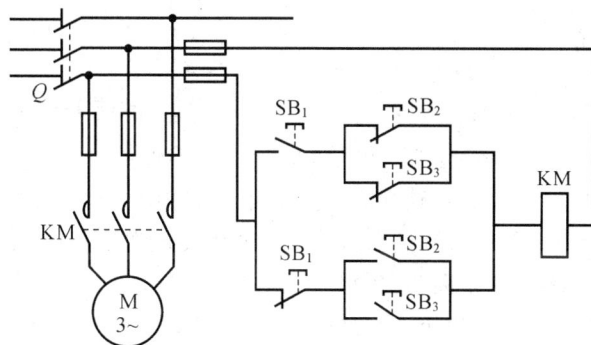

图 5-24　电路控制线路

第三节　三相异步电动机的继电-接触控制

一、全压直接起动控制电路

1. 正转点动控制线路

如图 5-25(a)所示为正转点动起动控制电路,此电路为点动运行方式,常用于经常起动、停车的生产机械(如吊车等)。线路的工作原理为:按下点动按钮 SD,则接触器 KM 线圈得电,KM 的主触头闭合,电动机全压起动;松开 SD,则接触器 KM 线圈失电,KM 的主触头断开,电机停转。

2. 常规正转起、停控制线路

在上述点动控制线路的基础上增加一只停止按钮 ST 和利用接触器 KM 的一对辅助动合触头构成具有自锁功能的正转起、停控制线路。电路中将 ST 串接于控制回路中,将 KM 的辅助动合触头并接于起动按钮 SS 的两端,如图 5-25(b)所示。控制电路的动作过程如下:

(1)起动

先合上刀开关 QS,按下起动按钮 SS,接触器线圈 KM 得电,KM 的主触头闭合,电动机全压起动,同时 KM(3-5)闭合。松开按钮 SS,由于 SS 已被 KM(3-5)所短接,因此接触器线圈仍有通路,使接触器触头仍保持在闭合位置,因此松手后电动机仍能继续转动,这种功能叫做自锁,接触器的这个动合辅助触头称为自锁触头。

(2)停车

按下 ST,线圈 KM 失电,KM 的主触头打开,电动机失电停车;而在线圈 KM 失电的同时,KM(3-5)复位,切断控制回路。

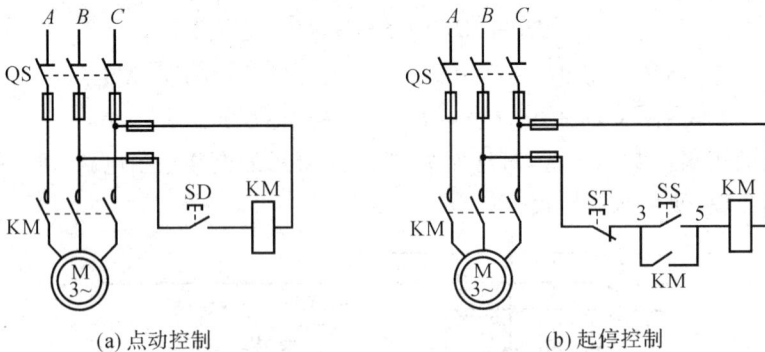

(a) 点动控制　　　　　　　(b) 起停控制

图 5-25　全压直接起动控制电路原理图

具有自锁功能的接触器控制线路还有另一个重要的功能,即具有自动失压(零压)和欠压保护作用。所谓欠压和失压保护,就是当由于某种原因使电源电压降低过多或暂时停电时,电动机能自动从电源上切除。这是因为接触器的吸引线圈在 $85\%U_N$ 以下就不能吸合并自动释放,使接触器的所有动合触头部断开,电动机失电而停转,控制回路也失去自锁;当电源电压恢复正常时,需重按起动按钮,电动机才能起动。如果不是采用接触器控制,而是直接用刀开关或组合开关进行手动控制时,由于在停电时未及时拉开电源开关,而当电源恢复供电时电动机即自行起动,这就可能造成设备与工件的损坏,甚至危及人身安全。因此,采用接触器并带有自锁环节的控制电路,其本身就具备了欠压和失压保护作用。

在主电路和控制回路中接入熔断器可起到短路保护作用,一旦发生短路事故,熔体立即熔断,电动机停车,线路和电源得到了保护。利用热继电器可起过载保护的作用,当电动机过载时,则串接于主回路的热继电器发热元件温度升高,使双金属片膨胀弯曲,致使接于控制回路中的复位动断触头断开,接触器线圈失电,主触头打开,电动机停转。

二、降压起动控制电路

1. 电阻降压起动控制线路

较大容量的三相鼠笼式异步电动机一般都采用降压的方法进行起动。电动机起动时,可在三相定子电路中串接电阻器 R,使电动机定子绕组两端电压降低;电动机起动完毕后,再将电阻器短接,使电动机处于正常电压下运行。这种起动方式的特点是不受电机接线形式的限制,设备简单,但功耗较大,故只在中、小型机床的电器控制系统中得到较广的应用。

电阻降压起动控制线路如图 5-26 所示。它的动作原理如下:

接通电源开关 QS,按下起动按钮 SS,KM_1 得电,触头动作并自锁,电动机在串接电阻器 R 下起动;接触器 KM_1 得电的同时,时间继电器 KT 也得电,经过一段时间的延时,触头 KT 闭合,使 KM_2 得电,其触头动作,将主电路的电阻 R 短接,使电动机在全压下进入稳定正常运转。KM_2 得电后,其动断触头 $KM_2(5-7)$ 将 KT 和 KM_1 电路切断,KM_2 线圈则通过 $KM_2(3-9)$ 内锁。这样,在电动机起动完毕之后,只有一只接触器 KM_2 在工作。欲停机时,按下 ST,则 KM_1、KM_2、KT 均失电释放,电动机停转。

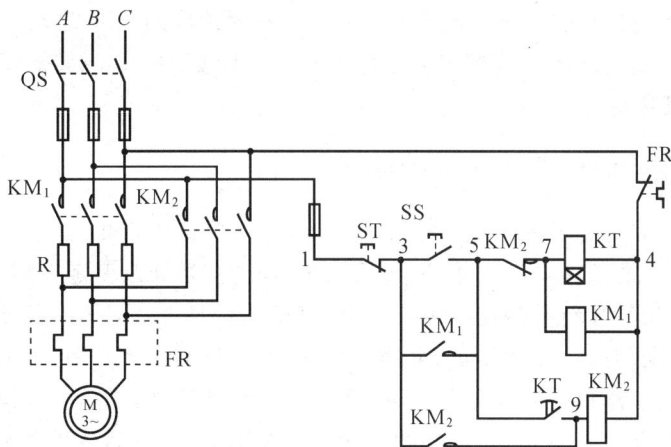

图 5-26　电阻降压起动控制线路

2. Y-△减压起动控制线路

图 5-27 为 Y-△降压起动控制线路原理图,这一线路的设计思想仍是按时间原则控制起动过程,所不同的是起动时将电动机定子绕组接成星形,加在电动机每相绕组上的电压为额定电压的 $1/\sqrt{3}$,从而减小了起动电流对电网的影响。起动后期按预先整定的时间换接成三角形接法,使电动机在额定电压下正常运转。这种方法只适用于按△接法运转的电动机的起动控制。

Y-△降压起动线路的工作过程为:

起动电动机时,先合上刀闸开关 QS,按下起动按钮 SB_2,接触器 KM、KM_Y 与时间继电器

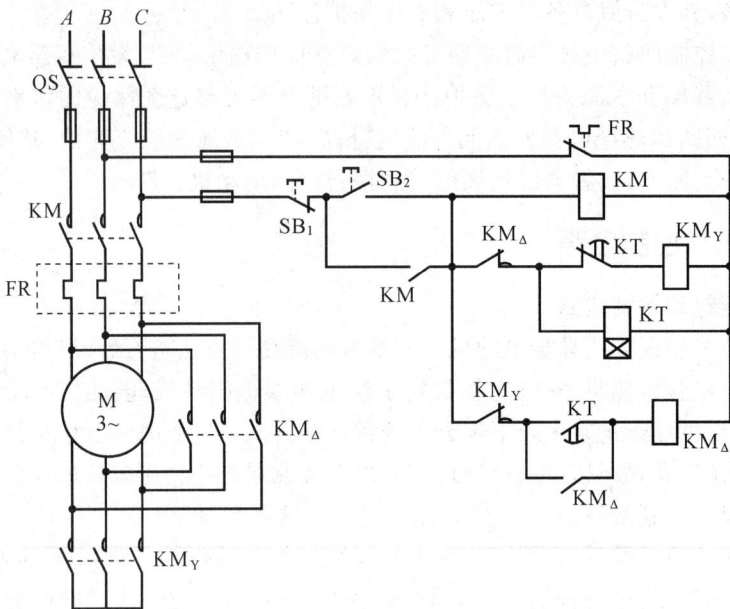

图 5-27　Y-△降压起动控制线路原理图

KT 的线圈同时得电,接触器 KM_Y 的主触点将电动机接成星形,并经 KM 的主触点接至电源,电动机降压起动。到达 KT 的延时值,KM_Y 线圈失电,KM_△ 线圈得电,电动机主电路换接成三角形接法,电动机投入正常运转。

　　Y-△起动的优点在于星形起动电流只是原来三角形接法的 1/3,起动电流特性好,结构简单、价格便宜。缺点是起动转矩也相应下降为原来三角形接法的 1/3,转矩特性较差,仅适合电动机以空载或轻载起动的场合。

三、三相异步电动机正、反转控制线路

　　各种生产机械常常要求具有上、下、左、右、前、后等相反方向的运动,这就要求电动机能正、反向工作,对于三相交流电动机来说,可借助正、反向接触器改变定子绕组相序来实现。

　　图 5-28 为正、反转控制电路的原理图。图中 QS 为隔离开关,KM_1、KM_2 为两组并联但相序相反的接触器的触头,SB_1、SB_2、SB_3 分别是停止按钮、正转起动按钮、反转起动按钮,KM_1、KM_2 分别是正转接触器和反转接触器。正、反两个接触器线圈电路中互相串联一个对方的常闭触点,则任一接触器线圈通电后,即使按下相反方向按钮,另一接触器也无法得电,这种锁定关系称为互锁,即两者存在相互制约的关系,不可能同时得电。由于正、反转起动按钮所在线路互相串联一个对方的常闭触点,当一个起动按钮被按下时,另一个起动按钮所在线路的接触器线圈就被断电,使接触器互锁关系被解除,这样就可以实现不按停止按钮,直接按反转起动按钮就能使电动机反转工作。

　　由上可知,要求甲接触器工作时乙接触器不能工作,则在乙接触器的线圈电路中,需串联甲接触器的常闭触点。要求甲接触器工作时乙接触器不能工作,乙接触器工作时甲接触器不能工作,则在两接触器线圈电路中互相串联对方的常闭触点。

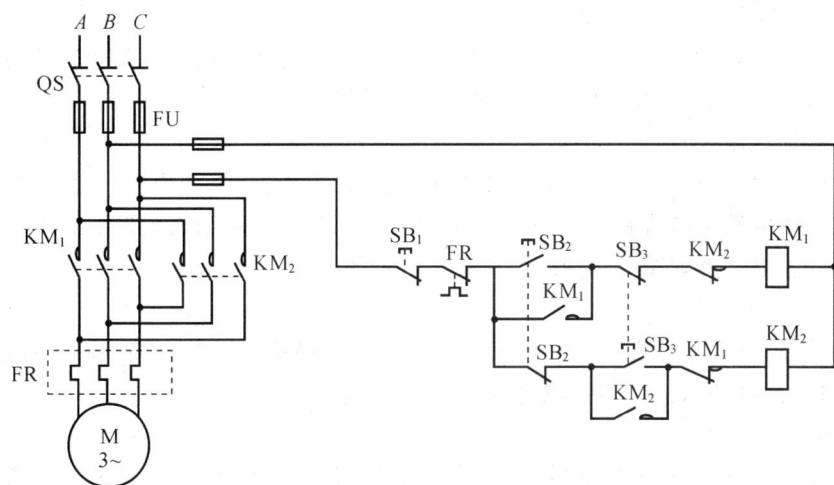

图 5-28　三相异步电动机正、反转控制线路

四、三相异步电动机的制动控制线路

1. 反接制动控制线路

反接制动实质上是改变三相异步电动机定子绕组三相电源的相序,以产生与转子转动方向相反的转矩,因而起到制动作用,实现快速停车。因电动机在反接制动时的电流很大,故在反接时定子三绕组串入限流电阻器 R,以防制动时电机绕组过热。为保证电动机反接后在制动转矩作用下转速减为零时不进入反转运行,应当在电动机转速接近零时迅速切断电源,这一任务可由速度继电器 KV 来完成。反接制动控制线路如图 5-29 所示。

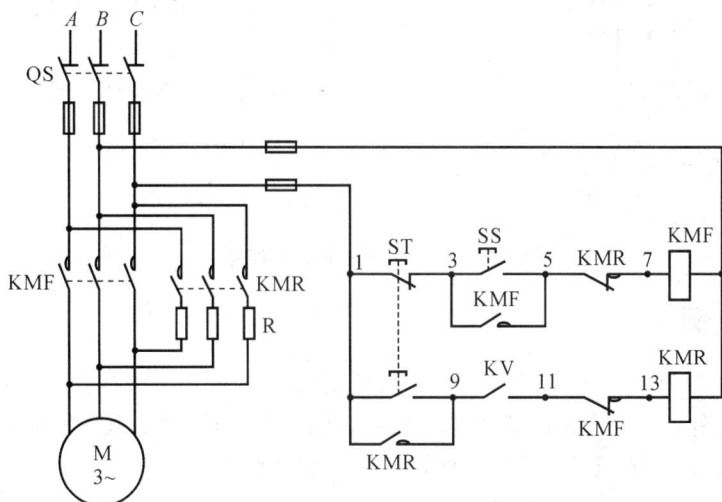

图 5-29　反接制动控制线路

反接制动控制线路的工作过程为:

(1)起动

按下 SS,KMF 线圈得电,KMF 主触头闭合并自锁,电动机全压起动,电机起动到一定的转速后,速度继电器 KV 闭合。

(2)制动

按下 ST,KMF 线圈失电,KMF 主触头断开,KMF11、13 触头恢复闭合;此时,KMR 线圈得电,KMR 主触点闭合自锁,电动机串接 R 反接制动,当电机转速低于某个转速时,速度继电器 KV 自动打开,KMR 线圈失电,电动机脱离电源停车。

2. 能耗制动控制线路

能耗制动的设计思想是制动时在定子绕组中任意两相通入直流电流,形成固定磁场,它与旋转着的转子中的感应电流相互作用,从而产生制动转矩。制动时间的控制由时间继电器来完成。能耗制动控制线路如图 5-30 所示,其工作过程如下:

(1)起动

按起动按钮 SB$_1$,主接触器 KM$_1$ 线圈通电,KM$_1$ 主触头闭合并自锁,接通主电路,电动机开始全压起动;此时,时间继电器 KT 线圈得电、闭合。

(2)制动

按下停止按钮 SB$_2$,使主接触器 KM$_1$ 线圈断电,断开主电路,电动机失电作惯性运行;同时能耗制动接触器 KM$_2$ 接通,将两相定子绕组接通直流电源以产生制动转矩,使转速下降至零;在按下停止按钮 SB$_2$ 的同时,时间继电器 KT 失电,经过预定的延时时间后 KT 动作,KM$_2$ 线圈失电,切除直流电源。

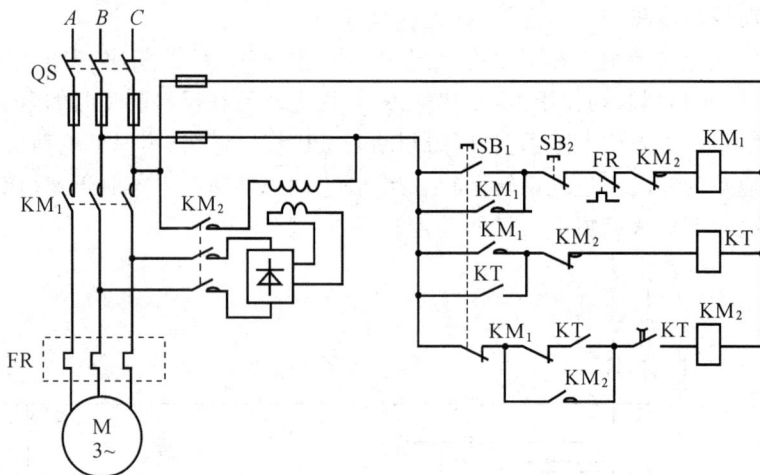

图 5-30　能耗制动控制线路

五、应用实例

如图 5-31 所示为 C650 型中型车床的电气控制线路。控制系统中共有三台电动机,主电动机功率为 20kW,另外还有一台快速移动电动机和一台冷却泵电动机。电气控制线路的特点有:

(1)主轴电动机能正、反转,采用接触器的动断辅助触头实现电气联锁,并可点动控制。

(2)采用了电气反接制动,能迅速停车。

(3)刀架可快速移动。

(4)起动及制动时,电流表(用以监视主电动机的负载情况)不会受到电流的冲击。

1. 主轴电机的点动控制

由点动按钮 SD 操纵,按下 SD,KMF 线圈得电,主触头闭合,电动机经限流电阻 R 接通,电动机在低速下运转;松开按钮 SD,KMF 线圈断电,电动机失电停车。在点动控制时,中间继电器 KZ 不会得电,因此 KMF 不会自锁。

(a) 主电路原理图

(b) 继电回路原理图

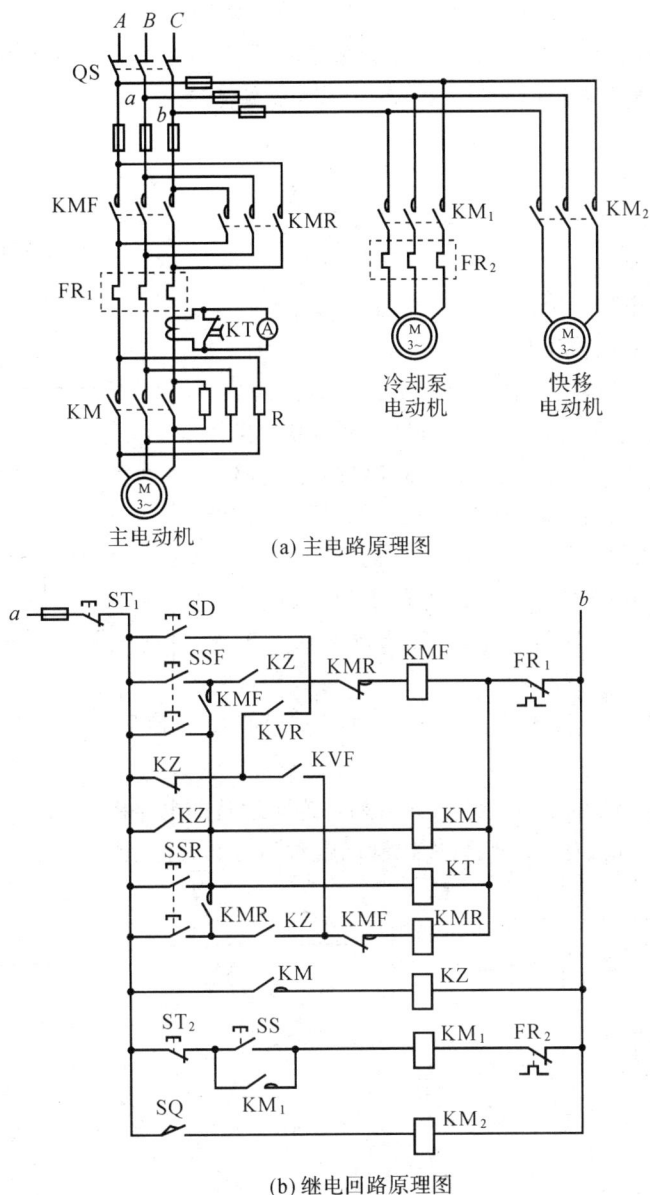

图 5-31　C650 型中型车床的电气控制线路

2. 正向运转

按下正向起动按钮 SSF，KM 首先得电，R 被其主触头所短接，同时 KZ 得电使 KMF 线圈得电，主轴电机正向起动，KMF 通过 KZ 的触头自锁。主轴的反转由操作 SSR 来实现。当电动机正向运转时，KM、KZ、KMF 都处于得电动作状态，速度继电器正转触头 KVF 动作闭合；电动机反转时，反转触头 KVR 动作闭合。

3. 停车

按 ST$_1$，KM 失电并将 R 接入主电路，同时 KMF 也失电，断开主轴电动机的正转电源，但由于 KZ 失电，其动断触头使 KMR 得电，使主轴电动机的电源反接。此时，主轴电动机由于惯性仍在正向转动，所以 KVF 仍闭合，因此主轴电动机是在主电路中串入电阻 R 的情况下进行反接制动。当转速 n 降到接近于零时 KVF 释放，使 KMR 失电，主触头断开，切断主轴电动机的电源而停车。反向运转时的制动情况与正向运转时相似。

刀架的快速移动是由转动刀架手柄压合限位开关 SQ，使 KM₂ 得电动作来实现的。冷却泵电动机的起停由操作按钮 SS 和 ST₂ 使 KM₁ 动作来实现的。

习　题

5-1　常用低压开关电器有哪几类？分别用于什么场合？

5-2　叙述接触器的功能及工作原理。

5-3　中间继电器、速度继电器在电路中的作用是什么？

5-4　图 5-32 为机床自动间歇润滑的控制电路图，其中接触器 KM 为润滑液压泵电动机启停用接触器（主电路未画出）。电路可使润滑规律间歇工作。试分析其工作原理，并说明中间继电器 KA 和按钮 SB 的作用。

5-5　为了限制点动调整时电动机的冲击电流，试设计一个线路使正常运行为直接起动，而点动调整时串入限流电阻。

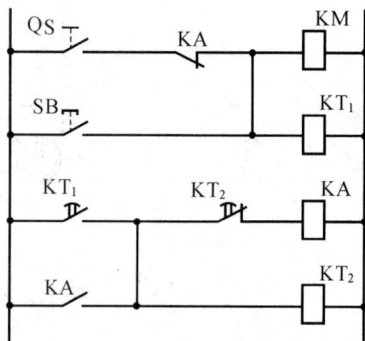

图 5-32　机床自动间歇润滑的控制电路图

5-6　试叙述"自锁"、"互锁（联锁）"的含义，并举例说明各自的作用。

5-7　试设计一个电动机可采用两地操作点动与连续运转的电路图。

5-8　图 4-33 中(a)、(b)、(c)三种起、停控制线路对不对？为什么？

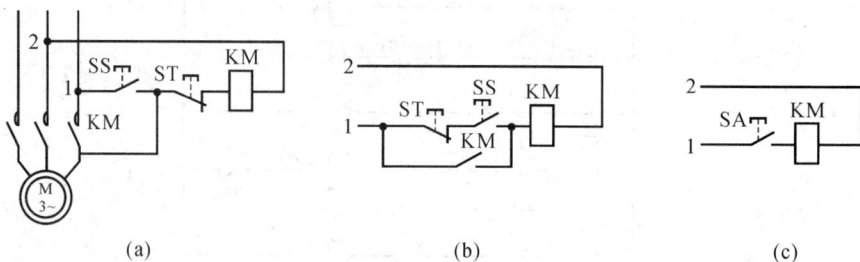

(a)　　　　　　　　　(b)　　　　　　　　　(c)

图 5-33　起、停控制线路

5-9　试设计某机床主轴电动机控制电路图。要求：

(1)可正、反转，且可反接制动；

(2)正转可点动，可在两处控制启、停；

(3)有短路和长期过载保护；

(4)有安全工作照明及电源信号灯。

5-10　试设计两台电动机 M₁、M₂ 顺序启、停的控制线路。要求：

(1)M₁ 起动后，M₂ 立即自动起动；

(2)M₁ 停止后，M₂ 延时一段时间后才停止；

(3)M₂ 能点动调速工作；

(4)两台电动机均有短路、长期过载保护；

(5)绘出主电路。

第六章 电力电子器件及其驱动保护

在电气传动系统的主电路中应用了大量的电力电子电路(如整流、逆变、斩波、调压等电路),因此有必要系统地学习电力电子技术。从学科的角度来讲,电力电子技术横跨"电力"、"电子"与"控制"三个领域,是一门交叉学科。从内容上讲,电力电子技术应包括三个方面的内容:

1)电力电子器件:主要研究电能变换与控制中应用的大功率半导体电子器件的工作机理、特性以及设计、制造的技术。电力电子器件品种繁多,随着现代科学技术的飞速发展,器件本身在不断更新换代。

2)电力电子电路:主要分析、研究由电力电子器件组成的、用以实现电能变换与控制的各种基本电路的构成、工作原理、设计计算等。这些电路有可控整流电路、逆变电路、斩波电路、交流调压电路等。这部分内容是电力电子技术的基础理论。

3)电力电子装置及系统:这是一些由能实现各类基本功能的电力电子电路组合而成的,加上微电子控制手段,藉以实现某种电能变换与控制目的的工业应用装置或系统,比如晶闸管直流调速系统、交流电机变频调速系统、中频电源、不停电电源等。

本章主要介绍晶闸管、大功率晶体管、功率场效应晶体管、绝缘栅双极型晶体管等电力电子器件及其驱动电路、保护电路。

第一节 电力电子器件

一、晶闸管(SCR)

晶闸管(Thyristor)是晶体闸流管的简称,也称为可控硅整流器(Silicon Controlled Rectifier,SCR)。晶闸管于 1956 年由美国贝尔实验室发明,并由美国通用电气公司开发并使其商品化。晶闸管属半控型电力电子器件,其开通时刻可以控制。晶闸管能承受的电压容量和电流容量在目前的电力电子器件中最高,因此晶闸管在大容量电力电子电路中应用很广。

1.晶闸管的结构和工作原理

(1)晶闸管的结构

晶闸管是大功率半导体器件,从总体结构上看,可区分为管芯及散热器两大部分,分别如图 6-1 及图 6-2 所示。

管芯是晶闸管的本体部分,由半导体材料构成,具有三个可以与外电路连接的电极:阳极A、阴极 K 和门极(或称控制极)G。散热器则是为了将管芯在工作时由损耗产生的热量带走而设置的冷却器。按照晶闸管管芯与散热器间的安装方式,晶闸管可分为螺栓型与平板型两种。螺栓型(图 6-1(a))依靠螺栓将管芯与散热器紧密连接在一起,并靠相互接触的一个面传递热量。显然,螺旋型结构散热效果差,用于 200A 以下容量的元件;平板型结构散热效果好,可用于 200A 以上的元件。冷却散热片的介质可以是空气,此时有自冷与风冷之分。自冷是利用空

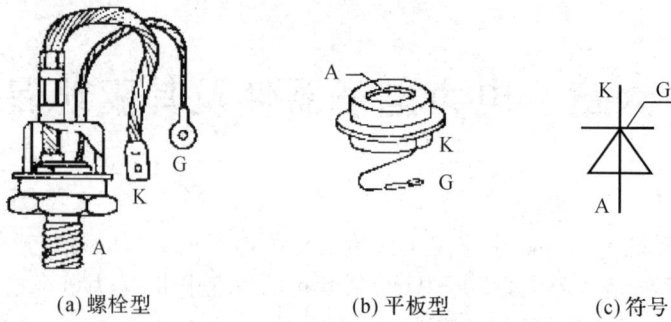

(a) 螺栓型　　　　　　　　(b) 平板型　　　　　　　(c) 符号

图 6-1　晶闸管管芯及电路符号表示

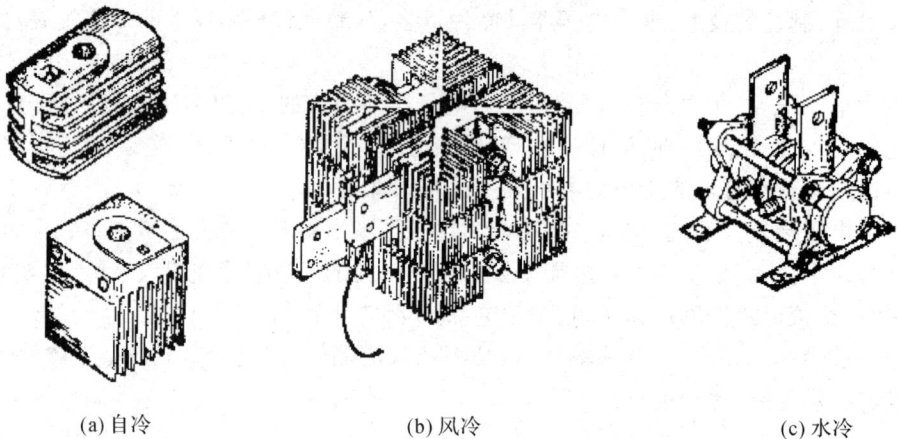

(a) 自冷　　　　　　　　　(b) 风冷　　　　　　　　(c) 水冷

图 6-2　晶闸管的散热器

气的自然流动进行热交换带走传递到散热片表面的热量,风冷则是采用一定风速的流动空气吹拂散热器表面带走热量。显然强迫风冷的效果比自冷效果好,但需要配备强迫通风设备。由于水作为散热介质时其热容量比空气大,故在大容量或者相当容量却需要缩小散热器体积的情况下,可以采用水冷结构。水冷是用水作散热介质,使它流过平板式管芯的两个面,带走器件工作时产生的热量(图 6-2(c))。

晶闸管管芯的内部结构如图 6-3 所示。晶闸管是一个四层(P_1-N_1-P_2-N_2)三端(A、K、G)的功率半导体器件。这个四层半导体器件由于有三个 PN 结的存在,决定了它的可控导通特性。

(2)晶闸管的工作原理

晶闸管内部结构上有三个 PN 结。当阳极加上负电压、阴极加上正电压时(此时称为晶闸管承受反向阳极电压),J_1、J_3 结上反向偏置,管子处于反向阻断状态,不导通。当阳极加上正电压、阴极加上负电压时(此时称晶闸管承受正向阳极电压),J_2 结又处于反向偏置,管子处于正向阻断状态,仍然不导通。

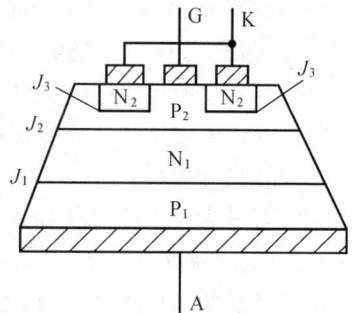

图 6-3　晶闸管芯结构

当阳极电源使晶闸管阳极电位高于阴极电位时,晶闸管承受正向阳极电压,反之承受反向阳极电压。当门极控制电源使晶闸管门极电位高于阴极电位时,晶闸管承受正向门极电压,反之承受反向门极电压。通过理论分析和实验验证表明：

1）只有当晶闸管同时承受正向阳极电压和正向门极电压时，晶闸管才能导通，两者缺一不可。

2）晶闸管一旦导通后门极将失去控制作用，门极电压对管子随后的导通或关断将均不起作用，故使晶闸管导通的门极电压不必是一个持续的直流电压，只要是一个具有一定宽度的正向脉冲电压即可，脉冲的宽度与晶闸管的开通特性及负载性质有关。这个脉冲常称为触发脉冲。

3）要使已导通的晶闸管关断，必须使阳极电流降低到某一数值之下（约几十毫安）。这可以通过降低阳极电压至接近于零或施加反向阳极电压来实现。这个能保持晶闸管导通的最小电流称为维持电流，是晶闸管的一个重要参数。晶闸管导通的工作原理可用双晶体管模型来解释，如图 6-4 所示。

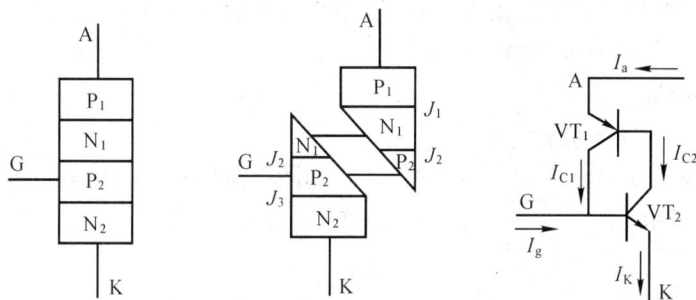

图 6-4　晶闸管的等效复合三极管效应

由图可以看出，两个晶体管连接的特点是一个晶体管的集电极电流就是另一个晶体管的基极电流，当有足够的门极电流 I_g 流入时，两个相互复合的晶体管电路就会形成正反馈，导致两个晶体管饱和导通，也即晶闸管的导通。设流入 PNP 型 VT_1 管的发射极电流 I_1 即晶闸管的阳极电流 I_a，它就是 P_1 区内的空穴扩散电流。这样流过 J_2 结的电流应为 $I_{c1}=\alpha_1 I_a$，其中 $\alpha_1 = I_{c1}/I_{e1}$ 为 VT_1 管的共基极电流放大倍数。同样流入 NPN 型 VT_2 管的发射极电流 I_{e2} 即晶闸管的阴极电流 I_K，它就是 N_2 区内的电子扩散电流。这样流过 J_2 结的电流为 $I_{c2}=\alpha_2 I_K$，其中 $\alpha_2 = I_{c2}/I_{e2}$ 为 VT_2 管的共基极电流放大倍数。流过 J_2 结的电流除 I_{c1}、I_{c2} 外，还有在正向阳极电压下处于反压状态下 J_2 结的反向漏电流 I_{c0}。如果把两个晶体管分别看成两个广义的结点，则晶闸管的阳极电流应为

$$I_a=I_{c1}+I_{c2}+I_{c0}=\alpha_1 I_a+\alpha_2 I_K+I_{c0} \qquad (6-1)$$

若门极有电流 I_g 送入，则晶闸管的阴极电流为

$$I_K=I_a+I_g \qquad (6-2)$$

从以上两式中可求出阳极电流表达式为

$$I_a=\frac{I_{c0}+\alpha_2 I_g}{1-(\alpha_1+\alpha_2)} \qquad (6-3)$$

这里值得注意的是两等效晶体管共基极电流放大倍数 α_1、α_2 是随其发射极电流作非线性变化的，I_a、I_c 很小时，α_1、α_2 也很小；α_1、α_2 随电流 I_a、I_c 的增大而增大。

当晶闸管承受正向阳极电压但门极电压为零时，$I_g=0$。由于漏电流很小，I_a、I_c 也很小，致使 α_1、α_2 很小。由式(6-3)可见，此时 $I_a \approx I_{c0}$，为正向漏电流，晶闸管处于正向阻断状态，不导通。

当晶闸管承受正向阳极电压而门极电流为 I_g 时，特别是当 I_g 增大到一定程度的时候，等

效晶体管 VT_2 的发射极电流 I_{e2} 也增大,致使电流放大系数 α_2 随之增大,产生足够大的集电极电流 $I_{c2}=\alpha_2 I_{e2}$。由于两等效晶体管的复合接法,I_{c2} 即为 VT_1 的基极电流,从而使 I_{e1} 增大,α_1 也增大,α_1 的增大将导致产生更大的集电极电流 I_{c1} 流过 VT_2 管的基极,这样强烈的正反馈过程将导致两等效晶体管电流放大系数的迅速增加。当 $(\alpha_1+\alpha_2)\approx 1$ 时,式(6-3)表达的阳极电流 I_a 将急剧增大,变得无法从晶闸管内部进行控制,此时的晶闸管阳极电流 I_a 完全由外部电路条件来决定,晶闸管此时已处于正向导通状态。

正向导通以后,由于正反馈的作用,可维持 $1-(\alpha_1+\alpha_2)\approx 0$。此时即使 $I_g=0$ 也不能使晶闸管关断,说明门极对已导通的晶闸管失去控制作用。

为了使已导通的晶闸管关断,惟一可行的办法是使阳极电流 I_a 减小到维持电流以下。因为此时 α_1、α_2 已相应减小,内部等效晶体管之间的正反馈关系无法维持。当 α_1、α_2 减小到 $1-(\alpha_1+\alpha_2)\approx 1$ 时,$I_a\approx I_{c0}$,晶闸管恢复阻断状态而关断。

如果晶闸管承受的是反向阳极电压,由于等效晶体管 VT_1、VT_2 均处于反压状态,无论有无门极电流 I_g,晶闸管都不能导通。

2. 晶闸管的特性

(1)晶闸管的阳极伏安特性

晶闸管的阳极伏安特性表达了晶闸管阳极与阴极之间的电压 U_{ak} 与阳极电流 i_a 之间的关系曲线,如图 6-5 所示。

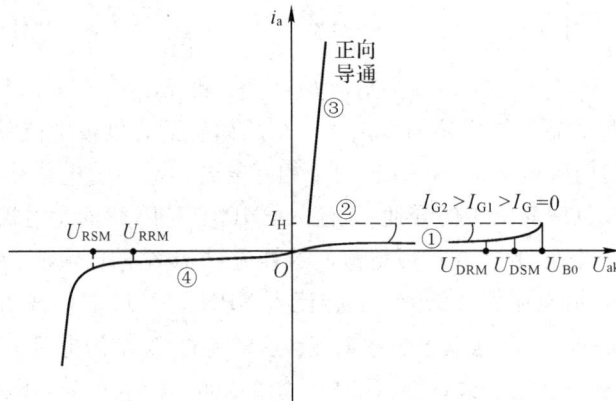

图 6-5　晶闸管阳极伏安特性
①正向阻断高阻区;②负阻区;③正向导通低阻区;④反向阻断高阻区

阳极伏安特性可以划分为两个区域:第 I 象限为正向特性区,第 III 象限为反向特性区。第 I 象限的正向特性又可区分为正向阻断状态及正向导通状态。正向阻断状态随着不同大小的门极电流 I_g 呈现不同的分支。在 $I_g=0$ 的情况下,随着正向阳极电压 U_{ak} 的增加,由于 J_2 结处于反压状态,晶闸管处于断态,在很大范围内只有很小的正向漏电流,特性曲线很靠近并与横轴平行。当 U_{ak} 增大到一个称之为正向转折电压的 U_{B0} 时,漏电流增大到一定数值,J_1、J_3 结内电场削弱很多,两等效晶体管的共基极电流放大系数 α_1、α_2 随之增大,使电子扩散电流 $\alpha_2 I_K$ 与空穴扩散电流 $\alpha_1 I_a$ 分别与 J_2 结中的空穴和电子相复合,使得 J_2 结的电势壁垒消失。这样,晶闸管就由阻断突然变成导通,反映在特性曲线上就从阻断状态的高阻区①(高电压、小电流),经过虚线所示的负阻区②(电流增大、电压减小),到达导通状态的低阻区③(低电压、大电流)。

正向导通状态下的特性与一般二极管的正向特性一样,此时晶闸管流过很大的阳极电流而管子本身只承受约 1V 左右的管压降。特性曲线靠近并几乎平行于纵轴。在正常工作时,晶闸管是不允许采取使阳极电压高过转折电压 U_{B0} 而使之导通的工作方式,而是采用施加正向门极电压,送入触发电流 I_g 使之导通的工作方式,以防损伤元件。当加上门极电压使 $I_g > 0$ 后,晶闸管的正向转折电压就大大降低,元件将在较低的阳极电压下由阻断变为导通。当 I_g 足够大时,晶闸管的正向转折电压很小,相当于整流二极管一样,一加上正向阳极电压管子就可导通。晶闸管的正常导通应采取这种门极触发方式。

晶闸管正向阻断特性与门极电流 I_g 有关,说明门极可以控制晶闸管从正向阻断至正向导通的转化,即控制管子的开通。然而一旦管子导通,晶闸管就工作在与 I_g 无关的正向导通特性上。要关断管子,就只得像关断一般二极管一样,使阳极电流 I_a 减小。只有当阳极电流减小到 $I_a < I_H$(维持电流)时,晶闸管才能从正向导通的低阻区③返回到正向阻断的高阻区①,管子关断阳极电流 $I_a \approx 0$ 后并不意味着管子已真正关断,因为管内半导体层中的空穴或电子等载流子仍然存在,没有复合。此时重新施加正向阳极电压,即使没有正向门极电压也可使这些载流子重新运动,形成电流,管子再次导通,我们称之为未恢复正向阻断能力。为了保证晶闸管可靠而迅速关断,真正恢复正向阻断能力,常在管子阳极电压降为零后再施加一段时间的反向电压,以促使载流子经复合而消失。晶闸管在第Ⅲ象限的反向特性与二极管的反向特性类似。

(2)晶闸管门极伏安特性

晶闸管的门极与阴极间存在着一个 PN 结 J_3,门极伏安特性就是指这个 PN 结上正向门极电压 U_g 与门极电流 I_g 间的关系。由于这个结的伏安特性很分散,无法找到一条典型的代表曲线,只能用一条极限高阻门极特性和一条极限低阻门极特性之间的一片区域来代表所有元件的门极伏安特性,如图 6-6 阴影区域所示。

在晶闸管的正常使用中,门极 PN 结不

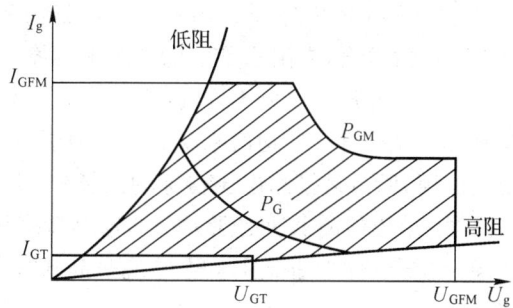

图 6-6 晶闸管门极伏安特性

能承受过大的电压、过大的电流及过大的功率,这是门极伏安特性区的上界限,它们分别用门极正向峰值电压 U_{GFM}、门极正向峰值电流 I_{GFM}、门极峰值功率 P_{GM} 来表征。此外,门极触发也具有一定的灵敏度,为了能可靠地触发晶闸管,正向门极电压必须大于门极触发电压 U_{GT},正向门极电流必须大于门极触发电流 I_{GT}。U_{GT}、I_{GT} 规定了门极上的电压、电流值必须位于图 5-7 的斜线区内,而平均功率损耗也不应超过规定的平均功率 P_G。

3. 晶闸管的主要参数

正确使用一个晶闸管,除了定性了解晶闸管的特性外,还必须定量地掌握晶闸管的一些主要参数。现对经常使用的几个参数作一些介绍。

(1)电压参数

1)断态重复峰值电压 U_{DRM}

门极开路,元件额定结温时,从晶闸管阳极伏安特性正向阻断高阻区(图 6-5 中的曲线①)漏电流急剧增长的拐弯处所决定的电压称断态不重复峰值电压 U_{DSM},"不重复"表明这个电压不可长期重复施加。取断态不重复峰值电压的 80% 定义为断态重复峰值电压 U_{DRM},"重复"表示这个电压可以以每秒 50 次,每次持续时间不大于 10ms 的重复方式施加于元件上。

2)反向重复峰值电压 U_{RRM}

　　门极开路,元件额定结温时,从晶闸管阳极伏安特性反向阻断高阻区(图 6-5 中曲线④)反向漏电流急剧增长的拐弯处所决定的电压称为反向不重复峰值电压 U_{RSM},这个电压是不能长期重复施加的。取反向不重复峰值电压的 80% 定义为反向重复峰值电压 U_{RRM},这个电压允许重复施加。

　　3)晶闸管的额定电压 U_R

　　取 U_{DRM} 和 U_{RRM} 中较小的一个,并整化至等于或小于该值的规定电压等级上。电压等级不是任意决定的,额定电压在 1000V 以下是每 100V 一个电压等级,1000V 至 3000V 则是每 200V 一个电压等级。

　　由于晶闸管工作中可能会遭受到一些意想不到的瞬时过电压,为了确保管子安全运行,在选用晶闸管时应使其额定电压为正常工作电压峰值 U_{TM} 的 2～3 倍,作为安全余量。

$$U_R = (2～3)U_{TM} \tag{6-4}$$

　　(2)电流参数

　　1)通态平均电流 $I_{T(AV)}$

　　在环境温度为 +40℃、规定的冷却条件下,晶闸管元件在电阻性负载的单相、工频、正弦半波、导通角不小于 170° 的电路中,当结温稳定在额定值 125℃ 时所允许的通态最大平均电流称为额定通态平均电流 $I_{T(AV)}$。将这个电流整化至规定的电流等级,则为该元件的额定电流。从以上定义可以看出,晶闸管是以电流的平均值而不是有效值作为它的电流定额,这与一般交流电器的电流定额规定有所不同,值得注意。这是因为以往晶闸管较多地用于可控整流装置,而整流电流往往按直流平均值来计算。然而规定平均值电流作为额定电流不一定能保证晶闸管的安全使用,原因是排除电压击穿的破坏外,影响晶闸管工作安全与否的主要因素是管芯 PN 结的温度。结温的高低决定于元件的发热与冷却两方面的平衡。在规定的冷却条件下,结温主要取决于管子的 $I_T^2 R$ 损耗,这里 I_T 应是晶闸管电流的有效值而不是平均值。因此,选用晶闸管时应根据有效电流相等的原则来确定晶闸管的额定电流。由于晶闸管的过载能力小,为保证安全可靠工作,所选用晶闸管的额定电流 $I_{T(AV)}$ 应使其对应有效值电流为实际流过电流有效值的 1.5～2 倍。按晶闸管额定电流的定义,一只额定电流为 100A 的晶闸管,其允许通过的电流有效值为 157A。晶闸管额定电流的选择可按下式计算:

$$I_{T(AV)} = \frac{1.5～2}{1.57} I_T \tag{6-5}$$

　　2)维持电流 I_H

　　维持电流是指晶闸管维持导通所必需的最小电流,一般为几十到几百毫安。

　　3)擎住电流 I_L

　　晶闸管刚从阻断状态转变为导通状态并撤除门极触发信号,此时要维持元件导通所需的最小阳极电流称为擎住电流。一般擎住电流比维持电流大 2～4 倍。

　　(3)其他参数

　　1)断态电压临界上升率 du/dt

　　在额定结温和门极断路条件下,使元件从断态转入通态的最低电压上升率称断态电压临界上升率。晶闸管使用中要求断态下阳极电压的上升速度低于此值。

　　2)通态电流临界上升率 di/dt

　　通态电流临界上升率是指在规定的条件下,晶闸管由门极进行触发导通时,管子能够承受而不致损坏的通态平均电流的最大上升率。当门极输入触发电流后,首先是在门极附近形成小面积的导通区,随着时间的增长,导通区逐渐向外扩大,直至全部结面变成导通为止。如果电流上升过快,而元件导通的结面还未扩展到应有的大小,则可能引起局部过大的电流密度,使门极附近区域过热而烧毁晶闸管。为此规定了通态电流上升率的极限值,应用时晶闸管所允许的最大电流上升率要小于这个数值。

3)门极控制的开通时间 t_{gt}

晶闸管由正向阻断进入导通状态的过程不是立即完成的,需要经历一定的时间,以使管子上所承受的阳极电压逐渐下降,流过的阳极电流不断上升。我们把门极触发脉冲电压 U_g 前沿的 10％到阳极电压 U_a 下降至 10％的一段时间称为门极控制开通时间 t_{gt}。

4)元件换向关断时间 t_q

晶闸管导通时元件处于低阻状态,半导体各层区内存在着大量的载流子。晶闸管的关断,就是要使各层区内载流子消失,使元件对正向阳极电压恢复阻断能力,这个过程需要一定的时间来完成。我们把阳极电流 i_a 降到零时起至元件刚恢复正向阻断能力,刚能承受正向阳极电压时的一段时间称为元件换向关断时间。

(4)晶闸管的型号

普通型晶闸管型号可表示如下

KP[电流等级]-[电压等级/100][通态平均电压组别]

如 KP500-15 型号的晶闸管表示其通态平均电流(额定电流)$I_{T(AV)}$ 为 500A,正反向重复峰值电压(额定电压)U_R 为 1500V,通态平均电压组别以英文字母标出,小容量的元件可不标。

4. 晶闸管的派生器件

(1)快速晶闸管(FST)

快速晶闸管(Fast Switching Thyristor,FST)的外形、基本结构、伏安特性及符号均与普通型晶闸管相同,但开通速度快、关断时间短,使用在频率大于 400Hz 的电力电子电路中。

(2)双向晶闸管(TRIAC)

双向晶闸管(Triode AC Switch,TRIAC)是一个 NPNPN 五层结构的三端器件,有两个主电极 T_1、T_2,一个门极 G。它正、反两个方向均能用同一门极控制触发导通,所以它在结构上可以看作是一对普通晶闸管的反并联,其特性也反映了反并联晶闸管的组合效果,即在第 Ⅰ、第 Ⅲ 象限具有对称的阳极伏安特性。

(3)逆导晶闸管(RCT)

在逆变电路和斩波电路中,经常有晶闸管与大功率二极管反并联使用的情况。根据这种复合使用的要求,人们将两种器件制作在同一芯片上,派生出了另一种晶闸管元件——逆导晶闸管(Reverse Conducting Thyristor,RCT)。所以逆导晶闸管无论从结构上还是特性上都反映了这两种功率半导体器件的复合效果。

(4)门极可关断晶闸管(GTO)

门极可关断晶闸管(GTO)是一种具有自关断能力的闸流特性功率半导体器件,门极加上正向脉冲电流时就能导通,加上负脉冲电流时就能关断。由于不用换流回路,简化了变流装置主回路,提高了线路的可靠性,减少了关断所需能量,也提高了装置的工作频率(可达 100kHz)。GTO 的基本结构和阳极伏安特性与普通晶闸管相同,门极伏安特性则有较大的差异,它反映了门极可关断的特殊性。由于 GTO 可以用触发电路来开通、关断,故属于自关断器件。

二、大功率晶体管(GTR)

大功率晶体管(Giant Transistor，GTR)是一种两种极性载流子(空穴及电子)均起导电作用的半导体器件，其结构与普通半导体三极管相同，称为双极型器件。它与晶闸管不同，具有线性放大特性，但在变流应用中却是工作在开关状态，以减小其功率损耗。它可以通过基极信号方便地进行通、断控制，是典型的自关断器件。GTR 的结构和工作原理与普通晶体管基本相同。

1. 基本特性

(1)静态特性

大功率晶体管运行时常采用共射极接法，其开关电路及伏安特性曲线如图 6-7 所示。晶体管有放大、饱和、载止三个工作区，在电力电子电路中工作的大功率晶体管工作于开关状态，主要在截止区及饱和区切换，切换过程中快速通过放大区。

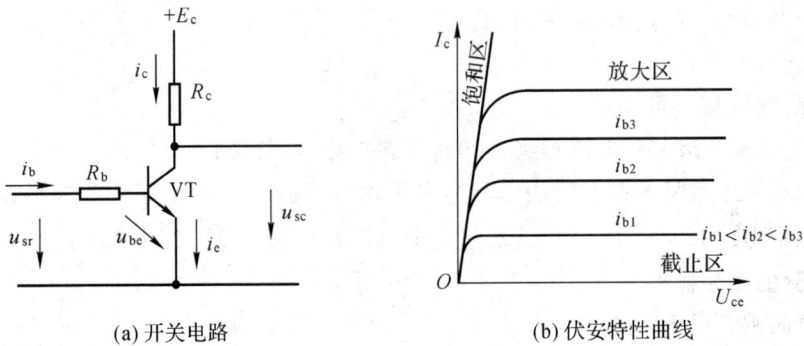

(a) 开关电路   (b) 伏安特性曲线

图 6-7 大功率晶体管

(2)动态特性

当在 GTR 基极施以脉冲驱动信号时，GTR 将工作在开关状态，如图 6-8 所示。在 t_0 时刻

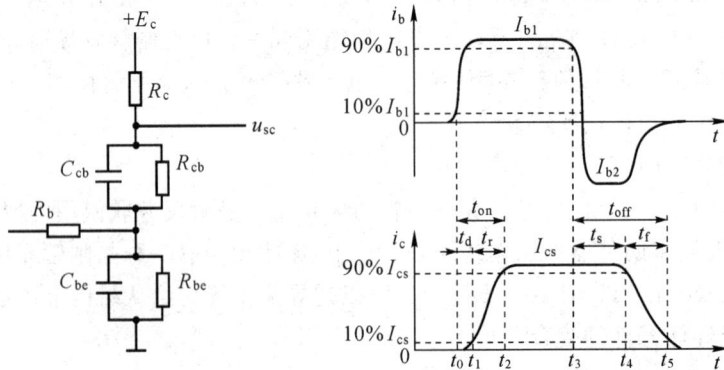

图 6-8 GTR 动态等值电路及开关特性

加入正向基极电流，GTR 经延迟和上升阶段后达到饱和区，故开通时间 t_{on} 为延迟时间 t_d 与上升时间 t_r 之和，其中 t_d 是由基极与发射极间结电容 C_{be} 充电而引起，t_r 是由基区电荷储存需要一定时间而造成的。当反向基极电流信号加到基极时，GTR 经存储和下降阶段才返回载止区，则关断时间 t_{off} 为存储时间 t_s 与下降时间 t_f 之和，其中 t_s 是除去基区超量储存电荷过程引起的，t_f 是基极与发射极间结电容 C_{be} 放电而产生的结果。

在实际应用时,增大驱动电流,可使 t_d 和 t_r 都减小,但电流也不能太大,否则将增大存储时间。在关断 GTR 时,加反向基极电压可加快电容上电荷的释放,从而减少 t_s 与 t_f,但基极电压不能太大,以免使发射结击穿。

为提高 GTR 的开关速度,可选用结电容比较小的快速开关晶体管,也可利用加速电容来改善 GTR 的开关特性。在 GTR 基极电路电阻 R_b 两端并联一电容 C_s,利用换流瞬间其上电压不能突变的特性可改善晶体管的开关特性。

2. 主要参数

(1)电压参数

加在 GTR 上的电压如超过规定值时,会出现电压击穿现象。击穿电压与 GTR 本身特性及外电路的接法有关。各种不同接法时的击穿电压的关系如下:

$$BU_{cbo} > BU_{cex} > BU_{ces} > BU_{cer} > BU_{ceo}$$

其中,BU_{cbo} 为发射极开路,集电极与基极间的反向击穿电压;BU_{cex} 为发射极反向偏置时集电极与发射极间的击穿电压;BU_{ces}、BU_{cer} 分别为发射极与基极间用电阻联接或短路连接时集电极和发射极间的击穿电压;BU_{ceo} 为基极开路时集电极和发射极间的击穿电压。GTR 的最高工作电压 U_{ceM} 应比最小击穿电压 BU_{ceo} 低,从而保证元件工作安全。

(2)电流参数

1)连续(直流)额定(集电极)电流 I_c

连续(直流)额定电流指只要保证结温不超过允许的最大结温,晶体管所允许连续通过的直流电流值。

2)峰值脉冲额定(集电极)电流 I_{cM}

峰值脉冲额定(集电极)电流是取决于最高允许结温下引线、硅片等的破坏电流,超过这一额定值必将导致晶体管内部结构件的烧毁。在实际使用中可以利用热容量效应,根据占空比来增大连续电流,但不能超过峰值额定电流。

3. 二次击穿现象与安全工作区

(1)二次击穿现象

二次击穿是 GTR 突然损坏的主要原因之一,成为影响其安全可靠使用的一个重要因素。二次击穿现象可以用图 6-9 来说明。当集电极电压 U_{ce} 增大到集射极间的击穿电压 U_{ceo} 时,集电

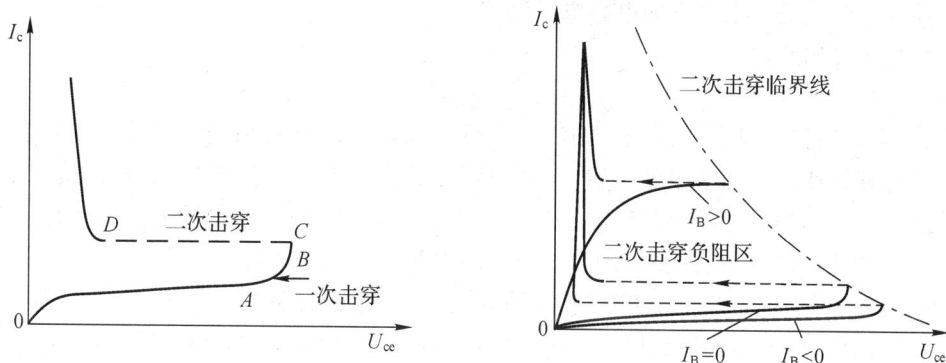

图 6-9　GTR 的二次击穿现象

极电流 i_c 将急剧增大,出现击穿现象,如图 6-9 的 AB 段所示。这是首次出现正常性质的雪崩现象,称为一次击穿,一般不会损坏 GTR 器件。一次击穿后如继续增大外加电压 U_{ce},电流 i_c

将持续增长。当达到图示的 C 点时仍继续让 GTR 工作,由于 U_{ce} 较高,将产生相当大的能量,使集电结局部过热。当过热持续时间超过一定程度时,U_{ce} 会急剧下降至某一低电压值,如果没有限流措施,则将进入低电压、大电流的负阻区 CD 段,电流增长直至元件烧毁。这种向低电压大电流状态的跃变称为二次击穿,C 点为二次击穿的临界点。所以二次击穿是在极短的时间内,能量在半导体处局部集中,形成热斑点,导致热电击穿的过程。

（2）安全工作区

二次击穿在基极正偏（$I_b>0$）、反偏（$I_b>0$）及基极开路的零偏状态下均成立,把不同基极偏置状态下开始发生二次击穿所对应的临界点连接起来,可形成二次击穿临界线。因此,GTR 在工作时不能超过最高工作电压 U_{ceM}、峰值脉冲额定（集电极）电流 I_{cM}、最大耗散功率 P_{cM} 及二次击穿临界线。这些限制条件构成了 GTR 的安全工作区 SOA（Safe Operating Area）,如图 6-10 所示,其中 FBSOA 为正向偏置安全工作区,RBSOA 为反向偏置安全工作区。

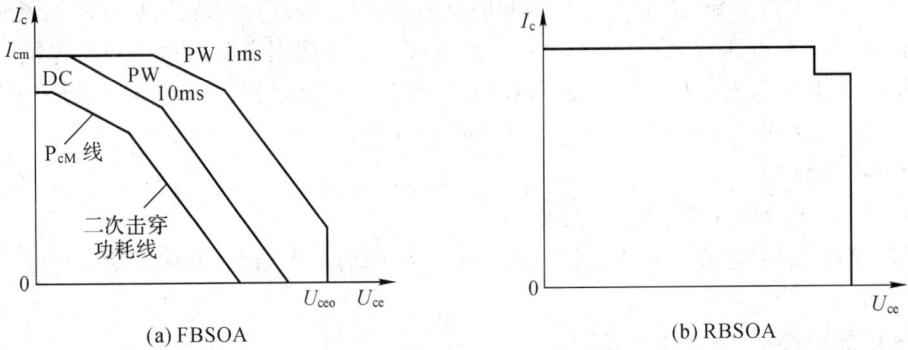

(a) FBSOA　　　　　　　　　　　　　(b) RBSOA

图 6-10　GTR 的安全工作区

三、功率场效应晶体管（P-MOSFET）

功率场效应晶体管（Power Metal Oxide Semiconductor Field Effect Transistor, P-MOSFET）是一种单极型（只有电子或空穴作单一导电机构）电压控制半导体元件,其特点是控制极（栅极）静态内阻极高（$10^9\Omega$）,驱动功率很小,开关速度快,无二次击穿,安全工作区宽等。开关频率可高达 100kHz,特别适合高频化的电力电子装置,但由于 MOSFET 电流容量小,耐压低,一般只适用小功率的电力电子装置。

1. 结构与工作原理

（1）结构

MOSFET 的类型很多,按导电沟道可分为 P 沟道和 N 沟道;根据栅极电压与导电沟道出现的关系可分为耗尽型和增强型。功率场效应晶体管一般为 N 沟道增强型。从结构上看,功率场效应晶体管与小功率的 MOS 管有比较大的差别,小功率 MOS 管的导电沟道平行于芯片表面,是横向导电器件,而 P-MOSFET 常采用垂直导电结构,称 VMOSFET（Vertical MOSFET）,这种结构可提高 MOSFET 器件耐电压、耐电流的能力。图 6-11 给出了具有垂直导电双扩散 MOS 结构的 VD-MOSFET（Vertical Double-diffused MOSFET）单元的结构图及电路符号。一个 MOSFET 器件实际上是由许多小单元并联组成的。

（2）工作原理

如图 6-11 所示,MOSFET 的三个极分别为栅极 G、漏极 D 和源极 S。当漏极接正电源,源极接负电源,栅源极间的电压为零时,P 基区与 N 基区之间的 PN 结反偏,漏源极之间无电流

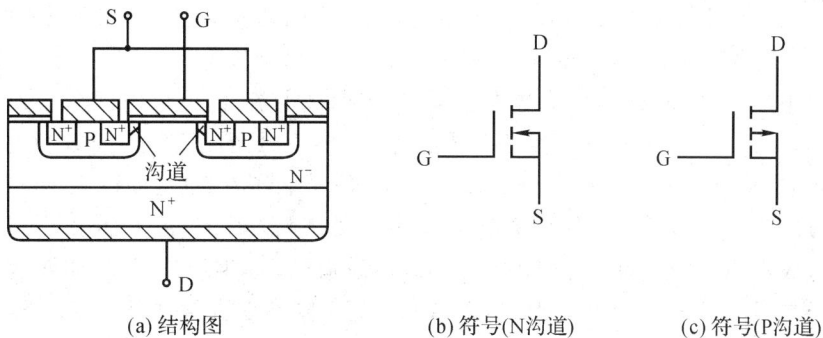

(a) 结构图   (b) 符号(N沟道)   (c) 符号(P沟道)

图 6-11 *MOSFET* 的结构图及电路符号

通过。如在栅源极间加一正电压U_{GS},则栅极上的正电压将其下面的 P 基区中的空穴推开,而将电子吸引到栅极下的 P 基区的表面,当U_{GS}大于开启电压$U_{GS(th)}$时,栅极下 P 基区表面的电子浓度将超过空穴浓度,从而使 P 型半导体反型成 N 型半导体,成为反型层,由反型层构成的 N 沟道使 PN 结消失,漏极和源极间开始导电。

2. 工作特性

(1)漏极伏安特性

漏极伏安特性也称输出特性,如图 6-12 所示,可以分为三个区:可调电阻区 Ⅰ、饱和区 Ⅱ、击穿区 Ⅲ。在 Ⅰ 区内,固定栅极电压U_{GS},漏源电压U_{DS}从零上升的过程中,漏极电流i_D首先线性增长,接近饱和区时,i_D变化减缓,而后开始进入饱和区。达到饱和区 Ⅱ 后,虽U_{DS}增大,但i_D维持恒定。从这个区域中的曲线可以看出,在同样的漏源电压U_{DS}下,U_{GS}越高,因而漏极电流i_D也大。当U_{DS}过大时,元件会出现击穿现象,进入击穿区 Ⅲ。

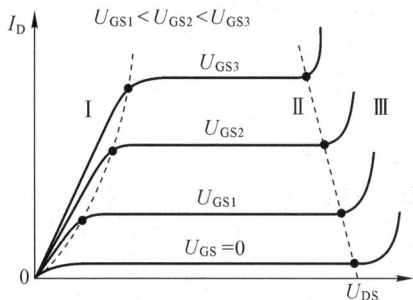

图 6-12 漏极伏安特性

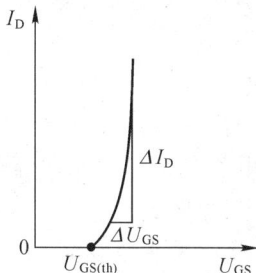

图 6-13 转移特性

(2)转移特性

漏极电流I_D与栅源极电压U_{GS}反映了输入电压和输出电流的关系,称为转移特性,如图 6-13 所示。当I_D较大时,该特性基本上为线性。曲线的斜率$g_m = \Delta I_D / \Delta U_{GS}$,称为跨导,表示 P-MOSFET 栅源电压对漏极电流的控制能力,与 GTR 的电流增益β含义相似。

(3)开关特性

P-MOSFET 是多数载流子器件,不存在少数载流子特有的存储效应,因此开关时间很短,典型值为 20ns,而影响开关速度的主要是器件极间电容。图 6-14 为元件极间电容的等效电路,从中可以求得器件输入电容为$C_{in} = C_{GS} + C_{GD}$。正是C_{in}在开关过程中需要进行充、放电,影响了开关速度。同时也可看出,静态时虽栅极电流很小,驱动功率小,但动态时由于电容充放电电流有一定强度,故动态驱动仍需一定的栅极功率。开关频率越高,栅极驱动功率也越大。

P-MOSFET 的开关过程如图 6-15 所示,其中 u_P 为驱动电源信号,u_{GS} 为栅极电压,i_D 为漏极电流。当 u_P 信号到来时,输入电容 C_{in} 有一充电过程,使栅极电压 u_{GS} 只能按指数规律上升。当 u_{GS} 达开启电压 $u_{GS(th)}$ 时开始形成导电沟道,出现漏极电流 i_D,这段时间 $t_{d(on)}$ 为开通延迟时间。此后 i_D 随 u_{GS} 上升,直至接近饱和区,漏极电流从零上升至此所需时间 t_r 为上升时间。这样,P-MOSFET 的开通时间为 $t_{on}=t_{d(on)}+t_r$。当 u_P 信号下降为零后,栅极输入电容 C_{in} 上储存的电荷将通过信号源进行放电,使栅极电压 u_{GS} 按指数下降,到 u_P 结束后的 $t_{d(off)}$ 时刻,i_D 电流才开始减小,故 $t_{d(off)}$ 称为关断延迟时间。以后 C_{in} 继续放电,u_{GS} 继续下降,i_D 亦继续下降。到 u_{GS} $<u_{GS(th)}$ 时,导电沟道消失,$i_D=0$。漏极电流从稳定值下降到零所需时间 t_f 称为下降时间,这样 P-MOSFET 的关断时间应为 $t_{off}=t_{d(off)}+t_f$。从以上分析看出,要提高器件开关速度,须减小 $t_{d(on)}$、t_r、$t_{d(off)}$、t_f 时间,在元件极间电容已存在的条件下,需要减小栅极驱动电源内阻,以提高 C_{in} 的充、放电速度,同时驱动电路还要能向栅极输入电容 C_{in} 提供足够的充、放电功率。

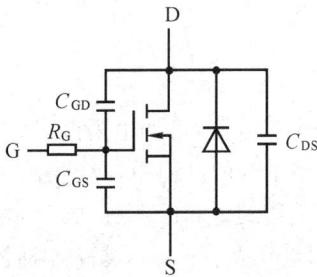

图 6-14　输入电容等效电路

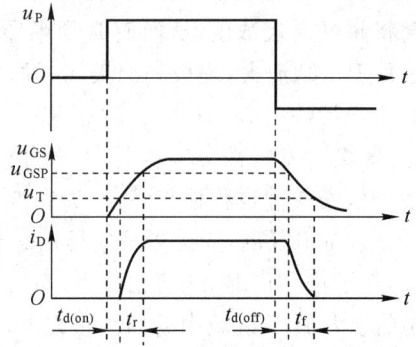

图 6-15　开关特性

3. 主要参数与安全工作区

(1)主要参数

1)漏极电压 U_{DS} 为 P-MOSFET 的电压定额。

2)电流定额,I_D 为漏极直流电流,I_{DM} 为漏极脉冲电流幅值。

3)栅源电压 U_{GS},栅源间加的电压不能大于此电压,否则将击穿元件。

(2)安全工作区

P-MOSFET 是多数载流子工作的器件,元件的通态电阻具有正的温度系数,即温度升高通态电阻增大,使漏极电流能随温度升高而下降,因而不存在电流集中和二次击穿的限制,有较宽的安全工作区 P-MOSFET 的正向偏置安全工作区由四条边界包围而成,如图 6-16 所示。其中 Ⅰ 为漏源通态电阻限制线;Ⅱ 为最大漏极电流 I_{DM} 限制线;Ⅲ 为最大功耗限制线;Ⅳ 为最大漏源电压限制线。

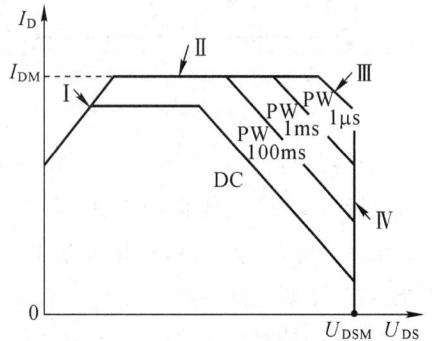

图 6-16　P-MOSFET 正向偏置安全工作区

四、绝缘栅双极型晶体管(IGBT)

由于 GTR 是电流控制型器件,对基极驱动功率要求高,常常会因驱动功率、关断时间、开关损耗等问题引起器件损坏,更还有二次击穿的特殊问题。此外受存储时间影响,开关速度不高。P-MOSFET 为电压控制型器件,驱动功率小,开关速度快,但由于存在通态压降大、电流容量低等,难于制成高电压、大电流器件。20 世纪 80 年代出现了将它们的导通机制相结合的第三代功率半导体器件——绝缘栅双极型晶体管(Insulated Gate Bipolar Transistor,IGBT)。这是一种双(导通)机制的复合器件,它的输入控制部分为 MOSFET,输出级为 GTR,具有 MOSFET 及 GTR 分别具有的优点:高输入阻抗,可采用逻辑电平来直接驱动,实现电压控制;开关速度高;饱和压降低,电阻及损耗小,电流、电压容量大,抗浪涌电流能力强;没有二次击穿现象,安全工作区宽等。

1. 结构与工作原理

(1)结构

IGBT 的基本结构如图 6-17(a)所示,与 P-MOSFET 结构十分相似,仔细观察可发现其内部实际上包含了两个双极型晶体管 P^+NP 及 N^+PN,它们又组合成了一个等效的晶闸管。这个"寄生晶闸管"将在 IGBT 器件使用中引起一种"擎住效应",会影响 IGBT 的安全使用。

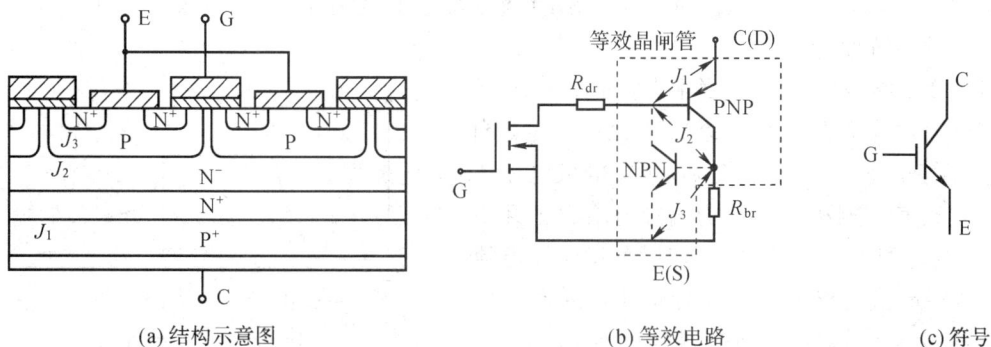

(a)结构示意图　　　　　(b)等效电路　　　　　(c)符号

图 6-17　IGBT 示意图

(2)工作原理

IGBT 的等效电路如图 6-17(b)所示,是以 PNP 型厚基区 GTR 为主导元件、N 沟道 MOSFET 为驱动元件的达林顿电路结构器件,R_{dr} 为 GTR 基区内的调制电阻。图 6-17(c)是 IGBT 的电路符号。

IGBT 的开通与关断由栅极电压控制。栅极上加正向电压时 MOSFET 内部形成沟道,并为 PNP 型晶体管提供基极电流,此时从 P^+ 注入至 N 区的少数载流子空穴对 N 区进行电导调制,减少该区电阻 R_{dr},使 IGBT 态转入低阻通态。在栅极加上反向电压后,MOSFET 的沟道消除,PNP 型晶体管的基极电流被切断,IGBT 关断。

2. 工作特性

(1)静态特性

IGBT 的静态特性主要有输出特性及转移特性,如图 6-18 所示。输出特性表达了集电极电流 I_c 与集电极-发射极间电压 U_{ce} 之间的关系,分饱和区、放大区及击穿区,饱和导通时管压降比 P-MOSFET 低得多,一般为 2~5 伏。IGBT 输出特性的特点是集电极电流 I_c 由栅极电压 U_G 控制,U_G 越大 I_c 越大。在反向集射极电压作用下器件呈反向阻断特性,一般只流过微小的反向漏电流。

IGBT 的转移特性表示了栅极电压 U_G 对集电极电流 I_c 的控制关系。在大部分范围内,I_c 与 U_G 呈线性关系;只有当 U_G 接近开启电压 $U_{G(th)}$ 时才呈非线性关系,I_c 变得很小;当 $U_G < U_{G(th)}$ 时,$I_c = 0$,IGBT 处于关断状态,由于 U_G 对 I_c 有控制作用,所以最大栅极电压应受最大集电极电流 I_{cM} 的限制,其最佳值为 $U_G = 15V$。

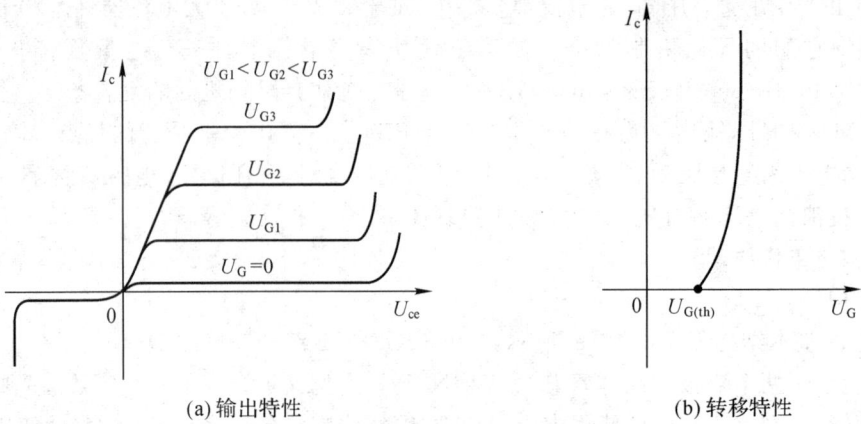

(a) 输出特性　　　　　　　　　　　(b) 转移特性

图 6-18　IGBT 的输出特性和转移特性

（2）动态特性

IGBT 的动态特性即开关特性，如图 6-19 所示，其开通过程主要由其 MOSFET 结构决定。当栅极电压 U_G 达开启电压 $U_{G(th)}$ 后，集电极电流 I_c 迅速增长，其中栅极电压从负偏置值增大至开启电压所需时间 $t_{d(on)}$ 为开通延迟时间；集电极电流由 10% 额定值增长至 90% 额定值所需时间为电流上升时间 t_{ri}，故总的开通时间为 $t_{on} = t_{d(on)} + t_{ri}$。

IGBT 的关断过程较为复杂，其中 U_G 由正常 15V 降至开启电压 $U_{G(th)}$ 所需时间为关断延迟时间 $t_{d(off)}$，自此 I_c 开始衰减。集电极电流由 90% 额定值下降至 10% 额定值所需时间为下降时间 $t_{fi} = t_{fi1} + t_{fi2}$，其中 t_{fi1} 对应器件中 MOSFET 部分的关断过程，t_{fi2} 对应器件中 PNP 晶体管中存储电荷的

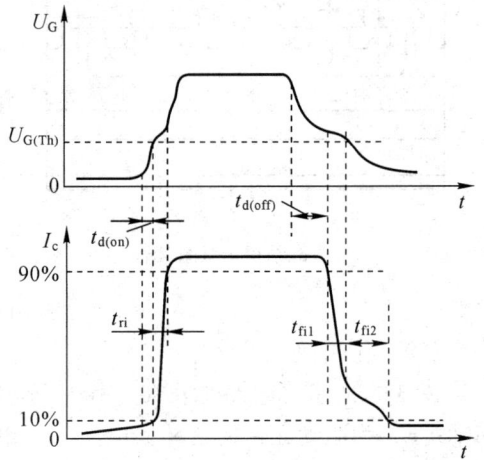

图 6-19　IGBT 的开关特性

消失过程。由于经 t_{fi1} 时间后 MOSFET 结构已关断，IGBT 又未承受反压，器件内存储电荷难以被迅速消除，所以集电极电流需较长时间下降，形成电流拖尾现象。由于此时集射极电压 U_{ce} 已建立，电流的过长拖尾将形成较大功耗使结温升高。总的关断时间则为 $t_{off} = t_{d(off)} + t_{fi}$。

IGBT 的开通时间 t_{on}、上升时间 t_{ri}、关断时间 t_{off} 及下降时间 t_{fi} 均随集电极电流和栅极电阻 R_G 的增加而变大，其中 R_G 的影响最大，故可用 R_G 来控制集电极电流变化速率。

3. 擎住效应和安全工作区

（1）擎住效应

如前所述，在 IGBT 管内存在一个由两个晶体管构成的寄生晶闸管，同时 P 基区内存在一个体区电阻 R_{br}，等效地跨接在 N^+PN 晶体管的基极与发射极之间，P 基区的横向空穴电流会在其上产生压降，在 J_3 结上形成一个正向偏置电压。若 IGBT 的集电极电流 I_c 大到一定程度，这个 R_{br} 上的电压足以使 N^+PN 晶体管开通，经过连锁反应，可使寄生晶闸管导通，从而 IGBT 栅极对器件失去控制，这就是所谓的擎住效应。它将使 IGBT 集电极电流增大，产生过高功耗导致器件损坏。

擎住现象有静态与动态之分。静态擎住现象指通态集电极电流大于某临界值 I_{cM} 后产生的擎

住现象,对此规定有 IGBT 最大集电极电流 I_{cM} 的限制。动态擎住现象是指关断过程中产生的擎住现象。IGBT 关断时,MOSFET 结构部分关断速度很快,J_2 结的反压迅速建立,反压建立速度与 IGBT 所受重加 dU_{ce}/dt 大小有关。dU_{ce}/dt 越大,J_2 结反压建立越快,关断越迅速,但在 J_2 结上引起的位移电流 $C_{J2}dU_{ce}/dt$ 也越大。此位移电流流过体区电阻 R_{br} 时可产生足以使 N$^+$PN 管导通的正向偏置电压,使寄生晶闸管开通,即发生动态擎住现象。由于动态擎住时所允许的集电极电流比静态擎住时小,故器件的 I_{cM} 应按动态擎住所允许的数值来决定。为了避免发生擎住现象,使用中应保证集电极电流不超过 I_{cM},或者增大栅极电阻 R_G 以减缓 IGBT 的关断速度,减小重加 dU_{ce}/dt 值。总之,使用中必须努力避免发生擎住效应,以确保器件的安全。

(2)安全工作区

IGBT 开通与关断时,均具有较宽的安全工作区。IGBT 开通时对应正向偏置安全工作区(FBSOA),如图 6-20(a)所示。它是由避免动态擎住而确定的最大集电极电流 I_{cM}、器件内 P$^+$NP 晶体管击穿电压确定的最大允许集射电极电压 U_{ce0} 以及最大允许功耗线所框成。值得指出的是,由于饱和导通后集电极电流 I_c 与集射极间电压 U_{ce} 无关,其大小由栅极电压 U_G 决定(图6-16(a)),故可通过控制 U_G 来控制 I_c,进而避免擎住效应发生,因此还可确定出与最大集电极电流 I_{cM} 相应的最大栅极电压 U_{GM} 这个参数。

IGBT 关断时所对应的为反向偏置安全工作区(RBSOA),如图 6-20(b)所示。它是随着关断时的重加电压上升率 dU_{ce}/dt 变化,dU_{ce}/dt 越大,越易产生动态擎住效应,安全工作区越小。一般可以通过选择适当栅极电压 U_G 和栅极驱动电阻 R_G 来控制 dU_{ce}/dt,避免擎住效应,扩大安全工作区。

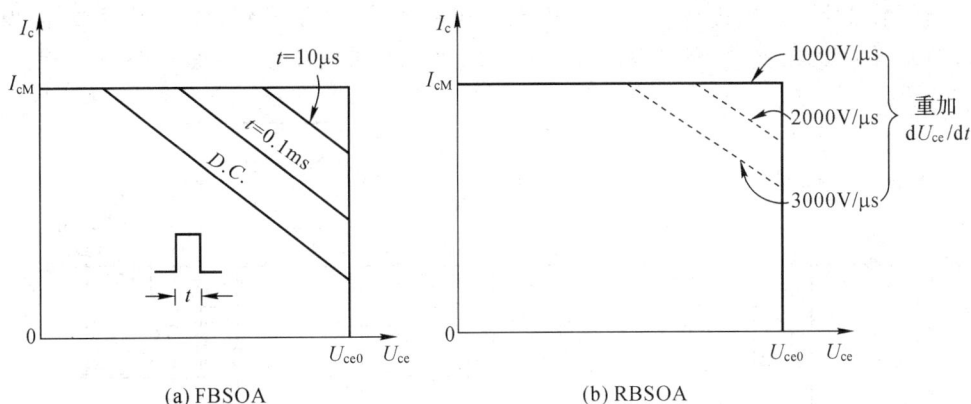

图 6-20　IGBT 的安全工作区

第二节　电力电子器件的驱动电路

一、晶闸管触发电路

1. 晶闸管触发电路的基本要求

1)触发信号可以是交流、直流或脉冲形式。由于晶闸管触发导通后,门极即失去控制作用,为减少门极损耗,一般触发信号常采用脉冲形式。

2)触发脉冲信号应有一定的功率和宽度。触发电路的任务是提供控制晶闸管的门极触发信号。由于晶闸管门极参数的分散性以及其触发电压、电流随温度变化的特性，为使各合格元件在各种条件下均能可靠触发，触发电流、电压必须大于门极触发电流 I_{GT} 和触发电压 U_{GT}，即脉冲信号触发功率必须保证在各种工作条件下都能使晶闸管可靠导通。触发脉冲信号应有一定的宽度，脉冲前沿要陡，保证触发的晶闸管可靠导通。如果触发脉冲过窄，在脉冲终止时主电路电流还未上升到晶闸管的擎住电流，则晶闸管会重新关断。

3)为使并联晶闸管元件能同时导通，触发电路应能产生强触发脉冲。在大电流晶闸管并联电路中，要求并联元件能同时导通，各元件的 di/dt 都应在允许范围之内。由于元件特性的分散性，先导通元件的 di/dt 就会超过允许值而损坏，故应采取强触发脉冲。

4)触发脉冲的同步及移相范围。为使晶闸管在每个周期都在相同的控制角 α 下触发导通，触发脉冲必须与电源同步，也就是说触发信号应与电源保持固定的相位关系。同时，为了使电路在给定的范围内工作，应保证触发脉冲能在相应范围内进行移相。

5)隔离输出方式及抗干扰能力。触发电路通常采用单独的低压电源供电，因此应采用某种方法将其与主电路电源隔离，常用的是直接把脉冲变压器连接在触发电路与主电路之间。此类脉冲变压器需作专门设计。触发电路正确可靠的运行是对晶闸管设备的安全运行极为重要的环节。引起触发电路误动作的主要原因之一是从主电路或安装在触发电路附近的继电器和接触器引起的干扰。主电路的干扰常通过触发电路的输出级而进入触发电路，常用的抗干扰措施为：脉冲变压器采用静电屏蔽，串联二极管、并联电容等。

2. 锯齿波同步触发电路

晶闸管装置常采用锯齿波同步触发电路。该电路由同步检测和锯齿波形成环节、同步移相控制环节及脉冲形成与放大环节等组成。图 6-21 为锯齿波同步移相触发电路图。

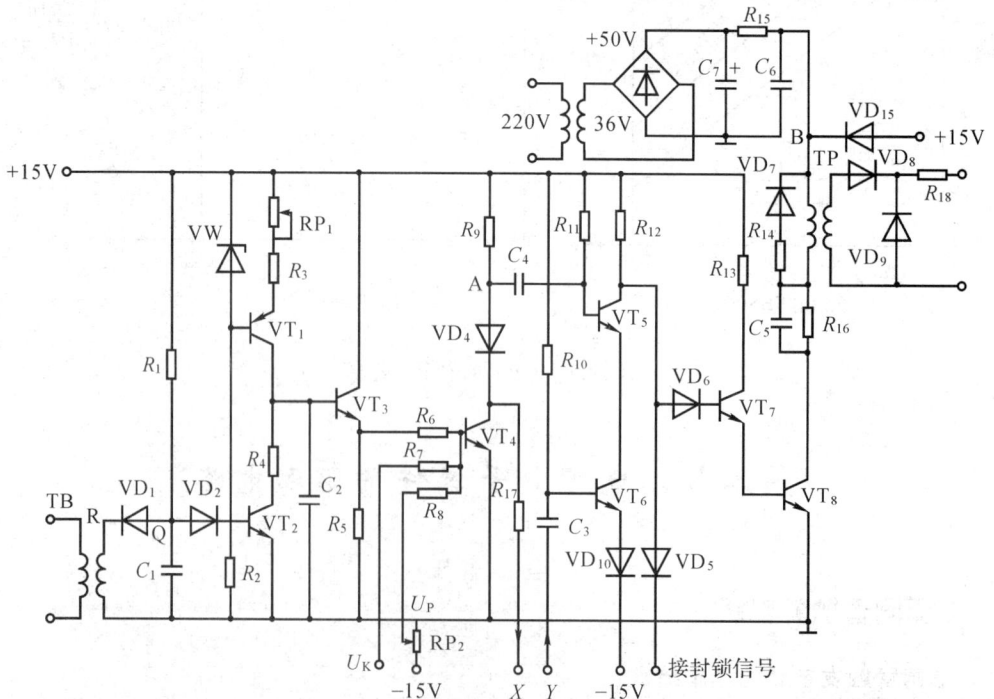

图 6-21　锯齿波同步移相触发电路

（1）同步检测和锯齿波形成环节

锯齿波形成环节由 VW、RP_1、R_3、VT_1 组成的恒流源电路及 VT_2、VT_3、C_2 等元件组成，其中 VT_2 是交流电源的同步开关，起到同步检测作用。

当 VT_2 截止时，恒流源电流 I_{c1} 对 C_2 进行充电，C_2 两端的电压随时间作线性增长，而 $u_{b3}=u_c$，故 u_{b3} 形成了锯齿波的上升部分。调节电位器 RP_1 的大小可改变充电电流 I_{c1}，从而也就调节了锯齿波的斜率。VT_3 的接法为一射极跟随器，其射极输出电压 u_{e3} 与 u_{b3} 仅差一 PN 结的正向压降，即 u_{e3} 波形也为一锯齿波。当 VT_2 饱和导通时，R_4 阻值较小，C_2 通过 R_4、VT_2 迅速放电，形成锯齿波电压的下降部分。只要 VT_2 能周期性地关断和导通，就能使 u_{e3} 成为周期性的电压波形。

同步检测环节由变压器 TB、VD_1、VD_2、R_1、C_1、VT_2 等元件组成，其作用为利用同步电压来控制锯齿波产生的时刻和宽度。当正弦同步电压 u_{TB} 由正变负时（相当于电角度180°处），开关管 VT_2 截止。此时开始形成锯齿波。锯齿波的宽度等于 VT_2 的截止时间，其频率由 VT_2 的开关频率也就是电源频率所决定。u_{TB} 在负半周的下降段时，VD_1 导通，电容 C_1 被迅速充电，极性为上（－）下（＋）。由于 0 点接地，R 点为负电位，而 Q 点与 R 点仅差一管压降，也为负电位，故 VT_2 反偏，处于截止状态。在 u_{TB} 负半周的上升段，＋15V，电源通过 R_1 给 C_1 反向充电，极性为上（－）下（＋）。Q 点电压（C_1 上的反向充电波形）的上升速度比 R 点的同步电压波形慢，故 VD_1 截止。当 Q 点电位上升到 1.4V（两个 PN 结压降）时，VT_2 导通并将 Q 点电位钳制在 1.4V。到下一个 u_{TB} 负半周开始时，VD_1 再次导通，VT_2 截止……各点的电压波形如图 6-22 所示。锯齿波的宽度由 VT_2 的截止时间决定，也就是说由充电时间常数 R_1C_1 决定。考虑到锯齿波两端的非线性，一般将 R_1C_1 调整到使宽度为 240°。

（2）移相控制环节

图 6-21 中 VT_4 等元器件构成移相控制电路，输入控制电压 u_K、初相位调整电压 u_P（为负值）和锯齿波形成环节产生的锯齿波 u_T 分别通过 R_7、R_8、R_9 共同接到 VT_4 管的基极上，由三个电压相互比较控制 VT_4 的截止与导通。

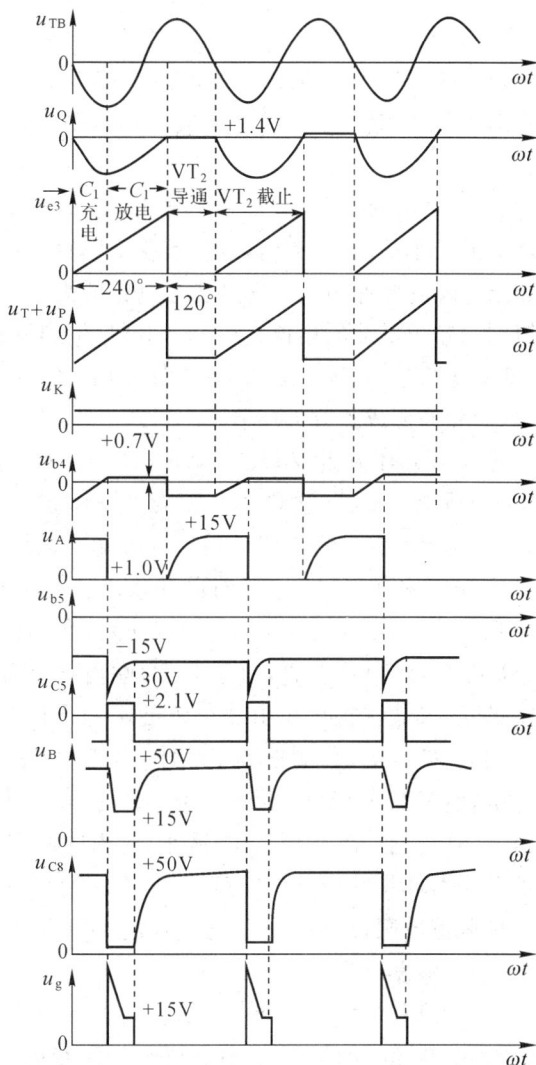

图 6-22　锯齿波移相触发电路电压波形

根据叠加原理，在分析 VT_4 基极电位 u_{b4} 时，可看成 u_T、u_K、u_P 三者单独作用的叠加，它们在 VT_4 基极电位上的对应电压 $u_T{}'$、$u_K{}'$、$u_P{}'$ 分别表示如下

$$u_T{}' = u_T \frac{R_7 \text{ 并 } R_8}{R_6 + R_7 \text{ 并 } R_8} \tag{6-6}$$

$$u_K{}' = u_K \frac{R_6 \text{ 并 } R_8}{R_7 + R_6 \text{ 并 } R_8} \tag{6-7}$$

$$u_P{}' = u_P \frac{R_6 \text{ 并 } R_7}{R_8 + R_6 \text{ 并 } R_7} \tag{6-8}$$

可见 $u_T{}'$ 仍为锯齿波，只是斜率比 u_T 低。同样，$u_K{}'$ 和 $u_P{}'$ 分别为与 u_K 和 u_P 平行的一直线，只是数值较 u_K 和 u_P 为小。这样可得 VT_4 的基极电流：

$$I_{b4} = \frac{u_T{}'}{R_{be4}} + \frac{u_K{}'}{R_{be4}} + \frac{u_P{}'}{R_{be4}} = \frac{u_{b4}}{R_{be4}} \tag{6-9}$$

式中，R_{be4} 为 VT_4 管发射结正向电阻；u_{be4} 为 $u_T{}'$、$u_K{}'$ 和 $u_P{}'$ 叠加的合成电压。当 u_{b4} 由负变正过零点时 VT_4 由截止变为饱和导通，而 u_{b4} 波形则被钳制在 $0.7V$。u_K 和 u_P 的作用分别叙述如下：

先分析 u_P 的作用，当 $u_K = 0$ 时，改变 u_P 数值的大小，则 VT_4 开始导通的时刻就会根据 u_P 的增大或减小而前、后移动，也就是移动了输出脉冲的相位。因此适当调整 u_P 数值的大小，可使 $u_K = 0$ 时的脉冲初相位满足各主电路的需要。u_P 电压确定后固定不变。改变 u_K 的大小同样可以移动输出脉冲的相位。当 $u_K = 0$ 时，输出脉冲相位为 α_0，u_K 增大时，输出脉冲相位逐渐前移，即 α 逐渐减小，从而达到了移相控制的目的。

（3）脉冲形成和放大环节

脉冲形成环节由 VT_4、VT_5、R_6、R_7、R_8、C_3 等元件组成，脉冲放大环节由 VT_7、VT_8 等组成。当合成电压 u_{b4} 小于零时，VT_4 截止。$+15V$ 电源通过 R_{11} 为 VT_5 管提供了足够大的基极电流，VT_5 饱和导通（假定 VT_6 也饱和导通，详见双脉冲形成环节），VT_5 的集电极电压 u_{C5} 接近 $-15V$，VT_7 和 VT_8 截止，没有脉冲输出。与此同时，C_3 通过 R_9、VT_5 充电，充满电后的 C_3 两端电压约为 $30V$，极性为左（+）右（−）。当 u_{b4} 电压为 $0.7V$ 时，VT_4 饱和导通。A 点电位由 $+15V$ 突降至 $+1V$ 左右，由于 C_3 两端电压不能突变，VT_5 基极电位突降至 $-30V$ 左右，使 VT_5 截止，其集电极电压由 $-15V$ 迅速上升到 VD_6、VT_7、VT_8 三个 PN 结压降之和的 $2.1V$，从而 VT_7、VT_8 导通，输出触发脉冲。VT_4 导通的同时，C_3 经 $+15V$ 电源、R_{11}、VD_4 及 VT_4 反向充电，使 VT_5 基极电位由 $-30V$ 开始逐渐升至 $-15V$，则 VT_5 重新导通。VT_5 集电极电位突降至 $-15V$ 左右，使 VT_7、VT_8 截止，输出脉冲终止。VT_4 导通瞬间是脉冲发出的时刻，而 VT_5 持续截止时间即为脉冲的宽度，宽与 C_3 的反向充电时间常数 $R_{11}C_3$ 有关。R_{13} 和 R_{16} 是 VT_7、VT_8 的限流电阻，以防止 VT_5 长期截止时 VT_7 和 VT_8 管被烧坏。

（4）强触发环节

强触发环节由 $+50V$ 电源、C_6、R_{15}、VD_{15} 等元件组成。强触发环节可缩短晶闸管的开通时间、改善串联元件的均压、并联元件的均流和提高元件承受 di/dt 的能力。大、中容量的晶闸管装置的触发电路都带有强触发环节。

VT_8 导通输出脉冲前，强触发 $+50V$ 电源已通过 R_{15} 向 C_6 充电，B 点的电位升至 $+50V$。当 VT_8 导通时，C_6 经脉冲变压器和 R_{16}、C_5 迅速放电。由于放电回路电阻较小，电容 C_6 两端电压衰减得很快，B 点电位迅速下降。当 u_B 稍低于 $+15V$ 时 VD_{15} 导通，此时由于 $+50V$ 电源向 VT_8 提供较大的负载电流，在 R_{15} 上压降很大，不能使 C_6 两端电压超过 $+15V$，故 B 点电位被

钳制在+15V。VT$_5$截止后,C$_6$两端电压又被充至+50V,为下次强触发作准备。电容C$_5$能提高强触发脉冲前沿陡度。

（5）双窄脉冲形成环节

对三相桥式全控整流电路,要求提供宽度大于60°小于120°的宽脉冲,或间隔60°的双窄脉冲。前者要求触发电路输出功率大,所以很少采用,一般都采用双窄脉冲。双窄脉冲的实现是1号触发器提供元件1的第一个脉冲。落后60°的2号触发器脉冲除供给元件2外,再对元件1提供第二个滞后第一个脉冲60°的补脉冲。图6-21中VT$_5$、VT$_6$两管构成"或"门电路,无论哪个管子截止都会使VT$_7$、VT$_8$导通,输出触发脉冲。1号触发器内由VT$_4$送来的负脉冲信号使VT$_5$截止,VT$_7$、VT$_8$导通,对元件1输出第一个触发窄脉冲。经过60°后,2号触发器同样对元件2送出第一个窄脉冲,与此同时,由该触发器VT$_4$集电极经R$_{17}$的X端,送至1号触发器的Y端。这样,2号触发器C$_4$产生的负脉冲将使1号触发器VT$_6$截止,VT$_7$、VT$_8$导通一次,从而对元件1补上了一个落后60°的第二个窄脉冲。与此类似,3号触发器给元件2送去补脉冲,4号触发器给元件3送去补脉冲……这样循环下去,六个元件都得到了相隔60°的补脉冲,其连接图见图6-23。

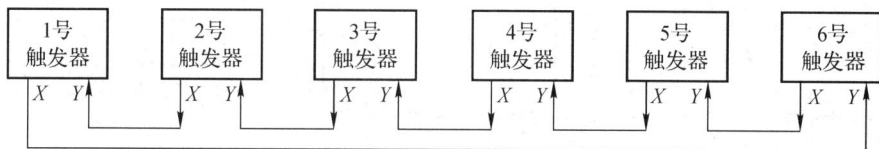

图 6-23　全控桥式整流电路各触发器补脉冲接线图

3. 晶闸管集成触发器

集成触发器具有体积小、功耗低、性能可靠、使用方便等优点。下面简单介绍国内常用的KC（或KJ）系列单片移相触发电路。KC04集成触发器电路的电原理如图6-24所示,其中虚线框内为集成电路部分,框外为外接电容、电阻等元件,该电路由同步检测、锯齿波形成、移相、脉冲形成、脉冲分选及功放等环节组成。

KC04集成触发器电路的基本结构、工作原理与分立元件构成的锯齿波同步移相触发电路相似。KC04的移相范围约为150°,每个触发单元可输出2个相位差为180°的触发脉冲。触发器是正极性型,控制电压u_K增大时使晶闸管的导通角增大。端13、14是提供脉冲列调制和封锁脉冲的控制端。此电路具有输出负载能力大,移相性能好,正、负半周脉冲相位均衡性好,对同步电压值无特殊要求等特点。

在KC系列触发器中还有六路双脉冲形成器KC41、脉冲列调制形成器KC42等组件,KC41是三相全控桥式触发电路中必备的组件,而使用KC42可产生脉冲列触发信号,达到提高脉冲前沿陡度,减小脉冲变压器体积的目的。有关KC系列触发器详细内容可参阅有关产品使用说明书。

前面介绍的分立元件及集成电路触发电路都属于模拟电路。它们的结构比较简单,也较为可靠。但存在着共同的缺点,即采用控制电压和同步电压叠加的移相方法。由于元件参数的分散性,同步电压波形畸变等原因,会使各个触发器的移相特性不一致。当同步电压不对称度为±1°时,输出脉冲的不对称度可达3°～5°。这会使主电路初级电流因不平衡出现谐波电流、电网三相电压中性点偏移等不良后果。为克服以上缺点,提高触发脉冲的对称度,对较大型的晶闸管变流装置采用了数字式触发电路。数字式触发电路能提高触发脉冲的对称度。可采用单

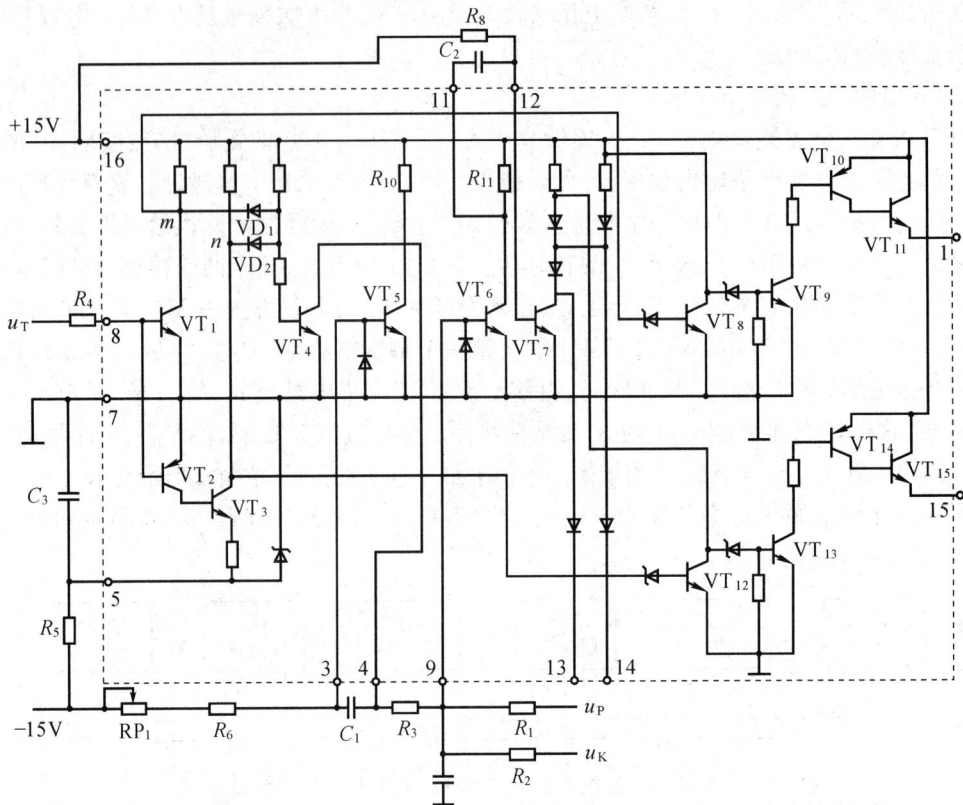

图 6-24 KC04 集成触发器电原理图

片机等来构成直接数字控制系统,使脉冲对称度更高,如 8 位单片机构成的数字触发器的精度可达 $0.7° \sim 1.5°$。

二、自关断器件驱动电路

1. 电流驱动型器件的驱动电路

GTR 与 GTO 均属电流驱动型自关断器件。下面介绍 GTR 的驱动电路。

(1)理想的基极驱动电流波形

如图 6-25 所示的是理想的 GTR 基极驱动电流波形。要求正向基极驱动电流的前沿要陡,即上升率 di_b/dt 要高,目的是缩短开通时间,初始基极电流幅值 $I_{bm} > I_{b1}$,以便使 GTR 能迅速饱和,减少开通时间,使上升时间 t_r 下降,降低开关损耗。当 GTR 导通后,基极电流应及时减少到 I_{b1},恰好使 GTR 维持于准饱和状态,使基区和集电区间的存储电荷较少,从而使 GTR 在关断时,储存时间 t_s 缩短,开关安全区扩大。在关断时,GTR 应加足够大的负基极电流 I_{b2},使基区存储电荷尽快释放,从而使存储时间 t_s 和下降时间 t_f 缩短,减少关断损耗。在上述理想的基极

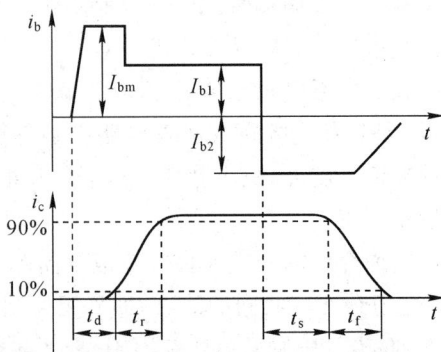

图 6-25 理想的 GTR 基极驱动电流波形

电流作用下,可使 GTR 快速可靠开通、关断,开关损耗下降,防止二次击穿并可扩大安全工作

区。在 GTR 正向阻断期间,可在基极和发射极间加一定的负偏压,以提高 GTR 的阻断能力。

(2)GTR 驱动电路

当 GTR 导通后,基极驱动电路应能提供足够大的基极电流,使 GTR 处于饱和或准饱和状态,以便降低通态损耗保证 GTR 的安全。而基极电流过大会使 GTR 的饱和度加深,饱和压减小,导通损耗也小。但深度饱和对 GTR 的关断特性不利,使存储时间加长,限制了 GTR 的开关频率。因此,在开关频率较高的场合,不希望 GTR 处于深度饱和状态,而要求 GTR 处于准饱和状态。

抗饱和电路即为一种不使 GTR 进入深度饱和状态下工作的电路,图 6-26 所示的贝克钳位电路即为一种抗饱和电路。利用此电路再配以固定的反向基极电流或固定的基极发射极反向偏压,即可获得较为满意的驱动效果。当 GTR 导通时,只要钳位二极管 VD_1 处于正偏状态,就有下述关系

$$U_{be}+U_{D2}+U_{D3}=U_{ce}+U_{D1}$$

从而有

$$U_{ce}=U_{be}+U_{D2}+U_{D3}-U_{D1} \tag{6-10}$$

如二极管导通压降 $U_D=0.7V$,则 $U_{ce}=1.4V$,使 GTR 处于准饱和状态。钳位二极管 VD_1 相当于溢流阀的作用,使过量的基极驱动电流不流入基极。改变 VD_2 支路中串联的电位补偿二极管的数目可以改变电路的性能。如集电极电流很大时,由于集电极内部电阻两端压降增大,会使 GTR 处于深度饱和状态下工作,在此情况下,可适当增加 VD_2 支路的二极管数目。为满足 GTR 关断时需要的反向截止偏置,图中反并联了二极管 VD_4,使反向偏置有通路。电路中 VD_1 应选择快速恢复二极管,因 VD_1 恢复期间,电流能从集电极流向基极而使 GTR 误导通。VD_2、VD_3 应选择快速二极管,它们的导通速度会影响 GTR 基极电流上升率。

图 6-27 所示的电路是一种具有反偏压的 GTR 基极驱动电路,在 GTR 关断时,基射极间的反偏压可加速 GTR 的关断。图中的钳位二极管 VD_2 和电位补偿二极管 VD_3 的作用是使 GTR 在导通后始终处于临界饱和状态而不会进入深饱和区。VT_5、R_5、C_2、VD_4 及 VW 的作用是使 GTR 在截止时基极和发射极间受到反偏压作用,从而加速 GTR 关断,缩短了关断时间。

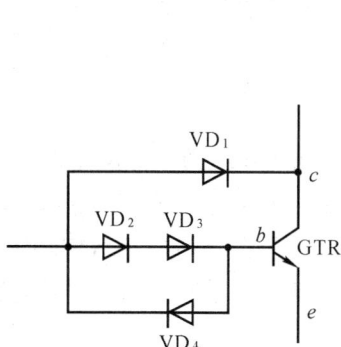

図 6-26　贝克钳位电路　　　　　　　図 6-27　一种 GTR 驱动电路

此驱动电路的工作原理如下:

当输入控制信号端 A 为高电平时,光耦器件原方二极管导通,副方光电三极管导通,则 B 点为低电位,VT_2 截止,VT_3 和 VT_4 导通,VT_5 由于基极和发射极反偏而截止,GTR 导通。此时,电容 C_2 上充有左(+)右(-)的电压,其数值由 U、R_4、R_5 决定。当控制信号输入端 A 为低电平时,光耦原方二极管电流为零,副方光电三极管截止,VT_2 导通,VT_3 和 VT_4 均截止,VT_5

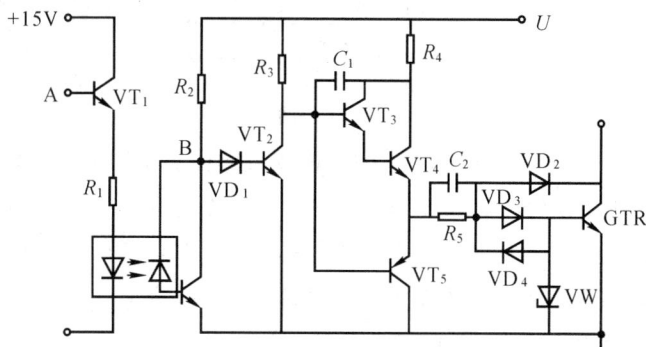

导通,电容 C_2 由以下路径放电:①C_2 经 VT_5 的 c、e,GTR 的 e、b 及 VD_4 至 C_2。这条回路的放电电流在时间上很短,当 GTR 完全截止时,此回路电流即为零。②C_2 经 VT_5 的 c、e、VW 及 VD_4 至 C_2。由于稳压管 VW 的导通,GTR 的基极、发射极间一直受反偏压,从而保证 GTR 可靠截止。③C_2 经 R_5 再回到 C_2。C_2 为加速电容,开通时,R_5 被短路,这样可实现驱动电流的过冲,增加驱动电路前沿的陡度,加快 GTR 的导通;关断时,C_2 也能起到加速关断的作用。

在大规模集成化基极驱动电路中,以法国 THOMOSON 公司的 UAA4002 驱动保护电路芯片和日本三菱公司的 M57215BL 最为常见。

2. 电压驱动型器件的驱动电路

P-MOSFET 和 IGBT 均是电压型控制器件,没有少数载流子的存储效应,因此可以做成高速开关。由于 P-MOSFET 和 IGBT 的输入阻抗很大,所以驱动电路相对比较简单,且驱动功率也小。

(1)P-MOSFET 驱动电路

图 6-28 是一种具有过载及短路保护功能的窄脉冲驱动电路,当输入信号 u_i 由低变高时,VT_1 导通,脉冲变压器的原边绕组上的电压为电源电压 U_{c1} 在 R_2、R_3 上的分压值,脉冲变压器很快饱和后,耦合到副边绕组的电压是一个正向尖脉冲,该脉冲使 VT_2、VT_3 导通,而 VT_2、VT_3 组成了反馈互锁电路,故 VT_2、VT_3 保持导通,VT_4 导通,从而使 P-MOSFET 导通。当 u_i 由高电平变低时,在副边绕组感应出一个负向尖脉冲,使 VT_2 截止,VT_3、VT_4 截止,VT_5 瞬间导通,从而关断 P-MOSFET。

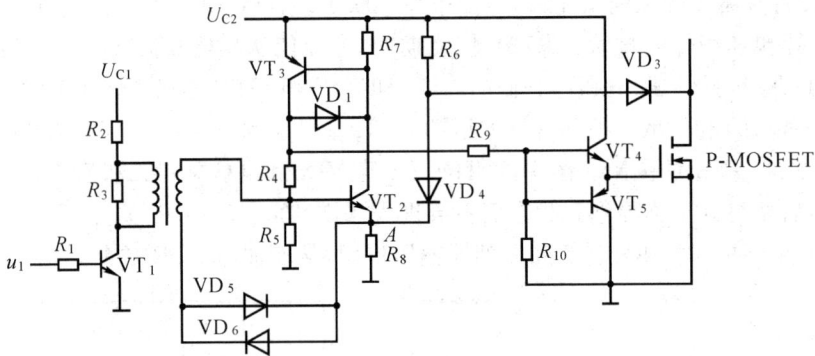

图 6-28　P-MOSFET 栅极驱动电路

该电路中,R_6、VD_3、VD_4 构成自然保护驱动环节。图中 A 点电位由电阻 R_4、R_5 分压获得,在正常工作时,P-MOSFET 的漏极 D 点电位低于 A 点电位,故 VD_4 截止,电源 U_{c2} 经 R_6、VD_3 流过电流至 P-MOSFET。当短路或过载时,P-MOSFET 的 U_{DS} 上升,当 $U_D = U_A$ 时,VD_4 导通,R_6 和 R_8 的分压使 A 点电位升高,由 VT_2、VT_3 组成的互锁电路翻转,使 VT_5 瞬时导通,关断 P-MOSFET,从而有效地保护元件。

某实验系统中的 P-MOSFET 驱动与保护电路原理图见图 6-29。该电路由 +15V 控制电源单极性供电,控制信号经光耦隔离后送入驱动电路,当输入端"2"为高电平时,VT_1 导通并向 VT_2 提供基极电流,于是 VT_2 导通、VT_3 截止,+15V 电源经 R_5 向 P-MOSFET 的栅极供电,并使之导通;当"2"端为低电平时,VT_1、VT_2 截止,电源经 R_3、VD_3 和 C_2 加速网络向 VT_3 提供基极电流,使 VT_3 导通,从而将 P-MOSFET 的栅极接地,迫使 P-MOSFET 关断。

目前应用较多的集成驱动电路是美国国际整流器公司(International Rectifier Company)

于 1990 年前后开发并投放市场的 P-MOSFET 和 IGBT 专用驱动集成电路 IR2110。

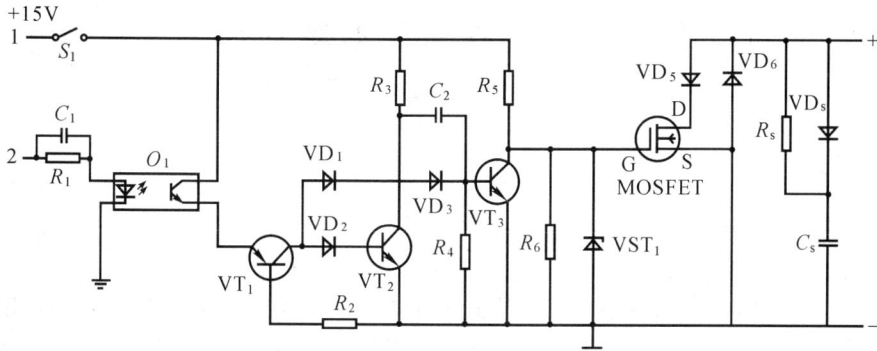

图 6-29　MOSFET 驱动与保护电路原理图

(2)IGBT 驱动电路

图 6-30 为一电流源栅极驱动电路，由 VT_2 产生稳定的集电极电流 I_{c2}，通过调节电位器 R_e 可以稳定 I_{c2} 数值。I_{c2} 在 R_3 上产生稳定的电压降 U_{R3}，使 IGBT 获得稳定的驱动电压。当 u_i 为高电平时，VT_1 导通，VT_2 也导通，从而 I_{c2} 在 R_3 上有恒压降 U_{R3}，使 IGBT 导通；当 u_i 为低电平时，VT_1、VT_2 均截止，I_{c2}、U_{R3} 均近似为零，则 IGBT 关断。

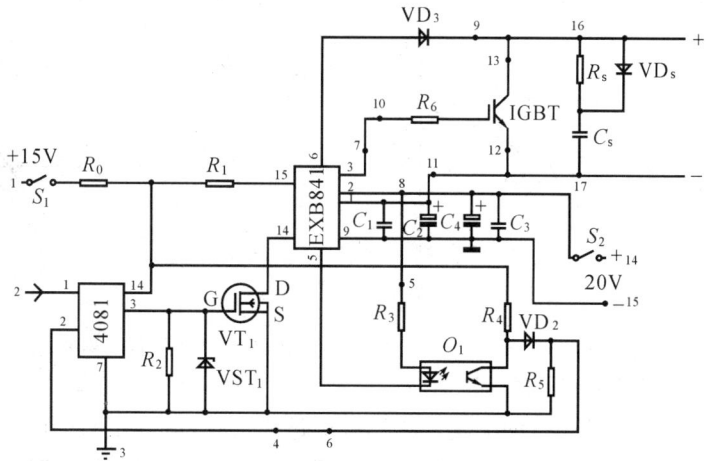

IGBT 驱动与保护电路的原理图如图 6-31 所示。该电路以富士公司开发的专用集成芯片 EXB841 为核心组成。EXB841 是高速型的 IGBT 驱动模块，由信号隔离电路、驱动放大器、过流检测器、低速过流切断电路、栅极关断电源等 5 部分组成。EXB841 工作时须使用 20V 独立的直流电源。IGBT 驱动与保护电路由 15V 控制电源供电。上述两图中的 R_s、VD_s、C_s 构成了吸收缓冲电路。

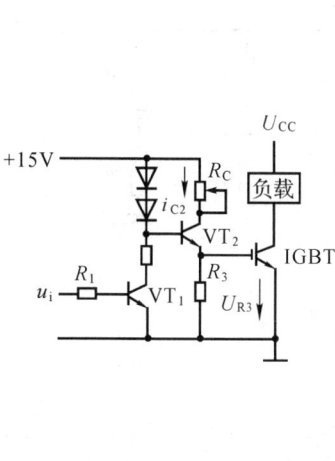

图 6-30　分立元件驱动电路　　　　　图 6-31　IGBT 驱动与保护电路原理图

第三节　电力电子电路的保护

一、晶闸管电路的保护

1. 晶闸管的串、并联

（1）晶闸管的串联

当单个晶闸管的额定电压小于实际线路要求时，可以用两个以上同型号元件相串联来满足。由于元件特性的分散性，当两个同型号晶闸管串联后，在正、反向阻断时虽流过相同的漏电流，但各元件所承受的电压却是不相等的。图 6-32(a) 表示了两反向阻断特性不同的晶闸管流过同一漏电流 I_e 时，元件上承受的电压相差甚远的情况，承受高电压的元件有可能因超过额定电压而损坏。为了使各元件上的电压分配均匀，除选用特性比较一致的元件进行串联以外，应采取均压措施，给每个晶闸管并联均压电阻 R_j，如图 6-32(b) 所示。如果均压电阻 R_j 比晶闸管的漏电阻小得多，则串联元件的电压分配主要取决于 R_j。

均压电阻 R_j 只能使直流或变化缓慢的电压在串联元件上均匀分配，元件开通和关断过程中瞬时电压的分配决定于各管的结电容、触发特性、导通和关断时间等因素。在开通时，后开通的元件将瞬时受到高电压；在关断时，先关断的元件在关断瞬间承受全部换流反向电压，有可能导致元件反向击穿。为了使元件开关过程中电压均匀分布，应给晶闸管两端并联电容 C。又为了防止元件导通瞬间电容放电造成过大的 di/dt 损伤晶闸管，还应在电容支路串联一电阻，如图 6-32(b) 中 R、C 所示。动态均压阻容 R、C 还兼作晶闸管关断过电压保护。

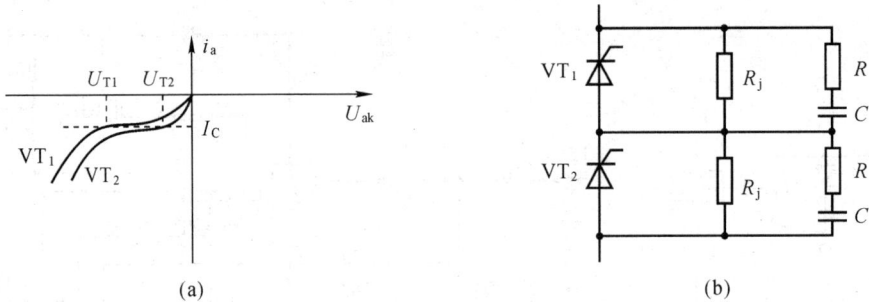

图 6-32　晶闸管的串联

（2）晶闸管的并联

单个晶闸管的额定电流不能满足要求时，可以用两个以上同型号元件并联。由于并联各晶闸管在导通状态下的伏安特性不可能完全一致，相同管压降下各元件负担的电流不相同，可能相差很大，如图 6-33 所示。为了均衡并联晶闸管元件的电流，除选用正向特性一致的元件外，应采用均流措施。

图 6-34 为串电感均流方法，采用一个具有相同两线圈的均流电抗器接在两个并联晶闸管电路中。当两元件中电流均衡时，均流电抗器两线圈流过相等电流。由于绕向相反（以同名端标出），铁芯内激磁安匝相互抵消，电抗器不起作用。当电流不相等时，两线圈相差的激磁安匝将在两线圈中产生电势，在两晶闸管及线圈构成的回路中产生环流。这个环流正好使电流小的元件电流增大，电流大的元件电流减小，一直达到两元件电流相等为止，从而达到均流目的。

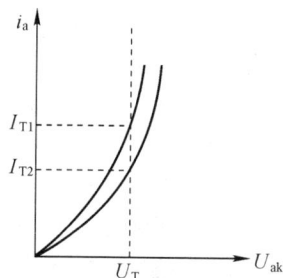

图 6-33　晶闸管并联时的电流分配

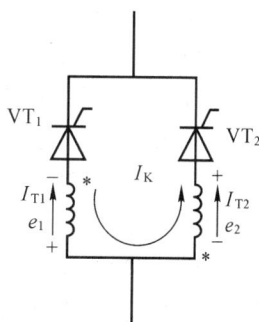

图 6-34　并联晶闸管的串电感均流

2. 变流电路的保护

（1）过电压保护

过电压根据产生的原因可分为两大类：

1）操作过电压　由变流装置拉、合闸和器件关断等经常性操作中电磁过程引起的过电压。

2）浪涌过电压　由雷击等偶然原因引起，从电网进入变流装置的过电压，其幅度可能比操作过电压还高。

对过电压进行保护的原则是：使操作过电压限制在晶闸管额定电压 U_R 以下，使浪涌过电压限制在晶闸管的断态和反向不重复峰值电压 U_{DSM} 和 U_{RSM} 以下。一个晶闸管变流装置或系统应采取过电压保护措施的部位如图 6-35 所示，可分为交流侧保护、直流侧保护、整流主电路元件保护。

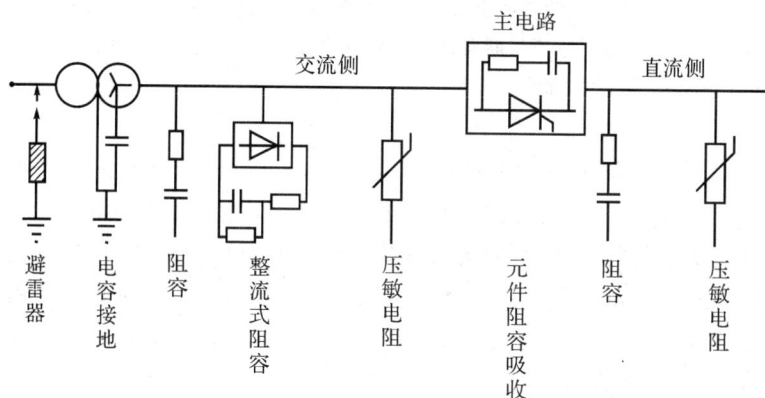

图 6-35　晶闸管装置可能采用的过电压保护措施

对于交流侧发生的过电压，大体可采取加接避雷器保护；采取变压器附加屏蔽绕组接地或变压器星形中点通过电容接地方法；采用阻容保护或整流式阻容保护；也可采用压敏电阻等非线性电阻进行保护。对于直流侧发生的过电压，也可采用阻容、压敏电阻等器件来进行保护。变流装置中的晶闸管元件关断时，由于电流迅速下降而在线路电感上产生数值很大的感应电势 $L_B di/dt$，该感应电势与电源电压顺极性串联地反向施加在晶闸管元件上，有可能导致晶闸管的反向击穿。这种由于晶闸管关断过程引起的过电压称关断过电压，其值可达工作电压峰值的 5~6 倍，此时可采用与元件相并联的阻容保护来进行保护。

（2）过电流保护

当变流装置内部某一器件被击穿或短路，触发电路或控制电路发生故障，外部出现负载过载、直流侧短路、可逆传动系统产生环流或逆变失败，以及交流电源电压过高或过低、缺相等，均可引起装置其他元件的电流超过正常工作电流。由于晶闸管等功率半导体器件的电流过载能力比一般电气设备差得多，因此必须对变流装置进行适当的过电流保护。

晶闸管变流装置可能采用的几种过电流保护措施如图 6-36 所示，它们分别为：交流进线电抗或采用漏抗大的整流变压器，利用电抗限制短路电流。电流检测装置，过流时发出信号，过流信号使变流装置工作在逆变状态，从而有效抑制了电流，此种方法称为拉逆变保护；过流信号也可控制过流继电器，使交流接触器触点 K 跳开，切断电源。直流快速开关，对于采用多个晶闸管并联的大、中容量变流装置，快速熔断器量多且更换不便，为避免过电流时烧断快速熔断器，采用动作时间很快的直流快速开关，它可先于快速熔断器动作而保护晶闸管。快速熔断器是防止晶闸管过电流损坏的最后一道防线，是晶闸管变流装置中应用最普通的过电流保护措施。

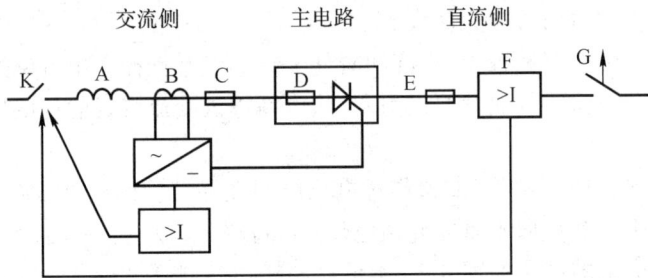

图 6-36 晶闸管装置可能采用的过电流保护措施
A—交流进线电抗器；B—电流检测和过流继电器
C、D、E—快速熔断器；F—过流继电器；G—直流快速开关

(3)电压及电流上升率的限制

1)电压上升率 $\mathrm{d}u/\mathrm{d}t$ 的限制

由于元件处于断态时阳极与阴极间存在有结电容，当突然施加正向阳极电压时便有一充电电流流过 PN 结面，这个电流将起门极触发电流的作用，可能会使晶闸管误导通。为了防止因阳极电压上升过快引起的误导通，对元件规定了最大允许的电压上升率(断态临界电压上升率)，装置的线路上必须采取措施保证实际的电压上升速度低于这个数值。一般采用在电源输入端串入交流进线电感 L_T 或利用变压器漏感配合阻容吸收装置对 $\mathrm{d}u/\mathrm{d}t$ 进行抑制。

2)电流上升率 $\mathrm{d}i/\mathrm{d}t$ 的限制

在晶闸管开通的瞬间如果阳极电流增长速度过快，由于元件内部电流还来不及扩大到整个 PN 结面，将会使门极附近 PN 结因电流密度过大而烧毁，因此规定了对通态临界电流上升率的限制。一般采用整流变压器的漏抗或加接交流进线电抗器、桥臂串电感等方法来限制 $\mathrm{d}i/\mathrm{d}t$。

二、自关断器件的保护

1. 大功率晶体管的保护

(1)缓冲电路

在 GTR 的开关过程中，器件的工作点要通过线性放大区，集射极电压 U_{ce} 和集电极电流 I_c 将会同时很大，造成瞬时功耗过大，有可能使 GTR 脱离安全工作区而发生二次击穿而损坏，此时需采用缓冲(吸收)电路进行保护。

GTR 无论处于开还是关的过程,都要经历电压、电流同时很大的一段时间,造成开关损耗很大,这就限制了器件的工作频率。为此,需采用缓冲电路来解决开关损耗过大问题,其基本思想是错开高电压、大电流出现的时刻,使两者之积(瞬时功率)减小。图 6-37(a)是开通吸收电路,利用电容 C 使元件端电压延后上升;图 6-37(b)为关断吸收电路,利用电感 L_s 延缓电流的上升,避免大电流和高电压同时出现;图 6-37(c)为复合吸收电路,是将开通与关断吸收电路组合在一起构成此复合吸收电路,图中 L_s、R_s、VD 组成开通吸收电路,R_s、VD、C_s 组成关断吸收电路。

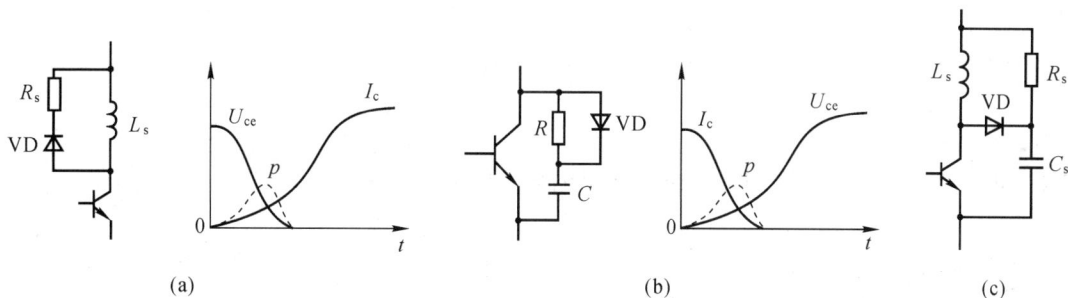

图 6-37 吸收电路

(2)过载保护

GTR 承受电流冲击的能力很弱,使用快速熔断器作为过流保护无任何意义,因为 GTR 可能先行烧毁。此时只能用电子开关的快速动作进行过流保护,其原则是在集电极电流未达破坏元件之值前就撤去基极驱动信号,同时施加反向偏置使晶体管截止。这个过流保护方案实施的关键是如何实现对过流有效和及时的检测,以确保安全运行。

由图 6-38 可见,测量 u_{ce} 比测量 i_c 效果好,可保证 GTR 工作在准饱和区,从而避免出现工作点进入放大区,产生高损耗,损坏 GTR。由此可见,采用测量 u_{ce} 变化来检测工作状态、实现过流保护是安全、可靠的。图 6-39 为其原理性电路图。

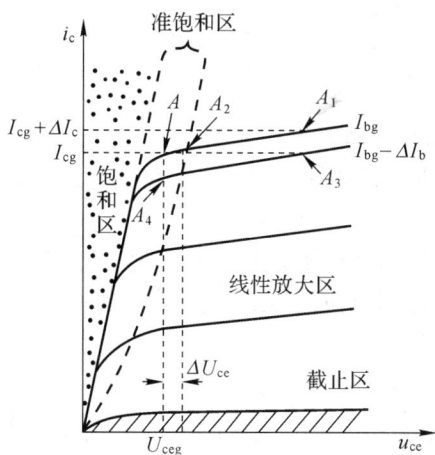

图 6-38 GTR 输出特性

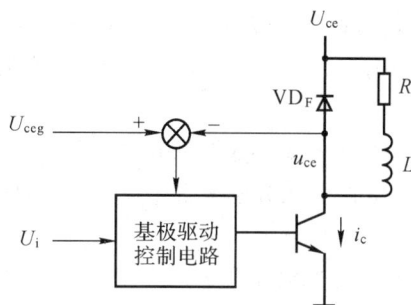

图 6-39 GTR 过流保护原理图

2. IGBT 的保护

IGBT 的保护措施有:通过检测过电流信号来切断栅极控制信号,关断器件,实现过流保护;采用吸收电路抑制过电压、限制过大的重加电压上升率 du_{ce}/dt;用温度传感器检测 IGBT

的壳温,过热时使主电路跳闸保护。

　　IGBT 使用中必须避免出现擎住现象,因此集电极电流不能超过额定电流,包括短路电流。此外在短路过程中,器件由饱和导通区进入放大区,虽集电极电流不会增大,但集电极电压增高,功耗变大。此时短路电流能持续的时间 t 完全由集电极最大允许功耗值所决定,与集射极间电压 U_{ce}、栅极电压 U_G 及结温 T_J 密切有关。一般规律是:电源电压增加,允许短路电流持续时间减少;栅极正偏电压 $+U_G$ 增加,短路电流增加,允许短路电流持续时间减少。所以在有短路过程的电路使用中,IGBT 应选择好所需的最小栅极正偏电压 $+U_G$。

习　题

6-1　把一个晶闸管与灯泡串联,加上交流电压,如图 6-40 所
示,问:

　　(1)开关 S 闭合前灯泡亮不亮?

　　(2)开关 S 闭合后灯泡亮不亮?

　　(3)开关 S 闭合一段时间后再打开,断开开关后灯泡亮
不亮?原因是什么?

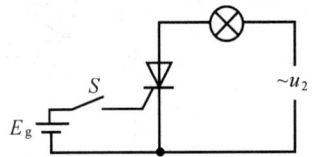

图 6-40　晶闸管的开通、关断

6-2　型号为 KP100-3,维持电流 $I_H=4mA$ 的晶闸管,使用在如图 6-41 电路中是否合理?为什么?(不考虑电压、电流裕量)

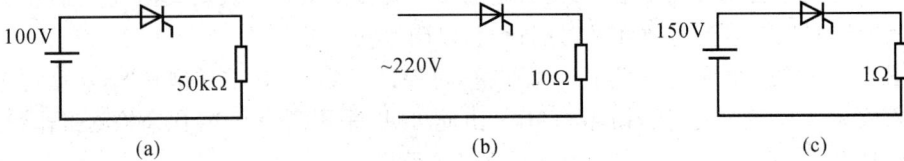

100V　50kΩ	~220V　10Ω	150V　1Ω
(a)	(b)	(c)

图 6-41　晶闸管的型号

6-3　描述 GTR 的二次击穿特性。

6-4　什么是 IGBT 的擎住现象?使用中如何避免?

6-5　晶闸管主电路对触发脉冲有哪些要求?为什么必须满足这些要求?

6-6　一个移相触发电路,一般应由哪些环节组成?以锯齿波同步移相触发电路为例来进行说明。

6-7　双脉冲形成器的原理电路如图 6-42(a)所示,图中端 16 接 15V 电源,端 7 接低电压,端 1~6 的输入分别来自 3 块 KC04 的输出端,而相位关系如(b)图所示,画出端 10~15 的波形。

6-8　在有晶闸管串联的高压变流装置中,晶闸管两端并接阻容吸收电路可起到哪些作用?

6-9　发生过电流的原因有哪些?可以采取哪些过电流保护措施?它们的保护作用先后次序应如何安排?

6-10　指出图 6-43 中①~⑨各保护元件及 VD_F、L_d 的名称及作用。(LJ 为过流继电器)

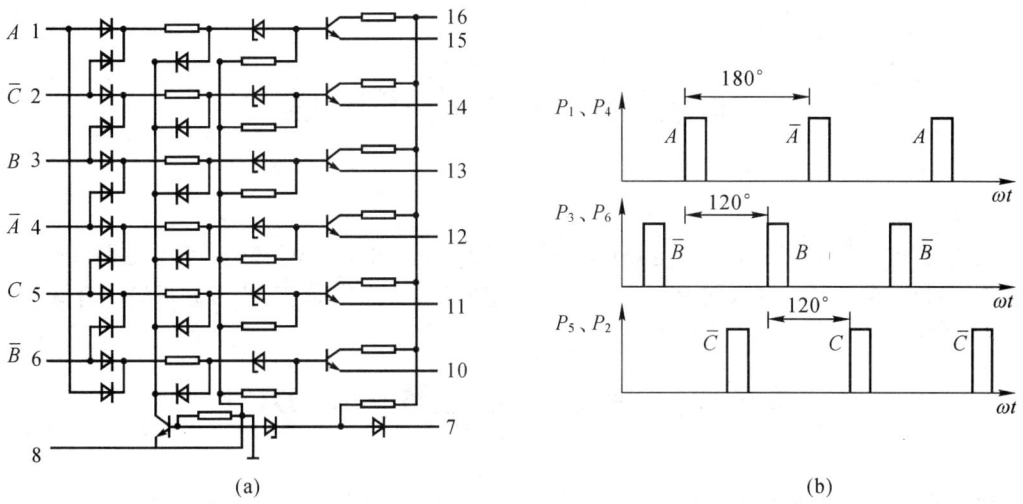

(a)

(b)

图 6-42　双脉冲形成器原理图

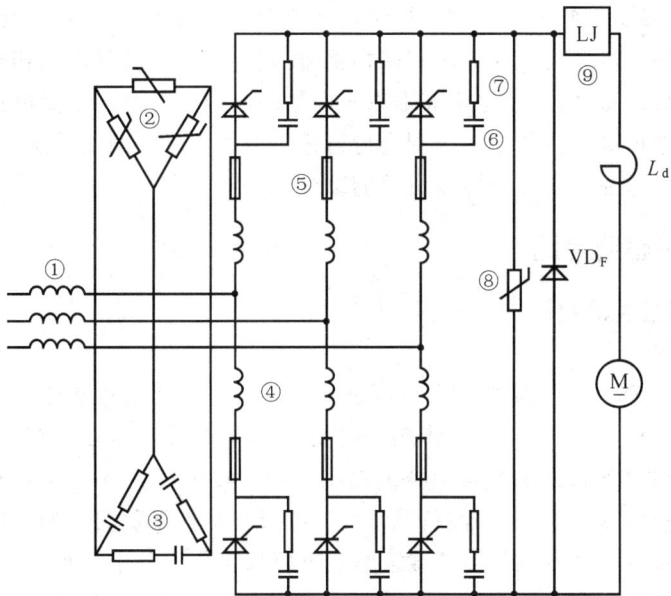

图 6-43　三相桥式整流电路的保护

第七章　电力电子电路

电力电子电路包括可控整流电路(AC-DC)、交流调压电路(AC-AC)、斩波电路(DC-DC)、逆变电路(DC-AC)等。本章将介绍上述电路的基本结构、工作原理、波形分析等内容。

第一节　可控整流电路(AC-DC)

整流是把交流电变为直流电的变流过程。如果采用大功率二极管作为整流元件,则获得的是大小固定的直流电压,这种变流方式称为不可控整流。如果采用晶闸管作为整流元件,则可以通过控制门极触发脉冲施加的时刻来控制输出整流电压的大小,这种变流称为可控整流。根据交流电源相数,整流可分为单相整流和多相整流,其中多相整流又以三相整流为主导。可控整流电路的工作原理、特性、电压电流波形以及电量间的数量关系与整流电路所带负载的性质密切有关,必须根据负载性质的不同分别进行讨论。然而实际负载的情况是复杂的,属于单一性质负载的情况很少,往往是几种性质负载的综合。

一、单相可控整流电路

1. 单相半波可控整流电路

(1)电阻性负载

图 7-1 表示一个带电阻性负载的单相半波可控整流电路及电路波形。图中 T 为整流变压器,用来变换电压。引入整流变压器后将能使整流电路输入、输出电压间获得合理的匹配,以提高整流电路的力能指标,特别是整流电路的功率因数。在生产实际中属于电阻性的负载有电解、电镀、电焊、电阻加热炉等。电阻性负载情况下的最大特点是负载上的电压、电流同相位,波形相同,掌握这个特点对分析电阻性负载下整流电路的工作原理十分重要。

变压器副边电压 u_2 为工频正弦电压,其有效值为 U_2,交变角频率为 ω,通过负载电阻加到晶闸管 VT 的阳极与阴极之间。在 $\omega t = 0 \sim \pi$ 的正半周内,晶闸管阳极电压为正、阴极电压为负,元件承受正向阳极电压,具备导通的必要条件。假设门极到 ωt_1 时刻才有正向触发脉冲电压 u_g,则在 $\omega t = 0 \sim \alpha$ 范围内,晶闸管由于无门极触发电压而不导通,处于正向阻断状态。如果忽略漏电流,则负载上无电流流过,负载电压 $u_d = 0$,晶闸管承受全部电源电压,管子上电压 $u_T = u_2$。在 ωt_1 时刻门极加上正向触发脉冲电压,满足晶闸管导通的充分条件,元件立即导通,负载上流过电流 i_d。如果忽略晶闸管的正向管压降,则 $u_T = 0$,$u_d = u_2$。由于电阻负载下负载电流 $i_d = u_d/R$,则负载电压、电流 u_d、i_d 在此 ωt_1 时刻均发生跃变。在以后的 $\omega t = \alpha \sim \pi$ 范围内,即使门极触发电压消失,晶闸管继续导通,电路维持 $u_T = 0$,$u_d = u_2$,$i_d = u_d/R$ 的状态。当 $\omega t = \pi$ 时,电源电压 u_2 过零,负载电流亦即晶闸管的阳极电流将小于元件的维持电流 I_H,晶闸管关断,负载上电压、电流都将消失。在 $\omega t = \pi \sim 2\pi$ 的负半周,晶闸管承受反向阳极电压而关断,元件处于反向阻断状态。此时元件承受反向电压 $u_T = u_2$,负载电压、电流均为零。第二个周波将重复第

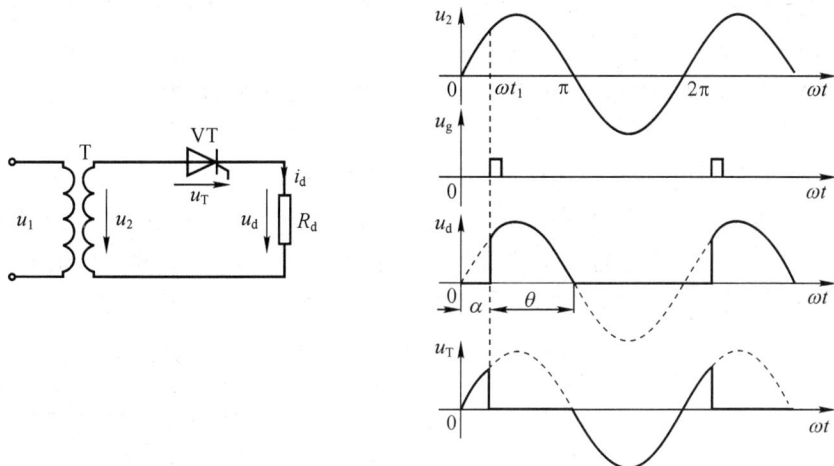

图 7-1 单相半波可控整流电路（电阻性负载）

一周波的状态。

从图 7-1 波形可以看出,经过晶闸管半波整流后的输出电压 u_d 是一个极性不变幅值变化的脉动直流电压;改变晶闸管门极触发脉冲 u_g 出现的时刻 α 就可改变 u_d 的波形。如果将 u_d 在一周期内的平均值定义为直流平均电压 U_d,则改变 α 的大小也就改变了 U_d 的大小,实现了整流输出电压大小可调的可控整流。一般规律是 α 越小,门极触发脉冲出现时间越早,负载电压波形面积越大,在一周期内的平均电压 U_d 就越高。

晶闸管从开始承受正向阳极电压起至开始导通时刻为止的电角度称为控制角,以 α 表示;晶闸管导通时间按交流电源角频率折算出的电角度称为导通角,以 θ 表示。改变控制角 α 的大小,即改变门极触发脉冲出现的时刻,也即改变门极电压相对正向阳极电压出现时刻的相位,称为移相。

整流电路输出直流电压 u_d 为

$$U_d = \frac{1}{2\pi}\int_{\alpha}^{\pi} \sqrt{2}\,U_2 \sin\omega t \mathrm{d}\omega t = \frac{\sqrt{2}\,U_2}{2\pi}(1 + \cos\alpha) = 0.45U_2\frac{1 + \cos\alpha}{2} \qquad (7\text{-}1)$$

可以看出,U_d 是控制角 α 的函数。当 $\alpha=0$ 时,晶闸管全导通,$U_d=0.45U_2$,直流平均电压最大。当 $\alpha=\pi$ 时,晶闸管全关断,$U_d=0$,直流平均电压最小。输出直流电压总的变化规律是 α 由小变大时,U_d 由大变小。可以看出,单相半波可控整流电路的最大移相范围为 $180°$。由于可控整流是通过触发脉冲的移相控制来实现的,故亦称相控整流。

（2）电感性负载

当负载的感抗 ωL_d 与电阻 R_d 相比不可忽略时,这种负载称电感性负载。属于电感性负载的常有各类电机的激磁绕组、串接平波电抗器的负载等等。电感性负载时电路原理图及波形如图 7-2 所示。

在分析电感性负载的可控整流电路工作过程中,必须充分注意电感对电流变化的阻碍作用。这种阻碍作用表现在电流变化时电感自感电势的产生及其对晶闸管导通的作用。

带电感性负载单相半波可控整流电路的工作过程可用图 7-2 中的波形图分段说明。在 $\omega t = 0 \sim \alpha$ 的范围内,晶闸管虽承受正向阳极电压,但门极触发信号 u_g 尚未施加,晶闸管正向阻断,没有负载电流。负载电压 $u_d=0$,晶闸管两端承受全部的电源电压,$u_T=u_2$。当 $\omega t_1 = \alpha$ 时刻,触发导通晶闸管 VT。假设忽略晶闸管的正向管压降,则 $u_T=0$,而全部电源电压立即施加到负载上，$u_d = u_2$。由于负载中存在电感，负载电流 i_d 不像在电阻性负载时一样发生跃变，只能从零逐渐增长。在 $\omega t_1 \sim \omega t_2$ 的范围内，i_d 从零增长至其最大值。在 i_d 增长过程中，电感 L_d 上的自感电势 e_L 上（＋）下（－），力图阻止电流增长。虽然此时 e_L 与 u_2 极性相反，但作用在晶闸管上的阳极电压 $(u_2 + e_L) > 0$，元件导通。

在 $\omega t_2 \sim \omega t_3$ 的范围内，i_d 从最大值开始减小。自感电势 e_L 改变方向，上（－）下（＋），其极性有助于维持晶闸管导通。当 $\omega t_3 = \pi$ 时刻，电源电压 u_2 过零。如果没有电感的自感电势存在，晶闸管此时将因阳极电压为零而关断。然而由于自感电势的存在，作用在元件上的阳极电压仍 $(u_2 + e_L) > 0$，使得尽管电源电压为零，管子仍然导通，负载电流 $i_d \neq 0$。

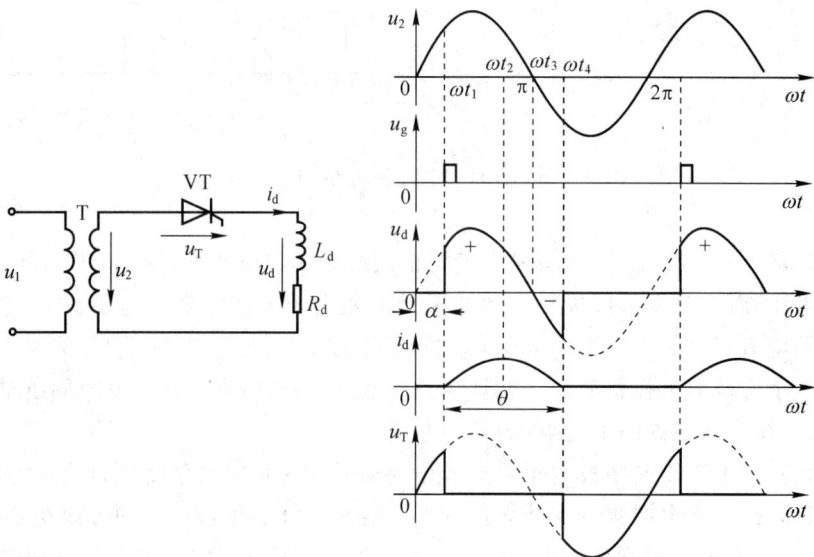

图 7-2　单相半波可控整流电路（电感性负载）

在 $\omega t_3 \sim \omega t_4$ 的范围内，电源电压过零变负。负载电流的继续减小使自感电势继续维持着上（－）下（＋）极性。只要自感电势在数值上大于电源的负电压，晶闸管将继续承受正向阳极电压 $(u_2 + e_L) > 0$ 而导通。一直到 ωt_4 时刻，自感电势与电源电压大小相等、极性相反，晶闸管才因阳极电压 $(u_2 + e_L) = 0$ 而关断，$i_d = 0$。从 u_d 波形上可以看出，由于电感的存在，延长了晶闸管导通的时间，使得 u_d 波形中出现了正、负面积，从而使输出直流电压平均值减小。这就是电感负载可控整流电路工作原理上的特点。

如果控制角 α 大，导通迟，电流正半周内提供给电感中的储能小，维持晶闸管导通的能力差，导通角 θ 就小。负载阻抗角 φ 大，说明负载电感 L_d 大，储能多，维持晶闸管导通能力强，导通角 θ 将大。当 $\omega L_d \gg R_d$ 的大电感负载，$\varphi \approx \pi/2$。此时直流电压 u_d 波形的正、负面积接近相等，平均电压 $U_d \approx 0$，造成直流平均电流 $I_d \approx U_d / R_d$ 也很小，负载上得不到所需的功率。所以单相半波可控整流电路如不采取措施是不可能直接带大电感负载正常工作的。解决的办法是在负载两端并接续流二极管。

大电感负载下造成输出直流平均电压下降的原因是 u_d 波形中出现了负面积的区域。如果设法将负面积的区域消除掉而只剩正面积的区域，就可提高输出直流电压的平均值。为此，可在整流电路负载的两端按图 7-3(a) 所示极性并接一功率二极管 VD_F。在直流电压 u_d 为正的区域内，VD_F 承受反向阳极电压而阻断，电路工作情况和不接 VD_F 一样，负载电流 i_d 由晶闸管提供。电源电压过零变负后将引起 i_d 减小的趋势，引起电感 L_d 上感应出上（－）下（＋）极性的自

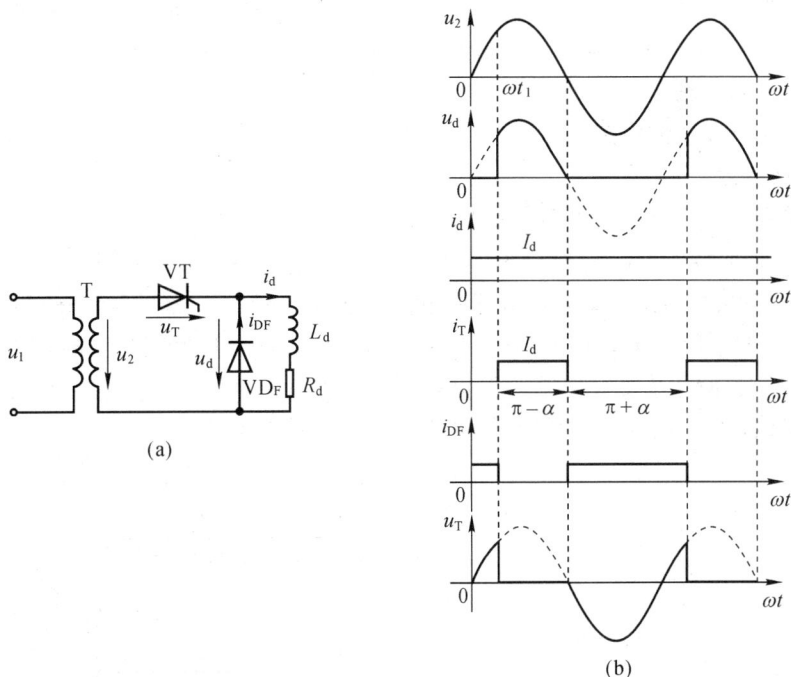

图 7-3　加续流二极管的单相半波可控整流电路（电感性负载）

感电势 e_L，这个极性的 e_L 正好使二极管 VD_F 承受正向阳极电压而导通，使负载电流 i_d 将不经晶闸管而由二极管 VD_F 继续提供，所以二极管 VD_F 常称为续流二极管。由于 VD_F 导通后其管压降近似为零，使负极性电源电压通过 VD_F 全部施加在晶闸管 VT 上，晶闸管将因承受反向阳极电压而关断。这样，在电源电压负半波内，负载上得不到电源的负电压，而只有二极管 VD_F 的管压降，接近为零。可见加接了续流二极管的输出直流电压波形和电阻性负载时完全相同，如图 7-3(b)所示，输出直流电压平均值也就相应提高到电阻性负载时的大小。

加接续流二极管后，输出电压波形和电阻性负载时相同，因而直流平均电压 U_d 的大小也相同。由于负载电感很大，i_d 连续而且大小基本维持不变，则流过晶闸管的电流平均值和有效值分别为

$$I_{dT}=\frac{\pi-\alpha}{2\pi}I_d \tag{7-2}$$

$$I_T=\sqrt{\frac{\pi-\alpha}{2\pi}}I_d \tag{7-3}$$

续流二极管上的电流平均值和有效值分别为

$$I_{dDF}=\frac{\pi+\alpha}{2\pi}I_d \tag{7-4}$$

$$I_{DF}=\sqrt{\frac{\pi+\alpha}{2\pi}}I_d \tag{7-5}$$

晶闸管及续流二极管承受的最大正、反向峰值电压均为交流电压的最大值 $\sqrt{2}U_2$。最大移相范围为 $180°$。

单相半波可控整流电路线路简单，使用晶闸管数目最少，成本低，调整也方便。但它输出电流波形差，脉动频率低（为工频）、脉动幅度大。为了得到平稳的直流，相应所需的平波电抗器电感量也很大。更为突出的是变压器副边线圈中流过含有直流成分的电流，造成变压器铁芯直流

磁化而饱和。为了克服铁芯饱和,只好降低磁通密度,增大铁芯截面,致使变压器体积增大,用铜用铁量增加,利用率降低。所以,单相半波可控整流电路只适合于容量小、装置要求小、重量轻及波形要求不高的场合。

2. 单相桥式全控整流电路

(1)电阻性负载

单相桥式全控整流电路带电阻负载时的原理性接线图如图7-4(a)所示。在$\omega t = 0 \sim \pi$的变压器副边电压u_2正半周内,a点电位为(+)、b点为(-),使晶闸管VT_1、VT_4承受正向阳极电压。当$\omega t_1 = \alpha$时刻触发导通VT_1、VT_4,整流电流沿途径$a \to VT_1 \to R_d \to VT_4 \to b$流通,使负载电阻$R_d$上得到上(+)下(-)极性的整流电压$u_d$;$VT_1$、$VT_4$的导通使正半周的$u_2$反向施加在晶闸管$VT_2$、$VT_3$上,使其承受反向阳压而阻断。晶闸管对$VT_1$、$VT_4$一直要导通到$\omega t = \pi$时刻为止,此时电源电压$u_2$过零,晶闸管阳极电流也下降至零而关断。

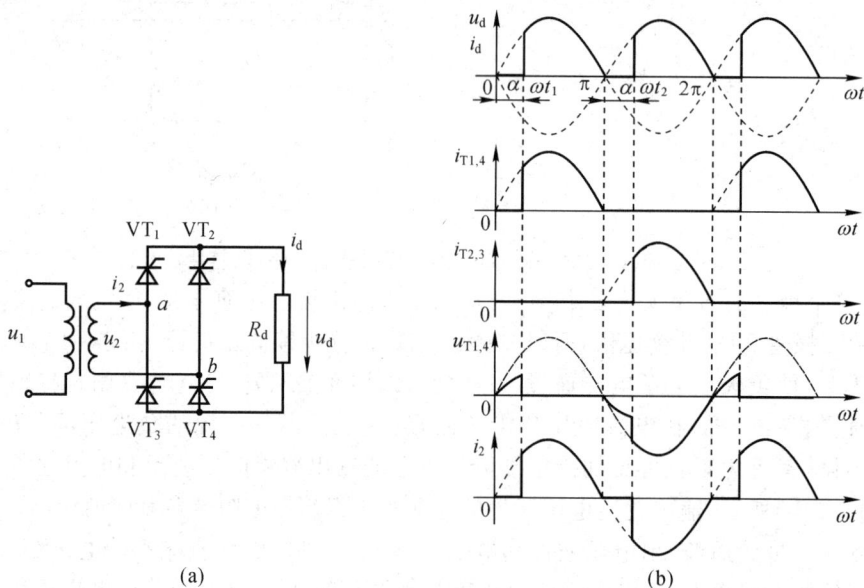

(a)　　　　　　　　　　　　　　　　(b)

图7-4　单相桥式全控整流电路(电阻性负载)

在$\omega t = \pi \sim 2\pi$的u_2负半周内,b点为(+)、a点为(-),晶闸管对VT_2、VT_3承受正向阳极电压。当$\omega t_2 = \pi + \alpha$时刻,触发导通$VT_2$、$VT_3$,即有整流电流沿路径$b \to VT_2 \to R_d \to VT_3 \to a$流通,使负载电阻$R_d$上再次得到上(+)下(-)极性的整流电压$u_d$。$VT_2$、$VT_3$的导通使负半周的$u_2$施加在晶闸管$VT_1$、$VT_4$上,使其承受反向阳压而阻断。晶闸管$VT_2$、$VT_3$一直要导通到$\omega t = 2\pi$时刻电源电压$u_2$再次过零为止,此时晶闸管阳极电流下降至零而关断。以后的过程就是VT_1、VT_4与VT_2、VT_3两对晶闸管在对应的时刻相互交替导通关断,一个个周期周而复始地重复、循环。

图7-4(b)为单相桥式全控整流电路带电阻性负载时各处的电压、电流波形。可以看出,负载上在u_2正、负两个半波内均有电流流过,使直流电压、电流的脉动程度比单相半波得到了改善,一周期内脉动两次(两个波头),脉动频率为工频的两倍。因为桥式整流电路正负半波均能工作,使得变压器副边绕组在正、负半周内均有电流流过,直流电流平均值为零,因而变压器没有直流磁化问题,绕组及铁芯利用率较高。

单相桥式可控整流电路直流电压U_d为

$$U_{d} = \frac{1}{\pi} \int_{\alpha}^{\pi} \sqrt{2}\, U_{2} \sin\omega t \mathrm{d}\omega t = 0.9U_{2} \frac{1+\cos\alpha}{2} \tag{7-6}$$

可以看出，它是半波可控整流电路 U_{d} 的两倍。当 $\alpha=0$ 时，晶闸管全导通 $(\theta=\pi)$，相当二极管的不可控整流，$U_{d}=0.9U_{2}$，最大。当 $\alpha=\pi$ 时，晶闸管全关断 $(\theta=0)$，$U_{d}=0$，最小，所以单相桥式可控整流电路带电阻负载时的移相范围为 $180°$。

输出直流电流平均值 I_{d} 为

$$I_{d} = U_{d}/R_{d} = 0.9 \frac{U_{2}}{R_{d}} \frac{1+\cos\alpha}{2} \tag{7-7}$$

输出直流电流有效值，亦即变压器副边绕组电流有效值 I_{2} 为

$$I_{2} = \sqrt{\frac{1}{\pi} \int_{\alpha}^{\pi} \left(\frac{\sqrt{2}\, U_{2}}{R_{d}} \sin\omega t\right)^{2} \mathrm{d}\omega t} = \frac{U_{2}}{R_{d}} \sqrt{\frac{1}{2\pi} \sin 2\alpha + \frac{\pi-\alpha}{\pi}} \tag{7-8}$$

VT_{1}、VT_{4} 与 VT_{2}、VT_{3} 两对晶闸管在对应的时刻相互交替导通关断，因此流过晶闸管的直流平均电流 I_{dT} 为输出直流电流平均值 I_{d} 的一半

$$I_{dT} = \frac{1}{2}I_{d} = 0.45 \frac{U_{2}}{R_{d}} \frac{1+\cos\alpha}{2} \tag{7-9}$$

流过晶闸管的有效电流 I_{T} 为

$$I_{T} = \sqrt{\frac{1}{2\pi} \int_{\alpha}^{\pi} \left(\frac{\sqrt{2}\, U_{2}}{R_{d}} \sin\omega t\right)^{2} \mathrm{d}\omega t} = \frac{1}{\sqrt{2}} I_{2} \tag{7-10}$$

晶闸管承受的最大反向峰值电压为相电压峰值 $\sqrt{2}\, U_{2}$。

(2)电感性负载

单相桥式全控整流电路带电感性负载时的原理性接线图如图 7-5(a)所示。假设负载电感足够大 $(\omega L_{d} \gg R_{d})$，电路已处于正常工作过程的稳定状态，则负载电流 i_{d} 连续、平直，大小为 I_{d}，如图 7-5(b)所示。

在变压器副边电压 u_{2} 正半周内，a 点电位为 $(+)$、b 点电位为 $(-)$，晶闸管对 VT_{1}、VT_{4} 承受正向阳极电压。当 $\omega t_{1} = \alpha$ 时刻触发导通 VT_{1}、VT_{4} 时，整流电流沿 $a \to VT_{1} \to R_{d}$、$L_{d} \to VT_{4} \to b$ 流通，使晶闸管 VT_{2}、VT_{3} 承受反向阳极电压而阻断。与电阻性负载时不同，在 u_{2} 电压过零时 VT_{1}、VT_{4} 不会关断。这是由于 u_{2} 减小时负载电流 i_{d} 出现减小的趋势，这种趋势促使电感 L_{d} 上出现下 $(+)$ 上 $(-)$ 的自感电势 e_{L}，它与变压器副边电压 u_{2} 一起构成晶闸管上的阳极电压。只要 $|e_{L}| > |u_{2}|$，即使 u_{2} 过零变负，亦能保证施加在晶闸管上的阳极电压 $(u_{2}+e_{L})>0$，维持晶闸管继续导通。这样，u_{d} 波形中将出现负值部分，一直到另一对晶闸管 VT_{2}、VT_{3} 导通为止。

在 u_{2} 的负半周内，b 点为 $(+)$、a 点为 $(-)$，晶闸管对 VT_{2}、VT_{3} 承受正向阳极电压。当 $\omega t_{2} = \pi+\alpha$ 时刻，触发导通 VT_{2}、VT_{3}，即有整流电流沿 $b \to VT_{2} \to R_{d}$、$L_{d} \to VT_{3} \to a$ 流通，晶闸管 VT_{1}、VT_{4} 则承受反向阳极电压而关断。这样，负载电流便从 VT_{1}、VT_{4} 转移到 VT_{2}、VT_{3} 上，我们称这个过程为换流。VT_{2}、VT_{3} 要一直导通到下一个周期相应的 α 角时，被重新导通的 VT_{1}、VT_{4} 所关断为止。直流电压 u_{d} 的波形如图 7-5(b)所示，具有正、负面积，其平均值即直流平均电压 U_{d}。

由于电流连续，每对管子必须导通至另一对管子触发导通为止，故每只晶闸管的导通角势必为半个周期 $\theta=\pi$，晶闸管的电流波形为 $180°$ 宽的矩形波。两个半波电流以相反方向流经变压器副边绕组时，因波形对称，使变压器副边电流 i_{2} 为 $180°$ 宽，正、负半波对称的交流电流。这样，变压器副边绕组内电流无直流分量，也就不存在直流磁化问题。由于电流连续下晶闸管对

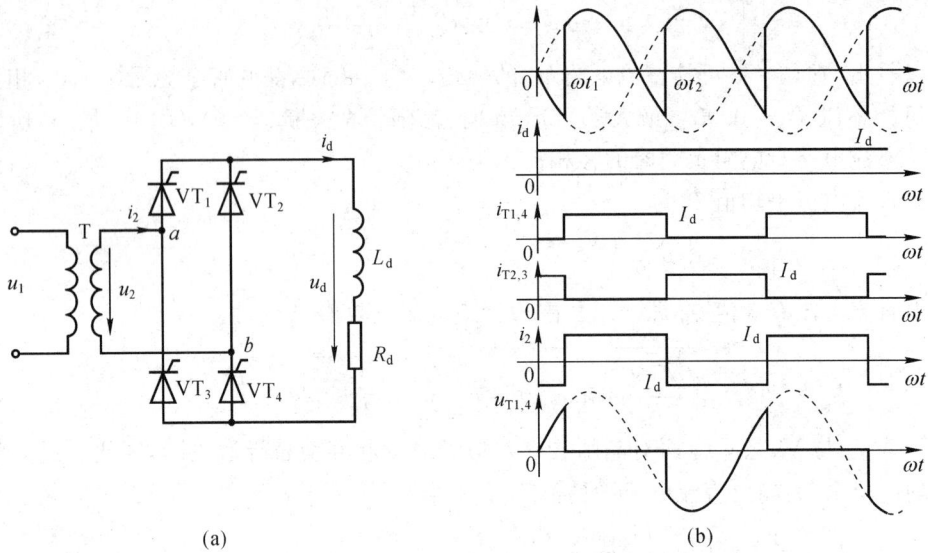

图 7-5　单相桥式全控整流电路(电感性负载)

轮流导通,则晶闸管电压 u_T 波形只有导通时的 $U_T \approx 0$ 以及关断时承受的交流电压 u_2 的局部波形,其形状随控制角 α 而变。

直流平均电压 U_d 为

$$U_d = \frac{1}{\pi} \int_{\alpha}^{\pi+\alpha} \sqrt{2} U_2 \sin\omega t \mathrm{d}\omega t = 0.9 U_2 \cos\alpha \tag{7-11}$$

可以看出,大电感负载下电流连续时,U_d 为控制角 α 的典型余弦函数。当 $\alpha = 0$ 时,$U_d = 0.9 U_2$;当 $\alpha = \pi/2$ 时,$U_d = 0$。因而电感性负载下整流电路的移相范围为 $90°$。

由于输出电流波形因电感很大而呈一水平线,使直流电流平均值 I_d 与有效值 I_2 相等,这个有效值也就是变压器副边电流有效值。

电路工作时,两对晶闸管轮流导通,一周期内各导通 $180°$,故流过晶闸管的电流是幅值为 I_d 的 $180°$ 宽矩形波,从而可以求得其平均值为 $I_{dT} = I_d/2$。晶闸管电流有效值为 $I_{dT} = I_d/\sqrt{2}$,而晶闸管承受的最大正、反向电压均为相电压峰值 $\sqrt{2} U_2$。

(3)反电势负载

在工业生产中,常常遇到充电的蓄电池和正在运行中的直流电动机之类的负载。它们本身具有一定的直流电势,对于可控整流电路来说是一种反电势性质负载。在分析带反电势负载可控整流电路过程时,必须充分注意晶闸管导通的条件,那就是只有当直流电压 u_d 瞬时值大于负载电势 E 时,整流桥中晶闸管才承受正向阳压而可能被触发导通,电路才有直流电流 i_d 输出。

当电路负载为蓄电池、直流电机电枢绕组(忽略电感)时,可认为是电阻反电势负载,如图 7-6(a)所示的即为整流电路给蓄电池负载供电。

由于电势 E 逆晶闸管单向导电方向施加在回路中,使得只有当变压器副边电压 u_2 大于反电势 E 时晶闸管才有可能被触发导通,也才有直流电流 i_d 输出。设变压器副边电压为 $u_2 = \sqrt{2} U_2 \sin\omega t$,则 u_2 自零上升至 $u_2 = E$ 的电角度 δ 可以求得为

$$\delta = \arcsin(E/\sqrt{2} U_2) \tag{7-12}$$

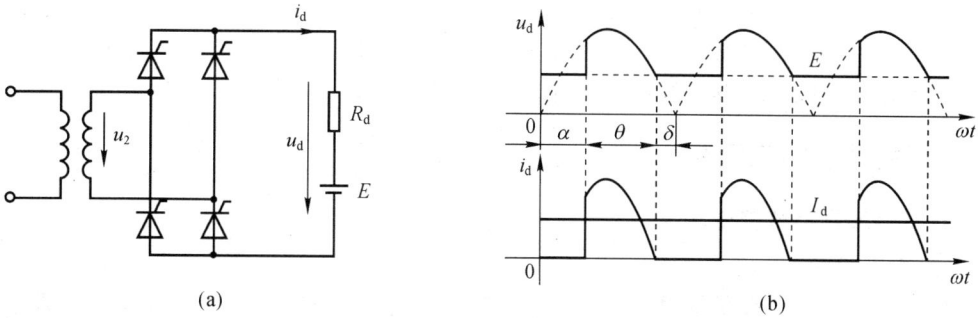

图 7-6　单相桥式全控整流电路(电阻-反电势负载)

δ 称为停止导电角,它表征了在给定的反电势 E、交流电压有效值 U_2 下,晶闸管元件可能导通的最早时刻(图 7-6(b))。

当控制角 $\alpha > \delta$ 时,$u_2 > E$,晶闸管上承受正向阳极电压,能及时触发导通,导通后元件一直工作到 $u_2 = E$ 的 $\omega t = \pi - \delta$ 处为止。可以看出,晶闸管导通的时间比电阻性负载时缩短了。反电势 E 越大,导通角 θ 越小,负载电流处于不连续状态。这样一来在输出同样平均电流 I_d 条件下,所要求的电流峰值变大,因而有效值电流要比平均值电流大得多。

当 $\alpha < \delta$ 时,虽触发脉冲在 $\omega t = \alpha$ 时刻施加到晶闸管门极上,但此时 $u_2 < E$,管子还承受反向阳极电压而不能导通。一直要待到 $\omega t = \delta$ 时,$u_2 = E$ 后,元件才开始承受正向阳极电压,具备导通条件。为此要求触发脉冲具有足够的宽度,保证在 $\omega t = \delta$ 时脉冲尚未消失,才能保证晶闸管可靠地导通。脉冲最小宽度必须大于 $(\delta - \alpha)$。

电阻-反电势负载下的负载电流是断续的,将出现 $i_d = 0$ 的时刻。电流断续对蓄电池充电工作无妨,但用于对直流电动机电枢绕组供电将带来一系列问题,如电机机械特性变软;电流断续时晶闸管导电角 θ 小,电流波形窄,为保证一定大小平均电流则电流峰值大,有效值亦大。高峰值的脉冲电流将造成直流电机换向困难,容易产生火花。由于断续电流的有效值大,势必增加可控整流装置及直流电动机的容量。为了克服这些缺点,一般在反电势负载回路串联一个所谓的平波电抗器,以平滑电流的脉动、延长晶闸管的导通时间,保持电流连续。加设平波电抗器后,整流电路应作为电感-反电势负载来分析。

直流电动机串联平波电抗器后的原理性接线图如图 7-7(a)所示,此时属于电感-反电势负载情况。其中 L_d 为包括平波电抗器及电机电枢线圈在内的线路总电感。

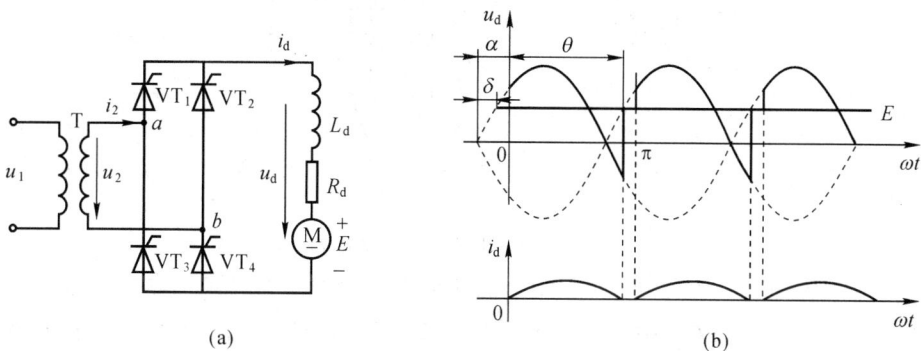

图 7-7　单相桥式全控整流电路(电感-反电势负载)

假设 $\alpha > \delta$ 时触发导通桥式全控整流电路中的一对晶闸管,受电感 L_d 的阻塞作用直流 i_d

从零开始逐渐增长。又正因为电感的作用,当交流电压 u_2 小于电枢反电势 E 后,L_d 上自感电势能帮助维持晶闸管继续导通,甚至在 u_2 为负值时也能使管子不关断,这是串接电感后电路工作的最大特点。电路的电压、电流波形如图 7-7(b)所示。

二、三相可控整流电路

1. 三相半波可控整流电路

(1)电阻性负载

三相半波可控整流电路接电阻性负载的接线图如图 7-8(a)所示。整流变压器原边一般接成三角形,使三次谐波电流能够流通,以保证变压器电势不发生畸变,从而减小谐波。副边为带中线的星形接法,三个晶闸管阳极分别接至星形的三相,阴极接在一起接至星形的中点。这种晶闸管阴极接在一起的接法称共阴极接法。共阴极接法便于安排有公共线的触发电路,应用较广。

三相可控整流电路的运行特性、各处波形、基本数量关系不仅与负载性质有关,而且与控制角 α 关系重大,应按不同 α 进行分析。

1)$\alpha = 0°$

在三相可控整流电路中,控制角 α 的计算起点不再选择在相电压由负变正的过零点,而选择在各相电压的交点处,如图 7-8(b)中的 1、2、3、1、……处。这样,$\alpha = 0$ 意味着在 ωt_1 时给 a 相晶闸管 VT_1 门极上施加触发脉冲 u_{g1};在 ωt_2 时给 b 相晶闸管 VT_2 门极上施加触发脉冲 u_{g2};在 ωt_3 时给 c 相晶闸管 VT_3 门极上施加触发脉冲 u_{g3},等等,如图 7-8(c)所示。

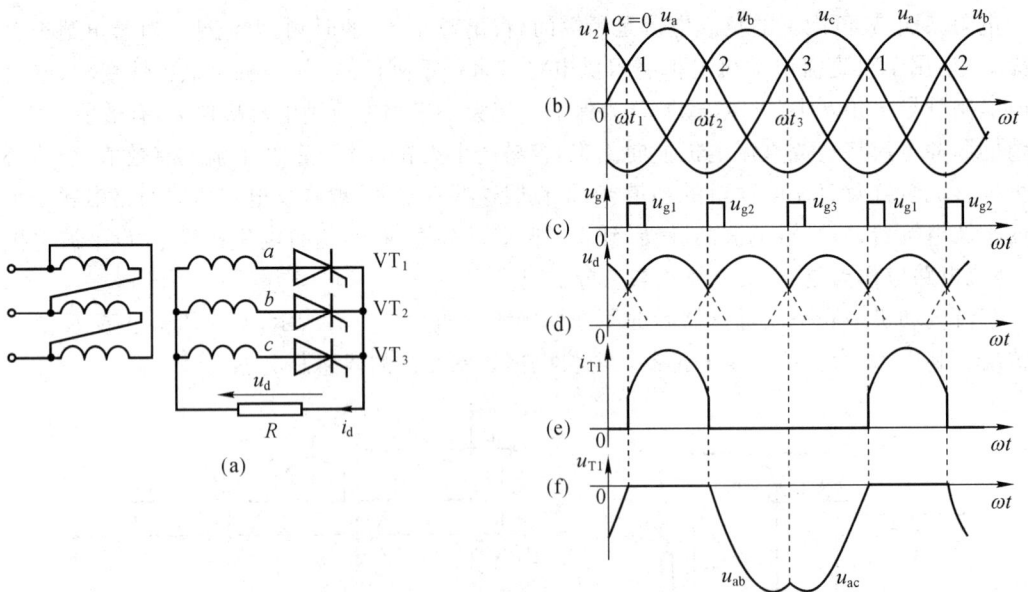

图 7-8　三相半波可控整流电路

输出电压波形如图 7-8(d)所示,a 相上的元件 VT_1 的电流形如图 7-8(e)所示,其余两个管子的电流形分别依次相差 120°。各相的电流为直流脉动电流,所以,三相半波整流电路有变压器铁芯直流磁化问题。晶闸管承受的电压分为三部分,每部分占 1/3 周期。以 VT_1 管上的电压 u_{T1} 为例(图 7-8(f)):VT_1 导通时,为管压降,$u_{T1} = U_T \approx 0$;VT_2 导通时,$u_{T1} = u_{ab}$;VT_3 导通时,$u_{T1} = u_{ac}$。在电流连续条件下,无论控制角 α 如何变化,晶闸管上电压波形总是由这三部分组成,只是在不同 α 下,每部分波形的具体形状不同。在 $\alpha=0°$ 的场合下晶闸管上承受的全为反向阳极电压,最大值为线电压幅值。

2)$\alpha \leqslant 30°$

图 7-9 表示 $\alpha=30°$ 时的波形图。假设分析前电路已进入正常工作,由晶闸管 VT_3 导通。当经过 a 相自然换流点 ωt_0 处,虽 $u_a > u_c$,但晶闸管 VT_1 门极触发脉冲 u_{g1} 尚未施加,VT_1 管不能导通,VT_3 管继续工作,负载电压 $u_d=u_c$。在 ωt_1 时刻,正好 $\alpha=30°$,VT_1 触发脉冲到来,管子被触发导通,VT_3 承受反向阳极电压 u_{ca} 而关断,完成晶闸管 VT_3 至 VT_1 的换流或 c 相至 a 相的换相,负载电压 $u_d=u_a$。由于三相对称,VT_1 将一直导通到 120° 后的时刻 ωt_2,发生 VT_1 至 VT_2 的换流或 a 相至 b 相的换相。以后的过程就是三相晶闸管的轮流导通,输出直流电压 u_d 为三相电压在 120° 范围内的一段包络线。负载电流 i_d 的波形与 u_d 相似,如图 7-9(c)所示。可以看出,$\alpha=30°$ 时,负载电流开始出现过零点,电流处于临界连续状态。

晶闸管电流仍为直流脉动电流,每管导通时间为 1/3 周期(120°)。晶闸管电压仍由三部分组成,每部分占 1/3 周期,但由于 $\alpha=30°$,除承受的反向阳极电压波形与 $\alpha=0°$ 时有所变化外,晶闸管上开始承受正向阻断电压,如图 7-9(e)所示。

3)$\alpha > 30°$

当控制角 $\alpha > 30°$ 后,直流电流变得不连续。图 7-10 给出了 $\alpha=60°$ 时的各处电压、电流波形。当一相电压过零变负时,该相晶闸管自然关断。此时虽下一相电压最高,但该相晶闸管门极触发脉冲尚未到来而不能导通,造成各相晶闸管均不导通的局面,从而输出直流电压、电流均为零,电流断续。一直要到 $\alpha=60°$,下一相管子才能导通,此时,管子的导通角小于 120°,随着 α 角的增加,导通角也随之减小,直流平均电压 U_d 也减小。当 $\alpha=150°$ 时,$\theta=0°$,$U_d=0$,故其移相范围为 150°。由于电流不连续,使晶闸管上承受的电压与连续时有较大的不同。其波形如图 7-10(e)所示。

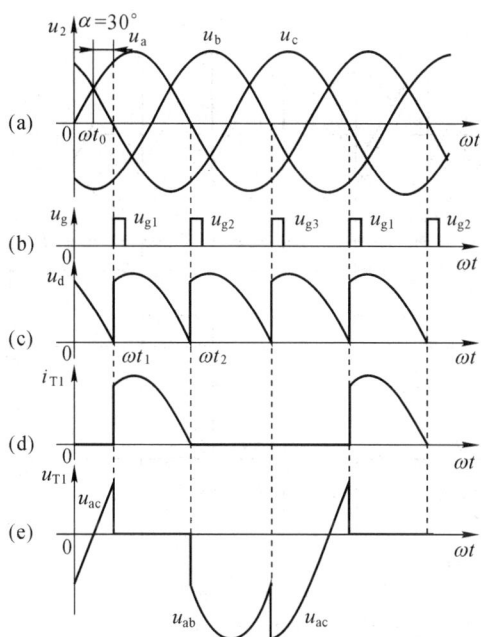

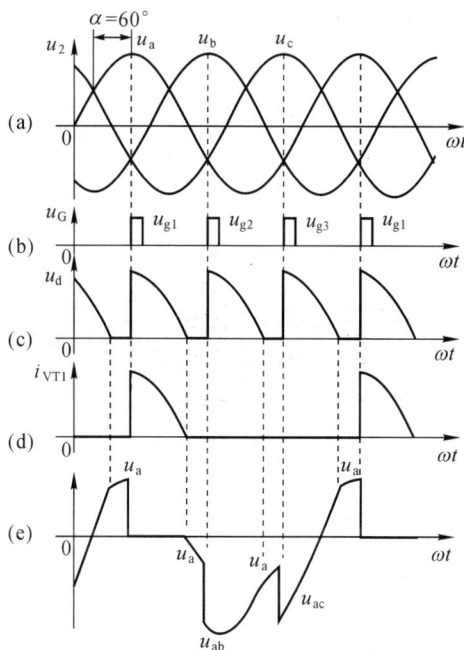

图 7-9　三相半波可控整流电路($\alpha \leqslant 30°$)　　　　图 7-10　三相半波可控整流电路($\alpha > 30°$)

直流平均电压 U_d 计算中应按 $\alpha \leqslant 30°$ 及 $\alpha > 30°$ 两种情况分别处理。

$\alpha \leqslant 30°$ 时，负载电流连续，U_d 的计算如下

$$U_d = \frac{1}{2\pi/3} \int_{\frac{\pi}{6}+\alpha}^{\frac{5}{6}\pi+\alpha} \sqrt{2}\, U_2 \sin\omega t\, d\omega t = \frac{3\sqrt{2}}{2\pi} \sqrt{3}\, U_2 \cos\alpha = 1.17 U_2 \cos\alpha \qquad (7\text{-}13)$$

当 $\alpha = 0$ 时，$U_d = 1.17 U_2$，最大。

$\alpha > 30°$ 时，直流电流不连续，此时有

$$U_d = \frac{1}{2\pi/3} \int_{\frac{\pi}{6}+\alpha}^{\pi} \sqrt{2}\, U_2 \sin\omega t\, d\omega t = \frac{3\sqrt{2}}{2\pi} U_2 \left[1 + \cos\left(\frac{\pi}{6} + \alpha \right) \right]$$

$$= 0.675 U_2 \left[1 + \cos\left(\frac{\pi}{6} + \alpha \right) \right] \qquad (7\text{-}14)$$

晶闸管承受的最大反向电压 U_{RM} 为线电压峰值 $\sqrt{6}\, U_2$，晶闸管承受最大正向电压 U_{TM} 为晶闸管不导通时的阴、阳极间电压差，即相电压峰值 $\sqrt{2}\, U_2$。

(2)电感性负载

电感负载时的三相半波可控整流电路如图 7-11(a)所示。假设负载电感足够大，直流电流 i_d 连续、平直，幅值为 I_d。当 $\alpha \leqslant 30°$ 时，直流电压波形与电阻负载时相同。当 $\alpha > 30°$ 后（例如 $\alpha = 60°$，如图 7-11(b)），由于负载电感 L_d 中感应电势 e_L 的作用，使得交流电压过零时晶闸管不会关断。以 a 相为例，VT_1 在 $\alpha = 60°$ 的 ωt_1 时刻导通，直流电压 $u_d = u_a$。当 $u_a = 0$ 的 ωt_2 时刻，由于 u_a 的减小将引起流过 L_d 中的电流 i_d 出现减小趋势，自感电势 e_L 的极性将阻止 i_d 的减小，使 VT_1 仍然承受正向阳极电压导通。即使当 u_2 为负时，自感电势与负值相电压之和 $(u_a + e_L)$ 仍可为正，使 VT_1 继续承受正向阳极电压维持导通，直到 ωt_3 时刻 VT_2 触发导通，发生 VT_1 至 VT_2 的换流为止。这样，当 $\alpha > 30°$ 后，u_d 波形中出现了负电压区域，同时各相晶闸管导通 120°，从而保证了负载电流连续。所以大电感负载下，虽 u_d 波形脉动很大，甚至出现负值，但 i_d 波形平直，脉动很小。

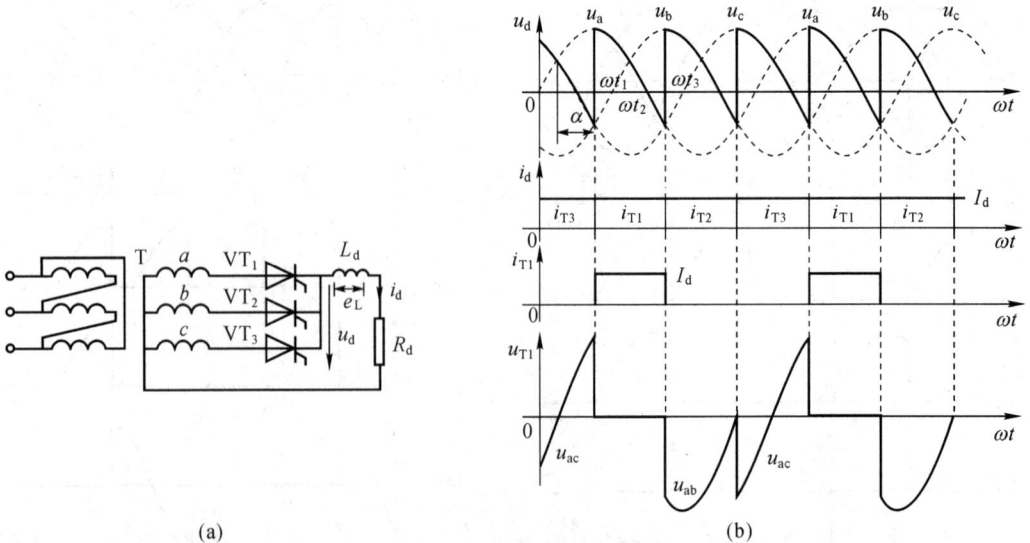

图 7-11　三相半波可控整流电路（电感性负载）

由于电流连续、平稳，晶闸管电流为 120° 宽，高度为 I_d 的矩形波，图 7-11(b)中给出了晶闸管 VT_1 的电流 i_{T1} 波形。其中 ωt_2 至 ωt_3 范围内的一段区域是依靠 L_d 的自感电势 e_L 维持的。晶

闸管上电压波形仍然由三段组成,每段占 1/3 周期,如图 7-11(b)中 VT_1 管上电压 u_{T1} 所示。当 VT_1 导通时不承受电压,$u_{T1}=0$;当 VT_1 关断时,由于任何瞬间都有一其他相晶闸管导通而引来他相电压,使 VT_1 承受相应的线电压。

直流平均电压 U_d 为

$$U_d = \frac{1}{2\pi/3}\int_{\frac{\pi}{6}+\alpha}^{\frac{5\pi}{6}+\alpha} \sqrt{2}U_2\sin\omega t\mathrm{d}\omega t = 1.17U_2\cos\alpha \tag{7-15}$$

当 $\alpha=0°$ 时,$U_d=1.17U_2$,为最大;当 $\alpha=90°$ 时,$U_d=0$;反映在 u_d 波形上是正、负电压区域的面积相等,平均值为零。可见大电感负载下,三相半波电路的移相范围为 90°。

由于晶闸管电流为 120° 宽、高为 I_d 的矩形波,则其平均值为

$$I_{dT}=\frac{1}{3}I_d \tag{7-16}$$

晶闸管电流有效值为

$$I_T=\sqrt{\frac{120}{360}I_d^2}=\frac{1}{\sqrt{3}}I_d=0.578I_d \tag{7-17}$$

变压器副边电流即晶闸管电流,故变压器副边电流有效值为 $I_2=I_T$,晶闸管承受的最大正、反向峰值电压均为线电压峰值 $U_{TM}=\sqrt{6}U_2$。

三相半波可控整流电路只有三只晶闸管,接线简单。与单相可控整流电路相比,输出直流电压脉动较小,输出功率大,三相负载平衡。但三相半波电路也有很多缺陷,首先是变压器副边绕组只有 1/3 周期内有单方向电流流过,绕组利用率低。其次单向脉动电流的直流分量将造成变压器严重直流磁化。为了解决直流磁化引起的较大漏磁通,须加大变压器铁芯截面,增加用铜用铁量。这些缺陷限制了三相半波可控整流电路的应用场合,多限于中等偏小的容量,如 30kW 以下的装置。更大容量时或整流电路性能要求高时,可采用三相半波可控整流电路的串联型式——三相桥式可控整流电路。

2. 三相桥式全控整流电路

工业上广为应用的三相桥式全控整流电路是从三相半波可控整流电路发展起来的,实质上是一组共阴极与一组共阳极的三相半波可控整流电路的串联,故可用三相半波电路的基本原理来分析。

(1)电感性负载

三相桥式全控整流电路主回路接线如图 7-12 所示。三相整流变压器 △/Y 接法,以利于减小变压器磁通、电势中的谐波。整流桥由六只晶闸管组成,以满足整流元件全部可控的要求。由于习惯上希望晶闸管的导通按 1→2→3→4→5→6 顺序进行,则晶闸管应按图示进行标号。分析中假定,$\omega L_d \gg R_d$,为大电感负载,负载电流 i_d 连续平直。

1)$\alpha=0°$

图 7-13 为 $\alpha=0°$ 时,大电感负载下的电压、电流波形。由三相半波可控整流电路分析可知,共阴

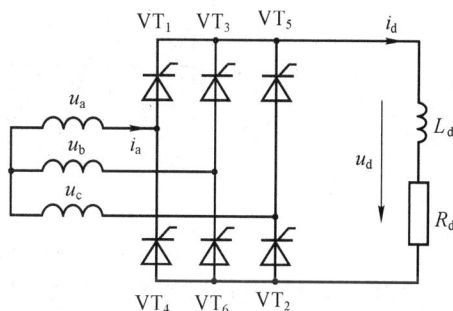

图 7-12 三相桥式全控整流电路

极组(VT_1、VT_3、VT_5)的自然换流点位于图 7-13(a)中的 1、3、5 处,共阳极组(VT_4、VT_6、VT_2)的自然换流点则在 2、4、6 处。$\alpha=0°$ 就是意味着晶闸管在自然换流点处进行换流。当然,换流只

能在同组晶闸管之间进行。为了分析方便,将一个周期按换流点等分为六个区间,每区间为 $60°$。

区间①内,a 相电压 u_a 最高,共阴极组 VT_1 被触发导通;b 相电压 u_b 最低,共阳极组 VT_6 被触发导通。直流电流沿 $a \rightarrow VT_1 \rightarrow L_d$、$R_d \rightarrow VT_6 \rightarrow b$ 回路流通,变压器副边 a、b 两组工作。忽略晶闸管导通时的管压降,加在负载上的直流电压为 $u_d = u_a - u_b = u_{ab}$,即 a、b 相间线电压,如图 7-13(b)所示。

按共阴组所接电压最高时导通,共阳组所接电压最低时导通的规律如下

区间②:$u_d = u_a - u_c = u_{ac}$,即 a、c 相间线电压;

区间③:$u_d = u_b - u_c = u_{bc}$,即 b、c 相间线电压;

区间④:$u_d = u_b - u_a = u_{ba}$,即 b、a 相间线电压;

区间⑤:$u_d = u_c - u_a = u_{ca}$,即 c、a 相间线电压;

区间⑥:$u_d = u_c - u_b = u_{cb}$,即 c、b 相间线电压。

完成六个区间的一个周期后,以后的周期就重复以上过程。

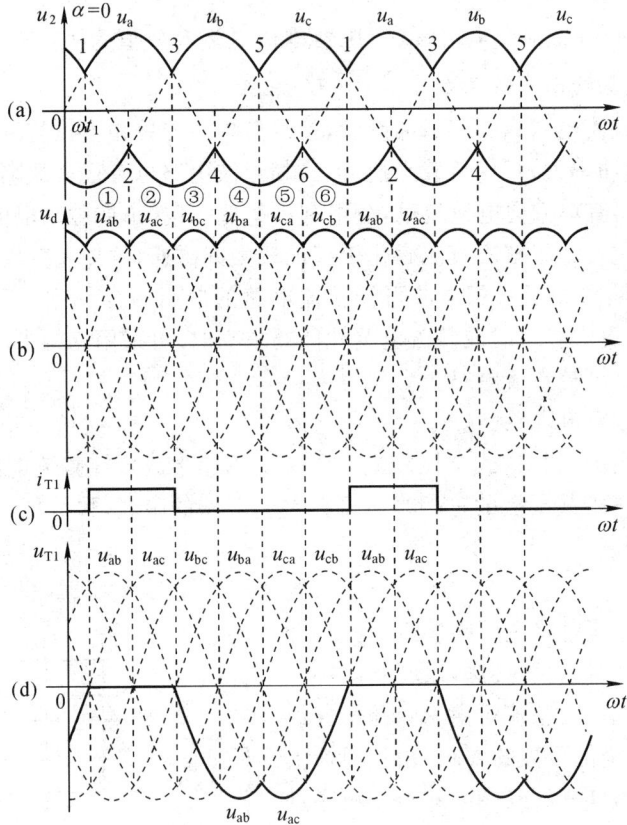

图 7-13　三相桥式全控整流电路波形(电感性负载,$\alpha = 0°$)

三相桥式电路在任何时刻必须有两个晶闸管同时导通,一个在共阴极组,一个在共阳极组以构成回路。这样,负载上获得的是相应相间的线电压。比较相、线电压波形可以看出,相电压的交点与线电压的交点在同一位置上,使得线电压的交点同样也是自然换流点。这样,分析三相桥式全控电路工作过程时,可以直接在线电压波形上根据给定控制角来求取直流电压波形。同时可以看出,三相桥式全控整流电路在一个周期内脉动六次,即有六个波头,故脉动频率为

六倍电源频率,比三相半波时大一倍。

　　三相桥式全控整流电路中,晶闸管的导通顺序或规律为 VT_1、VT_2、VT_3、VT_4、VT_5、VT_6。晶闸管上电流、电压波形与三相半波整流电路一样。以元件 VT_1 为例,在电流连续条件下,i_{T1} 为120°宽的矩形波。u_{T1} 共由三段组成,每段各占 1/3 周期。VT_1 导通时,元件上的电压为管压降,接近于零;VT_1 关断、VT_3 导通时,元件上承受线电压 u_{ab};VT_1 关断、VT_5 导通时,元件上承受线电压 u_{ac}。从图 7-13 可以看到,当 $\alpha=0°$ 时,晶闸管不承受正向阳极电压。其他晶闸管上电流、电压波形与 VT_1 相同,只在相位上有差异。

　　由于三相桥式整流电路每相上、下桥臂上各有一晶闸管元件,使得变压器副边每相绕组中均可在正、反两个方向上流过电流。这样,变压器绕组电流平均值为零,显然无直流磁化问题。

　　2)$0°<\alpha\leqslant60°$

　　当控制角 $\alpha>0°$ 后,每个晶闸管的触发脉冲将延迟至距各自的自然换流点 α 角度处出现,使得各晶闸管在距离自然换流点 α 处才发生换流。正是由于门极的控制作用保证了晶闸管具有正向阻断能力,才能实现整流电路的可控特性。$\alpha>0°$ 时三相桥式电路的工作原理和电压、电流波形,完全可按 $\alpha=0°$ 时那样将一整周期划分为六个区间的方式来进行分析,只是要注意区间的划分不再是以自然换流点为分界,而是对每相晶闸管触发脉冲到来的时刻,即自然换流点后 α 处为界来划分。这种随控制角 α 划分区间分析的结果随 α 角不同而异。图 7-14 为 $\alpha=30°$ 时的整流电路电压波形,其中直流电压 u_d 波形可以直接从线电压 u_{2L} 波形上分析求得。图 7-14 还给出了负载电流 i_d、晶闸管 VT_1 上电流 i_{T1} 及变压器副边电流 i_a 的波形。

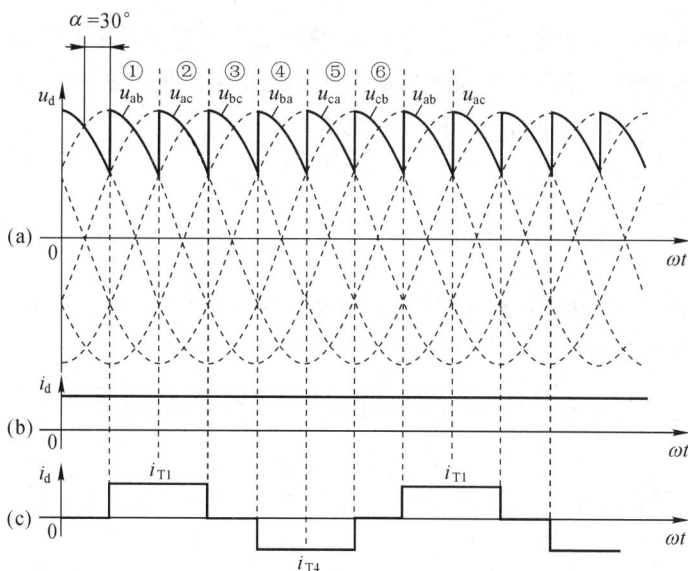

图 7-14　三相桥式全控整流电路波形(电感性负载,$\alpha=30°$)

　　3)$\alpha>60°$

　　$\alpha>60°$ 后,线电压瞬时值将过零变负,此时由于流过负载电感 L_d 中的电流有减小趋势,使得 L_d 上感应出顺晶闸管单向导电方向的自感电势 e_L,这样作用在导通晶闸管对上的阳极电压为 $(u_{2L}+e_L)$。由于负载电感足够大,使得在下一对晶闸管触发导通之前能保证 $(u_{2L}+e_L)>0$,尽管线电压过零变负,仍能保证原导通的晶闸管对继续导通,直流电压 u_d 中出现了负电压波形。直流平均电压 U_d 为一周期内直流电压 u_d 正、负面积之差,使直流平均电压 U_d 减小。图 7-15 为 $\alpha=90°$ 时的 u_d 与 u_{T1} 电压波形。

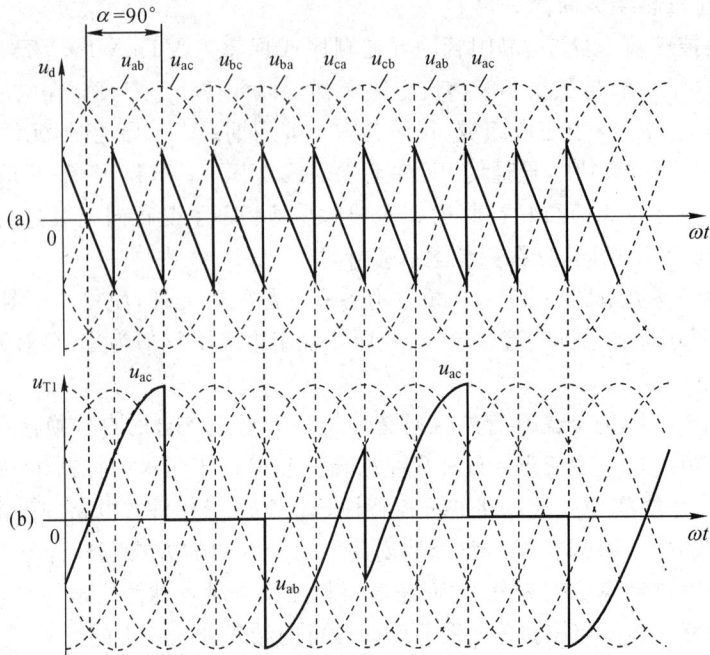

图 7-15　三相桥式全控整流电路波形（电感性负载，$\alpha = 90°$）

4）基本数量关系

由于三相桥式整流电路输出的直流电压 u_d 是线电压波形中的一部分，因此可以直接从线电压着手计算其平均值。又由于在一个周期内 u_d 脉动六次，即每隔 $60°$ 波形重复一次，故计算 U_d 时只要对一个 $60°$ 的重复周期进行积分平均计算即可。

直流平均电压 U_d 计算如下

$$U_d = \frac{1}{\pi/3} \int_{\frac{\pi}{3}+\alpha}^{\frac{2\pi}{3}+\alpha} \sqrt{6}\, U_2 \sin\omega t \mathrm{d}\omega t = 2.34 U_2 \cos\alpha \tag{7-18}$$

由上式可以看出 U_d 为控制角 α 的函数，当 $\alpha = 0°$ 时，$U_d = 2.34 U_2$；当 $\alpha = 90°$ 时，$U_d = 0$。可见三相桥式全控整流电路带电感负载时的移相范围为 $90°$。

晶闸管电流与三相半波时相同，即平均值为 $I_{dT} = \frac{1}{3} I_d$，有效值为 $I_T = \frac{1}{\sqrt{3}} I_d$，变压器副边绕组电流为正、负对称的矩形波电流，其平均值为零，有效值为 $I_2 = \sqrt{\frac{1}{2\pi} \left[I_d^2 \frac{2\pi}{3} + (-I_d)^2 \frac{2\pi}{3} \right]}$

$= \sqrt{\frac{2}{3}} I_d$，晶闸管承受的最大正、反向峰值电压与三相半波时相同，为线电压峰值 $U_{TM} = \sqrt{6}\, U_2$。

（2）电阻性负载

1）$\alpha \leqslant 60°$

设负载电阻大小为 R_d。当 $\alpha \leqslant 60°$ 时，直流电压 u_d 及直流电流 i_d 连续，每个晶闸管导通 $120°$，直流电压、晶闸管上承受的电压等电感性负载时相同。图 7-16 给出了 $\alpha = 60°$ 时的波形图。从图可以看出，$\alpha = 60°$ 是电阻负载下电流连续与否的临界点。当 $\alpha > 60°$ 后，由于线电压过零变负时，无负载电感产生的自感电势保证晶闸管继续承受正向阳极电压，元件即被阻断，输出直流电压为零,电流变为不连续,不再出现电感负载时那种 u_d 为负值的情况。

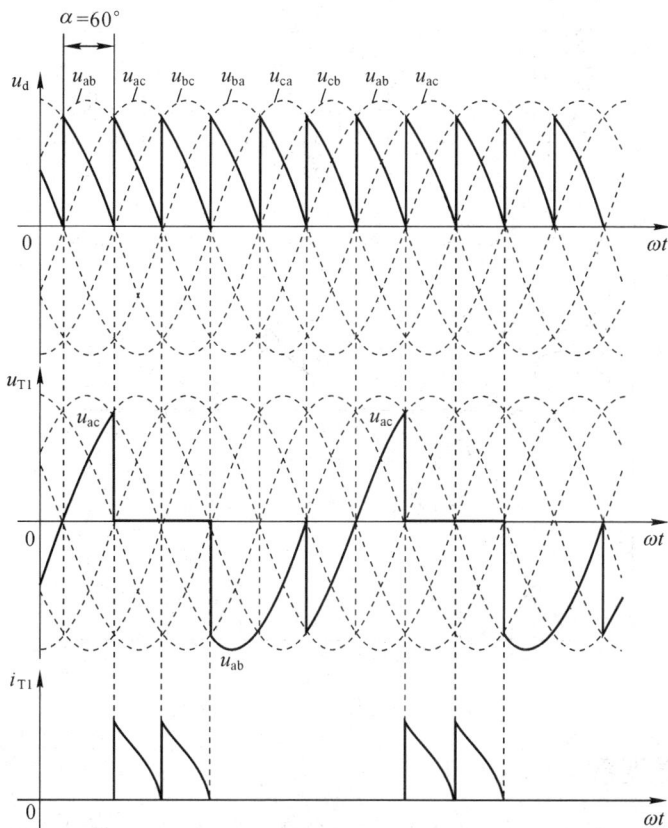

图 7-16　电阻性负载 $(\alpha = 60°)$

2) $\alpha > 60°$

图 7-17 给出了 $\alpha = 90°$ 时的电压波形。从该图可以看出,在 ωt_1 处 $\alpha = 90°$,为 VT_5、VT_1 的换流点,因 a 相电压高于 b 相电压,线电压 $u_{ab} > 0$,晶闸管对 VT_1、VT_6 能被触发导通,直流电压 $u_d = u_{ab}$,直至共阴极自然换流点 $u_a = u_b$ 处,$u_{ab} = 0$ 为止。以后 a 相电压低于 b 相电压,$u_{ab} < 0$,VT_1、VT_6 承受反向阳极电压而关断,输出直流电压 u_d,直流电流 i_d 均为零,电流出现断续现象。到了 ωt_2 时刻,a 相电压高于 c 相电压,线电压 $u_{ac} > 0$,晶闸管对 VT_1、VT_2 被触发导通,直流电压 $u_d = u_{ac}$,直至 $u_{ac} = 0$ 处为止。如此类推,可得到一系列断续的直流电压波形。对于某一晶闸管来说,由于电流断续,一个周期内分两次导通,总的导电角为 $2 \times (120° - \alpha)$。晶闸管上承受的电压波形较为复杂,除了包含电流连续时三种电压($U_T \approx 0$ 的零电压和两种线电压)外,还包含电流断续时的相电压。晶闸管 VT_1 的电流 i_{T1} 及电压 u_{T1} 波形如图 7-17 所示。

三相桥式全控整流电路输出直流电压脉动小,脉动频率高。与三相半波可控整流电路相比,在晶闸管承受相同正、反向峰值电压的条件下,所能输出的直流平均电压要大一倍。由于变压器副边绕组中电流为正、负半波对称的交流电流,一方面使变压器绕组利用率提高一倍,也克服了变压器铁芯直流磁化问题,所以变压器视在容量小,装置功率因数高。此外,三相桥式全控整流电路可以在 $\alpha > 90°$ 后输出瞬时值为负的电压,在一定条件下可以实现电路的有源逆变,所以在直流电机的可逆拖动中应用较广。

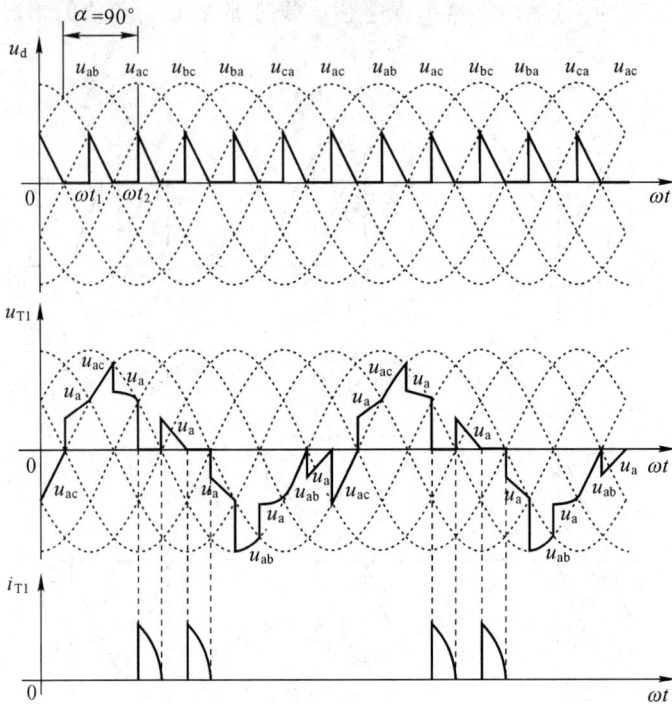

图 7-17　电阻性负载（$\alpha=90°$）

三、换流重叠现象

在前面可控整流电路的分析、讨论中，都认为晶闸管的换流过程是瞬时完成的。以三相半波可控整流电路带大电感负载为例，设负载电流连续、平直，大小为 I_d，则认为导通元件中的电流瞬时地增长至 I_d，关断元件中的电流，即瞬时地从 I_d 下降至零。实际上整流电路中各晶闸管支路总有各种电感，其中主要是变压器的漏感及线路的杂散电感。这些电感可等效成变压器副边回路中一集中电感 L_B，如图 7-18(a) 所示。可以看出，每相支路中 L_B 的存在总是要阻止电流的快速变化，使得实际整流电路中晶闸管的换流不能瞬时完成。即导通元件中的电流不是由零瞬时增大到 I_d，关断元件中的电流也不是由 I_d 瞬时下降为零，这些过程都需要一定时间来完成。这样，流经每个晶闸管的电流波形将为梯形波，如图 7-18(b) 所示。在换流所需的这段时间内，正在导通的管子电流在增长，正在关断的管子电流在衰减，两管处于同时（重叠）导通状态，故称换流重叠现象。

1. 换流压降

以 a 相晶闸管 VT_1 至 b 相晶闸管 VT_2 的换流过程来分析，其电压、电流波形如图 7-18(b) 所示。设 ωt_1 时刻，VT_2 开始被触发导通，b 相电流 i_b 开始从零增长，a 相电流 i_a 开始从 I_d 下降。ωt_2 时刻，i_b 增长至 I_d，i_a 下降为零。这段两晶闸管同时导通的换流重叠时间，折算成电角度为 $\mu=\omega t_2-\omega t_1$，称为换流重叠角。

在换流重叠角 μ 内，晶闸管 VT_1、VT_2 同时导通，可以看作 a、b 两相间发生短路。相间电压差值 (u_b-u_a) 将在两相漏抗回路中产生一假想的短路电流 i_k，如图 7-18(a) 所示。i_k 与换流前每个晶闸管初始电流之和就是流过该晶闸管的实际电流。由于电感 L_B 的阻滞作用，i_k 是逐渐增大的。这样，a 相电流 $i_a=I_d-i_k$ 逐渐减小，b 相电流 $i_b=i_k$ 将逐渐增大。当 i_b 增长到 I_d，i_a 减小

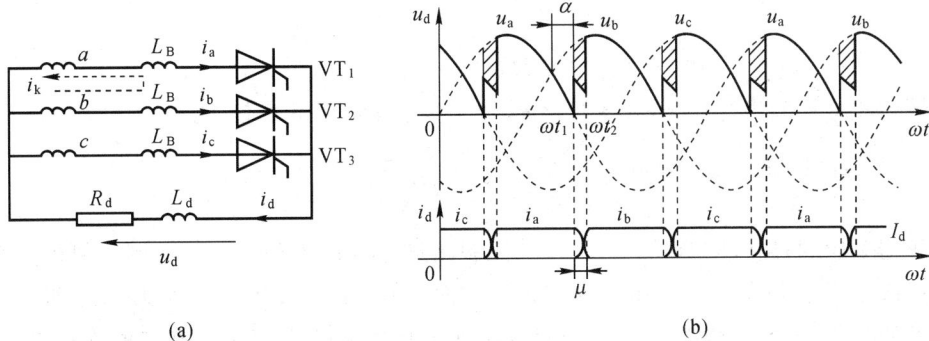

图 7-18　换流重叠现象对可控整流电路电压、电流波形的影响

至零,VT_1 被阻断,完成了 VT_1 至 VT_2 的换流。所以换流重叠过程,也就是换流电流 i_k 从零增长至 I_d 的过程。

在换流期间内,短路电流的增长会在电感 L_B 上感应出电势 $L_B di_k/dt$ 来。对于 a 相而言,$L_B di_k/dt$ 左(—)右(+),b 相 $L_B di_k/dt$ 则左(+)右(—)。如果忽略变压器副边绕组中电阻压降,则 a、b 两相的电压差(u_b-u_a)为两相漏感 L_B 的自感电势所平衡,即

$$u_b - u_a = 2L_B \frac{di_k}{dt} \tag{7-19}$$

而输出直流电压为

$$u_d = u_b - L_B \frac{di_k}{dt} = u_b - \frac{u_b - u_a}{2} = \frac{u_a + u_b}{2} \tag{7-20}$$

上式说明换流重叠期间,直流电压既不是 a 相电压 u_a,也不是 b 相电压 u_b,而是两相电压的平均值,如图 7-18 所示。这样与不计换流重叠角($\mu=0$)时相比,u_d 波形少了一块如图的阴影面积,使直流平均电压 U_d 有所减小。这块面积是由负载电流 I_d 换流引起,面积在一个晶闸管导通期间内的平均值就是 I_d 引起的压降,称换流压降 ΔU_d。为了进行更一般的计算,设整流电路在一个工作周期内换流 m 次,则每个重复部分的持续时间为 $2\pi/m$。阴影面积可以用电压差 (u_b-u_a)$=L_B di_k/dt$ 在 α 至 $(\alpha+\mu)$ 范围内积分求得,即

$$\Delta U_d = \frac{1}{2\pi/m} \int_\alpha^{\alpha+\mu} (u_b - u_d) d\omega t = \frac{m}{2\pi} \int_\alpha^{\alpha+\mu} L_B \frac{di_k}{dt} d\omega t$$

$$= \frac{m}{2\pi} \int_\alpha^{\alpha+\mu} L_B \omega \frac{di_k}{d\omega t} d\omega t = \frac{m}{2\pi} \int_0^{I_d} \omega L_B di_k = \frac{m}{2\pi} \omega L_B I_d = \frac{m X_B}{2\pi} I_d \tag{7-21}$$

式中,m 为一个周期内整流电路的换流次数,对于三相半波,$m=3$;对于三相桥式,$m=6$。$X_B=\omega L_B$,为电感量为 L_B 的变压器每相折算到副边绕组的漏抗,它可以根据变压器的铭牌数据求出。

2. 换流重叠角 μ 计算

换流重叠角 μ 可以通过对式(7-19)的数学运算求得。以 a、b 相自然换流点处为坐标原点,仍以一周期内有 m 次换流的普遍形式来表示,则相电压 u_a、u_b 为

$$u_a = \sqrt{2} U_2 \cos\left(\omega t + \frac{\pi}{m}\right)$$

$$u_b = \sqrt{2} U_2 \cos\left(\omega t - \frac{\pi}{m}\right)$$

由式(7-19)可得

$$\frac{di_k}{dt} = \frac{1}{2L_B}(u_b - u_a) = \frac{1}{2L_B} 2\sqrt{2} U_2 \sin\frac{\pi}{m} \sin\omega t$$

则

$$\mathrm{d}i_k = \frac{1}{\omega L_\mathrm{B}} \sqrt{2}\, U_2 \sin\frac{\pi}{m} \sin\omega t \mathrm{d}\omega t$$

在换流重叠期间进行积分,并进行化简,可得换流重叠角计算公式为

$$\cos\alpha - \cos(\alpha+\mu) = \frac{X_\mathrm{B}I_\mathrm{d}}{\sqrt{2}\,U_2\sin\dfrac{\pi}{m}} = \frac{2I_\mathrm{d}X_\mathrm{B}}{\sqrt{6}\,U_2} \tag{7-22}$$

变压器漏感的存在能够限制短路电流,限制晶闸管的电流上升率,可起到类似在整流电路交流侧进线端串接电抗器的作用,这是好的一方面。但是由于漏抗的存在,使换流期间产生两相重叠导通现象,造成两相相间短路,使电源电压波形出现缺口,造成电网波形畸变,影响整流电路本身及其他用电设备的正常运行。特别是跳变形式出现的电压波形畸变,引起整流电路晶闸管承受较大电压上升率 $\mathrm{d}u/\mathrm{d}t$,当正向的 $\mathrm{d}u/\mathrm{d}t$ 超过断态临界电压上升率时,引起晶闸管误导通。此外变压器的漏感还会使整流电路的功率因数变坏,电压脉动增加。这些都是必须加以注意的实际问题。

四、有源逆变电路

在生产实际中除了需要将交流电转变为大小可调的直流电供给负载外,常常还需要将直流电转换成交流电,这种对应于整流的逆过程称为逆变。变流器工作在逆变状态时,如交流侧接至交流电网上,直流电将被逆变成与电网同频的交流电并反馈回电网,因为电网有源,则称为有源逆变。

1. 有源逆变的工作原理及实现的条件

(1)有源逆变的工作原理

图 7-19 为单相桥式全控电路分别工作在整流及逆变状态下的电能传递关系及波形图。分析中假设平波电抗器 L_d 的电感量足够大,使流过电机电枢绕组的直流电流连续、平直,同时忽略变压器的漏抗、晶闸管压降;电动机理想化为一电势源;L_d、R_d 代表电路的总电感及总电阻。

图 7-19(a)中设电机运行在电动机状态,反电势 E 上(+)下(−)。此时晶闸管变流电路必须工作在整流状态,使输出直流平均电压 $U_\mathrm{d}>0$,亦上(+)下(−),克服反电势 E 的作用,输出直流平均电流 I_d 供给电枢绕组。此时晶闸管控制角 $\alpha=0\sim\pi/2$,且调节 α 使 $U_\mathrm{d}>E$。由于 $I_\mathrm{d}=(U_\mathrm{d}-E)/R_\mathrm{d}$,一般 R_d 很小,为限制 I_d 不过大,必须控制 $U_\mathrm{d}\approx E$。此时,电能由交流电网通过变流电路流向直流电动机侧。从波形图上看,整流状态下晶闸管大部分时间工作在交流电压 $u_2>0$ 的范围。当 $u_2<0$ 后,由于电抗器的自感电势作用,晶闸管仍是承受正向阳极电压而导通。

图 7-19(b)中设电机运行在发电制动状态,反电势 E 极性反向。由于晶闸管元件的单向导电性,决定了电路内电流流向不能倒转,若要改变电能的传递方向,只能改变电压的极性。在反电势极性变反的情况下,变流电路直流平均电压 U_d 的极性也必须反过来,即 U_d 应上(−)下(+),否则反电势 E 将与 U_d 顺串短路。为了使电流能从直流侧送至交流侧,必须 $E>U_\mathrm{d}$,此时 $I_\mathrm{d}=(E-U_\mathrm{d})/R_\mathrm{d}$,为了防止过电流,同样要 $E\approx U_\mathrm{d}$。这时,电能从直流电机侧通过变流电路流向交流电网,实现了直流电能转换成交流电能的逆变。

要使直流平均电压 U_d 的极性反向,可以调节控制角 α。在可控整流电路的分析中已证明,在电流连续的条件下,$U_\mathrm{d}=U_\mathrm{d0}\cos\alpha$($U_\mathrm{d0}$ 为 $\alpha=0$ 时的 U_d 值)。只要保持电流连续,这个 α 角的余弦关系在全部整流和逆变范围内均适用。当 $\alpha=\pi/2\sim\pi$,$U_\mathrm{d}<0$,变流电路工作在逆变状态。

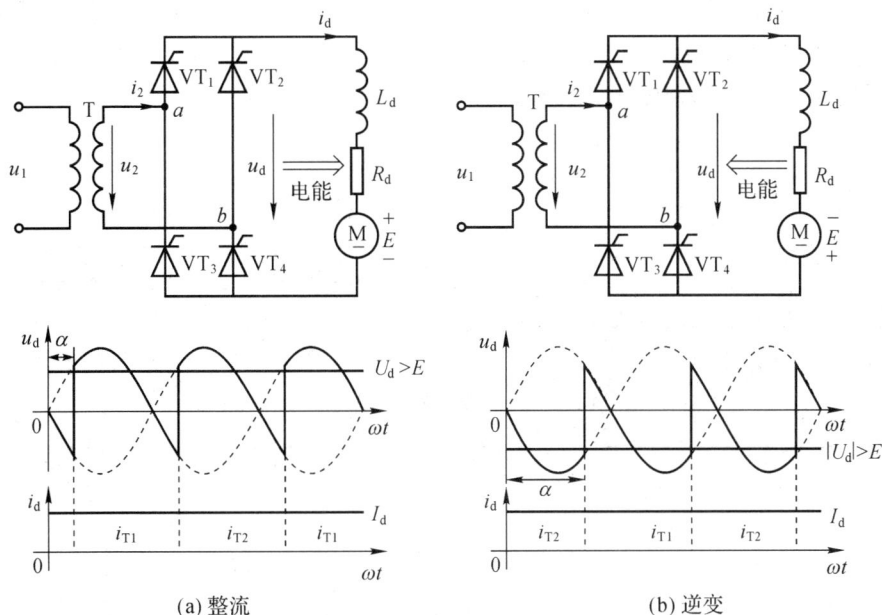

(a) 整流　　　　　　　　　　　　　　(b) 逆变

图 7-19　单相桥式全控电路

（2）逆变产生的条件

以下两个条件必须同时具备才能实现有源逆变：

1）有一个能使电能倒流的直流电势，电势的极性和晶闸管元件的单向导电方向一致，电势的大小稍大于变流电路直流平均电压；

2）变流电路直流侧应能产生负值（按整流时的电压参考方向）的直流平均电压。

2. 三相半波逆变电路

（1）工作原理

图 7-20(a)为共阴极接法的三相半波可控整流电路，供电给一台直流电动机。若电动机运行于发电状态，电机反电势 E 极性反向，呈上（-）下（+）。为了防止直流平均电压 U_d 与反极性的 E 顺串短路，必须使 U_d 亦反向，呈上（-）下（+）极性。此时必须将晶闸管的控制角移至 $\pi/2 < \alpha < \pi$ 范围，图 7-20(b)所示为 $\alpha = 150°$，我们以此讨论晶闸管 VT_1 的导通过程。

当 ωt_1 时刻触发 VT_1 时，虽 $u_a = 0$，但在反电势 E 的帮助下，VT_1 仍承受正向阳极电压而导通。以后即使 $u_a < 0$，也因反电势的作用继续导通。在 $|u_2| = |E|$ 的 ωt_2 时刻之前，直流电流 i_d 处于增长阶段，电抗器 L_d 两端自感电势 e_L 极性左（+）右（-），变流电路给电抗器储能。过 ωt_2 时刻之后，$|E| < |u_2|$，电流 i_d 呈减小趋势，自感电势改变极性，左（-）右（+）。此种极性的 e_L 施加在晶闸管上将使元件继续承受正向电压而导通。由于假设 L_d 电感量极大，足以维持 VT_1 导通至 VT_2 触发导通的 ωt_3 时刻为止。ωt_3 时刻即使 b 相电压 $u_b = 0$，但仍有 $u_b > u_a$，故能完成 VT_1 至 VT_2 的换流，输出直流电压 $u_d = u_b$。以后各晶闸管按此规律轮流触发、导通，循环重复。可以看出逆变电路的工作过程，特别是换流过程是与整流电路相同的。

逆变工作状态下直流电压 u_d 波形如图 7-20(b)所示。当 $\alpha = \pi/2 \sim \pi$ 范围内变化时，u_d 波形有正有负，但负面积总是大于正面积，使直流电压平均值 U_d 为负，其极性上（-）下（+），满足逆变工作要求。由于电机反电势 $|E| > |U_d|$，使直流电流 I_d 自 E 正端输出，至 U_d 负端流入，所以电能自直流侧倒送至交流侧，实现电能的回馈。逆变状态下晶闸管上承受的电压波形仍和三

相半波可控整流电路中分析的相同,由三段组成,每段各占 1/3 周期,即一导通段,波形为管压降,近似为零;两阻断段,波形分别为该管所在相与相邻两相间的线电压。图 7-20(b)给出了 α =150°时晶闸管 VT_1 两端的电压 u_{T1} 的波形。

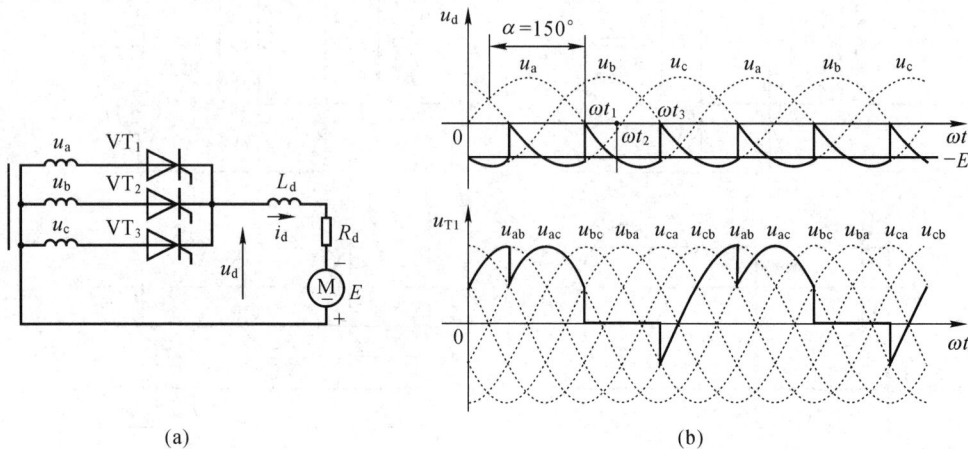

图 7-20 三相半波逆变电路

(2)基本数量关系

三相半波逆变电路是三相半波可控整流电路在控制角 $\pi/2 < \alpha < \pi$ 范围内的运行方式。如果在 $0 < \alpha < \pi$ 范围内均能保持电流连续,每个晶闸管导通角均为 $2\pi/3$,则直流平均电压 U_d 的计算方法与三相半波可控整流电路带大电感时相同,即

$$U_d = \frac{1}{2\pi/3} \int_{\frac{\pi}{6}+\alpha}^{\frac{\pi}{6}+\alpha+\frac{2\pi}{3}} \sqrt{2} U_2 \sin\omega t \mathrm{d}\omega t = 1.17 U_2 \cos\alpha \tag{7-23}$$

为了计算方便,常希望逆变时控制角的大小限制在 $\pi/2$ 范围之内,为此可以采用 α 角的补角 $\beta=\pi-\alpha$ 来表示。β 角称为逆变角,规定以 $\alpha=\pi$ 处作为 $\beta=0$ 的计算起点,向 ωt 减小方向(向左)计量,故有逆变超前角之称。相反,α 角是向 ωt 增大方向(向右)计量,故有整流滞后角之称。由于 $\beta=\pi-\alpha$,则整流工作时 $0 < \alpha < \pi/2$,即 $\pi/2 < \beta < \pi$;逆变工作时 $\pi/2 < \alpha < \pi$,即 $0 < \beta < \pi/2$。在实际运行中为防止逆变颠覆,必须做到 $\beta>0$。

3. 三相桥式逆变电路

三相桥式逆变电路是三相桥式全控整流电路在 $\pi/2 < \alpha < \pi$(对应 $0 < \beta < \pi/2$)范围内作有源逆变的运行方式,因此三相桥式全控整流电路的分析方法在逆变电路分析中完全适用。图 7-21 为三相桥式逆变电路的接线图,为了进行逆变,直流电机应作发电机运行,反电势极性上(−)下(+),与晶闸管的单向导电方向一致。这样,要求直流平均电压

图 7-21 三相桥式逆变电路

U_d 极性也应上(−)下(+),故晶闸管控制角 $\alpha \geqslant \pi/2$ 或 $\beta \leqslant \pi/2$,以便获得反极性的 U_d。为了保证电流平直,应使平波电抗器 L_d 电感量足够大,以下分析就是在电流连续平直的假定下进行的。

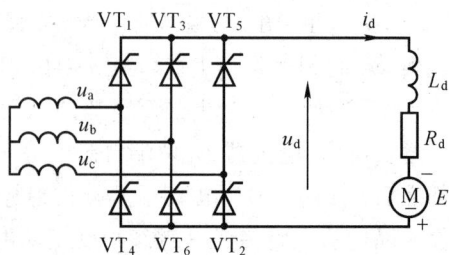

(1)工作原理

三相桥式电路工作时,晶闸管必须成对导通,以便和负载连通构成回路。每个晶闸管导通

$2\pi/3$，每隔 $\pi/3$ 换流一次，元件按 $VT_1 \to VT_2 \to VT_3 \to VT_4 \to VT_5 \to VT_6$ 顺序依次导通。由于导通的一对晶闸管分属共阴极组和共阳极组，使得直流电压瞬时波形 u_d 为线电压波形中 $\pi/3$ 范围内的一段。这样，逆变波形也可直接从线电压波形上进行分析。图 7-22 为三相桥式逆变电路在不同逆变角 β 下的直流电压 u_d 波形，现选用 $\beta = \pi/3$ 的波形进行逆变过程分析。

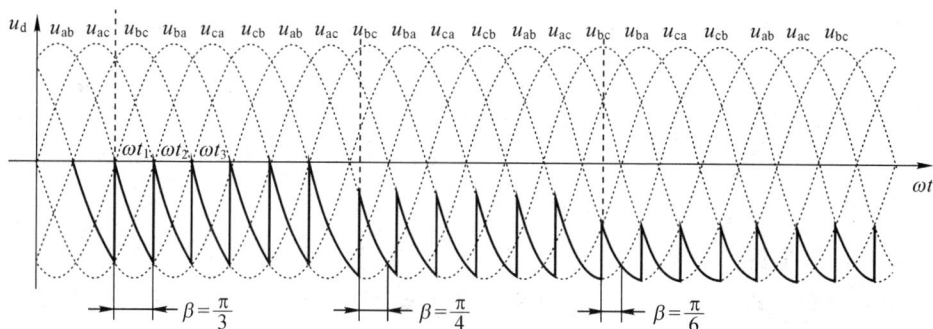

图 7-22　三相桥式逆变电路直流电压波形

设 ωt_1 时刻同时触发晶闸管对 VT_6、VT_1，尽管此时 $u_{ab} = 0$ 以及随后 $u_{ab} < 0$，但在反电势 E 的帮助下，VT_6、VT_1 还是承受正向阳极电压 $(u_{ab} + E) > 0$ 而导通，使直流电压 $u_d = u_{ab}$。由于假设电感 L_d 足够大，电流连续，VT_6、VT_1 将在反电势 E 及 L_d 上自感电势 e_L 帮助下，一直导通到 VT_6 至 VT_2 的换流时刻 ωt_2 为止。在这段导通期间，直流电流 I_d 从电源 E 的正极流出，经 VT_6 流入交流电源 b 相，再由 a 相流出，经 VT_1 回到 E 的负极，故电能从直流电源经逆变后传送给交流电源。

到 ωt_2 时刻触发 VT_2，此时 $u_{ac} > u_{ab}$。尽管 $u_{ac} \leqslant 0$，但在反电势 E 及电抗器的续流作用下，晶闸管对 VT_1、VT_2 仍承受正向阳极电压，使 VT_1 继续保持导通，VT_2 仍能被触发导通，同时关断 VT_6，因而直流电压 $u_d = u_{ac}$。同样，以后依次分别触发 VT_3、VT_4、VT_5、VT_6，直流电压 u_d 将分别等于 u_{bc}、u_{ba}、u_{ca}、u_{cb} 等四段线电压波形。这样，在一个完整周期内，直流电压波形将是由六段形状相同、每段宽 $\pi/3$ 的线电压波形所组成，使得直流电压具有六倍交流电源频率的脉动。

图中还给出了 $\beta = \pi/4$、$\beta = \pi/6$ 时的直流电压 u_d 波形。随着 β 的减小，u_d 波形负值面积增大，平均电压绝对值 $|U_d|$ 增大，逆变运行中将能从直流侧反馈更多能量至交流电网。

在逆变状态下，晶闸管主要承受的是正向阻断电压。逆变状态下承受反向电压的时间长短对晶闸管关断后恢复正向阻断能力起着重要的作用。如果这段时间过短，晶闸管将在正向阻断能力未恢复的条件下重新承受正向阳极电压，此时即使无触发脉冲，管子也会误导通，造成逆变失败。随着逆变角 β 的减小，受反压时间越来越小；当 $\beta = 0$ 时受反压时间为零，元件将无关断时间。可以看出，在逆变工作中必须限定最小逆变角 β_{min}，以确保晶闸管有足够的关断时间。

（2）基本数量关系

1）直流平均电压 U_d

由于三相桥式逆变电路可看作两组三相半波逆变电路串联而成，故直流平均电压应为三相半波时的两倍。假设电流连续，则有

$$U_d = -2.34 U_2 \cos\beta \tag{7-24}$$

2）直流电流

直流电流平均值为

$$I_d = \frac{U_d - E}{R_d} \tag{7-25}$$

其中 R_d 为包括变压器绕组等效电阻、电动机电枢电阻及直流侧回路电阻在内的总电阻。逆变状态时，U_d、E 应代以负值，以考虑极性的变化。

3）晶闸管电流

在感性负载下，每个晶闸管导通 $2\pi/3$，同一接法下的三个元件共同负担直流平均电流，故每个元件的电流平均值为

$$I_{dT} = \frac{1}{3} I_{dT} \tag{7-26}$$

晶闸管电流有效值为

$$I_T = \sqrt{\frac{1}{2\pi} \int_0^{\frac{2\pi}{3}} I_d^2 d\omega t} = \frac{1}{\sqrt{3}} I_d \tag{7-27}$$

4）变压器副边电流

三相桥式逆变电路中，变压器副边相电流为宽度 $2\pi/3$ 的正、负矩形波，平均值为零，无直流分量，有效值为

$$I_2 = \sqrt{2} I_T = \sqrt{\frac{2}{3}} I_d \tag{7-28}$$

三相桥式逆变电路变压器利用率高，无直流磁化问题，电压脉动小。所需电抗器电感量比三相半波时要小，故在大功率有源逆变装置中获得了广泛的应用。

（3）逆变颠覆及其防止

晶闸管电路工作于整流状态时，如果脉冲丢失或快速熔断器烧断，晶闸管触发不导通以及交流电源本身原因造成缺相时，后果只是输出直流电压为缺相波形，平均电压减小，不会造成电路重大事故。但在逆变状态下发生以上情况时，事情要严重得多。逆变时的直流电势可能会通过逆变电路晶闸管形成短路，也可能使直流电势与逆变电路直流电压顺串短路。由于逆变电路中限流电阻很小，将会形成很大短路电流，使逆变电路不能正常工作，造成重大事故。这种情况称为逆变颠覆或逆变失败。逆变颠覆的原因归纳起来大致有：

1）触发电路工作不可靠，造成脉冲丢失或脉冲延时，使得该导通的晶闸管不能导通，该关断的晶闸管一直导通至 $U_d > 0$ 的正半周，致使交流电源与直流电势顺极性串联短路而造成逆变颠覆。

2）触发脉冲正常，晶闸管故障。如断态重复峰值电压裕量不够，正向阻断期误导通，造成输出直流电压 u_d 瞬时变正，也构成交流、直流侧顺极性串联短路，逆变颠覆。

3）交流电源发生故障，如缺相、电源突然消失，但反电势 E 仍存在，晶闸管仍可导通。由于此时没有平衡直流电势的交流电压，反电势将通过晶闸管而被短路，也造成逆变颠覆。

4）当逆变角 β 较小时，由于换流重叠角的影响，造成晶闸管因承受反压时间不够而关不断，导致逆变颠覆。

逆变电路和可控整流电路一样，当考虑交流电源侧的电抗时，如变压器漏抗、线路杂散电抗等，晶闸管的换相不能瞬时完成，同样有一个换流重叠的过程，其机理和整流电路中换流重叠现象一样。惟一的差异是整流过程的换流重叠现象将使输出直流电压 u_d 波形减小一块面积，造成整流电压平均值 U_d 降低。而逆变过程的换流重叠现象将使直流电压 u_d 波形增加一块画有阴影面积的波形，如图 7-23 三相半波逆变电路波形所示。这将造成直流平均电压 U_d 略有提高。

存在换流重叠现象会对逆变运行带来不良后果，可以用共阴极接法三相半波整流电路中

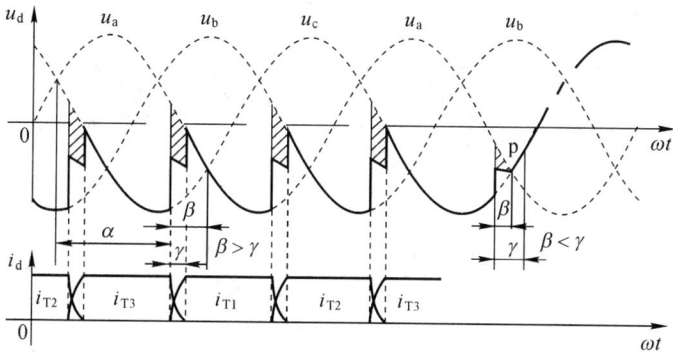

图 7-23　换流重叠现象对逆变电路的影响

晶闸管 VT_3 至 VT_1 的换流来说明。当逆变角 β 大于换流重叠角 μ 时,经过 μ 角后可以发现仍 $u_a > u_c$,说明经过换流重叠期后 VT_1 仍承受正向阳压而导通,VT_3 将承受反向阳压而关断。如果逆变角 β 小于换流重叠角 μ,则当经过自然换流点 P 后将有 $u_a < u_c$。然而换流尚未结束,结果 VT_3 将承受正向阳压而继续导通,VT_1 将承受反向阳压而重新关断,再次 $u_d = u_c$。随着 c 相电压越来越高并转为正值,u_d 将改变极性与反电势 E 构成顺串短路,造成逆变颠覆。因此,为了防止逆变颠覆,逆变角不能太小,必须限制在一个允许的最小角度 β_{min} 内,一般常取 $\beta_{min} = 30° \sim 35°$。逆变电路工作时必须保证 $\beta \geqslant \beta_{min}$。

第二节　交流变换电路(AC-AC)

　　AC-AC 变换是一种可以改变电压大小、频率、相数的交流-交流电力变换技术。只改变电压大小或仅对电路实现通断控制而不改变频率的电路,称为交流调压电路。从一种频率交流变换成另一种频率交流的电路称为交-交变频器,它有别于交-直-交二次变换的间接变频,是一种直接变频电路。

一、交流调压电路

1. 交流调压器基本原理

　　交流调压器是由晶闸管等电力半导体器件构成的交流电压控制装置。常用的交流调压器大多采用晶闸管作为其主电路元件,如图 7-24 所示的是单相交流调压器,(a)图为由两个普通晶闸管反并联而构成的单相交流调压器;(b)图为使用双向晶闸管的单相交流调压器。通过对晶闸管的控制,就可调节输出至负载上的电压和功率。

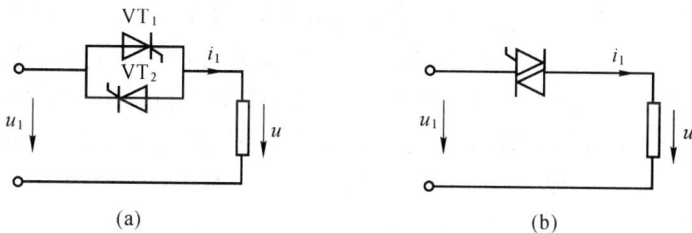

　　　　　(a)　　　　　　　　　　　　　　　　　(b)

图 7-24　晶闸管单相交流调压器

交流调压器通常有以下三种控制方式,其控制原理见图 7-25 所示。

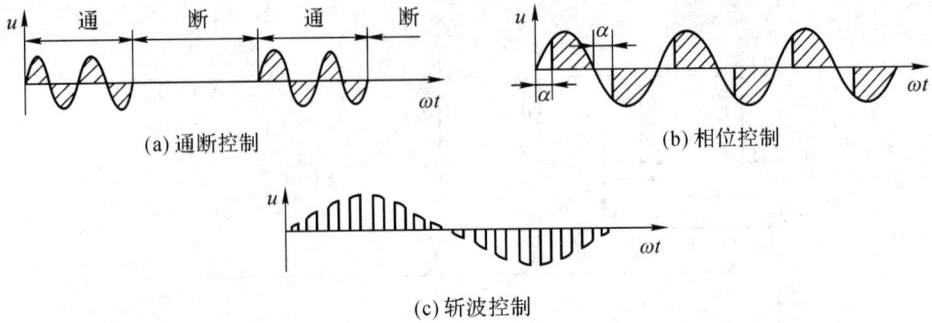

(a) 通断控制　　　　　　　(b) 相位控制

(c) 斩波控制

图 7-25　交流调压器的控制方式

(1)通断控制

通断控制是指通过晶闸管元件的通断将负载电路与交流电源接通几个周波,然后再断开几个周波,以这种方式重复控制晶闸管的通、断,改变接通周波数和关断周波数的比例即可达到调压目的。通断控制时输出电压的波形基本上是正弦的,谐波较小。但由于输出电压时有时无,电压调节是不连续的,波动相当大,当用于异步电机调压调速时,会引起电机转速波动,且电机经常处于重合闸过程,会出现电流冲击现象,危及电路开关元件的安全。因此,通断控制在异步电机调压调速系统中很少使用,一般用于电炉调温等受电流波动影响较小的系统。

(2)相位控制

交流调压的相位控制与可控整流的相位控制类似,在电源电压每一周期中控制晶闸管的触发相位,以达到调节输出电压的目的。相位控制技术方法简单,能连续调节输出电压的大小。但其输出电压波形是非正弦的,具有较多的谐波,在异步电机调压调速中,会在电机中引起附加损耗,产生脉动转矩等问题。

(3)斩波控制

斩波控制是将交流电压波形通过斩波分割成若干个脉冲,各个脉冲宽度相等,改变导通比即可改变调压器的输出电压。斩波控制交流调压器的输出电压能连续调节,且谐波分量很小,基本上能克服相位控制和通断控制的缺点。由于实现斩波控制的调压电路半周内需要实现较高频率的通、断,不能采用晶闸管,须采用高频自关断器件,如 GTR、P-MOSFET、IGBT 等。

在实际使用的交流调压器中,相位控制应用得比较多。下面主要介绍相位控制的单相和三相交流调压器。

2. 单相交流调压器

(1)电阻性负载

单相交流调压器接纯电阻负载时,其输出电压波形如图 7-26 所示。电路的工作原理为:在电源电压的正半周,控制角为 α 时,触发导通晶闸管 VT_1,交流电压的正半周加到负载电阻;而当交流电压为零时,电路中电流也为零,VT_1 关断,负载上无电压和电流。在控制角为 $\pi+\alpha$ 时,触发导通 VT_2,交流电压负半周电压通过 VT_2 加到负载上;当电压再次过零时,VT_2 关断,完成一个周期。重复上述控制周期,即可通过改变 α 的大小而得到可调的交流电压。当 $\alpha=0$ 时,输出电压最大,为电源电压,而 $\alpha=\pi$ 时,输出电压为零,负载上交流电压的有效值 U 和控制角 α 的关系为

$$U=\sqrt{\frac{1}{\pi}\int_\alpha^\pi(\sqrt{2}U_1\sin\omega t)^2\mathrm{d}\omega t}=U_1\sqrt{\frac{1}{2\pi}\sin2\alpha+\frac{\pi-\alpha}{\pi}} \tag{7-29}$$

式中,U_1 为输入交流电压的有效值。

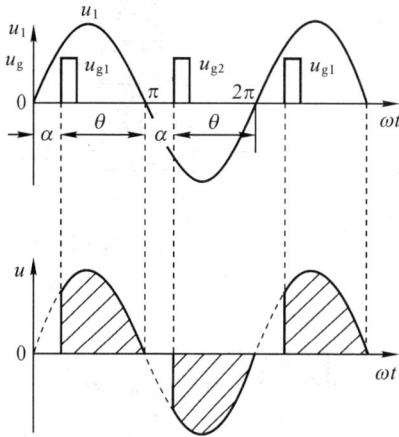

图 7-26　电阻性负载

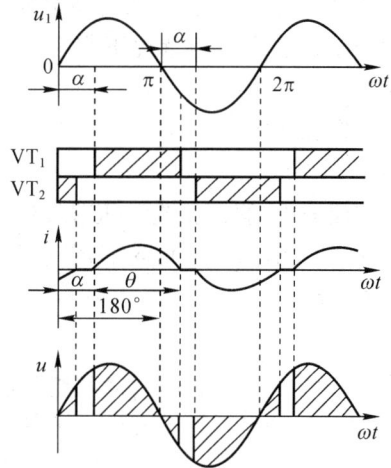

图 7-27　电感性负载

(2)电感性负载

当交流调压器负载为交流电动机,或经过变压器再接至电阻负载时,电路的负载为电感性,其工作情况与对应可控整流电感性负载时相似。当电源电压过零时,由于电感自感电势的影响,电流并不立刻为零,晶闸管的导通要延迟一个角度 γ(称延后角)才能关断。因此,对于带有感性负载的交流调压器中的晶闸管,其导通角 θ 不仅与 α 有关,而且与负载的功率因数角 φ $[\varphi = \arctan(\omega L/R)]$ 有关,负载感抗越大,φ 就越大,自感电势使电流延迟的时间就越长,晶闸管的导通角也就越大。下面按三种情况来进行分析:

1)当 $\alpha > \varphi$ 时,在此情况下,α 的移相范围在 $\varphi < \alpha < \pi$ 之间变化,电流延后角 γ 将小于 α 角,负载电流是断续的,调压器输出电压的有效值将随晶闸管控制角 α 的改变而变化,波形如图 7-27 所示。晶闸管的导通角 $\theta = (180° - \alpha) + \gamma$。

2)$\alpha = \varphi$ 时,晶闸管的导通角 $\theta = 180°$,即正向晶闸管 VT$_1$ 刚关断,反向晶闸管 VT$_2$ 又导通,负载上得到完整的正弦波电压,电流的延后角 $\gamma = (\theta + \alpha) - 180° = \alpha$。

3)当 $\alpha < \varphi$ 时,由于 $\gamma > \alpha$,正向晶闸管 VT$_1$ 中电流尚未过零而关断时,反向晶闸管 VT$_2$ 的触发脉冲已出现,但此时 VT$_2$ 管仍受反压不能导通,待 VT$_1$ 中电流过零关断后,VT$_1$ 即受反压,如这时 VT$_2$ 的触发脉冲仍存在,则 VT$_2$ 导通,输出电压波形为一完整的正弦波。无论晶闸管控制角 α 如何变化,只要 $\alpha < \varphi$,输出电压将不受 α 变化的影响而改变,故称为失控。

由上面分析可知,交流调压器电感性负载时,不能采用窄脉冲触发晶闸管。在 $\alpha < \varphi$ 时如用窄脉冲触发,当 VT$_2$ 触发脉冲出现时,VT$_1$ 仍未关断,VT$_2$ 受反压不能导通;待 VT$_1$ 中电流过零关断,VT$_2$ 受正压时,VT$_2$ 的触发脉冲已消失,故 VT$_2$ 仍不能导通。过一个周期后,VT$_1$ 又被触发导通,而 VT$_2$ 又因到有正压时,触发脉冲已消失而未能导通。这样,使负载上正、负半周的电压不相同,回路中将出现很大的直流分量电流,以致烧毁熔断器或晶闸管。故交流调压器应采用宽脉冲或双脉冲触发,以保证在晶闸管恢复正压后,触发脉冲仍存在,使之能顺利导通。

(3)三相交流调压器

图 7-28 所示的为 Y 型三相交流调压电路,这是一种最典型也最常用的三相交流调压电路,它应满足下列条件:

1）三相中至少两相导通才能构成通路，且其中一相是正向晶闸管导通，另一相是反向晶闸管导通。

2）为了保证在任何情况下都有两个晶闸管同时导通，各晶闸管的触发脉冲宽度应大于 $60°$，或为双窄脉冲。

3）触发脉冲次序是从 VT_1 到 VT_6 相邻触发，脉冲相位互差 $60°$。

为方便分析，假定交流调压器接纯电阻负载（功率因数角 $\varphi=0$），则在不同控制角 α 下，负载相电压和电流的波形如图 7-29 所示。

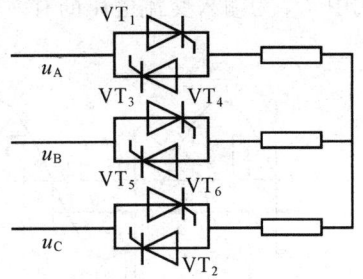

图 7-28 Y 型三相交流调压电路

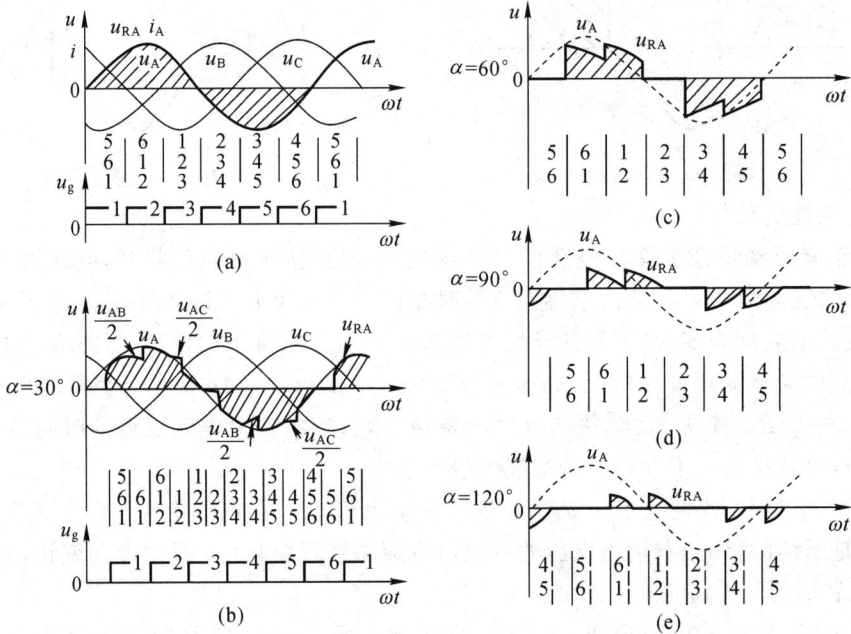

图 7-29 三相交流调压电路输出电压、电流波形（$\varphi=0°$）

（a）图为 $\alpha=0$ 时的波形。当 $\alpha=0$ 时触发导通 VT_1，而后每隔 $60°$ 依次触发 VT_2、VT_3、VT_4、VT_5、VT_6。在 $\omega t=0°\sim60°$ 区间内 u_A、u_C 为正，u_B 为负，因此 VT_5、VT_6、VT_2 能同时导通；在 $\omega t=60°\sim120°$ 区间内 VT_6、VT_1、VT_2 同时导通，……可见任何时刻均有三个晶闸管同时导通，相当于晶闸管全开放的状态，负载上得到的是全电压，各相电压、电流都对称。

（b）图为 $\alpha=30°$ 时的波形。这种情况比前一种情况要复杂，可分区间来进行分析：

$0°\sim30°$：在 $\omega t=0°$ 时，u_A 变正，VT_4 关断，但由于 u_{g1} 未出现（$\alpha=30°$），VT_1 仍无法导通，此间 A 相负载与电源断开，A 相负载电压 $u_A=0$。

$30°\sim60°$：在 $\omega t=30°$ 时，触发导通 VT_1；B 相的 VT_6 和 C 相的 VT_5 仍承受正向电压保持导通。在这段时间内 VT_5、VT_6、VT_1 同时导通，三相都有电流，A 相负载上的电压 u_{RA} 即为电源 A 相电压 u_A。

$60°\sim90°$：在 $\omega t=60°$ 时，u_C 过零，则 VT_5 关断；而 VT_2 无触发脉冲，不能导通，即 C 相负载被断开。三相中仅有两相有电流，有 VT_6、VT_1 仍导通，此时线电压 u_{AB} 加在 R_A 和 R_B 上，故 A 相负载电压 $u_{RA}=u_{AB}/2$。

$90°\sim120°$：在 $\omega t=90°$ 时，VT_2 触发导通，此时 VT_6、VT_1、VT_2 同时导通，A 相的负载电压

又为电源 A 相电压 u_A。

120°~150°：在 $\omega t = 120°$ 时，u_B 过零，则 VT_6 被关断，此时仅 VT_1、VT_2 导通，A 相负载电压 $u_{RA} = u_{AC}/2$。

150°~180°：在 $\omega t = 150°$ 时，VT_3 触发导通，此时 VT_1、VT_2、VT_3 同时导通，$u_{RA} = u_A$。

负半周的分析与正半周相同，从而可得到 A 相负载的电压 u_{RA} 如(b)图的阴影部分波形所示。A 相的电流波形与电压波形的成比例关系。用同样的分析方法可得出 $\alpha = 60°$、90°、120° 时的 A 相电压波形，如图 7-29(c)、(d)、(e)所示。当 $\alpha > 150°$ 时，由于此时 $u_{AB} < 0$，尽管 VT_6、VT_1 都有触发脉冲，仍无法导通，整个调压器均不开通工作，故这种调压电路的控制角的移相范围为 150°。

二、交-交变频电路

交-交变频电路是一种可直接将某固定频率交流交换成可调频率交流的频率变换电路，无需中间直流环节。与交-直-交间接变频相比，提高了系统变换效率。又由于整个变频电路直接与电网相连接，各晶闸管元件上承受的是交流电压，故可采用电网电压自然换流，无需强迫换流装置，简化了变频器主电路结构，提高了换流能力。交-交变频电路广泛应用于大功率低转速的交流电动机调速转动，交流励磁变速恒频发电机的励磁电源等。实际使用的交-交变频器多为三相输入-三相输出电路，但其基础是三相输入-单相输出电路，因此本节首先介绍单相输出电路的工作原理、触发控制、四象限运行特性，输入输出特性等。

1. 基本工作原理

交-交变频器的原理图如图 7-30 所示，它由两组晶闸管变流器和单相负载组成，(a)图电路中接入了足够大的滤波电感，电流近似为矩形波，称为电流型电路；(b)图直接将两组变流器反并联，构成电压型电路。当正组变流器工作在整流状态，反组变流器封锁时，负载上电压 u_0 为上（＋）下（－）；反之，反组变流器处于整流状态，正组变流器封锁时，负载电压为上（－）下（＋），这样，负载上即可得到交变电压。若以一定的频率控制正组变流器和反组变流器交替工作，则负载上交流电压的频率就等于两组变流器的切换频率。但由于交-交变频器输出的交流电压是经晶闸管整流后得到的，因此变频器的输出频率不能高于电网频率，通常最高频率为电网频率的 1/3~1/2。

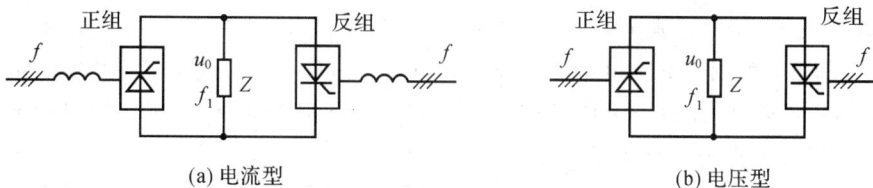

图 7-30　交-交变频器原理图

交-交变频器可根据输出电压波形的不同，分为方波型和正弦波型。通常使用的是导电 120° 的方波型电流源变频器和导电 180° 的正弦波型电压源变频器。单相方波型交-交变频器和正弦波型交-交变频器的输出电压波形如图 7-31 所示。

2. 单相交-交变频电路

对于方波型交-交变频器，给定一个控制角 α，对应一个输出电压，如图 7-31(a)所示，因而在半个周期内平均电压为一固定值 U_d。如果在输出电压的半个周期内使导通组变流器的控制

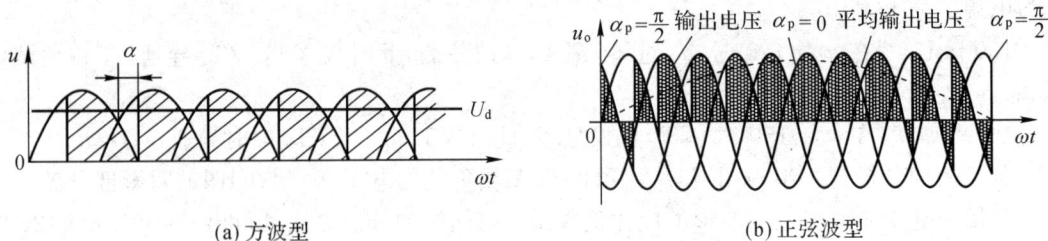

(a) 方波型　　　　　　　　　　　　　　　(b) 正弦波型

图 7-31　交-交变频器输出电压波形

角不是固定值,而是由 $\alpha = 90°$ 逐渐减少到 $\alpha = 0°$,然后再增至 $90°$,则相应变流器的平均输出电压就可以从零变到最大,再减小到零,从而就可以在输出端得到的平均电压为正弦波形的电压。

图 7-32 为三相-单相正弦波型交-交变频器原理图,其工作原理分析如下:

(1)整流与逆变工作状态

如图 7-32 所示的变频器中的正、反两组变流器轮流向负载供电,在一组变流器工作时将另一组

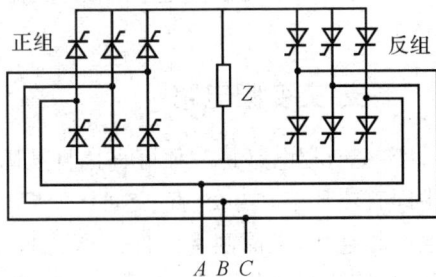

图 7-32　三相-单相正弦波型交-交变频器

封锁(无环流方式),如果忽略输出电压、电流中的高次谐波,而负载一般均为感性,则负载电压和电流的波形如图 7-33 所示,其中 φ 为功率因数角。由图中可见,在负载电流正半周($t_1 \sim t_3$ 区间),正组变流器导通,反组变流器被封锁。在 $t_1 \sim t_2$ 区间,正组变流器导通后输出的电压、电流均为正,故正组变流器向外输出功率,工作于整流状态;$t_2 \sim t_3$ 区间,负载电流方向不变,仍是正组变流器导通,而输出电压却反了向,因此负载向正组变流器输入功率,正组变流器工作于逆变状态。在 $t_3 \sim t_4$ 段,负载电流反向,则反组变流器导通,正组被封锁,负载电压和电流均为负,故反组变流器处于整流状态;在 $t_4 \sim t_5$ 段,电流方向未变,仍是反组导通,但输出电压反向,则反组变流器工作在逆变状态。

从上面分析可知:变频器中的正、反组变流器的导通由电流方向决定,而与电压极性无关,而每组变流器的工作状态(整流或逆变)则是根据输出电压与输出电流是否同极性来决定。

(2)输出电压波形

正弦型交-交变频器的输出电压波形如图 7-34 所示。由(a)图可知,在 A 点 $\alpha_P = 0$,平均电压 U_d 最大。随着 α 的增大,U_d 相应减小,当 $\alpha_P = \pi/2$ 时,$U_d = 0$。半周中的平均输出电压如图中虚线所示,为一正弦波。此时,整流电压上部所包围的面积比下部大,总的功率是由电源供向负载,故正组变流器工作于整流状态。

控制角在 $\pi/2 \sim \pi \sim \pi/2$ 之间变化时,如(b)图所示,则变流器输出平均电压为正弦波的负半周。此时整流电压下部所包围面积比上部大,总的功率由负载流向电源,故正组变流器工作在逆变状态。

反组变流器的输出电压波形如(c)、(d)图所示。当 $\alpha_N < \pi/2$,反组变流器处于整流状态,总的功率由电源输向负载;而当 $\alpha_N > \pi/2$ 时,反组变流器处于逆变状态,此时负载向电源传递功率。由图 7-34 可看出,如改变 α_P 和 α_N 的调节深度,使它们在 $0 < \alpha < \pi/2$ 的范围内进行调节,其输出电压的幅值也会改变,从而可达到调压的目的。

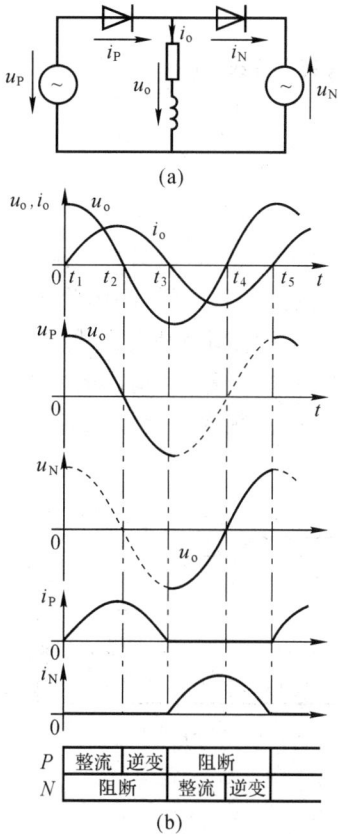

图 7-33　交-交变频器的工作状态

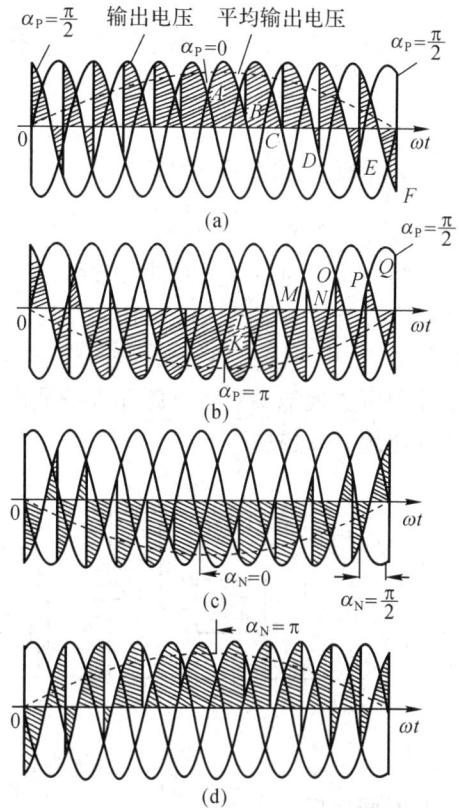

图 7-34　正弦波交-交变频器输出电压波形

由此可得结论：正弦波交-交变频器由两组反并联的可控整流器组成。在运行中，正反两组变流器的 α 角要不断地加以调制，使输出电压为正弦波。同时，正、反两组变流器也需按规定的频率不停地进行切换。

2. 三相交-交变频电路

三相交-交变频电路由三个输出电压相位互差 120°的单相交-交变频电路按照一定方式联接而成，主要用于低速、大功率交流电机变频调速传动。图 7-35 为三相交-交变频电路给交流电机供电时的原理图。

图 7-35 所示的三组交-交变频电路 Y 接，中点为 O；三相交流电动机绕组亦为 Y 接，中点为 O′。由于三组输出联接在一起，电源进线必须采用变压器隔离。这种接法可用于较大容量交流调速系统。

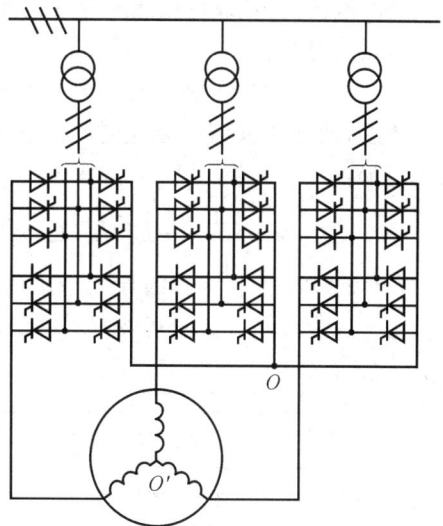

图 7-35　三相交-交变频电路原理图

交-交变频电路使用的电力电子器件较多，如都采用三相桥式电路，单相交-交变频电路需 12 个晶闸管，三相交-交变频电路则需 36 个晶闸管。

第三节　斩波电路（DC-DC）

一、斩波器的基本原理

斩波器的原理图如图 7-36 所示，它在恒定的直流电压下工作，(a)图为晶闸管斩波器，由于使用晶闸管作为主开关元件，因此与交-直-交变频器中的逆变器一样，晶闸管导通后如何可靠关断是此类斩波器的关键所在。在实际晶闸管斩波器中，可采用负载谐振式换流，也可采用强迫换流，其中以强迫换流较为普遍。(b)图所示的是采用自关断元件构成的斩波器，利用驱动电路即可方便地实现主电路元件的通断控制，且斩波器斩波频率可大大提高，目前，此类斩波器的使用已日趋广泛。

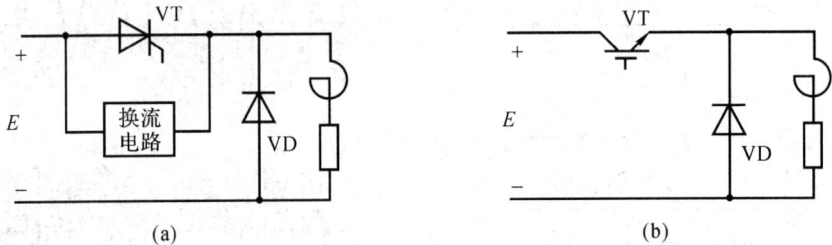

图 7-36　斩波器原理图

1. 时间比控制方式

斩波器的控制方式通常多为时间比控制，即通过改变斩波器的通断时间而连续控制加于负载上的电压，使负载电压能从零变化到电源电压值。时间比控制有以下几种方式。

（1）脉宽控制

图 7-37(a)示出了脉宽控制方式的输出电压波形，此时斩波器的频率是固定的，即周期 T 保持不变，改变斩波器的导通时间 T_{on}，就能控制负载上的电压平均值，负载上电压平均值由下式表示：

$$U = \frac{T_{on}}{T_{on} + T_{off}}E = \frac{T_{on}}{T}E = \alpha E \tag{7-30}$$

式中，$\alpha = T_{on}/T$，为斩波器的导通比。

由于脉宽控制方式的斩波器频率是固定的，因此设计针对谐波的主滤波器就比较方便。

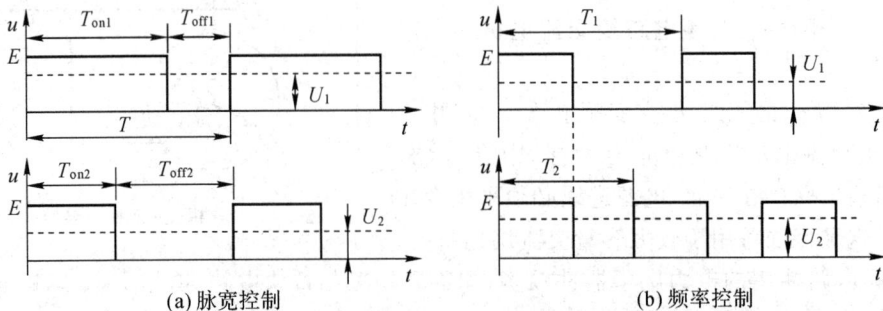

(a)脉宽控制　　　　　　　　　(b)频率控制

图 7-37　时间比控制方式的斩波器输出电压波形

（2）频率控制

频率控制方式时,固定斩波器的开通时间 T_{on},而改变斩波周期 T。其输出电压波形如图 7-37(b)所示,可见斩波器斩波频率越高,则输出电压的平均值就越大。频率控制方式的主电路及控制回路都比较简单,但由于斩波频率在变化,谐波的滤波就比较困难。

（3）综合控制

既改变斩波周期 T 又改变导通时间 T_{on} 的控制方式为综合控制。这种控制方式可以较大幅度地改变输出电压平均值,由于斩波频率仍变化,滤波也比较困难。

2. 瞬时值控制方式

在恒值控制系统中,如恒压控制时,常采用瞬时值控制方式使电压达到恒定电压值,即预先设定电压的上限值和下限值,并与电压反馈的瞬时值进行比较,当电压瞬时值达到上限值时关断斩波器,而当电压瞬时值达到下限值时开通斩波器,从而实现恒压控制。如欲进行恒流控制,则将预先给定量及瞬时反馈量改为电流量即可。恒流的瞬时值控制方式的原理图及波形如图 7-38 所示,当电流瞬时值达到 I_{max} 时,关断斩波器;而电流瞬时值为 I_{min} 时,则开通斩波器,从而使电流在预定的 $I_{min} \sim I_{max}$ 的范围内变化。采用瞬时值控制的斩波器的斩波频率较高,应采用开关速度快的自关断元件来作为斩波器的主电路元件。

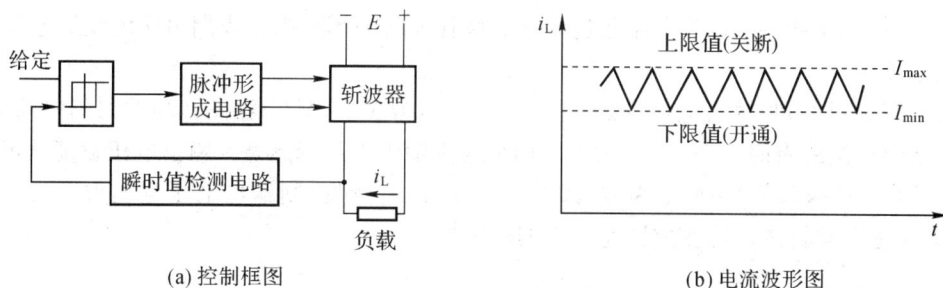

（a）控制框图　　　　　　　　　　　　　　（b）电流波形图

图 7-38　瞬时值控制方式原理图

二、晶闸管降压斩波电路

图 7-39 是主电路元件为晶闸管的降压斩波器主电路,该斩波器常用于城市电车上。其中 VT_1 为主晶闸管,起直流开关的作用;VT_2 为辅助晶闸管,用来控制输出电压的脉宽,并与 C、L_1、L_2、VD_1、VD_2 等组成 VT_1 的关断电路。电路的工作过程如下:

1）接通直流电源,VT_1、VT_2 均未触发导通。电源 E 通过 L_1、VD_1 及负载回路(L_d、R_d)对 C 充电到 E 值,极性上（＋）下（－）。

2）在图 7-40 中的 t_1 时刻触发导通 VT_1,电源通过 VT_1 加到负载电路。由于 VD_1 受反向偏压而截止,此时 C 上的电压不通过 VT_1、L_1 进行放电。

3）在 t_2 时刻触发导通 VT_2,电容通过 VT_2 和 L_1 形成谐振回路,电容 C 放电并反向充电,电压由 $+E$ 变化至 $-E$。充、放电电流波形如图 7-40 中的 $t_2 \sim t_3$ 段,此时,电源仍通过 VT_1 加直流电压至负载。

4）当电容电压 u_C 反向充电至 $-E$ 时,i_C 为零,即 VT_2 中的电流在 t_3 时刻过零,VT_2 关断。C 上的电压通过 VD_1 反向加至 VT_1,使流经 VT_1 的电流很快衰减至零而关断。u_C 此时对于 VT_2 也为反向电压,可保证 VT_2 可靠关断。

5）VT_1 关断后,VD_2 导通,电容 C 经 L_1、L_2、VD_1、VD_2 回路继续谐振。u_C 从 $-E$ 变化到 E,

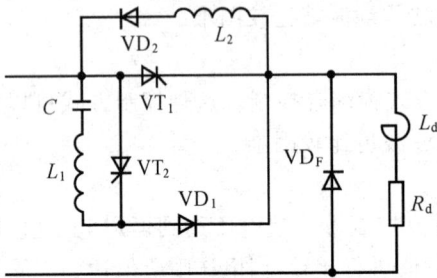

图 7-39　降压斩波器主电路

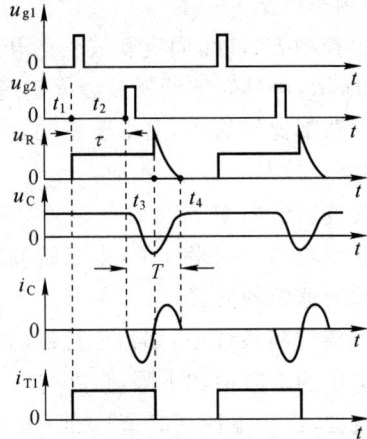

图 7-40　晶闸管降压斩波器波形

当 $u_C = E$ 时，i_C 又为零，见图 7-40 中的 t_4 时刻，此时电源停止向负载输出，在电容、电感谐振时，电源通过 L_1、VD_1 及负载对电容充电，充电电流在负载上形成尖峰电压，如图 7-40 中的 t_3～t_4 段所示。

6)电源停止输出后，负载电流通过续流二极管 VD_F 续流。第二周期再次触发导通 VT_1，又重复上述过程……

从上面分析可知：输出电压的宽度为 $t = t_3 - t_1$，为 VT_1、VT_2 触发脉冲的间隔时间 τ 再加谐振回路固有振荡周期 T 的一半，改变 τ 即可改变输出电压的脉宽。输出电压宽度分可调(τ)和非可调($T/2$)两部分，如使 τ 为零，即 VT_1、VT_2 同时触发，则输出电压宽度为 $T/2$，为不可调的，即脉宽可调斩波器转变成脉宽固定的斩波器。

三、升压斩波器

如图 7-41 所示的即为一种升压型的斩波器，(a)为升压斩波器的原理图；(b)为晶闸管 VT 导通时的等效电路；(c)为 VT 关断时的等效电路。

这是一种利用电感中储能释放时产生的电压来提高输出电压的电路，VT 为自关断器件，电路的工作原理如下：

VT 导通时，电源电压 E 加在电感 L 上，L 开始储能，电流 i_L 增长。同时，电容 C 向负载放电，u_C 是衰减的，而隔离二极管 VD 因受电容 C 所加的反向电压而关断。当 VT 关断时，L 要维持原有电流方向，其自感电势改变极性，和电源电压叠加，使电流进入负载，并给电容 C 充电，u_C 增长。在此过程中，VT 导通期间储存于电感 L 的能量全部释放到负载和电容里，故流经 L 的电流 i_L 是衰减的。图 7-41(d)所示的是电流连续时电路中各处电压、电流波形，图 7-41(e)为电流断续时的各处波形。

假定在电流连续时，不计 i_L 的脉动，则在 VT 导通期间由电源输入到电感 L 的能量为

$$W_{in} = E \cdot I_L \cdot t_{on} \tag{7-31}$$

在 VT 关断期间，电感释放至负载的能量为

$$W_{out} = (U_d - E) \cdot I_L \cdot t_{off} \tag{7-32}$$

根据 $W_{in} = W_{out}$，可得

$$U_d = \frac{t_{on} + t_{off}}{t_{off}} E = \frac{T}{t_{off}} E \tag{7-33}$$

由于 $T>t_{off}$，可知 $U_d>E$，即斩波器可提供比电源电压更高的输出电压，故称为升压斩波器。

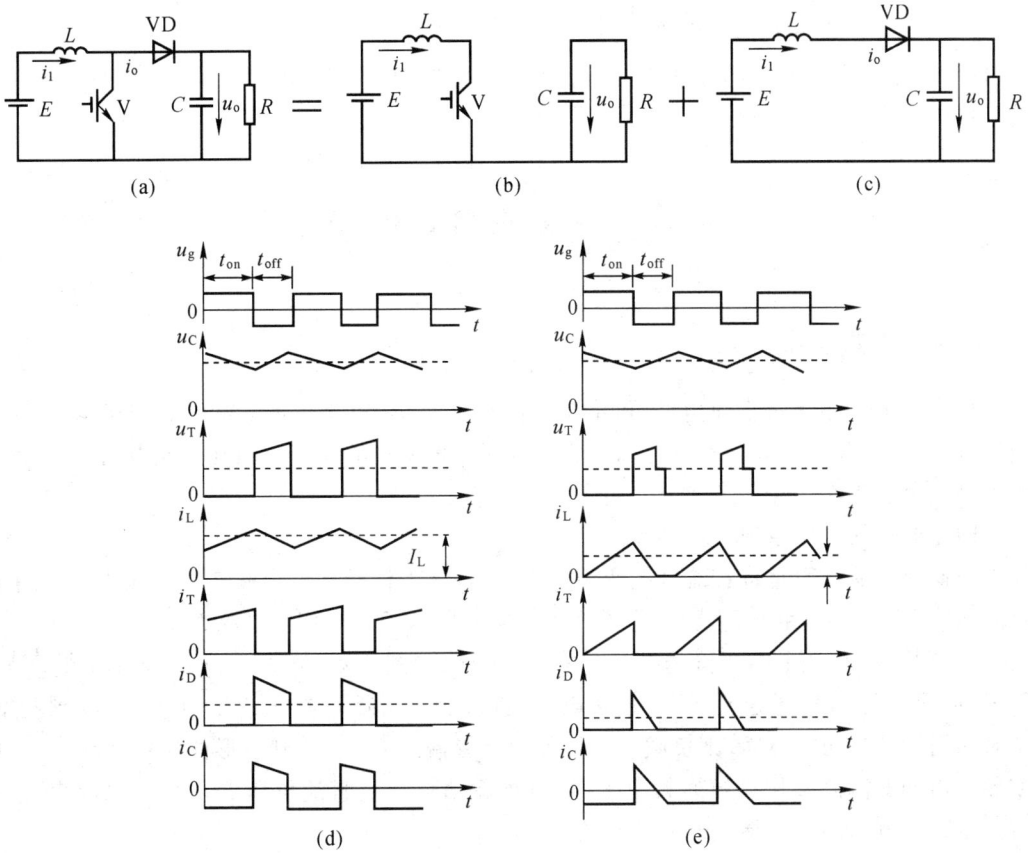

(a)　　　　　　　　　　　(b)　　　　　　　　　　　(c)

(d)　　　　　　　　　　　(e)

图 7-41　升压斩波器原理图及电流、电压波形

四、斩波调阻原理

利用斩波器与固定电阻并联，改变斩波电路的导通比，可以实现电阻值的等效变化。图 7-42 为三相绕线式异步电动机转子串电阻斩波变阻调速的应用。转子绕组相电压经不控整流变换成直流，使所需外接电阻减少至单个 R_{ex}，再在 R_{ex} 上并接降压型斩波器，以调节转子回路电阻大小。

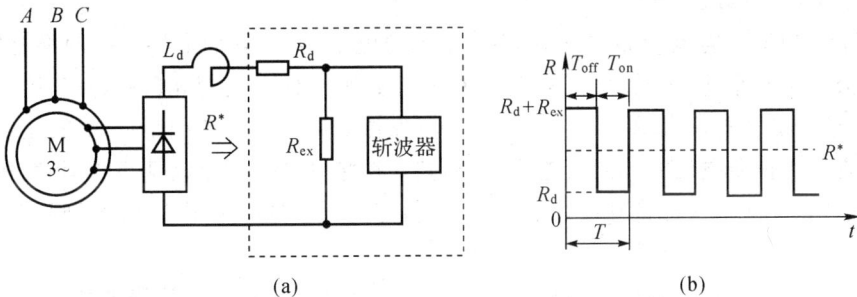

(a)　　　　　　　　　　　　(b)

图 7-42　绕线式异步电机转子串电阻斩波变阻调速

当斩波器关断时，转子回路所接电阻为 R_d+R_{ex}，持续时间为 t_{off}；当斩波器开通时，转子回

路所接电阻为 R_d，持续时间为 t_{on}。这样，一个开关周期 $T = t_{on} + t_{off}$ 内转子回路等效电阻 R^* 为

$$R^* = \frac{(R_d + R_{ex})t_{off} + R_d t_{on}}{T} = \frac{R_d(t_{off} + t_{on}) + R_{ex}(T - t_{on})}{T}$$

$$= R_d + (1 - \alpha)R_{ex} \tag{7-34}$$

由此可见，改变斩波器的导通比 $\alpha = t_{on}/T$ 就可连续改变等效电阻 R^* 的大小，从而实现电机的无级调速。

第四节　逆变电路（DC-AC）

一、逆变电路基础

逆变电路的作用是将直流电源（可由交流电经整流获得）变成频率可调的交流电（又称无源逆变电路）。无源逆变电路不像有源逆变电路那样将变换的能量反馈到交流电网中，而是直接供给交流负载使用。

1. 逆变电路的工作原理

无源逆变器的作用是将直流电能变为交流电能，其工作原理可由图 7-43 来说明。图中的两对晶闸管 VT_1、VT_4 和 VT_2、VT_3 作为开关。当 VT_1、VT_4 导通时，电源 E 通过 VT_1、VT_4 向负载 R 输送电流，负载上的压降为左（+）右（-），如（a）图所示；当 VT_2、VT_3 导通时将 VT_1、VT_4 关断，则电源 E 通过 VT_2、VT_3 输送电流，负载上的压降为左（-）右（+），如（b）图所示。将两对晶闸管轮流切换导通，则负载上便可得到交变输出电压 u_R，其波形如（c）图所示。u_R 的交变频率由两对晶闸管切换导通频率决定，u_R 的幅值可通过直流电压 E 的大小来改变，即可调节产生直流电压的可控整流器的控制角 α 来实现。

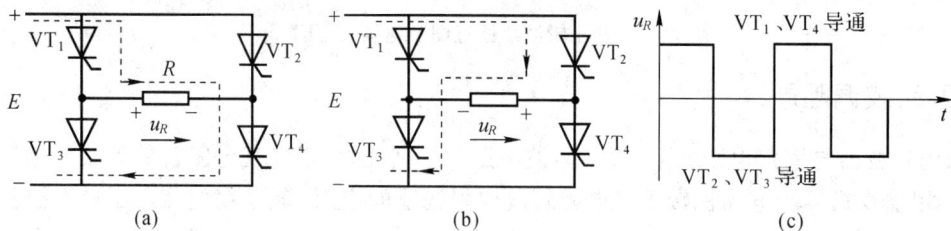

图 7-43　无源逆变器的工作原理

2. 逆变电路的换流方式

无论是全控型电力电子器件，还是半控型电力电子器件，它们的导通控制都比较容易，只要在控制极加正向驱动信号即可使器件导通。但半控型器件晶闸管导通后，其门极就失去控制作用，如导通的晶闸管一直承受正向电压则一直保持导通。如要使图 7-43 中的无源逆变器里的两组一直承受正向电压的晶闸管轮流导通，则应在触发导通一组晶闸管的同时，将另一组已经导通的晶闸管关断。这种将导通的晶闸管关断，使电流换到另一个规定的晶闸管上去的过程称为"换流"。

关断已导通的晶闸管有如下两种方法：一是在电路中串高值电阻，使流经晶闸管的电流降低至其维持电流以下；二是使晶闸管承受负电压，并维持一定时间 t_0，而 t_0 应大于晶闸管的关断时间 t_q。在电路中串高阻的方法不现实，通常采用在晶体管阳极-阴极间施加短时反压的方

法来关断晶闸管。

晶闸管变频器中常用的换流方法有：

(1)电网换流

该方法是利用电网电压有自动过零并变负的特点使晶闸管承受反压而关断,从而实现换流,其过程与可控整流电路一样。此种方法很简单,不需附加换流元件,可应用于交-交变频器中;但不能在交-直-交逆变器中使用,因为此时逆变电路中的电源是极性固定的直流电压。

(2)负载谐振式换流

图 7-44 为负载谐振式换流原理电路及波形。此方法利用负载回路中电阻、电感及电容所形成的振荡特性,使电流自动过零。只要负载电流超前于电压的时间大于晶闸管的关断时间,即能保证原先导通的晶闸管可靠关断,再触发导通另一晶闸管,而实现换流。这种利用负载谐振特性实现晶闸管换流的方法称为负载谐振式换流,它可分为并联谐振换流及串联谐振换流。这种换流方式与电网换流方法一样,主电路不需要附加换流环节,故两者均可称为自然换流。但由于负载电路中的电容、电感都要通过负载电流,所需容量较大,故此方法不经济也不方便,只适用负载及频率变化不大的逆变器。

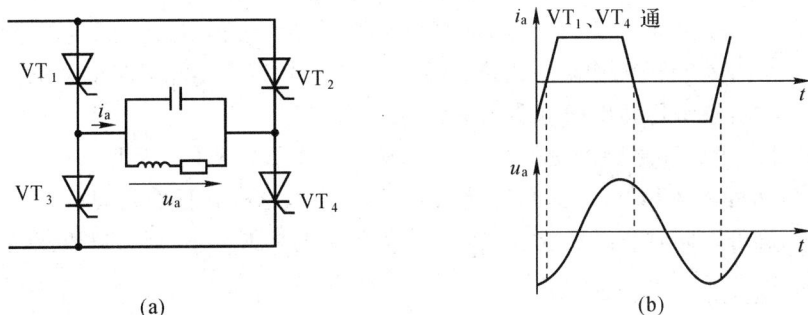

图 7-44　负载谐振式换流电路及波形

(3)强迫换流

上面介绍的换流方法有很大局限性,不能使变流器在任意时刻进行换流。而强迫换流则在电路中附加换流环节,使晶闸管能在任何时刻都能关断,实现换流。换流前换流环节中的储能元件(电容等)先积蓄一定的能量,在换流时刻产生一个短暂的脉冲,使原先导通的晶闸管中电流下降至零,并在此加以反向电压,其持续时间 t_0 应大于晶闸管的关断时间 t_q,使晶闸管可靠关断,故又称此法为脉冲换流。

图 7-45(a)是说明强迫换流原理的线路图。当主晶闸管 VT_1 触发导通后,流经负载 R 上的电流为 $I_R = E/R$。此时电容器被充电至 E,极性左(−)右(+),如(a)图所示。欲换流时,将辅助晶闸管 VT_2 触发导通。此时,主、辅两个晶闸管都导通,进入换流阶段。由于 VT_2 的导通把电容器 C 上的电压 E 加到 VT_1 的两端,使其承受反压而关断。VT_1 关断后,电源经过负载 R 对电容 C 反向充电,电容上的电压经零上升至 E 后,电路进入 VT_2 导通阶段。如重新触发导通主晶闸管 VT_1,则可迫使辅助晶闸管 VT_2 关断。电容上的电压 u_c 变化曲线见图 7-45(b)所示。

在由全控型器件构成的变频器中,可利用 GTR、GTO、P-MOSFET、IGBT 等全控型器件的自关断能力来进行换流。

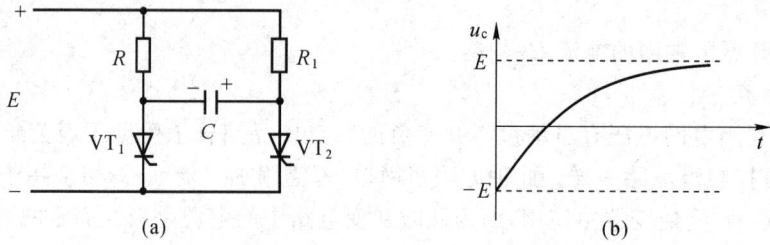

(a)
(b)

图 7-45　强迫换流的换流过程

二、典型的逆变电路

1. 串联电感式电压型逆变器

（1）三相串联电感式逆变器的主电路

如图 7-46 所示，逆变器的主电路由逆变电路和换流电路组成。$VT_1 \sim VT_6$ 为主晶闸管，C_0 为滤波电容，$C_1 \sim C_6$ 为换流电容，$L_1 \sim L_6$ 为换流电感，其中 L_1 和 L_4、L_3 和 L_6、L_5 和 L_2 均为紧密耦合。$VD_1 \sim VD_6$ 为提供无功功率通路的反馈二极管，负载为三相异步电动机。因换流电感是和主晶闸管串联，故常称为串联电感式逆变器。

该电路各晶闸管的导通顺序是 $VT_1 \rightarrow VT_2 \rightarrow VT_3 \rightarrow VT_4 \rightarrow VT_5 \rightarrow VT_6 \rightarrow \cdots\cdots$，各触发信号彼此相差 60°电角度，各相对应的晶闸管导通角互差 120°，这样在任意瞬间都有三个晶闸管同时导通，三相电流可以同时流经负载。改变六个晶闸管的切换频率，就可以改变逆变器输出电压的频率。

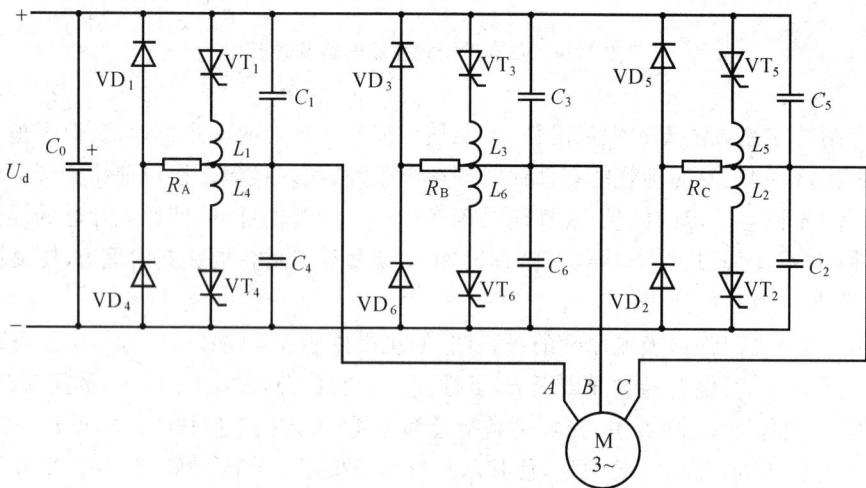

图 7-46　三相桥式串联电感式逆变器

（2）工作原理

三相串联电感式逆变器的换流是在同一相内进行的，即 VT_1 与 VT_4、VT_3 与 VT_6、VT_5 和 VT_2 相互换流。当前一只晶闸管换成后一个晶闸管导通时，前者必须可靠地关断，运行时每条桥臂上只能有一只晶闸管导通，否则会引起电源短路。三相的换流电路和换流过程完全一致，可用 A 相桥臂来分析其换流过程。

1)VT_1 稳定导通阶段

电流路径如图 7-47(a)所示,各点波形见图 7-48 中的 $0\sim t_1$ 段。在此期间,晶闸管 VT_1 导通并流过负载电流 I_A,即 $i_{T1}=I_A$。忽略管压降及电感 L_1 上的压降,A 点电位近似等于 P 点电位。电容器 C_1 上的电压为零,C_4 被充电至电源电压 U_d,极性上(+)下(-),为换流做好准备,此时 X、Y、A 点的电位均为 U_d。

2)换流阶段

在 t_1 时刻触发导通 VT_4,换流电容 C_4 立即经过导通的 VT_4 和 L_4 放电。由于电容器 C_1 和 C_4 上的电压不能突变,故换流电感 L_4 两端出现上(+)下(-)的电压 u_d,而 $L_1=L_4$,且紧密耦合,则 L_1 两端也要感应出相同的电压 U_d,X 点相对 N 点的电位突然升至 $2U_d$,这就等于在 VT_1 上出现了一反向电压 U_d,VT_1 中电流迅速降至零,从而使其关断,电流路径见图 7-47(b)。由于 L_1 和 L_4 全耦合,它们中的总磁通链不能突变,为满足此条件,原来流经 VT_1、L_1 的负载电流又会立即转移到 VT_4、L_4 上来,即 i_{T1} 由 I_A 降至零,而 i_{T4} 从零上升到 I_A。

在 $t_1\sim t_2$ 期间,是 VT_1 关断及换流电容 C_4 进行放电的换流期间,如图 7-47(c)所示。在 C_4 放电、C_1 充电过程中,应满足 $u_{C4}+u_{C1}=U_d$,当 $u_{C4}=u_{C1}=U_d/2$ 时,L_4 和 L_1 上的端电压也均为 $U_d/2$,使 X 点电位下降至 U_d,则 VT_1 所受的反压降至零。从 t_1 开始到此刻的时间即为 VT_1 承受反压时间 t_v,为保证换流成功,必须满足 $t_v>t_q$。当 C_4 放电结束时,$u_{C4}=0$,电感 L_4 上电压也为零,X 点和 A 点电位也都为零,此时通过 VT_4 的电流 i_{T4} 达最大值 I_m,而 C_1 则充电至 U_d。

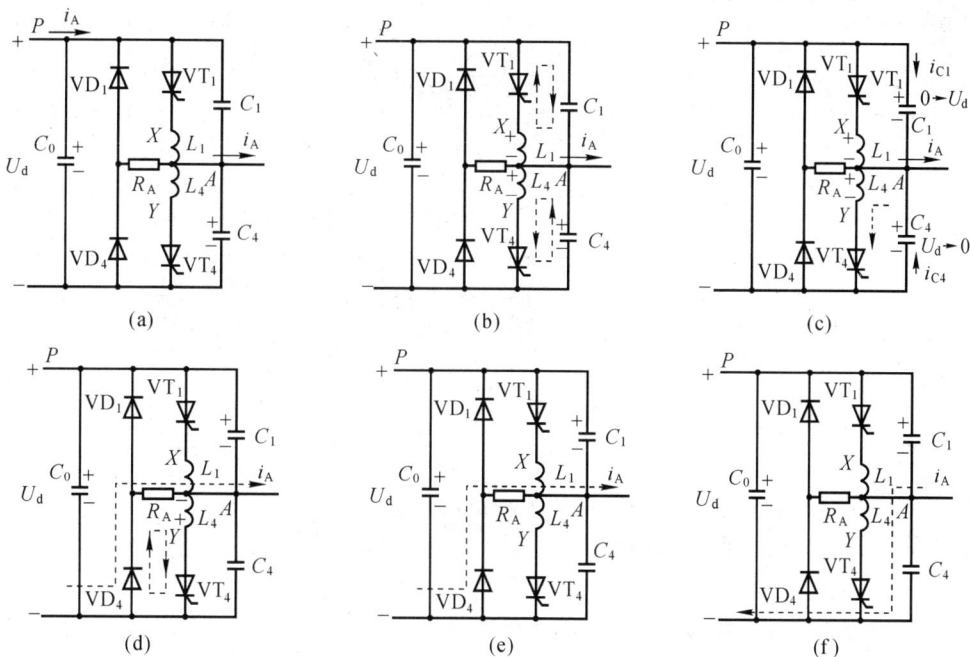

图 7-47 串联电感式逆变器的换流过程

3)环流阶段

在 $t=t_2$ 时,$i_{T4}=I_m$。随后 i_{T4} 下降,在 L_4 两端产生上(-)下(+)的感应电势,见图 7-47(d),从而使反馈二极管 VD_4 受正向电压而导通。在此期间 VD_4 上通过两个电流,一是沿 VD_4、L_4、VT_4 形成的环流,使 L_4 中的能量消耗在放电回路电阻上;二是沿 VD_4、A 相负载、电源回路的电流,将负载电感中的能量反馈到直流电源,即 $i_{D4}=i_A+i_{T4}$,其波形见图 7-48 中 $t_2\sim t_3$ 段。

4)反馈阶段

在 $t=t_3$ 时,环流衰减至零,VT$_4$ 关断,而感性负载电流 i_A 继续维持原来方向,即仍经 VD$_4$ 流通,将负载电感的能量反馈至电源,见图 7-47(e)。当负载电流 i_A 下降至零,整个换流过程即告结束,各点波形如图 7-48 中的 $t_3\sim t_4$ 段所示。

5)负载电流反向阶段

在 $t=t_4$ 时,$i_A=0$,由于触发脉冲宽度大于 90°电角度,VT$_4$ 再次触发导通,负载电流立即反向,见图 7-47(f),此后的各点波形见图 7-48 的 t_4 以后部分。

(3)逆变器输出电压波形

根据不同导通期间的等值电路,可计算各相电压,如表 7-1 所示。

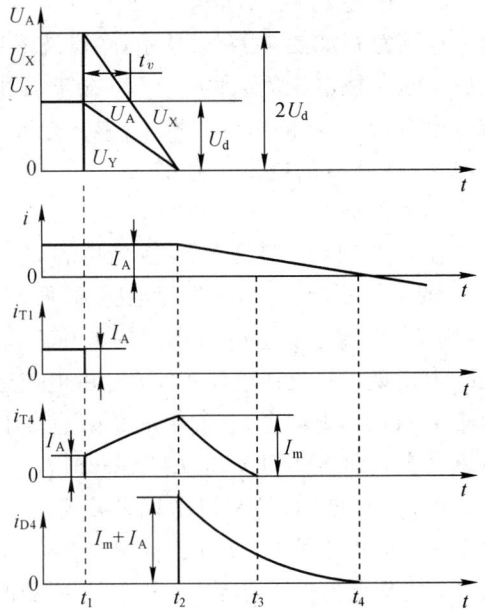

图 7-48　换流时的各点波形

表 7-1　串联电感式电压型逆变器各导通期电压数值

导通期相电压	0°～60°	60°～120°	120°～180°	180°～240°	240°～300°	300°～360°
u_{A0}	$\frac{1}{3}U_d$	$-\frac{1}{3}U_d$	$-\frac{2}{3}U_d$	$-\frac{1}{3}U_d$	$\frac{1}{3}U_d$	$\frac{2}{3}U_d$
u_{B0}	$\frac{1}{3}U_d$	$\frac{2}{3}U_d$	$\frac{1}{3}U_d$	$-\frac{1}{3}U_d$	$-\frac{2}{3}U_d$	$-\frac{1}{3}U_d$
u_{C0}	$-\frac{2}{3}U_d$	$-\frac{1}{3}U_d$	$\frac{1}{3}U_d$	$\frac{2}{3}U_d$	$\frac{1}{3}U_d$	$-\frac{1}{3}U_d$

输出线电压为

$$u_{AB}=u_{A0}-u_{B0}$$

$$u_{BC}=u_{B0}-u_{C0}$$

$$u_{CA}=u_{C0}-u_{A0}$$

画图后可知,相电压为阶梯波,线电压为矩形波。

2. 串联二极管式电流型逆变器

(1)串联二极管式电流型逆变器的主电路

串联二级管式电流型逆变器的主回路如图 7-49 所示。图中 VT$_1$～VT$_6$ 构成三相桥式逆变器,C_1～C_6 为换流电容,VD$_1$～VD$_6$ 为隔离二极管,其作用是使换流回路与负载隔离,防止电容器充电电压经负载放电。隔离二极管与晶闸管串联,故称为串联二极管式换流电路。电路直流侧经大电感 L_d 滤波,使逆变器的输入直流较为平直。

此逆变器为 120°导电型,除换流期间三相通电外,其余时间均只有两只晶闸管导通,负载轮流二相通电。晶闸管的导通顺序为 VT$_1\rightarrow$VT$_2\rightarrow$VT$_3\rightarrow$VT$_4\rightarrow$VT$_5\rightarrow$VT$_6\rightarrow$VT$_1\rightarrow\cdots\cdots$,各触发脉冲间隔 60°,每个晶闸管导通 120°电角度,元件换流在 VT$_1$、VT$_3$、VT$_5$ 间及 VT$_2$、VT$_4$、

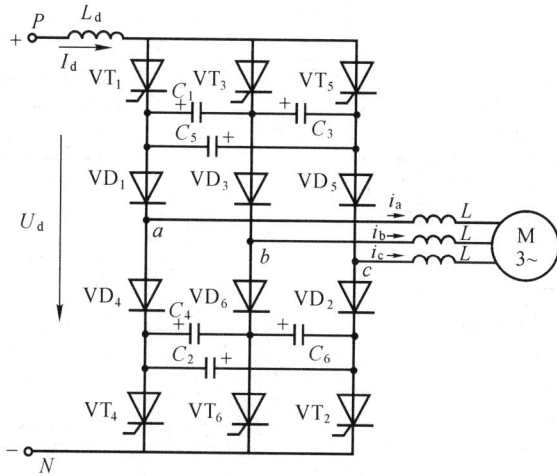

图 7-49　串联二极管式电流型逆变器电路图

VT₆ 间进行。

（2）工作原理

假定原先逆变器中 VT_5、VT_6 导通（即 C 相和 B 相负载通电），现要换流至 VT_6、VT_1 导通（即 A 相和 B 相负载通电），下面介绍 VT_5 至 VT_1 的换流过程。

1）换流前正常运行阶段

VT_5、VT_6 导通，负载电流 I_d 由正电源经 VT_5，通过电机 C 相和 B 相绕组及 VT_6 流至负电源，其路径如图 7-50(a)所示。同时电容器 C_5 也充有一定的电压，极性为左（－）右（＋）。

2）晶闸管换流与恒流充、放电阶段

将 VT_1 触发导通后，即进入此阶段。由于电容器 C_5 两端电压不能突变，VT_1 导通后，C_5 上的电压反向加在 VT_5 两端，使 VT_5 立即关断。而原来的负载电流 I_d 将经 VT_1 和电容器 C_1、C_3 与 C_5 构成的等效电容及二极管 VD_5 继续流通，如图 7-50(b)所示。在等效电容放电至零以前，VT_5 一直承受反压，以保证其可靠关断。在电流源逆变器中通常假定输入负载电流 I_d 是不变的，则 I_d 将对由 C_1 和 C_3 串联、再与 C_5 并联而成的等效电容进行恒流充电，使 C_1、C_3、C_5 电压极性变反。当电容器 C_5 上的电压 u_{C5} 等于负载上电压 u_{AC} 时，二极管 VD_1 开始导通，进行 VD_5 和 VD_1 的换流阶段。

3）二极管换流阶段

在这段时间里 VD_1、VD_5 同时导通，由 C_1、C_3 和 C_5 构成的等效电容 $3C/2$ 与电机 A、C 两组绕组的漏电感 $2L$ 组成串联谐振电路，谐振的固有频率为 $\omega_0 = 1/\sqrt{3LC}$。谐振使 A 相电流从零上升到 I_d，而使 C 相电流从 I_d 下降至零，电流路径如图 7-50(c)所示。换流期间的电流应满足 $i_A + i_C = I_d$。

4）新运行状态

当 $i_A = I_d$，$i_C = 0$ 时，二极管换流结束，进入新的运行状态。此时 VD_5 上承受反向电压而截止，电容器 C_1 上的充电电压为左（＋）右（－），如图 7-50(d)所示，为下一次换流做好准备。

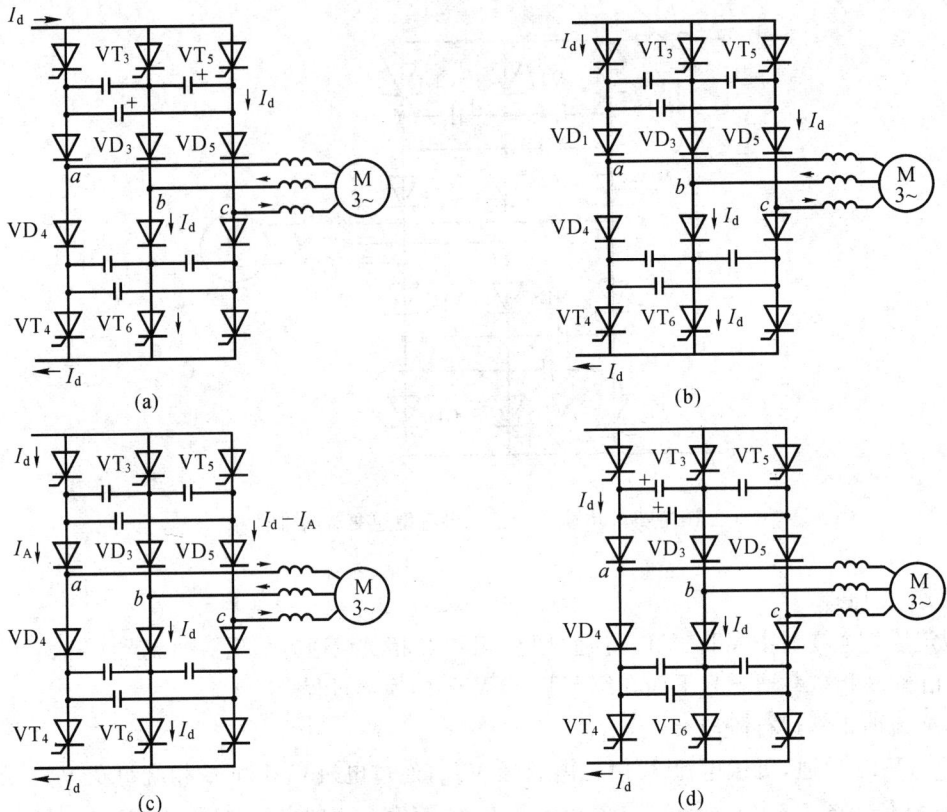

图 7-50　串联二极管电流型逆变器换流过程

3. 电压型逆变器与电流型逆变器的比较

电流型逆变器和电压型逆变器各有其自身的特点,应用范围也不尽相同,两者的特点由表 7-2 来说明。

表 7-2　电流型逆变器和电压型逆变器的比较

变频器类型 比较内容	电流型	电压型
直流回路滤波环节	电抗器	电容器
输出电压波形	决定于负载,当负载为异步电动机时,近似为正弦波	矩形
输出电流波形	矩形	近似于正弦波,有较大的谐波分量
输出动态阻抗	大	小
发电制动	方便,主回路不需附加设备	需在电源侧设置反并联逆变器
过流及短路保护	容易	困难
对晶闸管的要求	耐压高,对关断时间无严格要求	耐压低,关断时间要求短
线路结构	较简单	较复杂
换流要求	不要换流电抗器	经换流电抗器
适用范围	适用于单机拖动,频繁加减速下运行,需经常反向的场合	适用于多机供电不可逆拖动,稳速工作,快速性不高的场合

4. 脉宽调制型(PWM)逆变器

工业生产中许多负载对逆变器输出电压的要求,除了频率可变外还需要电压可调。如异步电动机变频调速系统为了保持电机磁场恒定,以保证电机最大转矩不变,在变频调速的同时必须改变电压的大小。上面所介绍的交-直-交变频器的调压和调频任务可分别由可控整流器和逆变器来完成,控制线路易于实现,便于调整,所以应用较广泛。但是逆变器输出的电压或电流波形不佳,通常为矩形波,含有较大的五次及七次等高次谐波,会对电机运行产生不良影响,如会引起较大的附加损耗,使电机效率降低,温升提高,低速时转速不均匀等。为避免上述不良后果,可采用脉宽调制型(PWM)逆变器,它可同时满足调压、调频及改善波形的双重任务。

(1)基本原理

脉宽调制分单脉冲调制和多脉冲调制。如图 7-51 所示为一单相桥式逆变器,如晶闸管 VT_1、VT_4 同时关断,VT_2、VT_3 同时导通,则 B 点为高电位;反之,A 点为高电位。如 VT_1 到 VT_3 的切换时间和 VT_4 到 VT_2 的切换时间错开,如图 7-51(b)所示,则输出电压可得到调制,图中的 λ 表示 VT_1 和 VT_3 导通时间的差角,改变 λ,即可得出脉宽为 λ 的方波电压。λ 调节范围为 $0°\sim180°$,从而使交流输出电压的幅值可从零调到最大值。

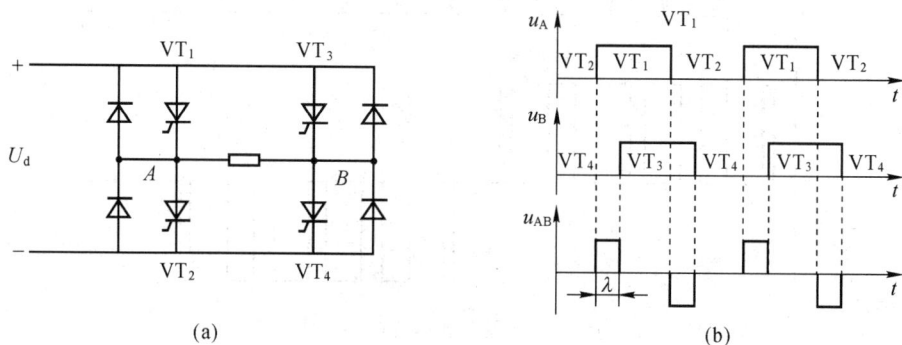

图 7-51 单脉冲调制方法

如果对逆变器的各功率开关元件作适当控制,使每一半周内的输出脉冲数为 N,则可实现多脉冲调制。图 7-52 表示用三角波信号和控制信号比较后产生的调制信号,对逆变器的开关元件进行通断控制来实现多脉冲脉宽调制。图中 u_C 为三角波载波信号电压,u_T 为控制参考信号电压,u 为调制信号电压。图 7-52 中的 u_T 为直流电压,当 $u_T>u_C$ 时,通过脉冲形成电路产生调制脉冲信号 u,u 的宽度取决于 $u_T>u_C$ 的区间大小。如一个周期内有 12 个三角波载波信

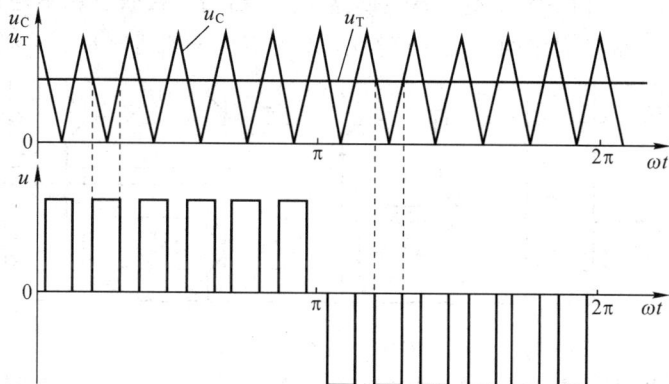

图 7-52 多脉冲脉宽调制方法

号电压,这样在前半周产生 6 个 u 信号去控制逆变器的正向晶闸管元件,后半周产生 6 个 u 信号去控制逆变器的反向晶闸管元件。这样,逆变器就可输出每半周 6 个等宽脉冲的交变电压波形。增加 u_T 的数值,可使脉宽加大,使输出电压幅值也增加;减小 u_T,则脉宽减小,输出电压幅值也减小。

（2）正弦波脉宽调制（SPWM）

等脉宽调制法产生的电压波中高次谐波含量仍较高,为使输出电压波形接近正弦波,可选择一正弦波电压作为控制参考信号电压 u_T,如图 7-53 所示。这样在半周的不同时刻 $u_T > u_C$ 的区间大小不一,因此调制信号电压 u 的宽度也不同,它符合正弦变化的规律,宽度由小到大,再逐渐减小。这种由控制线路按一定规律控制开关元件的通断,从而得到一组按正弦规律变化的等幅不等宽的矩形脉冲的方法称为逆变器的正弦波脉宽调制（SPWM）。

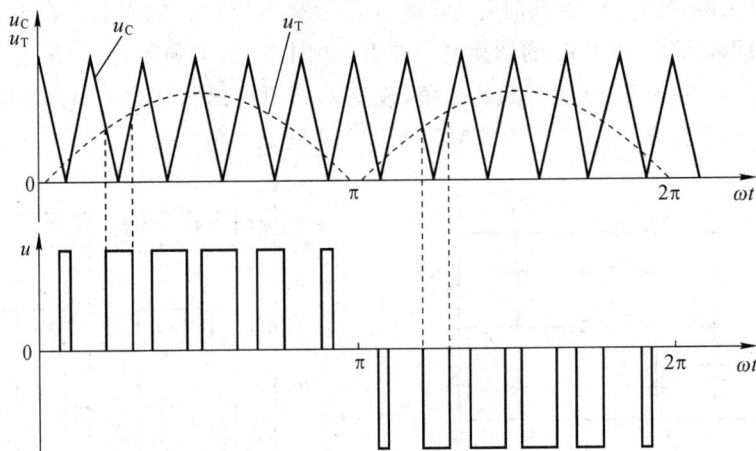

图 7-53　正弦波脉宽调制方法

一般情况下 SPWM 型逆变器主电路开关元件的开关频率比较高,用普通的晶闸管作为开关元件则难以实现较高频率通断,且由于逆变器工作于直流电压下,晶闸管的换流还得另加辅助换流环节。因此,SPWM 型逆变器中常使用 GTR、P-MOSFET、IGBT 等自关断器件,这样,主电路既可工作于较高的通断频率,又省却了强迫换流环节,仅利用驱动电路就可方便地使这些开关元件通断。

（3）三相 SPWM 逆变器主电路

图 7-54 为晶体管三相 PWM 逆变器主回路。逆变器由二极管三相不控整流桥的恒定直流电压供电。滤波电容器 C 起中间能量存储作用,对感应电动机等感性负载,可提供必要的无功

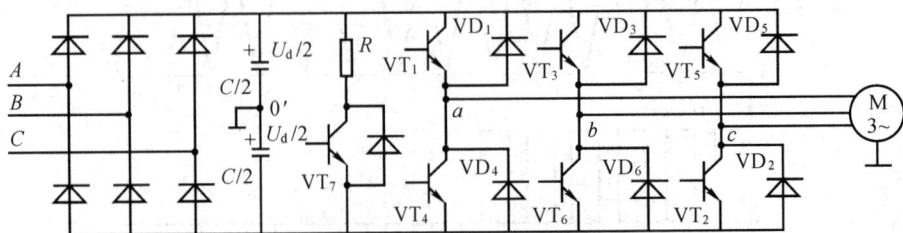

图 7-54　晶体管三相 PWM 逆变器主电路

功率。由于直流电源是二极管整流器,所以能量只能单方向流通,不能向电网回馈能量。因此,当负载工作在再生发电状态时,回馈能量将通过回馈二极管 $VD_1 \sim VD_6$ 向电容 C 充电。但滤

波电容器容量有限,势必将直流电压抬高,为避免这种情况,在直流侧接入放电电阻 R 和晶体管 VT_7。当直流电压升高到某一限定值后,使 VT_7 饱和导通接入电阻 R,将部分能量消耗在电阻上。

这种 PWM 逆变器可采用上述各种脉宽调制方法驱动,而且可以进行高频调制。当采用正弦波调制时,其输出电压波形如图 7-55 所示。

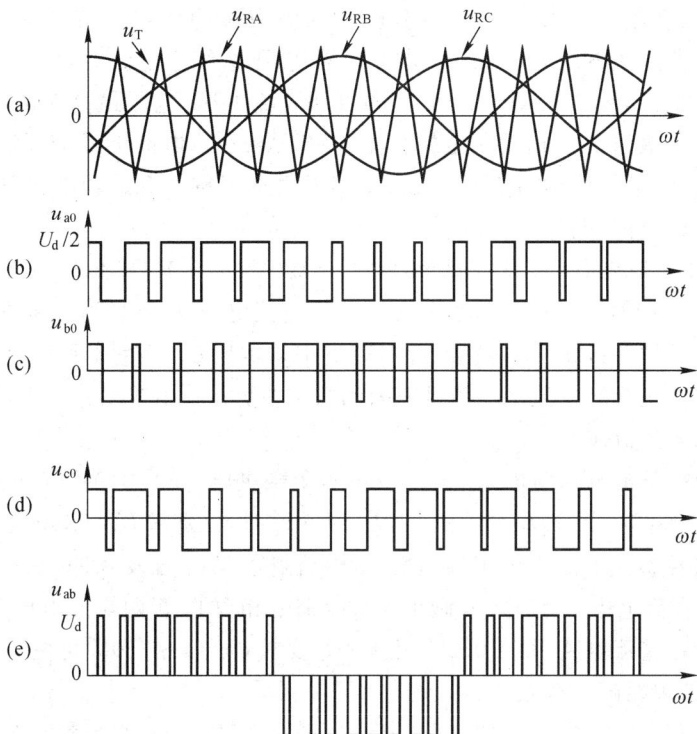

图 7-55　正弦波 PWM 晶体管逆变器的电压波形

设图 7-55(a)中三角波的频率为正弦波频率的 9 倍,当代表某一相的正弦信号电压大于三角波信号电压时,该相上桥臂导通,下桥臂关断,输出电压为整流电压。当代表某一相的正弦信号电压小于三角波信号电压时,该相上桥臂关断,下桥臂导通,输出电压为零,从而得到 a、b、c 三相的电压波形如图 7-55(b)、(c)、(d)所示。而输出线电压 u_{ab} 的波形如图 7-55(e)所示(u_{bc}、u_{ca} 波形与此类似),是脉冲宽度按正弦规律调制的电压波,具有正负的极性,在正负各半个周期都有宽度按正弦规律变化的 9 个脉冲,此脉冲数等于三角波与正弦波频率之比。改变 a、b、c 三相正弦信号电压的频率可以调节输出电压的频率,而改变三相正弦信号电压的幅值,则可以按比例地改变输出电压各脉冲的宽度,也就改变了输出电压基波的幅值。在半周内的脉冲数越多,调制的电压波形就越接近正弦波,其高次谐波成分也就小。

习　题

7-1　某电阻负载要求 $0 \sim 24V$ 直流电压,最大负载电流 $I_d = 30A$,采用单相半波可控整流电路。交流采用 220V 直接供电与用变压器降至 60V 供电是否都满足要求?试比较两种方案的晶闸管导通角、额定电压、额定电流以及对电源要求的容量。

7-2 单相桥式可控整流电路,带电阻-大电感负载,$R_d = 4\Omega$,变压器副边电压有效值 $U_2 = 220V$。试计算当控制角 $\alpha = 60°$ 时的直流电压、电流平均值。如果负载两端并接一续流二极管,其直流电压、电流平均值又是多少?并求此时流过晶闸管和续流二极管的电流平均值、有效值,画出两种情况下的输出电压、电流波形。

7-3 单相桥式全控整流电路,$U_2 = 100V$,负载 $R_d = 4\Omega$,L_d 数值很大,直流电势 $E = 50V$ 顺向依次串联(极性相加)。求 $\alpha = 30°$ 时的输出平均电压和电流,晶闸管电流平均值及有效值。设整流变压器原边电压 $u_1 = 220V$,求变压器初、副边绕组电流有效值。

7-4 大电感性负载上,要求获得 $15 \sim 60V$ 的可调直流电压,电压最高时的电流为 10A,准备采用带续流二极管的单相桥式全控整流电路,从 220V 电网上经变压器供电。根据控制上的考虑,整定最小控制角为 $\alpha_{min} = 25°$。计算此时晶闸管和续流二极管的电流有效值及变压器副边的电流、电压定额。

7-5 三相半波可控整流电路,大电感负载,$U_2 = 220V$,$R_d = 10\Omega$,求 $\alpha = 45°$ 时直流平均电压 U_d,晶闸管电流平均值及有效值,并画出输出直流电压 u_d 及晶闸管电流 i_T 波形。

7-6 上题如负载两端并接续流二极管,此时直流平均电压 U_d 及直流平均电流 I_d 为多少?晶闸管及续流二极管的电流平均值及有效值各多少?并画出输出直流电压 u_d 波形,晶闸管及续流二极管电流波形。

7-7 三相桥式全控整流电路对电阻-电感-反电势负载供电。$E = 200V$,$R_d = 1\Omega$,L_d 数值很大,$U_2 = 220V$,$\alpha = 60°$,当(1)$L_B = 0$ 和 (2)$L_B = 1mH$ 时,分别求 U_d、I_d、换流重叠角 μ。

7-8 三相半波可控整流电路带电阻性负载,a 相晶闸管 VT$_1$ 触发脉冲丢失,试画出 $\alpha = 15°$ 及 $\alpha = 60°$ 时的直流电压 u_d 波形,并画出 $\alpha = 60°$ 时 b 相 VT$_2$ 管两端的电压 u_{T2} 波形。

7-9 三相桥式全控整流电路,$L_d = 0.2H$,$R_d = 4\Omega$,要求 $U_d = 0 \sim 220V$ 可变。试求:

(1)变压器副边相电压有效值;

(2)计算晶闸管电压、电流。如电压、电流裕量取 2 倍,选择晶闸管型号;

(3)变压器副边电流有效值;

(4)计算变压器副边容量;

(5)当 $\alpha = 0°$ 时,电路功率因数;

(6)当触发脉冲距对应副边相电压波形原点何处时,U_d 已为零?

7-10 图 7-19(b)所示单相桥式全控变流电路,若 $U_2 = 220V$,$E = 100V$,$R_d = 2\Omega$,当 $\beta = 30°$ 时能否实现有源逆变?为什么?

7-11 三相半波逆变电路,$U_2 = 100V$,$E = 30V$,$R_d = 1\Omega$,L_d 足够大,保证电流连续。试求 $\alpha = 90°$ 时 $I_d = ?$ 如 $\beta = 60°$ 时,$I_d = ?$ 为什么?

7-12 三相半波变流电路,接反电势-电阻-电感负载。$U_2 = 100V$,$R_d = 1\Omega$,L_d 数值很大,换流电感 $L_B = 1mH$。当 $E = 150V$,$\beta = 30°$ 时,求 U_d、I_d 及换流重叠角 μ,并作 u_d、i_d 的波形。

7-13 试画出三相半波共阳极接法 $\beta = 60°$ 时的 u_d 与 c 相晶闸管 VT$_3$ 上的电压 u_{T3} 波形。

7-14 直流斩波器有哪几种调制方式?画出不同调制方式的输出电压波形。

7-15 若交流调压器带感性负载会出现什么现象?为什么?有何解决方法?

7-16 简述无源逆变器的工作原理及应用,与有源逆变器相比有何异同点?

7-17 试述无源逆变的几种换流方式。负载谐振换流式逆变器和强迫换流式逆变器中的电容器 C 的作用有哪些异同点?

7-18　解释下列概念：

　　(1)无源逆变和变频；

　　(2)串联逆变和并联逆变；

　　(3)负载谐振换流和强迫换流；

　　(4)电压型逆变器和电流型逆变器。

第八章　电机的电子控制

第一节　直流电动机的电子控制

一、直流调速系统基础

机电设备对电动机拖动的要求不仅需要起动、停止、制动等操作,经常还要有平滑调速的要求。直流电动机的调速性能非常好,其调速系统在理论和实际应用两方面都比较成熟,长期以来得到了广泛应用,而且,它还在不断发展。

1. 直流电动机的调速方法

由第一章第四节内容可知,直流电动机的调速方法有三种:①调压调速;②调磁调速;②调阻调速。在直流调速系统中,一般都采用调压调速方法。

2. 开环调速系统与闭环调速系统

(1)开环控制系统

若系统的输出量不被引回来对系统的控制部分产生影响,这样的系统统称为开环控制系统。图 8-1 为数控加工机床开环控制框图。此系统的输入量为加工程序指令,输出量为机床工作台的位移,系统的控制对象为工作台,执行机构为步进电动机和传动机构。由图可见,系统无反馈环,输出量并不返回来影响控制部分,因此是开环控制。开环控制系统无反馈环节,结构简单,系统稳定性好,成本较低。在系统输出量与输入量之间关系固定,系统内部参数、外部负载等扰动因素影响不大,或这些扰动因素产生的误差可预计确定并能进行补偿的情况下,应尽可能采用开环控制系统。

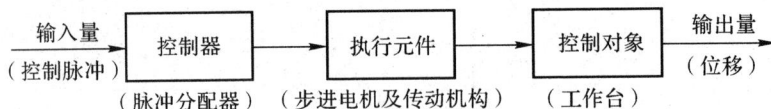

```
输入量                                                              输出量
（控制脉冲）→ 控制器 → 执行元件 → 控制对象 → （位移）
           （脉冲分配器）（步进电机及传动机构）（工作台）
```

图 8-1　开环控制系统示意图

(2)闭环控制系统

通过反馈环节将控制对象的输出信号(被调量)引回到输入端,与给定值进行比较,得到差值信号,再将差值信号经放大后去控制被控对象的输出。这样的系统称为闭环控制系统,又称为反馈控制系统。图 8-2 为直流发电机自动调压系统。该系统在 RP_2 上取得直流发电机 G 的输出电压 U 的反馈信号,其电压调整过程可为:当负载下降,而使发电机端电压升高时,反馈电压 U_f 增加,给定电压 U_g 不变,则差值电压 ΔU 减小,经运放后,励磁电流 I_f 减小,使输出端电压 U 下降,从而保持了发电机端电压的不变;而当负载增加时,其自动调节过程相反。

闭环控制系统中的反馈控制可以对系统的输出差值进行自动补偿,这是闭环控制系统的突出优点。相对开环控制系统而言,闭环控制系统要增加检测、比较等环节,使系统变得复杂,

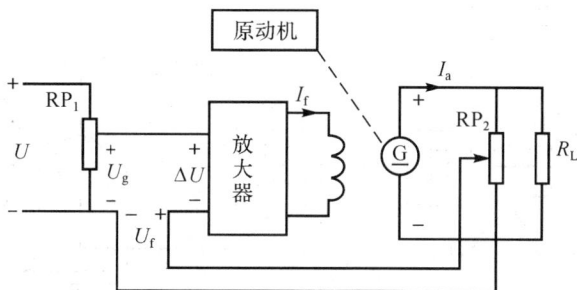

图 8-2　直流发电机自动调压系统

成本提高,同时会使系统的稳定性变差。因此,在使用闭环控制系统时应注意、并解决这些问题。

3. 有静差调速系统和无静差调速系统

(1)有静差调速系统

在如图 8-3 所示的直流调速系统中,若放大器采用比例放大器,则该系统对于给定量 U_g 来说,便是有静差调速系统,这是因为这种调速系统在稳态时,反馈量与给定量不等,即存在着偏差 ΔU,此 $\Delta U = U_g - U_{fn} \neq 0$。有静差调速系统是通过偏差 ΔU 的变化来进行调节的。系统的反馈量只能减小偏差 ΔU 的变化,而不能消除偏差,即 ΔU 始终不能为零。若偏差 $\Delta U = 0$,比例放大器输出 $U_k = 0$,晶闸管整流器输出电压 $U_d = 0$,电动机将停止转动,系统无法正常工作。因此,有静差调速系统是依靠 $\Delta U \neq 0$。

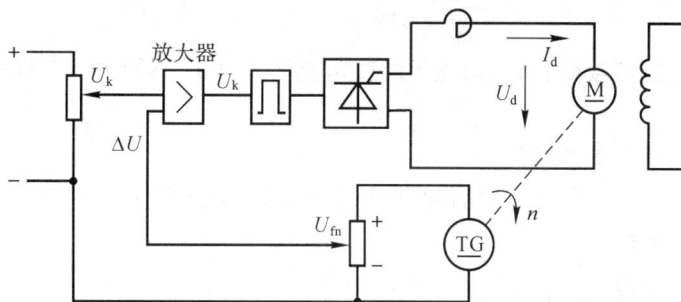

图 8-3　有静差直流调速系统

(2)无静差调速系统

如图 8-4 所示的系统是无静差直流调速系统。由图可见,给定电压 U_g 与测速发电机 TG 的输出电压 U_{fn} 之差 ΔU,经放大后所得的电压 U_s,加在伺服电动机 SM 的两端,使伺服电动机 SM 转动,带动电位器 RP_2 的滑动端,去调节晶间管变流器的触发控制电压 U_k,进而改变晶闸管变流器的输出电压 U_d,以调节电动机的转速 n(即系统的输出量)。当转速 n 因某种原因(如负载增加)而下降时,其调节过程为:$n \downarrow \rightarrow U_{fn} \downarrow \rightarrow \Delta U \uparrow \rightarrow U_s \uparrow \rightarrow$ SM 正传带动电位器 RP_2 滑杆上移 $\rightarrow U_k \uparrow \rightarrow \alpha \downarrow \rightarrow U_d \uparrow \rightarrow n \uparrow$。这种调节过程一直要继续到电动机的转速 n 恢复原值,即 $U_{fn} = U_g$,$\Delta U = U_g - U_{fn} = 0$,$U_s = 0$(忽略伺服电动机的空载转矩),SM 才停止运转,使电位器 RP_2 停在所调的新的位置上。可见,SM 停止时 $\Delta U = 0$,所以,称这种系统为无静态(稳态)误差调速系统,简称无静差调速系统。

4. 调速系统的静态性能指标

静态性能指标是用来衡量调速系统静态品质好坏的指标,也是调速系统设计的重要依据,它包括调速范围和静差率。

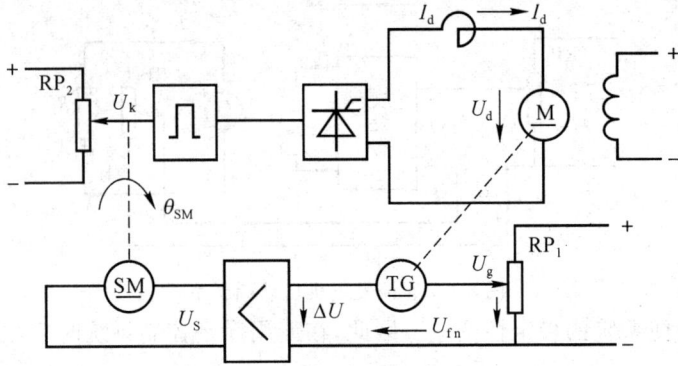

图 8-4　无静差直流调速系统

（1）调速范围 D

在额定负载下，电动机的最高转速 n_{max} 与最低转速 n_{min} 之比，称为调速范围，用 D 表示，$D = n_{max}/n_{min}$。对于不同的调速系统，所要求的调速范围 D 是不同的，对于一般的调速系统总是希望调速范围 D 大些好。

（2）静差率 S

静差率 S 是指电动机由理想空载增加到额定负载时，对应的转速降 Δn_e 与其调速范围内的最低转速 n_{min} 之比。静差率 S 采用百分数表示，即

$$S = \frac{n_0 - n_e}{n_{min}} \times 100\% = \frac{\Delta n_e}{n_{min}} \times 100\% \tag{8-1}$$

静差率主要表述负载变化时，调速系统转速变化的程度。不同的生产机械对静差率的要求值不同。

5. 调速系统的动态性能指标

调速系统的动态性能指标主要有超调量、上升时间、调节时间等。图 8-5 为系统对突加给定信号的动态响应曲线。

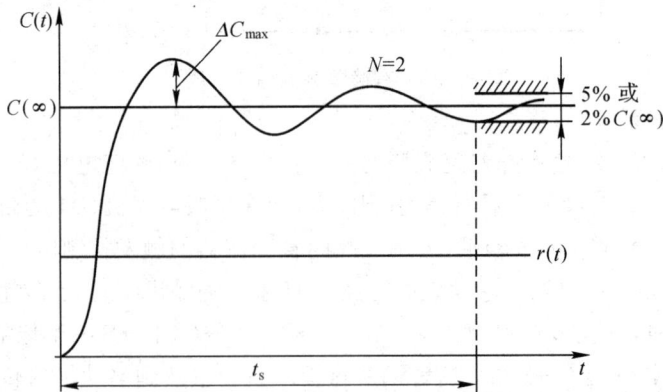

图 8-5　系统对突加给定信号的动态响应曲线

（1）超调量

在典型的阶跃响应跟随过程中，输出量超出稳态值的最大偏离量与稳态值之比，用百分数表示，叫做超调量，表示为

$$\sigma\% = \frac{C_{\max} - C(\infty)}{C(\infty)} = \frac{\Delta C_{\max}}{C(\infty)} \tag{8-2}$$

超调量反映系统的相对稳定性。超调量越小,则相对稳定性越好,即动态响应比较平稳。

(2)上升时间 t_r

在典型的阶跃响应跟随过程中,输出量从零起第一次上升到稳态值 $C(\infty)$ 所经过的时间称为上升时间。它表示动态响应的快速性。

(3)调节时间 t_s

调节时间又称过渡过程时间,它衡量系统整个调节过程的快慢。定义为从加输入量的时刻起,到输出量进入其稳态值的误差带(一般取 $\pm 5\%$ 或 $\pm 2\%$),响应曲线达到且不再超出该误差带所需的最短时间。

二、转速、电流双闭环直流调速系统

闭环直流调速系统有单闭环、双闭环等系统。经常采用的各种反馈环节有转速负反馈、电流负反馈、电压负反馈、电流载止负反馈、电压微分负反馈等。这里介绍应用比较广泛的转速、电流双闭环直流调速系统。

1. 比例-积分(PI)调节器

比例-积分(PI)调节器是将比例调节器和积分调节器结合在一起的一种调节器,其电路如图 8-6 所示。比例调节器能立即响应输入信号,加快响应过程;而积分调节器虽然响应过程要经过一段时间的积累,但却可以通过积分的不断累积过程来最后消除误差。

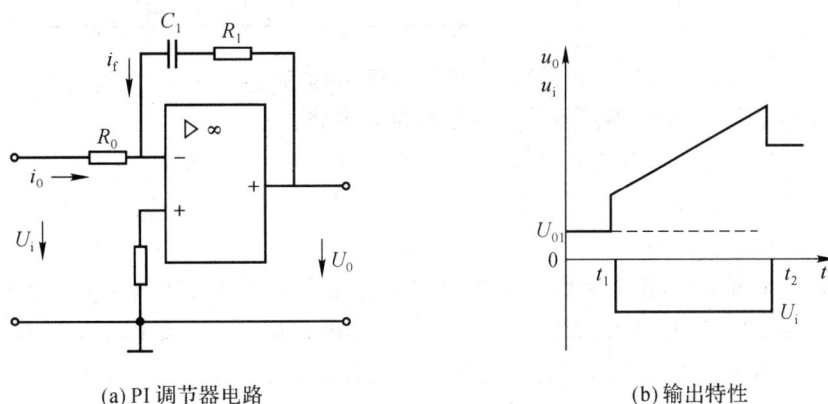

(a) PI 调节器电路　　　　　　　　　　(b) 输出特性

图 8-6　比例-积分调节器

由图 8-6 可见

$$U_0 = i_f R_1 + \frac{1}{C_1} q_1 = i_f R_1 + \frac{1}{C_1} \int_0^t i_f \mathrm{d}t$$

以 $i_f = -i_0 = -\dfrac{U_i}{R_0}$,$t = t_1$ 时,$U_0 = U_{01}$ 代入上式,则得

$$U_0 = -\frac{R_1}{R_0} U_i + \left(-\frac{1}{R_0 C_1} \int_1^t U_i \mathrm{d}t + U_{01} \right) \tag{8-3}$$

由上式可知,比例积分调节器的输出,除初始值 U_{01} 外,还由两部分组成,第一部分是比例部分 $(-R_1 U_i / R_0)$,它立即响应输入量的变化;第二部分为积分部分 $\left(-\dfrac{1}{R_0 C_1} \int_1^t U_i \mathrm{d}t \right)$,它是输入量对时间的积累过程。

PI 调节器的输出特性(阶跃响应)曲线如图 8-6(b)所示。输出量包含初始值、比例和积分三个组成部分。实际上,输出量不会无限制地增长上去,因为运算放大器会饱和,常用的运放电路的最大输出为±15V。

2. 实用电路

图 8-7 为由 FC54 运算放大器构成的 PI 调节器的实用线路,现对该电路中的各个组件的作用介绍如下:

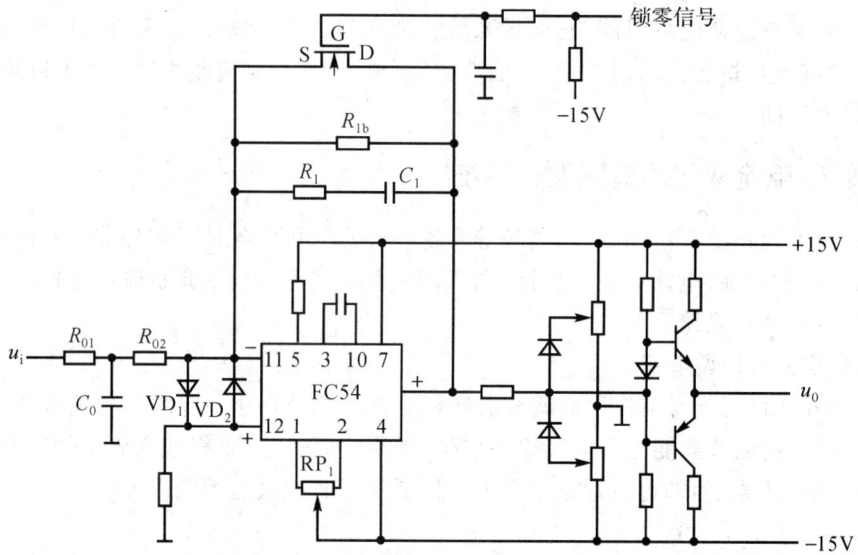

图 8-7　PI 调节器实用电路

(1)调节器零点的调节、零点飘移的抑制和锁零电路

1)对运放器(和由它构成的调节器)的基本要求之一是"零输入时,零输出",若由于某种原因(如温度变化使运放器内某单元参数发生变化)而造成零输入时输出不为零,则可调节调零电位器 RP_1 使输出为零。

2)采用 PI 调节器后,由于反馈回路中串有电容器,因此在稳态时,反馈回路相当于断路,运放器零点飘移的影响便很大,所以在反馈回路两端再并联一个反馈电阻 R_{1b}。R_{1b} 一般取 2~4MΩ,以使零飘引起的输出电压的波动受到负反馈的抑制。

3)由于运放器的零飘,还可能使系统在"停车"时发生窜动(或蠕动),为此常采用锁零电路。图 8-7 中采用 N 均道耗尽型场效应晶体管。当停车时,发出锁零信号,使栅极电压为零,于是源、漏极间有较大的漏极电流通过,相当于触点闭合,起锁零作用。当系统运行时,锁零信号除去,栅极在电源(−15V)作用下呈负压,当栅极负压等于夹断电压后,源极与漏极间的电阻将趋于无穷大,相当于断路。栅极电路中的阻容滤波环节,主要提高抗干扰能力,以防误动作。

(2)寄生振荡的消除

当放大器接成闭环后,由于运放器放大倍数很高以及晶体管有结间电容,引线有电感和分布电容,使输出、输入间存在寄生耦合,因而产生高频寄生振荡。为消除可能产生的寄生振荡,可在 FC54 组件的 3、10 两脚间外接一补偿电容。

(3)调节器的输入限幅和输入滤波电路

在运放器的正相输入端(12 脚)和反相输入端(11 脚)间,外接了 VD_1 和 VD_2 两个反并联的二极管,它们构成正、反向输入限幅器。它们主要防止过大的信号输入使运放器工作失常。

电阻 R_{01}、R_{02} 和电容 C_0 组成了 T 形输入滤波电路,它主要是为了滤去输入信号中的谐波分量,并起延缓作用。对稳态,电容 C_0 相当于断路,其输入回路电阻 $R_0 = R_{01} + R_{02}$(一般取 $R_{01} = R_{02}$)。对动态,输入滤波器相当于一个小惯性环节。

(4)调节器的输出限幅电路

在控制系统中,有时为了防止组件过载,有时出于控制系统对电路的要求,常常需要限制调节器输出电压的幅值。输出限幅电路有多种,图 8-7 中为常用的由二极管钳位的输出限幅电路。

(5)调节器的输出功率放大电路

集成运算放大器的最大输出功率是有限的,例如,FC54 最大输出电流为 10mA,因此,一般不能直接驱动负载,而必须外加功率放大电路。

3. 系统组成

转速、电流双闭环调速系统原理图如图 8-8 所示。由图可见,该系统有两个反馈回路,构成两个闭环回路,故称双闭环。其中一个是由电流调节器 ACR 和电流检测-反馈环节构成的电流环,另一个是由速度调节 ASR 和转速检测-反馈环节构成的速度环。由于速度环包围电流环,因此称电流环为内环(又称副环),称速度环为外环(又称主环)。在电路中 ASR 和 ACR 实行串级联接,即由 ASR 去"驱动"ACR,再由 ACR 去"控制"触发电路。图中速度调节器 ASR 和电流调节器 ACR 均为比例加积分(PI)调节器,其输入和输出均设有限幅电路。

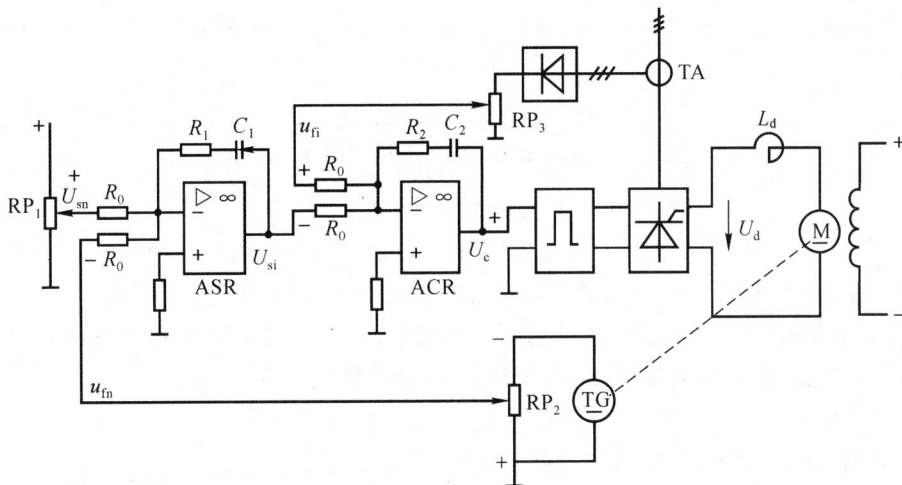

图 8-8　转速、电流双闭环调速系统原理图

4. 工作原理

ASR 的输入电压为偏差电压 $\Delta U_n = U_{sn} - U_{fn} = U_{sn} - \alpha n$($\alpha$ 为转速反馈系数),其输出电压即为 ACR 的输入电压 U_{si},其限幅值为 U_{sim},对应于系统主电路中的最大电流。ACR 的输入电压为偏差电压 $\Delta U_i = U_{si} - U_{fi} = U_{si} - \beta I_d$($\beta$ 为电流反馈系数),其输出电压即为触发电路的控制电压 U_c,其限幅值为 U_{cm},对应于整流电路输出最大电压。

(1)电流调节器 ACR 的调节作用

电流环为由 ACR 和电流负反馈组成的闭环,它的主要作用是稳定电流。由于 ACR 为 PI 调节器,因此在稳态时,其输入电压 ΔU_i 必为零,若 $\Delta U_i \neq 0$,则积分环节将使输出继续改变。由此可知,在稳态时,$I_d = U_{si}/\beta$。此表达式的物理含义是:当 U_i 为一定的情况下,由于电流调节器 ACR 的调节作用,整流装置的电流将保持在 U_{si}/β 的数值上。假设 $I_d > U_{si}/\beta$,ACR 给定信号由运放器反相端输入。其自动调节过程见图 8-9 所示。

电流调节器的作用为：①将使系统能自动限制最大电流，由于 ACR 有输出限幅，限幅值为 U_{sim}，这样电流的最大值便为 $I_m = U_{sim}/\beta$，当 $I_d > I_m$ 时，电流环将使电流降下来；②能有效抑制电网电压波动的影响。当电网电压波动而引起电流波动时，通过电流调节器 ACR 的调节作用，使电流很快回复原值。

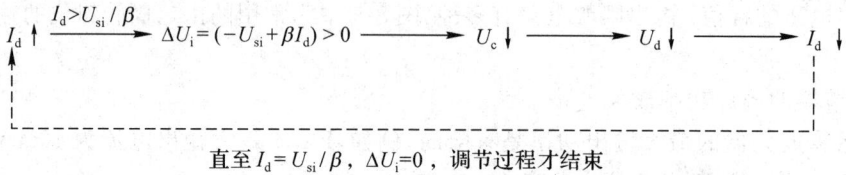

$$I_d \uparrow \xrightarrow{I_d > U_{si}/\beta} \Delta U_i = (-U_{si} + \beta I_d) > 0 \longrightarrow U_c \downarrow \longrightarrow U_d \downarrow \longrightarrow I_d \downarrow$$

直至 $I_d = U_{si}/\beta$，$\Delta U_i = 0$，调节过程才结束

图 8-9　电流环的自动调节过程

（2）速度调节器 ASR 的调节作用

速度环是由 ASR 和转速负反馈组成的闭环，它的主要作用是保持转速稳定，并最后消除转速静差。ASR 也是 PI 调节器，稳态时 $\Delta U_n = U_{sn} - \alpha n = 0$。由此可见，在稳态时，$n = U_{sn}/\alpha$。此表达式的物理含义是：当 U_{sn} 为一定的情况下，由于速度调节器 ASR 的调节作用，转速 n 将稳定在 U_{sn}/α 的数值上。假设 $n < U_{sn}/\alpha$，ASR 给定信号由运算放大器反相端输入。其自动调节过程见图 8-10 所示。

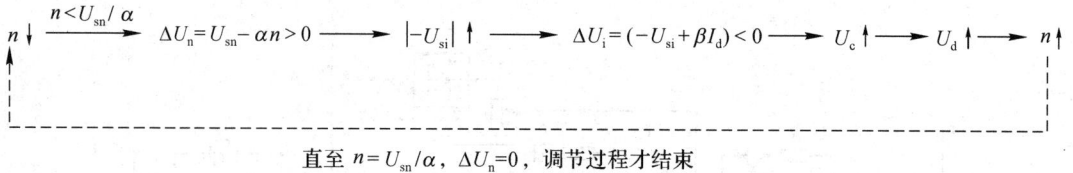

$$n \downarrow \xrightarrow{n < U_{sn}/\alpha} \Delta U_n = U_{sn} - \alpha n > 0 \longrightarrow |-U_{si}| \uparrow \longrightarrow \Delta U_i = (-U_{si} + \beta I_d) < 0 \longrightarrow U_c \uparrow \longrightarrow U_d \uparrow \longrightarrow n \uparrow$$

直至 $n = U_{sn}/\alpha$，$\Delta U_n = 0$，调节过程才结束

图 8-10　速度环的自动调节过程

由上面分析还可见，转速环要求电流迅速响应转速 n 的变化而变化，而电流环则要求维持电流不变。这种性能会不利于电流对转速变化的响应，有使静特性变软的趋势。但由于转速环是外环，电流环的作用只相当于转速环内部一种扰动而已，不起主导作用，只要转速环的开环放大倍数足够大，最后仍然能靠 ASR 的积分作用，消除转速偏差。

5. 机械特性

由于 ASR 为 PI 调节器，系统为无静差，稳态误差很小，其机械特性近似为一水平直线。一般讲来，这样的机械特性能满足生产上的要求。而当电动机发生严重过载，并当 $I_d > I_m$ 时，电流调节器将使整流装置输出电压明显降低，这一方面限制了电流继续增长，另一方面将使转速迅速下降，出现了很陡的下垂特性。图 8-11 为双闭环直流调速系统的机械特性，由图可见，它已很接近图中虚线所示的理想"挖土机特性"。

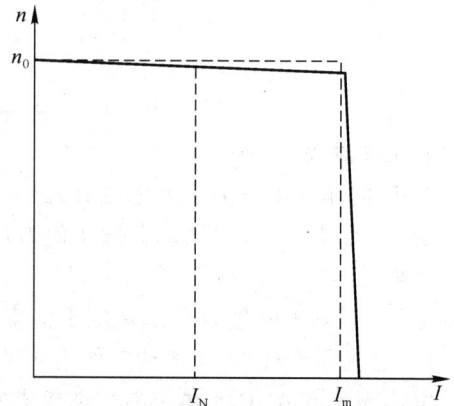

图 8-11　双闭环直流调速系统的机械特性

6. 起动特性

双闭环调速系统的起动特性如图 8-12 所示。其起动过程分析如下：

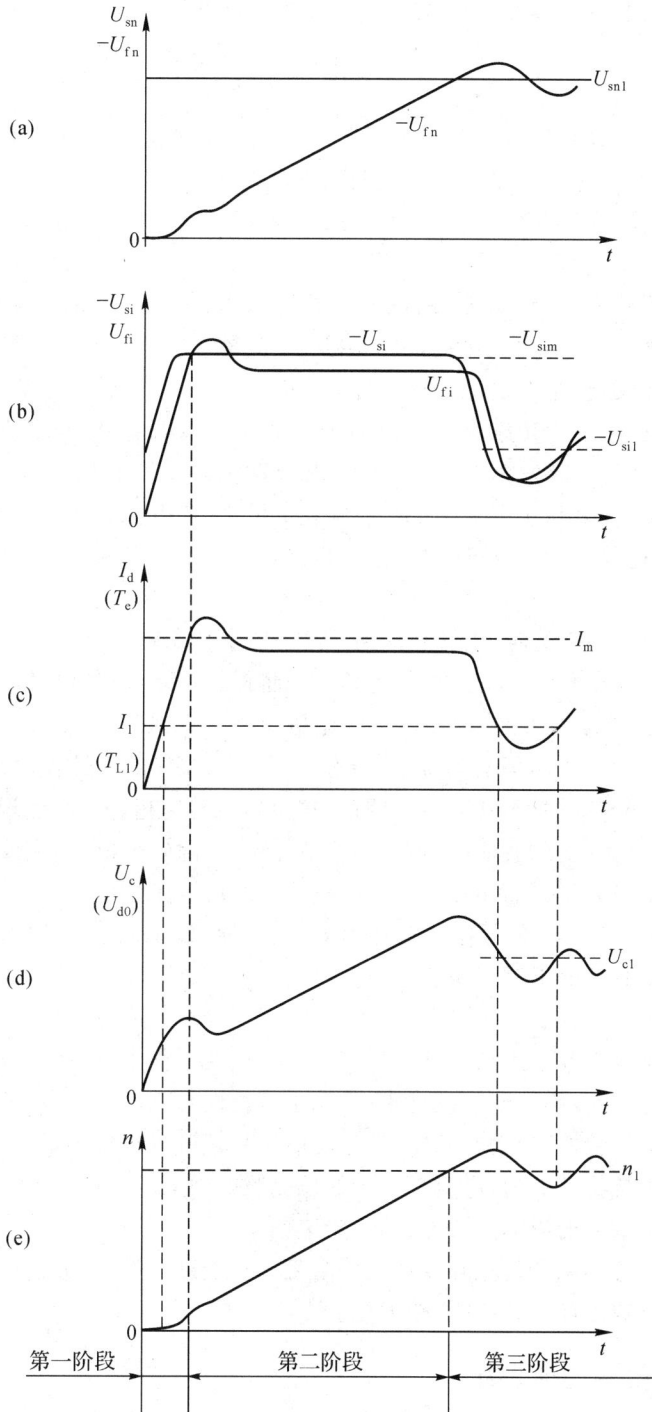

图 8-12　双闭环调速系统的起动特性

(1)第一阶段

此时转速 n 很小，$\Delta U_n = U_{sn} - \alpha n$ 很大，它使速度调节器 ASR 的输出 $-U_{si}$ 迅速上升，并且很快到达限幅值(饱和状态)，见图 8-12(a)和(b)。当速度调节器 ASR 处于饱和状态时，便不再起调节作用。

此时,作用于 ACR 输入端的给定信号电压即为速度调节器输出的限幅值,这使 $|-\Delta U_i|$ 也较大,由于 $\Delta U_i < 0 \rightarrow U_c \uparrow \rightarrow U_d \uparrow \rightarrow I_d \uparrow$,此时转速低,反电势 E 也小,所以电流迅速上升,并很快到达最大值 I_m,如图 8-12(c)所示。

当电枢电流大于所需的起动电流 I_1 时(即 $T_e > T_{L1}$),电动机便开始升速。由于电动机的转速上升率(dn/dt)与电流的差值($I_d - I_1$)成正比,而此时 $I_d \approx I_m$,($I_d - I_1$)的值较大,且接近恒量,所以转速上升率较大,且直线上升,如图 8-12(e)所示。

(2)第二阶段

第二阶段为主要升速阶段。此时 ASR 处于饱和状态,$|U_{Si}| = |U_{Sim}|$,随着转速 n 的上升,电机的反电势 E 也跟着上升。由此可见,电流将从 I_m 回落下来。当 $I_d < I_m$ 后,由 $\Delta U_i < 0 \rightarrow U_c \uparrow \rightarrow U_{d0} \uparrow$,从而使 U_{d0} 能迅速随 E 的上升而上升,并使电流保持接近最大值 I_m。

由以上分析可见,在主要升速阶段,电流保持接近最大值 $I_m = U_{Sim}/\beta$。转速迅速直线上升,接近理想起动过程,从而充分发挥了晶闸管元件和电动机的过载能力,加快了起动过程。在此阶段,ASR 不再起调节作用,主要靠 ACR 的调节作用,保持电流接近最大值,使转速直线上升,从而加快了起动过程。

(3)第三阶段

第三阶段中系统将趋于稳定。当转速 n 到达给定值 n_1 时,$\Delta U_n = U_{sn} - \alpha n = 0$,由于 ASR 为 PI 调节器,$U_{Si}$ 仍将保持在原值 U_{Sim}。这样,电流 I 仍将保持在最大值,电磁转矩 T_e 仍将远大于 T_{L1}。电动机转速 n 必然继续上升,从而出现转速超调现象。

由 PI 调节器的特性可知,只有当 $n > n_1 = U_{sn}/\alpha$ 以后,ΔU_n 的极性反号,速度调节器 ASR 的输出 U_{si} 才会下降,ASR 才能退出饱和。因此,这里出现转速超调是必然现象。此后,继续出现一些小振荡而趋于稳定。最后依靠 ASR 的调节作用,消除转速静差,使 n 保持在 n_1 的数值上,见图 8-12(e)中的"第三阶段"图形。

由以上分析可见,速度调节器在起动过程的初、后期,处于调节状态;中期则处于饱和状态。而电流调节器则始终处于调节状态。

7. 双闭环调速系统的特点

双闭环调速系统具有以下优点:

1)具有良好的静特性,静特性接近理想的"挖土机特性"。

2)具有较好的动态特性,起动时间短(动态响应快),超调量也较小。

3)系统具有较强抗扰动能力,电流环能较好地克服电网电压波动的影响,而速度环能抑制被它包围的各个环节扰动的影响,并最后消除转速偏差。

4)由两个调节器分别调节电流和转速。这样,可以分别进行设计,分别调整(可先调好内环(电流环),再调外环(速度环)),调整比较方便。

三、直流电机可逆调速系统

前面研究的调速系统,晶闸管变流器只向电动机提供单一方向的电流,电动机只向一个方向旋转,是不可逆调速系统。它适用于不要求改变电动机旋转方向,对停车的快速性又无特殊要求的生产机械上。但是,在实际生产中,有些生产机械要求电动机能够正、反转,或在停车时要有电气制动,以便缩短制动时间。如轧钢厂初轧机的主传动及其辅助传动、卷取机、龙门刨床,电梯等生产机械。这些生产机械的电力拖动自动控制系统就必须采用可逆调速系统。这里重点讨论逻辑无环流可逆调速系统。

1. 可逆调速系统的类型

要改变直流电动机的转向，就必须改变电动机电磁转矩的方向，而电磁转矩 $T_e = K_T \Phi I_a$，可见，改变电动机电磁转矩 T_e 的方向有两种方法：一是改变电枢电流入的方向，即改变电枢供电电压 U_d 的极性；二是改变电动机励磁磁通 Φ 的方向，即改变励磁电流的方向。与此对应，晶闸管可逆调速系统也可分为电枢可逆调速系统和磁场可逆调速系统。

（1）电枢可逆电路

最常用的电枢可逆电路为两组晶闸管整流装置反并联供电的电枢可逆电路，如图 8-13 所示。图中，VF 为正向整流装置，它对电动机提供正向电流；VR 为反向整流装置，它对电动机提供反向电流。若对正、反两组整流装置采用某种方式的控制，让正、反两组整流装置交替工作，就可以实现电动机的可逆运行。

由于正、反两组晶闸管整流装置反并联供

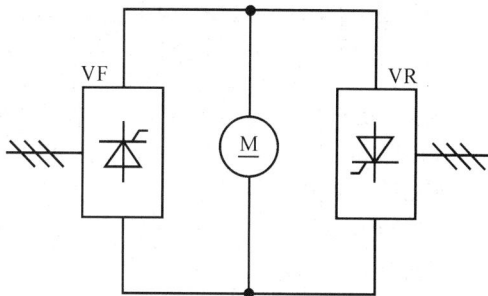

图 8-13　反并联可逆调速系统的主电路

电的电枢可逆电路具有切换速度快、控制灵活的优点，所以在要求频繁、快速正反转的生产机械电力拖动中获得广泛应用，它是可逆调速系统的主要电路形式。

（2）磁场可逆电路

在采用磁场可逆电路的可逆调速系统中，电动机的电枢回路采用一组晶闸管整流装置供电，而电动机励磁回路则采用可逆供电电路，通过改变励磁电流的方向，实现电动机的可逆运行。由于励磁回路的容量较小，磁场可逆系统具有成本低的特点，但励磁回路的时间常数较大，系统反应较慢，因此磁场可逆电路应用较少。

2. 反并联可逆拖动的四种工作状态

现以电枢反并联供电的可逆系统为例来分析四种基本的工作状态。四种基本工作状态如表 8-1 所示。

（1）正向运行

此时正组处于整流工作状态，反组处于阻断状态，电机为电动机运行状态，从电网吸取电能。电能经晶闸管供给电动机，$U_d > E$。电磁转矩 T_e 为驱动转矩。

（2）正向制动

此时正组处于阻断状态，而反组处于逆变工作状态，电动机电动势 E 大于反组逆变工作电压 U_d，电机为发电机运行状态，电能经晶闸管送往电网。这时电动机的转速是依靠惯性或外力维持的。而电磁转矩 T_e 与转速 n 反向，为制动转矩。这种情况称为回馈制动。

（3）反向运行

反向运行的情况与正向运行相类似，只是反组处于整流状态，正组处于阻断状态。电压、电流、转矩、转速全与正向运行相反。

（4）反向制动

反向制动的情况与正向制动相类似，只是正组处于整流状态，反组处于阻断状态。电压、电流、转矩与转速，全与正向制动相反，也为回馈制动。

若调速系统由正向运行转换为反向运行，则其工作过程由正向运行→正向制动→反向运转。如调速系统由反向运行转换为正向运行，则其工作过程由反向运转→反向制动→正向运行。对需要回馈制动的不可逆系统，其过程则由正向运行→正向制动。由此可见，需回馈制动的系统(无论是可逆系统或是不可逆系统),同样需要正、反二组晶闸管装置。

表 8-1　可逆系统的四种工作状态

反并联电路	工作状态			
	正向运转	正向制动	反向运转	反向制动
转速 n 的方向	(+)正转	(+)正转	(−)反转	(−)反转
晶闸管工作组别	正组整流	反组逆变	反组整流	正组逆变
电枢电压 U_d 极性	(+)	(+)	(−)	(−)
电枢电流 I_d 极性	(+)	(−)	(−)	(+)
电磁转矩 T_e 方向	(+)	(−)	(−)	(+)
电磁转矩 T_e 性质	驱动	制动	驱动	制动
电机工作状态	电动($U_d > E_M$)	发电($E_M > U_d$)	电动($U_d > E_M$)	发电($E_M > U_d$)
能量转换关系	电机吸能	回馈能量	电机吸能	回馈能量
晶闸管控制角	$\alpha_F < 90°$	$\alpha_R > 90°$	$\alpha_R < 90°$	$\alpha_F > 90°$

3. 逻辑控制的无环流可逆调速系统的组成

逻辑无环流系统的主回路由两组反并联的三相全控整流桥组成,由于没有环流,两组可控整流桥之间可省去限制环流的均衡电抗器。图 8-14 为逻辑控制无环流可逆调速系统原理图。

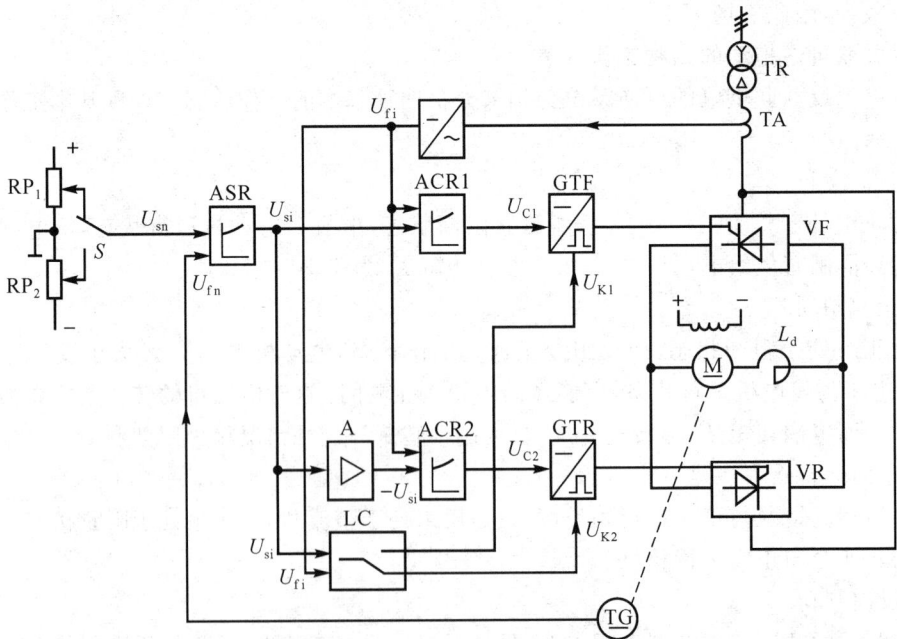

图 8-14　逻辑控制无环流可逆调速系统原理图

(1)主电路

主电路采用正、反两组晶闸管整流桥(VF 和 VR)反并联供电的电路。L_d 为平波电抗器,以减小纹波和使电流连续。

（2）检测、反馈电路

TG 为直流测速发电机，它将转速检测信号 $U_{fn}(U_{fn}=an)$ 反馈到速度调节器 ASR 的输入端。TA 为三相电流互感器，它将与电枢电流 I_d 成正比的电流检测信号 $U_{fi}(U_{fi}=\beta I_d)$ 分送到电流调节器 ACR1、ACR2 和逻辑控制器 LC 的输入端。

（3）控制电路

GTF 为正组晶闸管触发电路，GTR 为反组晶闸管触发电路。ACR1 为正组电流调节器，其输入信号 ΔU_{i1} 为速度调节器的输出信号 U_{si} 和电流反馈信号 U_{fi} 的综合，即 $\Delta U_{i1}=U_{si}-U_{fi}=U_{si}-\beta I_d$；其输出信号 U_{K1} 送往 GTF。ACR2 为反组电流调节器，它的输入信号 ΔU_{i2} 为速度调节器的输出信号经反相后得到的 $-U_{si}$ 与 U_{fi} 的综合，即 $\Delta U_{i2}=-U_{si}-U_{fi}=-U_{si}-\beta I_d$；其输出信号 U_{K2} 送往 GTR。ACR1、ACR2 和 ASR 均为带输出限幅的 PI 调节器。ASR 和 ACR 构成转速和电流双闭环。ASR 的输入信号为 U_{sn}，通过开关 S 可以输入正、负给定信号，调节 RP_1 可调节正向转速，调节 RP_2 可调节反向转速。图中 LC 为逻辑控制器，它的作用是送出两个控制信号 U_{K1} 和 U_{K2}，分别送往正、反两组触发电路的"脉冲封锁"控制端，这两个控制信号的特点是：当其中一个是"1"（开放）信号，则另一个必定是"0"（封锁）信号。于是当其中一组在工作时，另一组的触发脉冲即被封锁，从而保证了在正、反两组整流桥中，只可能有一组在进行工作，不会产生环流。

因此逻辑控制器 LC 应保证系统能实现以下功能：

1）任何时候只允许一组整流桥有触发脉冲。

2）工作中的整流桥只有当其断流并确定关断后才能封锁其脉冲，以防止整流桥可能工作在逆变状态因触发脉冲消失而导致的逆变失败。

3）为防止回路环流的产生，只有在原先工作的一组整流桥完全关断后才能开放另一组整流桥。

4）任何一组整流桥在开放时其触发脉冲的相位应与电动机的电势相对应，从而防止出现冲击电流。

正、反组整流桥间的切换，应处于可逆拖动过程的正向运行→正向制动和反向运转→反向制动交接处，也即主电路电流的变向点。系统稳态时，$I_d=U_{si}/\beta(\Delta U_i=U_{si}-\beta I_d=0)$，由此可见，速度调节器 ASR 的输出信号 U_{si} 的极性可反映电动机电流变号（或转矩极性变更）的要求，因此系统采用 U_{si} 的极性作为逻辑切换指令，并将它称为"电流变向"指令（或"转矩极性变更"指令）。U_{si} 极性的改变，虽然是电流变向的指令，但由于电枢和平波电抗器电感等因素的影响，电流变化要滞后一段时间，而正、反组切换还须等到电流衰减至零，因此还需增加一个反映电流到零的信号，即"零电流"检测信号。这样，当"电流变向"指令和"零电流"指令同时出现时，便是"逻辑切换指令"。所以，逻辑控制器 LC 的输入端引入 U_{si} 和反映电流 I_d 大小的信号 U_{fi} 作为输入信号。

4. 逻辑控制器的组成

无环流逻辑控制器的组成如图 8-15 所示。逻辑控制器从功能上看，可分成信号检测、逻辑判断、延时电路及逻辑保护四个部分。它的输入信号是逻辑切换指令，输出信号是晶闸管装置触发脉冲封锁信号。

逻辑控制器 LC 的电路图如图 8-16 所示。现对组成逻辑控制器的四个部分的功能作一简要说明。

（1）信号检测

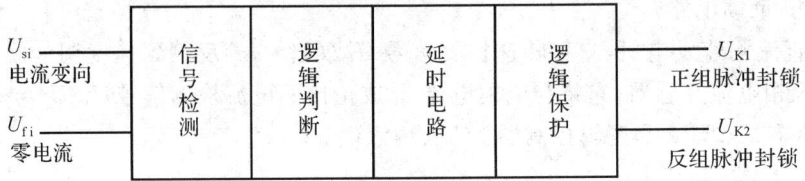

图 8-15 无环流逻辑控制器的组成

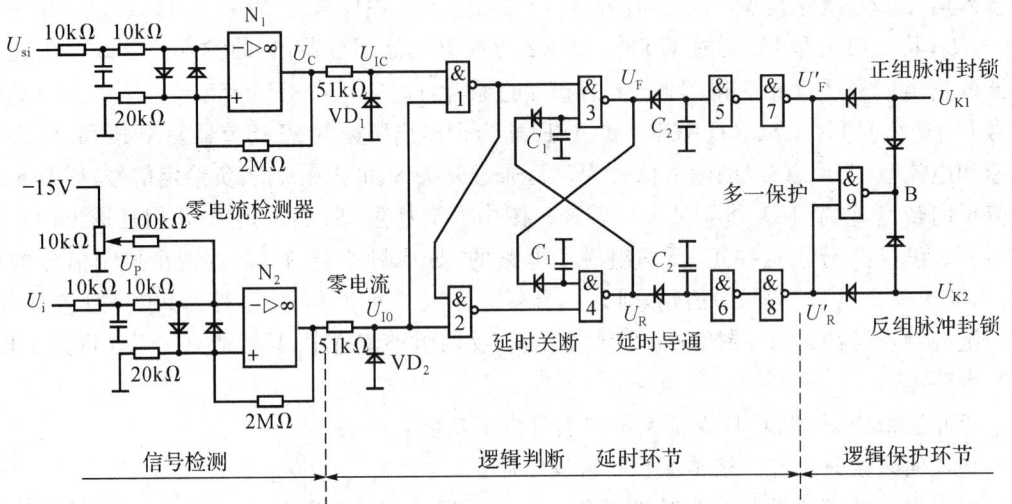

图 8-16 逻辑控制器 LC 电路图

由于逻辑电路要求的信号是开关量"0"或"1",而送往 LC 的信号 U_{si} 和 U_{fi} 都是模拟量,因此需要根据它们在逻辑控制器中的作用,通过电平控制器将它转换成开关量。

由图 8-16"信号检测"段可见,信号检测器是由一个具有正反馈和反相限幅的运算放大器构成。电流变向指令器的输出特性如图 8-17(a)所示。

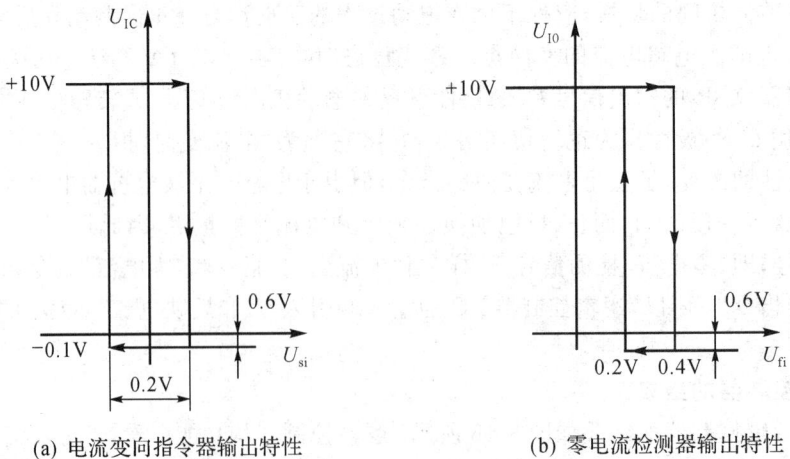

(a) 电流变向指令器输出特性

(b) 零电流检测器输出特性

图 8-17 电平检测器框图及其输出特性

在电流变向指令器中,当输入电压 $U_{si}=-0.1V$,运算放大器输出即为其饱和值(+10V),此时折合到反相输入端的反馈电压 $U_f=0.1V$。这时,即使输入电压 U_{si} 增加到零,运算放大器仍可依靠这(-0.1V)的反馈电压输入,而保持原状。这种状况可维持到输入电压增加到

$+0.1$V以上，ΔU出现正值，该电路才出现"翻转"，并且U_c将很快到达饱和值-10V，由于在N_1的输出处设置了由二极管VD_1和51kΩ电阻构成的反向限幅电路，此时的输出电压U_{IC}将被二极管VD_1箝位在-0.6V左右，而当U_{si}再降至-0.1V会再出现"翻转"。应用电平检测器后，U_{si}的极性由（＋）→（－），则U_{IC}输出"1"信号；反之，当U_{si}的极性由（－）→（＋），则U_{IC}输出"0"信号。U_{si}电压变化的幅度，即输出特性环线的"环宽"为0.2V。由于U_{si}为速度调节器的输出信号，含有谐波分量，为了避免它引起逻辑控制器误动作，所以在输入处增设了T形滤波电路。

由图8-16可见，零电流检测器的结构与电流变号指令器基本相同，同样是一个具有正反馈和反向限幅的运算放大器，所不同的是在信号输入端处增设了一个（$-U_P$）的偏置电压，其结果是使其输出特性曲线向右（正方向）平移了0.3V，使环线左侧距纵轴为0.2V，如图8-17（b）所示。当$U_{fi}<0.2$V时，表明电枢电流I_d已接近于零，则U_{I0}输出"1"信号，当$U_{fi}>0.4$V时，则U_{I0}输出"0"信号。输入端的T形滤波电路同样是为了抑制U_{fi}信号中的谐波分量。

（2）逻辑判断

由图8-16可见，逻辑判断电路由与非门1、2、3、4组成，其输入信号是已转换成开关量的电流变向信号U_{IC}和零电流信号U_{I0}，输出信号为脉冲封锁信号。设系统原先未工作，主回路电流为零，零电流检测器输出为"1"。此时，与非门1开放，其输出完全决定于电流变向指令器的信号。当使电机正向起动时，由于速度调节器ASR的输出信号U_{si}为负值，电流变向指令器输出为"1"，则经过逻辑运算，U_F应为"1"，而U_R则为"0"，所以正组工作。反之，反组工作时，U_R为"1"，而U_F为"0"。逻辑判断电路的功能是：当切换指令U_{IC}极性变号，且等到U_{I0}为"1"时，则逻辑判断电路翻转，并且U_F与U_R的状态始终相反。

（3）延时电路

在"电流变向"及"零电流"指令发出后，两组整流桥不能立即切换。应设置两段延时时间，即经过关断等待时间t_1才关断原导通组的脉冲，再经导通等待时间t_2再触发应该开放组的脉冲。

关断等待时间t_1的作用是为了保证电流确实是断续了，避免误发切换信号，工程上关断等待时间一般取2ms。导通等待时间t_2是为了保证原导通组晶闸管确实关断后，再触通另一组晶闸管，从而不致造成两组整流桥同时导通，发生短路的事故，对三相桥式电路，延迟时间t_2一般取7ms。为此可在原逻辑判断电路的基础上再增设两个延时环节，一个使原导通组延时t_1（2ms左右）关断，另一个使待导通组延时（$t_1+t_2=2$ms$+7$ms）触发导通。

在与非门的输入端加接二极管VD和电容可实现延时，如图8-16中的延时环节所示。当输入信号由"0"→"1"时，由于二极管的阻挡，输入端的电位不能立即升高，须等待与非门组件的电源经组件内部电路对电容C充电，直到输入端电位升到开门电平（8.5V）时，输出才由"1"翻转到"0"，从而实现了延时转换，其翻转的延长时间即位电容电压从零到达开门电平的充电时间。

（4）多"1"逻辑保护环节

在正常工作时，无环流切换逻辑装置的两个输出中总是有一个为"1"，而另一个则为"0"，即一组整流桥的脉冲开放，而另一组整流桥的脉冲则被封锁。但当逻辑电路发生故障时，两个输出有可能同时为"1"，这将造成两组整流桥同时开放，而造成主回路电源短路事故，为此逻辑装置设有多"1"逻辑保护环节，见图8-16。由图可见，在正常工作时，U_F'和U_R'总是一个为"1"，另一个为"0"。这时保护环节的与非门输出B点电位始终为"1"，则脉冲封锁信号U_{K1}和U_{K2}相

应于 U_F' 和 U_R' 的状态,使一组整流桥的脉冲被封锁。当发生事故,如 U_F' 和 U_R' 同时为"1"时,则保护环节的与非门 9 输出点(B)的电位变为"0",于是 U_{K1} 和 U_{K2} 皆为"0",从而将两组触发器脉冲同时封锁,避免由于两组整流桥同时导通而造成的短路事故。

5. 逻辑控制的无环流可逆调速系统工作原理

现以开关 S 由 RP$_1$ 拨向 RP$_2$ 为例来说明系统的工作过程。

当开关 S 与 RP$_1$ 接通时,U_{sn} 的极性为(+),在起动过程中 $\Delta U_n = U_{sn} - U_{fn} > 0$,使 U_{si} 呈(−)极性,设此时逻辑控制器 LC 发出的控制信号 U_{K1} 为"1";正组处于工作状态;U_{K2} 为"0",反组处于封锁阻断状态,并设此时电枢电流 I_d 极性为(+),电动机正转。

当开关 S 突然与 RP$_1$ 断开,而与 RP$_2$ 接通,此时 U_{sn} 极性将变号成为(−)极性,而电动机依靠惯性仍在正向转动,因而 U_{fn} 极性未变(仍呈负极性);这样将使 ΔU_n 变为数值较大的负电压($\Delta U_n < 0$),此电压使速度调节器 ASR 的输出电压 U_{si} 的数值急骤下降并变号呈现(+)极性。这时,随着 $|U_{si}|$ 的下降,将使 I_d 不断下降(因 $I_d = U_{si}/\beta$),电磁转矩 T_e 下降,电动机转速 n 下降。

当电流 I_d 下降至零,逻辑控制器 LC 的输入端同时出现 U_{si} 极性变号(由(−)→(+))及 $I_d = 0$ 两个信号时,LC 将发出逻辑切换指令,使 U_{K1} 由"1"变为"0",正组被封锁阻断;U_{K2} 由"0"变为"1",反组开始投入运行。由于反组开通工作,将使电枢电流反向流动。电动机的电磁转矩 T_e 也将反向。由于此时电动机依靠惯性仍在正向运转,这样电磁转矩 T_e 将与转速 n 反向,形成制动作用,使电动机转速 n 迅速下降。这时的电动机成为发电机,通过反组整流桥(处于逆变状态)向电网回馈电能。此时系统处于回馈制动状态。

随着电动机的转速迅速降到零,并且在已经反了向的电磁转矩的作用下,将开始加速反向运行,这一加速过程一直要到电动机转速升到新的给定值 $n'(n' = U_{sn}'/\alpha)$、$\Delta U_n = 0$ 时为止(U_{sn}' 为 RP$_2$ 给定电压),系统重新处于平衡状态。此时系统处于反向运行状态。至此,电动机反向的过渡过程完成。

四、直流电动机的脉宽调制(PWM)调速

在直流调速系统中,除了利用相控整流方式的调压调速外,脉宽调制(PWM)方式的调压调速也得到了广泛应用。脉宽调制的直流电机调速系统中的直流电由不控整流电路得到,具有功率因数高、谐波分量小等特点,这对改善由于相控整流而引起的电网污染是很有益的。

1. 不可逆脉宽调制直流调速系统

在不要求可逆运行也不需制动的情况下,图 8-18(a)所示的系统构成了最简单的脉宽调

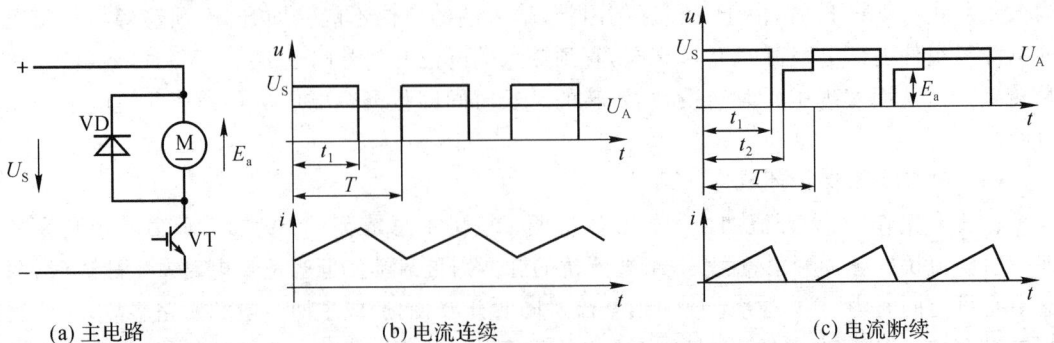

(a) 主电路　　　(b) 电流连续　　　(c) 电流断续

图 8-18　简单的直流电机脉宽调制调速

制直流电机调速电路。电路中的自关断器件 VT 为斩波器，控制 VT 的通、断，即可调节直流电动机电枢两端的直流平均电压。VT 导通时，电源电压 U 直接加在直流电机电枢两端；而当 VT 关断时，电枢电流经二极管 VD 续流。当电枢回路中的电流和电感较大，VT 关断时间比较短时，直流电机电枢电流将连续。此时直流电机的端电压和电枢电流波形如图 8-18(b)所示。端电压的平均值为

$$U_A = \frac{t_1}{T}U_S = \rho U_S \tag{8-4}$$

式中，ρ 为负载电压系数，其值与电压脉冲宽度的占空比 γ 相等。

当电机电枢回路的电感较小，电机轻载，调制频率较低时，在 VT 关断期间经 VD 续流的电枢电流有可能出现断续。由于断流时电机两端电压为电机的反电势，故电流断续时直流电机端电压将升高为

$$U_A = \rho U_S + \frac{T - t_2}{T}E_a \tag{8-5}$$

由此可见，电流断续将引起电机端直流平均电压升高，从而使电机的转速增高，这样，电机的机械特性将显著变软，如图 8-19 所示。

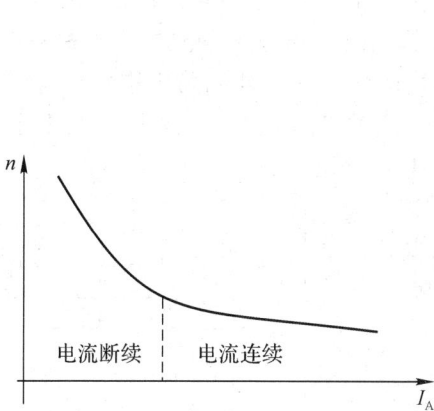

图 8-19　电流断续时的直流电动机机械特性

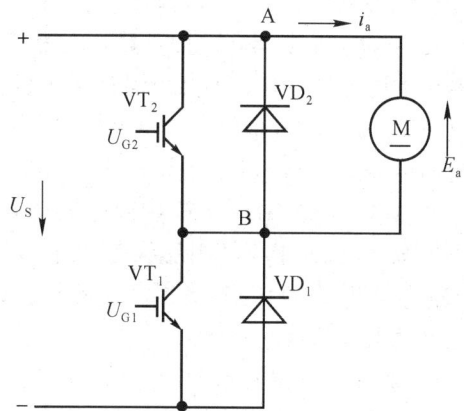

图 8-20　有制动功能的直流电机脉宽调速电路

图 8-20 所示的是有制动功能的直流电机脉宽调速电路。设 VT$_1$、VT$_2$ 的控制极驱动电压 U_{G1}、U_{G2} 是两个极性相反的脉冲电压。在 $0 < t < t_1$ 期间，U_{G1} 为正、U_{G2} 为负，VT$_1$ 导通而 VT$_2$ 关断，电源电压 U_S 经过 VT$_1$ 加到直流电动机的电枢上，如 $U_S > E_a$，则直流电机工作在电动状态。在 $t_1 < t < T$ 期间，U_{G1} 变负、U_{G2} 为正，则 VT$_1$ 关断，从而切断直流电机的电源，此时电枢电流在回路电感的作用下经 VD$_2$ 续流，由于电流方向不变，电机仍工作在电动状态。而 VD$_2$ 导通的管压降反向加在 VT$_2$ 两端，VT$_2$ 仍不能导通。若 VT$_1$ 的关断时间比较短，直到一个控制周期结束时，电枢电流仍维持不断续，则 VT$_2$ 始终不通，电机无法进入制动状态。如 VT$_1$ 关断时间较长，在 t_2 时刻电枢电流衰减至零，则在 E_a 的作用下 VT$_2$ 导通，电枢电流反向由 B 端流向 A 端，此时电机进入能耗制动状态，电机的制动转矩可通过控制 VT$_1$ 关断的时间间隔来控制。

在 VT$_1$ 重新导通前必须先关断 VT$_2$，让电枢电流经 VD$_1$ 续流，此时电机短时进入再生制动状态，然后才能让 VT$_1$ 导通，否则在 VT$_2$ 未完全关断前就让 VT$_1$ 导通，电源会经过 VT$_2$、VT$_1$ 直接短路，大电流将会损坏开关元件。

2. 可逆脉宽调制直流调速系统

如图 8-21 所示的是直流电机可逆脉宽调制调速系统的主电路，它是由 4 个 IGBT 和 4 个

二极管组成的桥式电路,常称为 H 型桥直流调速系统。根据各 IGBT 控制方法的不同,这种可逆调速电路可分为单极性脉宽调制和双极性脉宽调制两种控制方式。

(1)单极性脉宽调制方式

单极性脉宽调制时,通过一控制电压 U_c 来改变直流电机两端电压的极性。U_c 为正时,VT_1、VT_2 交替导通,VT_4 持续导通,VT_3 持续关断。这时电机两端的电压总是 B 端为"+",A 端为"－",电压极性是单一的。当 U_c 为负时,开关元件的导通情况变为 VT_3、VT_4 交替导通,VT_2 持续导通,VT_1 持续关断。电机两端的电压极性随之改变,变为 A 端为"+",B 端为"－"的单一极性。

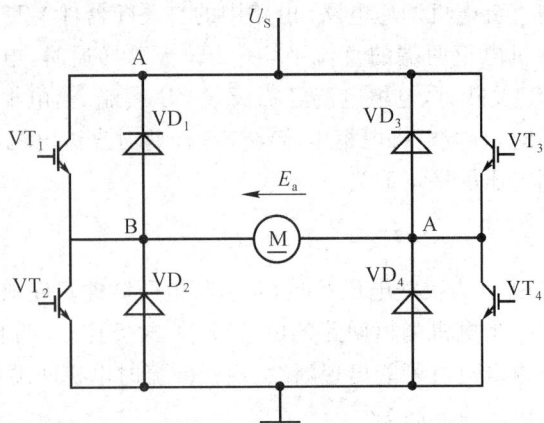

图 8-21　直流电机可逆脉宽调速系统主电路

$0 < t < t_1$ 期间,IGBT 驱动电压 U_{G1} 为正,U_{G2} 为负,则 VT_1 导通,VT_2 关断。如电源电压 U_S 大于电机反电势 E_a,电枢电流经 VT_1 和 VT_4,从 B 端流向 A 端,直流电机处于电动机运行状态。在 $t_1 < t < T$ 期间,U_{G1} 变负,U_{G2} 变为正,VT_1 关断,从而断开电机的电源,在电枢回路电感的作用下电流经 VT_4、VD_2 续流,此时电机仍为电动机运行状态,但电流将很快衰减。若在 $t_1 < t < T$ 期间的 t_2 时电枢电流衰减至零,则在 $t_2 < t < T$ 期间电机反电势 E_a 将使 VT_2 导通,从而使电枢电流经 VT_2、VD_4 由 A 端流至 B 端,电机进入能耗制动状态。

如 $E_a > U_S$,在 VT_2 关断期间电枢电流经 VD_1、VD_4 输回电源,电机处于再生制动状态;而在 VT_2 导通期间,电流流经 VT_2、VD_4,电机为能耗制动状态。其过程与不可逆脉宽调速的情况类似。

(2)双极性脉宽调制方式

在双极性脉宽调制方式中,将开关元件分为 VT_1、VT_4 和 VT_2、VT_3 两组,同组的开关元件同时通断,而两组元件的通断相互交替,其波形如图 8-22 所示。

在 $0 < t < t_1$ 期间,U_{G1}、U_{G4} 为正,U_{G2}、U_{G3} 为负,则 VT_1、VT_4 导通,VT_2、VT_3 关断。此时电机两端的电压为正,即 B 端(+),A 端(－)。当 $U_S > E_a$ 时,电枢电流 I_a 经过 VT_1、VT_4 从 B 端流向 A 端,电机工作在电动状态。

在 $t_1 < t < T$ 期间,U_{G1}、U_{G4} 变为负,U_{G2}、U_{G3} 变为正,则 VT_1、VT_4 关断,在回路电感的作用下,电流经 VD_2、VD_3 续流,电流方向不变,电机仍处在电动运行状态。但此时的电机端电压已变了极性,A 端(+),B 端(－),电枢电流将很快衰减。如电机的负载电流较大,调制频率也比较高,到一个调制周期时,电流仍未衰减到零,则电机就一直工作在电动状态。假如电流不够大,在 t_2 时刻,

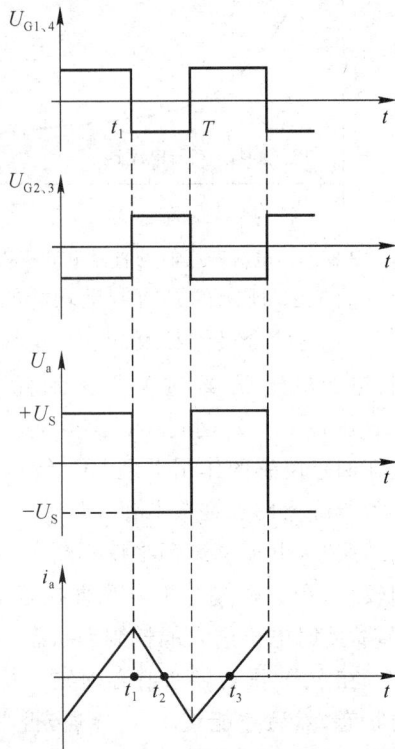

图 8-22　双极性调制时的电压、电流波形

电流衰减到零,则在 $t_2 < t < T$ 期间,VT_2、VT_3 在 U_s 和 E_a 的共同作用下导通,电枢电流沿相反的方向从 A 端流向 B 端,此时电机处于反接制动状态。下一个调制周期开始后,即 $T < t < T + t_1$ 期间,VT_2、VT_3 关断,反向的电流经 VD_1、VD_4 续流,此时电机进入再生制动状态。当 $t = t_3$ 时,反向电流衰减至零,VT_1、VT_4 开始导通,开始一个新的调制周期。

由上面分析可知,在双极性调制方式中,无论电机工作在什么状态,在 $0 < t < t_1$ 期间,电机端电压 U_A 总等于 $+U_s$;而在 $t_1 < t < T$ 期间,U_A 总等于 $-U_s$,故电机电枢电压平均值 U_A 等于正脉冲电压平均值 U_{A1} 与负脉冲电压平均值 U_{A2} 之差,即

$$U_A = U_{A1} - U_{A2} = \frac{t_1}{T} U_s - \frac{T - t_1}{T} U_s = \left(2\frac{t_1}{T} - 1 \right) U_s \tag{8-6}$$

（3）双极性调制方式和单极性调制方式的比较

1）双极性调制方式控制较简单,只要改变 t_1 位置就能将输出电压从 $+U_s$ 变到 $-U_s$;而单极性调制方式需要改变开关元件的工作方式。

2）双极性调制输出电压较小时,开关元件的驱动信号脉冲仍比较宽,能保证电机低速稳定运行。当输出电压较小时,单极性调制的驱动信号脉冲变窄,有可能不能保证开关元件的可靠导通,从而影响电机低速运行的平稳性。

3）双极性调制方式的 4 个元件都处在开关状态,开关损耗较大;而单极性调制方式只有 2 个元件工作在连续的开关状态,开关损耗较小。

第二节 异步电动机的电子控制

一、交流调速系统概述

异步电动机的调速方法有变极调速、调压调速、转子串电阻调速、串级调速、滑差离合器调速、变频调速等等。但是从本质上讲,由异步电动机的转速公式 $n = \frac{60f}{p}(1-s)$ 可见,它的调速方法实际上只有两大类:一类是在电机中旋转磁场的同步速度 n_0 恒定的情况下调节转差率 s,而另一种是调节电机旋转磁场的同步速度 n_0。异步电动机的这两种调速方法和直流电动机的串电阻调速和调压调速相类似,一种是属于耗能的低效调速方法,而另一种是属于高效率的调速方法。

异步电动机的调压调速、转子串电阻调速、滑差离合器调速等均是在旋转磁场转速不变的情况下调节转差的调速方法,都是属于低效调速之列;而变极调速和变频调速是高效率的调速方法。至于串级调速,由于电机旋转磁场的转速不变,所以它本质上也是一种调转差的调速方法,但是由于串级调速系统中把转差功率加以回收利用而没有白白消耗掉,使系统的实际损耗减少了,于是它就由原来的低效调速方法转变成了高效调速方法。

下面具体介绍利用电力电子器件构成的几种调速方法:三相异步电动机调压调速系统、三相异步电动机串级调速系统和三相异步电动机变频调速系统。

二、三相异步电动机调压调速系统

通过改变异步电动机定子电压来实现调节电动机转速的控制系统称为调压调速系统。这种系统电路简单、调试方便、成本低廉,多用于对调速性能要求不高的中、小容量拖动装置中。

1. 异步电动机调压调速的原理

用改变异步电动机定子电压实现调速的方法称为调压调速。异步电动机的机械特性方程式为

$$T = \frac{3pU_1^2 r_2'/s}{2\pi f_1 \left[(r_1 + r_2'/s)^2 + (x_1 + x_2')^2\right]} \tag{8-7}$$

由上式可知,当转差率 s 一定时,电磁转矩 $T \propto U_1^2$,这说明不同的定子电压,可以得到一组不同的人为机械特性,如图 8-23 所示。对恒转矩负载,可得到不同的稳定转速,如图 8-23 中的 A、B、C 点。由图可明显地看出,由于普通异步电动机工作段转差率 s 很小,因此,对恒转矩负载来说调速范围很小。但是,对风机、泵类机械,由于其负载特性为 $T_L = n^\alpha (\alpha > 1)$,采用调压调速则可得到较大的调速范围,如图 8-23 所示之 D、E、F 点。为了在恒转矩负载下扩大调速范围,电动机须在低速下能稳定运行而又不致过热,故常采用高转子电阻电动机,图 8-24 绘出了这种电动机的特性。

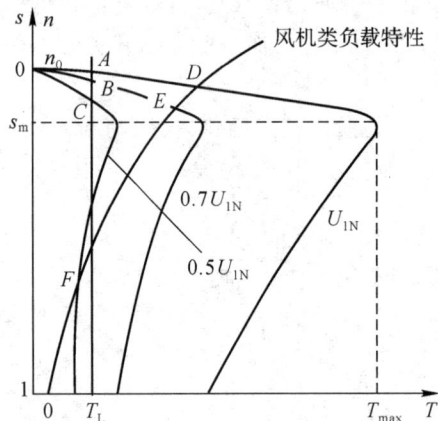

图 8-23　普通异步电机机械特性　　　　图 8-24　高转子电阻异步电机机械特性

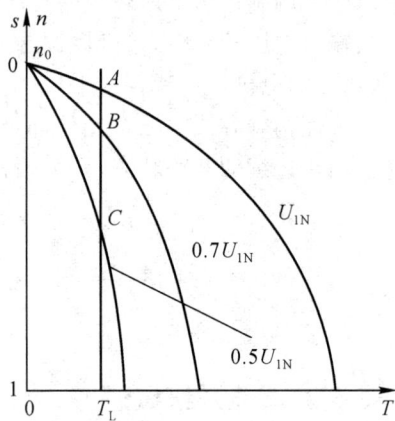

2. 调压调速系统的组成

由于交流异步电动机在低压时的机械特性很软,工作不易稳定,负载稍有波动,就会引起转速很大的变化,所以在实际上难以应用。为了提高调压调速时机械特性的硬度,常采用闭环控制系统。图 8-25 为转速闭环调压调速系统的原理图。

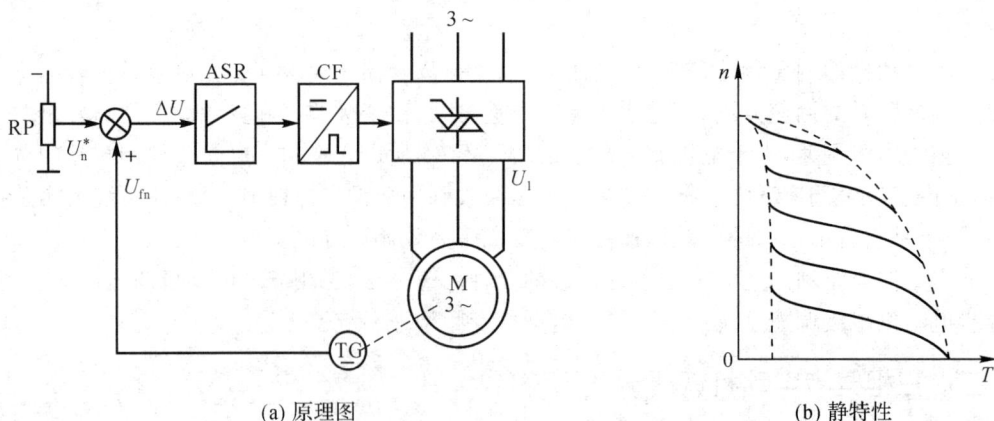

(a) 原理图　　　　　　　　　　　　　　(b) 静特性

图 8-25　转速闭环调压调速系统

该系统主电路采用三只双向晶闸管(或用两个晶闸管反并联)的 Y 接法的三相交流调压电路,具有体积小、接线简单的特点。速度给定指令电位器 RP 所给出的电压和来自测速发电机的速度反馈信号 U_{fn} 综合后接至速度调节器(PI 调节器)ASR 的输入端,ASR 的输出 U_s 作为移相触发电路的移相控制信号。触发电路产生的触发脉冲用来驱动双向晶闸管(或反并联的晶闸管),从而控制三相交流调压器的输出电压,并确定三相异步电动机的转速。

3. 调压调速系统的特性分析

对于本调压调速系统,设开始时的给定电压为 U_{n1},负载转矩为 T_L,系统工作在图 8-26 所示特性 5 的 a 点上。如果负载转矩增至 T_L',这时电动机的转速必然下降,测速发电机的电压 U_{fn} 随之下降,PI 调节器输入电压升高,使晶闸管的触发脉冲前移,调压器的输出电压增高,使电动机过渡到较高电压的机械特性上运转。同时电动机的转矩增大,用以平衡增大了的负载转矩 T_L',电动机此时运行在机械特性 2 的 b 点上,如图 8-26(c)所示。

由图可见,尽管负载转矩 T_L 的变化很大,而电动机的转速下降并不多。就本质来说,采用闭环控制后,当负载发生了变化,通过速度反馈,可自动控制加在电动机定子上的电压。系统的闭环静特性实际上是在各个电压特性上各取一点,从而组成一条新的较硬的机械特性,如图 8-26(c)中所示的直线 a、b、c 及 a'、b'、c'。

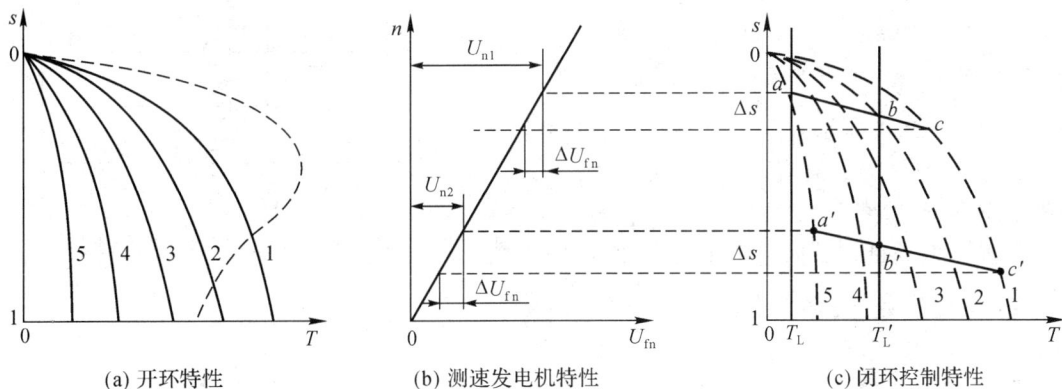

图 8-26　调压调速时的静特性曲线

（a) 开环特性　　　　（b) 测速发电机特性　　　　（c) 闭环控制特性

三、三相异步电动机串级调速系统

绕线转子异步电动机串级调速是将绕线转子异步电动机的转差功率加以利用的一种经济、高效的调速方法,它可以向电动机转子输送转差功率并转换成机械功率从轴上输出,或者把转差功率回馈至交流电网。要想利用转差功率只靠电动机本身是不能实现的,还需要增加一些其他设备。随着电力电子技术的发展,现在均采用在转子回路中串联晶闸管功率变换器来完成馈、送任务,这就构成了由绕线转子异步电动机与晶闸管变流器共同组成的晶闸管串级调速系统。这里主要介绍次同步串级调速系统,该系统具有良好的调速性能以及能把转差功率回馈电网,而且结构简单,可靠性高。

1. 串级调速的基本工作原理

绕线转子异步电动机改变转差率调速的传统方法是在转子回路中串入不同数值的电阻,获得不同斜率的机械特性,从而实现速度的调节,如图 8-27 所示。这种调速方法简单、方便,但存在调速是有级的、不平滑、静态调速精度差、转差功率消耗在电阻上发热,从而效率低等缺点。

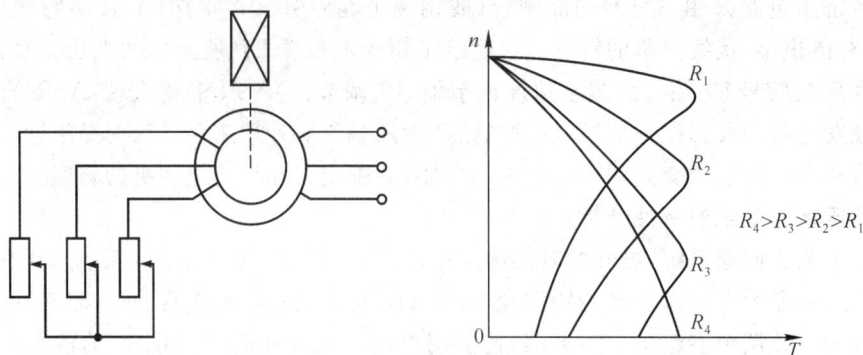

图 8-27　绕线转子异步电动机串电阻调速

　　为了利用转差功率,可采用控制转子变量的调速方法,即在电动机转子回路中串入与转子电动势 $\dot{E}_2$ 同频率的附加电动势 $\dot{E}_f$,如图 8-28 所示,通过改变 $\dot{E}_f$ 的幅值和相位来实现调速。这样电动机在低速运转时,转子中的转差功率 P_s 仅只有小部分消耗于转子相电阻 r_2 上,而大部分 $(3\dot{I}_2\dot{E}_f))$ 被串入的附加电势 $\dot{E}_f$ 所吸收,再利用产生附加电势的装置,设法把所吸收的这部分转差功率回馈给电网。这种在绕线转子异步电动机转子回路中串入附加电

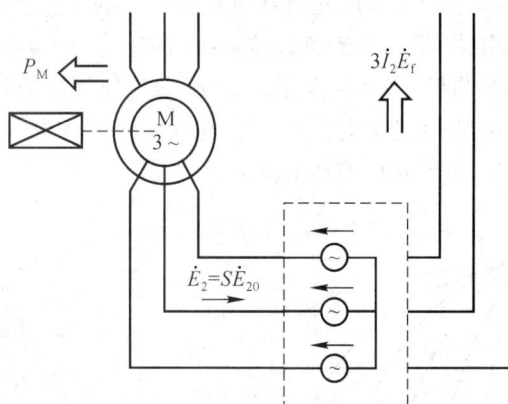

图 8-28　绕线转子异步电动串级调速原理图

动势 $\dot{E}_f$ 以改变转差功率的调速方法,称为串级调速。

　　串级调速的原理可作如下简要定性分析:

　　当 $E_f=0$ 时,电动机工作在固有机械特性上,若这时拖动恒转矩负载,电动机在接近额定转速下稳定运转,转子相电流 I_2 为

$$I_2=\frac{sE_{20}}{\sqrt{r_2^2+(sX_{20})^2}} \tag{8-8}$$

式中,E_{20} 为 $s=1$ 时转子开路相电动势、转子额定电压;X_{20} 为 $s=1$ 时转子绕组每相漏抗。

　　当转子串入的附加电势 $\dot{E}_f$ 的相位与转子感应电动势$(s\dot{E}_{20})$的相位相差 $180°$时,由于反相的 $\dot{E}_f$ 接入,立即引起转子电流 I_2 的减小,此时转子相电流为

$$I_2=\frac{sE_{20}-E_f}{\sqrt{r_2^2+(sX_{20})^2}} \tag{8-9}$$

　　由于气隙磁通保持不变(定子电压恒定),则电动机的电磁转矩 $T=C_T\Phi I_2\cos\varphi$,随 I_2 而减少,使电动机电磁转矩小于负载转矩,失去稳态运转条件,迫使电动机降速。随着转速的降低,转差率 s 值相应增大,由上式可知,转子电流 I_2 又回升,直到电动机转速降低至某值,I_2 又回升到使电动机转矩恢复到与负载转矩相等时,减速过程结束。电动机在低于原来的转速下稳定运转,这就是低于同步速度串级调速的原理。串入 $\dot{E}_f$ 的幅值愈大,电动机的稳态转速就愈低。串级调速还可以实现高于同步速度的调速,只要使串入的附加电势 $\dot{E}_f$ 与转子电动势$(s\dot{E}_{20})$的

初始相位相同。由于 $\dot{E}_f$ 的接入,使转子电流 I_2 增加,此时

$$I_2 = \frac{sE_{20} + E_f}{\sqrt{r_2^2 + (sX_{20})^2}} \tag{8-10}$$

电动机的电磁转矩亦相应增加并大于负载转矩,迫使电动机加速,转差率 s 值减小。由上式可看出转子电流亦减小,这一过程将持续到转矩 T 恢复为原有数值。当串入的 $\dot{E}_f$ 值足够大时,电动机加速到超过同步转速,于是 s 值将变负,($s\dot{E}_{20}$)反相,使 I_2 值又下降,这一过程持续到 T 又恢复到原有数值为止。在新的平衡状态下,电动机处于高于同步速度下稳定运转,这就是超同步速度串级调速的原理。串入与转子电动势同相位 $\dot{E}_f$ 的幅值愈大,电动机的转速就愈高。

串级调速的核心环节是产生附加电动势 $\dot{E}_f$ 的装置,由于绕线转子异步电动机转子中感应电动势 $\dot{E}_2$ 的频率是随转速而变化的,附加电动势 $\dot{E}_f$ 的频率必须随 $\dot{E}_2$ 的频率改变而同步变化。因此,要求附加电源既要电压可变,又要频率可调,还要可逆地传递功率,这就需要在转子侧引入变频器才可实现上述四种运行状态。实际系统中是把转子的交流电动势变换成直流电动势,然后与一直流附加电动势进行比较。控制直流电动势的幅值,就可以调节电动机的转速,这样把交流可变频率的问题转化为与频率无关的直流问题,使主电路和控制回路大为简化。

2. 次同步晶闸管串级调速系统的主电路及特性

在异步电动机转子绕组端联接一个不可控整流器 UR,把转子交流电动势整流为直流电动势,再通过由晶闸管组成的相控有源逆变器 UI,获得一个可调的直流电压,作为转子回路的附加电动势。控制有源逆变器的逆变电压 $U_β$,便可控制电动机的转速。另从功率传递关系看,通过逆变器 UI,能把转子侧传递过来的转差功率,回馈给交流电网,提高了调速系统的效率,如图 8-29 所示。由于转子回路采用了不控整流器,转差功率只能经过整流器 UR 输出,为有源逆变器 UI 吸收,再回馈给电网,而无法实现由电网向电动机转子输送转差功率,转差功率的传递是单方向不可逆的。所以这样的系统,电动机只能运行在低于同步速度的电动状态和高于同步速度的再生制动状态,通常称为次同步速度的晶闸管串级调速系统。

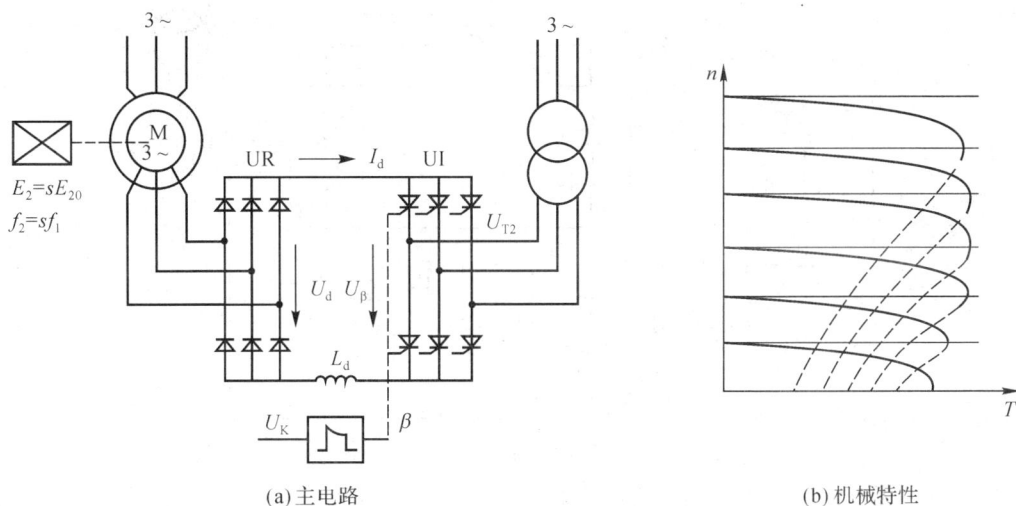

(a)主电路　　　　　　　　　　　　　　(b)机械特性

图 8-29　次同步晶闸管串级调速系统原理图与机械特性

串级调速系统中经过整流输出的转子侧直流电压为

$$U_d = sE_{d0} - \Delta U_M$$

式中，E_{d0} 为转子静止时的转子整流输出电压，ΔU_M 为电机内部压降，它包括折算到直流侧的转子电阻压降、转子回路换流压降和两只整流管上的压降。而逆变侧的直流电压

$$U_\beta = E_\beta + \Delta U_s \tag{8-11}$$

对于三相全控桥 $U_\beta = 2.34U_2\cos\beta$，其中 β 为逆变角，U_2 为逆变变压器副边相电压，而 ΔU_s 为电网侧逆变电路中的总压降，它包括变压器绕组内阻压降、逆变器换流压降和两只晶闸管的管压降等。

从直流回路静态的电压平衡关系可得

$$U_d = U_\beta + R_e I_d \tag{8-12}$$

式中，R_e 为平波电抗器的电阻。

将上述 3 式合并、整理后可得下列关系

$$n = n_S(1-s) = n_S(1 - K_1\cos\beta - K_2 I_d) \tag{8-13}$$

式中，K_1、K_2 为两个常数。

由图 8-29 可见，串调系统的机械特性与直流电机的特性颇为相似，几乎是一族平行而向下斜的直线，在一定的负载 I_d 下改变逆变角 β 可以实现调速；而在 β 保持一定时，电机的转速随负载增大而下降，特性较软。所以除了一些对调速精度要求不高，调速范围不大的场合，例如风机、水泵的调速可以用开环控制以外，一般需要采用带速度反馈和电流反馈的双闭环调速系统，其结构与直流电机双闭环调速系统相似。

3. 电流、速度双闭环串级调速系统

如图 8-30 所示的是电流、速度双闭环串级调速系统的原理图。图中 TG 为测速发电机，U_g 为速度给定信号，ASR 为速度调节器，ACR 为电流调节器，CF 为触发器，LH 为电流互感器。可按照双闭环直流调速系统的分析方法来分析此系统。

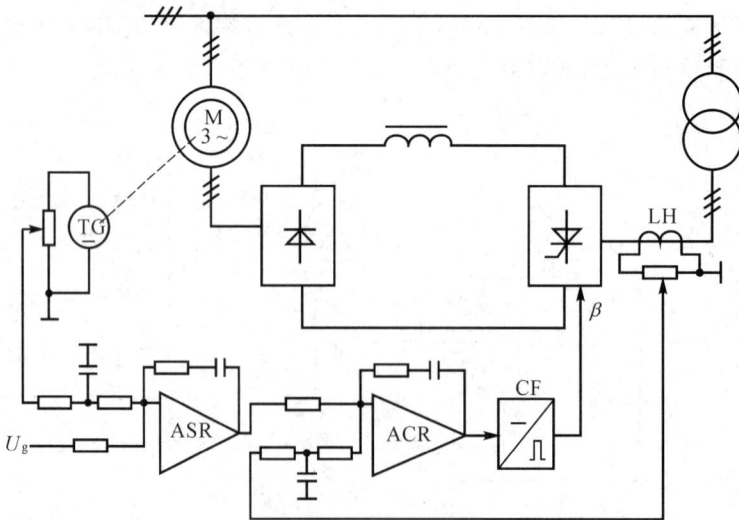

图 8-30 电流、速度双闭环串级调速系统的原理图

采用双闭环控制的次同步晶闸管串级调速具有以下几方面的特点：

1）串级调速装置的总效率高，约为 90%；

2）主回路与控制系统简单，运行可靠，维修方便；

3）串级调速系统具有良好的静态和动态性能；

4)串级调速装置的容量与调速范围成正比,当要求的调速范围不宽时,装置的容量小,硅组件和晶闸管的耐压等级相应较低;

5)串级调速的主要缺点是功率因数低和不能实现再生制动。

根据以上特点,次同步串级调速适用于以下场合:

1)不要求四象限工作和快速启、制动的场合;

2)过载能力较低的生产机械;

3)调速范围要求不太宽的场合。

四、三相异步电动机变频调速系统

变频调速是通过改变电动机定子供电频率来改变同步转速,从而实现交流电动机调速的一种方法。异步电机采用变频调速技术后,调速范围广,调速时因转差功率不变而无附加能量损失,是一种性能优良的高效调速方式,是交流电机调速传动发展的主要方向。

1. 变频调速的基本控制方式

根据电机原理,一台电机如希望获得良好的运行性能、力能指标,必须保持其磁路工作点稳定不变,即保持每极磁通量 Φ_m 额定不变。这是因为若 Φ_m 太强,电机磁路饱和,励磁电流、励磁损耗及发热增大;若 Φ_m 太弱,电机出力不够,铁芯也未充分利用。

从异步电机定子每相电势有效值公式看

$$E_1 = 4.44 f_1 w_1 k_{w1} \Phi_m \tag{8-14}$$

式中,f_1 为定子供电频率(Hz),w_1 为定子每相串联匝数,k_{w1} 为基波绕组系数,Φ_m 为每极气隙磁通(Wb)。

当电机选定后,结构参数即确定,则 $\Phi_m \propto E_1/f_1$,这说明只要协调地控制 E_1、f_1,即可达到控制气隙磁通 Φ_m 的目的。但运行频率在基频以下及基频以上时须采取不同的控制方式。

(1)基频以下调速

根据 $\Phi_m \propto E_1/f_1$ 可知,要保持 Φ_m 额定不变,必须采用恒电势频率比的控制方式,即变频过程中须维持 E_1/f_1 =常值。但定子气隙电势为内部量,难以直接量测、控制。根据异步电机定子电压方程式

$$\dot{U}_f = -\dot{E}_1 + \dot{I}_1 Z_1 \tag{8-15}$$

当运行频率较高,电势较大时,可忽略定子绕组漏阻抗压降 $\dot{I}_1 Z_1$,得 $U_1 \approx E_1$,即只要维持 U_1/f_1 为常数(恒电压频率比)即可维持气隙磁通恒定。

而运行在低频时,E_1 较小,定子电阻压降的影响不能忽略,故应抬高 U_1 加以补偿,才能近似维持 E_1/f_1 为常数。此时采用带低频定子电阻压降补偿的恒压频比控制,其电压、频率关系如图 8-31 中曲线 b 所示。由于维持了气隙磁通恒定,电机将作恒转矩运行。

(2)基频以上调速

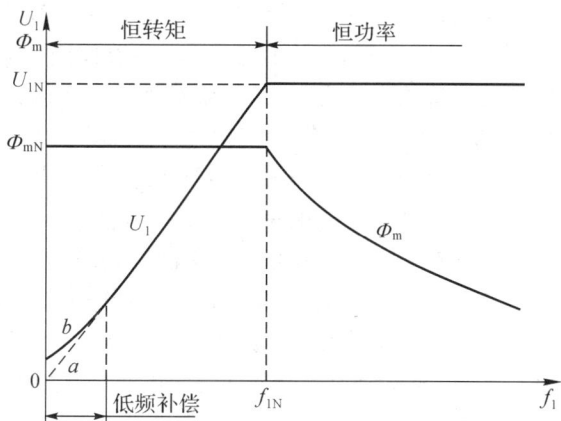

图 8-31　变频调速控制特性

当运行频率超过基频 f_{1N} 时,由于变频装置半导体组件及电机绝缘的耐压限制,电机电压不能超过额定值 U_{1N},只能维持 $U_1=U_{1N}$ 不变。随着运行频率的升高,U_1/f_1 比值下降,气隙磁通随之减小,进入弱磁控制方式。此时电机转矩大体上反比频率变化,作近似恒定功率运行。

(3)机械特性

1)恒电压/频率比($U_1/f_1=$常数)控制

在恒压频比控制下,异步电机的气隙磁通 Φ_m 近似保持恒定,其机械特性如图 8-32 所示,具有以下特点:同步转速 n_0 随运行频率 ω_1 变化;不同频率下机械特性为一组硬度相同的平行直线;最大转矩 T_m 随频率降低而减小。

2)恒气隙电势/频率比($E_1/f_1=$常数)控制

在电压频率控制中,如果恰当地随时提高电压 U_1 以克服定子压降,维持恒定的气隙电势频率比值 E_1/f_1,则电机每极磁通 Φ_m 能真正保持恒定,电机工作特性将有很大改善。此种控制方式下的异步电机机械特性,如图 8-33 所示,它具有以下特点:恒 E_1/f_1 控制的机械特性线性段的范围比恒压频比控制更宽,即调速范围更广;低频下起动时起动转矩比额定频率下的起动转矩大,而起动电流并不大;任何运行频率下的最大转矩恒定不变,稳定工作特性明显优于恒压频比控制。

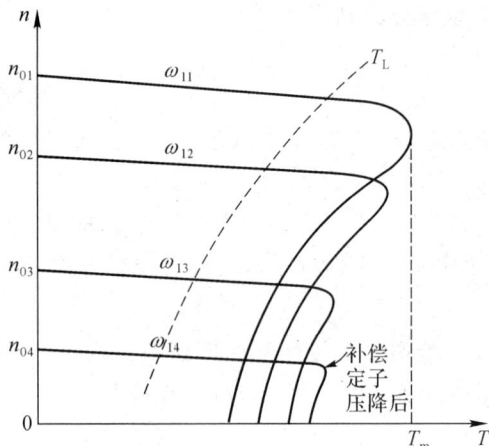

图 8-32　恒 U_1/f_1 控制　　　　　　　　图 8-33　恒 E_1/f_1 控制

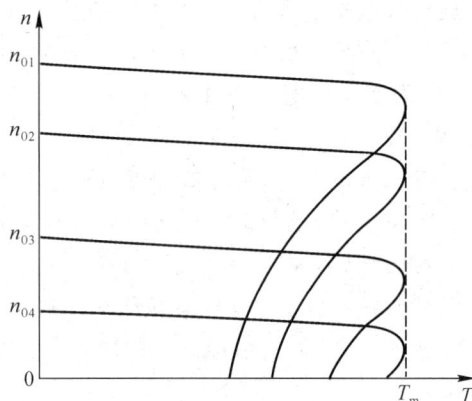

要实现恒最大转矩运行,必须确保电机内部气隙磁通 Φ_m 在变频运行中大小恒定。由于电势 E_1 是电机内部量,无法直接控制,而能控制的外部量是电机端电压 U_1,两者之间相差了一个定子漏阻抗压降。为此,必须随着频率的降低,适当提高定子电压 U_1,以补偿定子漏阻抗压降(主要是定子电阻压降)对气隙电势的影响。

在低频定子电阻压降补偿中要注意:一是由于定子电阻上的压降随负载大小而变化,若单纯从保持最大转矩恒定的角度出发来考虑定子压降的补偿时,则在正常负载下电机可能会处于过补偿状态。随着频率的降低,气隙磁通将增大,空载电流会显著增加,甚至出现电机负载愈轻电流愈大的反常现象。为避免这种不希望的情况出现,一般应采取电流反馈控制使轻载时电压降低。另一点是在大多数的实际场合下,特别是拖动风机、水泵类负载时并不要求低速下也有满载转矩。相反地为减少轻载时的电机损耗,提高运行效率,反而常常采用减小电压/频率比的运行方式。

2. 变频调速系统的构成

变频器的基本构成如图 8-34 所示,它由整流、滤波、逆变及控制回路等部分组成。交流电源经整流、滤波后变成直流电源,控制回路有规则地控制逆变器的导通与截止,使之向异步电动机输出电压和频率可变的电源,驱动电动机运行,图 8-34 所示的系统是开环的。

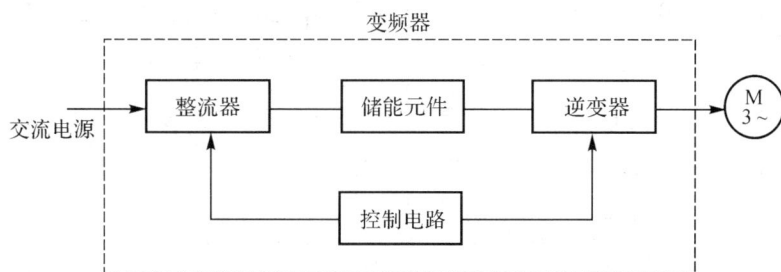

图 8-34　变频器的基本构成

对于速度精度和响应快速性要求较高的系统,采用图 8-34 的开环系统还不够,还需要由变频器主回路及电机侧检测反馈信号,经运算回路综合后以控制触发回路,此时的系统是闭环的。系统整体框图如图 8-35 所示。控制指令来自外部的运行指令。下面具体说明系统中主回路、控制回路和保护功能。

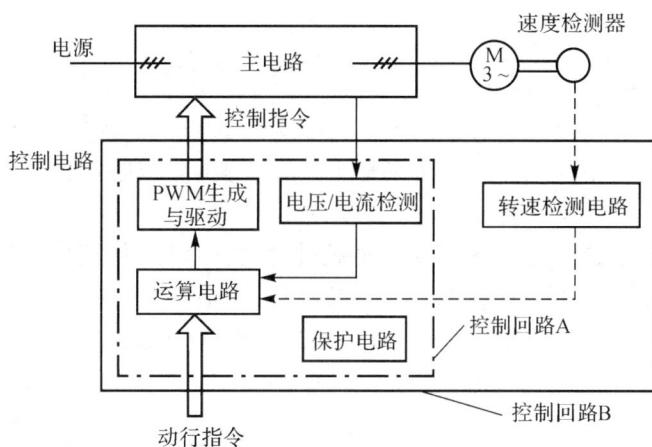

图 8-35　变频调速的闭环控制系统

(1)主回路

给异步电动机提供调频调压电源的电力变换部分,称为主回路。图 8-36 示出了典型的电压型变频器的一个例子。如图所示,主回路由三部分构成:将工频电源变换为直流电源的"整流器";吸收由整流器和逆变器回路产生的电压脉动的"滤波回路",也是储能回路;将直流功率变换为交流功率的"逆变器"。另外,异步电动机需要制动时,有时要附加"制动单元",异步电动机在再生制动区域(第二象限)运行时,再生能量首先储存于储能电力电容器中,使直流电压升高。一般来说,应设置制动单元(开关管和电阻)。把多余的再生功率消耗掉,以免直流回路电压的上升超过限值。

(2)控制回路

控制回路向变频器主回路提供各种控制信号,如图 8-35 所示。控制回路由以下部分组成:决定 U/f 特性的频率电压"运算回路",主回路的"电压/电流检测回路",电动机的"转速检测回路",根据运算回路的结果生成相应的 PWM 脉冲并进行隔离和放大的"PWM 生成及驱动回路",以及变频器和电动机的"保护回路"。

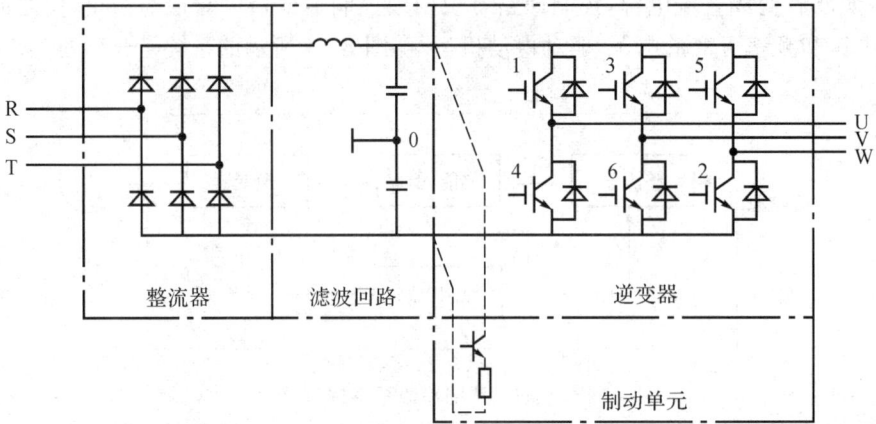

图 8-36 典型的电压型变频器

在图 8-35 点划线内,仅以控制回路 A 部分构成控制回路时,无转速检测回路,为开环控制。在控制回路 B 部分,增加了转速检测回路,因此对于转速指令可以进行闭环控制,使异步电动机的转速控制更加精确。

(3)保护回路

1)瞬时过电流保护

由于变频器负载侧短路等原因,流过变频器元器件的电流达到异常值(超过允许值)时,立即停止变频器工作,切断电流。变额器的输出电流达到异常值时,也同样停止变频器运行。

2)过载保护

变频器输出电流超过额定值,且连续流通超过规定时间时,为了防止变频器内元器件、电线等损坏,必须停止运行。通常采用热继电器或者电子热保护(使用电子回路),这种保护具有反时限特性。过负载是由于负载的飞轮力矩 GD^2 过大或因负载超过变频器容量而产生的。电动机的过载检测装置与变额器保护共享,特别是低速运行过热时,通过异步电动机内埋入温度检测器,或者利用装在变频器内的电子热保护来检测过热。起停动作频繁时,应考虑减轻电机负载或增加电机及变频器容量等。

3)再生过电压保护

采用变频器使电动机快速减速时,由于再生功率引起直流电路电压升高,有时超过允许值。可以采取减缓电动机减速率或停止变频器运行的办法,防止产生过电压。

4)瞬时停电保护

对于毫秒以内的瞬时停电,控制回路仍工作正常。但瞬时停电如果达数十毫秒以上时,通常不仅控制回路误动作,主回路也不能供电,此时应在检测停电后使变频器停止运行。

5)对地过电流保护

由于意外原因造成变频器负载接地时,为了保护变频器,要有对地过电流保护功能。为了确保人身安全,还需要装设漏电继电器。

6)超频(超速)保护

变频器的输出频率或者异步电动机的速度超过规定值时,停止变频器运行。

3. 矢量变换控制的变频调速系统

直流他激电动机转矩与电枢电流 I_a 的关系是

$$T = C_T \Phi I_a \tag{8-16}$$

若忽略磁路饱和及电枢反应,电动机的主磁通由与励磁电流 I_f 成正比而与电枢电流 I_a 无关。可以分别控制 I_f 与 I_a 来控制电动机的转速与转矩。这是直流电动机易于控制并具有良好性能的根本原因。

而三相异步电动机转矩与转子电流 I_2 的关系为

$$T = C_T \Phi_m I_2 \cos\varphi_2 \tag{8-17}$$

式中 Φ_m 为气隙磁通,为定子电流和转子电流所共同产生,而可控的定子电流 I_1 是励磁电流 I_m 与转子电流的折合值 I_2' 的矢量和,无法将其简单地分开,Φ_m、I_2、$\cos\varphi_2$ 都不是相互独立的变量而随转差 s 而变。因此,要在动态中准确地控制转矩就比较复杂。

矢量变换控制的基本思路是要把交流电动机模拟成直流电动机,能够像直流电动机一样地进行控制,使其动态转矩能力和静态调速性能都能达到直流调速系统的水平。

由图 8-37(a)可知,三相异步电动机由三相固定的对称绕组 A、B、C 通以三相对称交流电流来产生转速为 ω_0 的旋转磁场 Φ。实际上如图 8-37(b)所示的以 ω_0 旋转的两个匝数相等、互相垂直的绕组 M 和 T 分别通入直流电流 i_M、i_T 也可以产生转速为 ω_0 的旋转磁场 Φ。由此可见,将三相异步电动机模拟成直流电动机进行控制,就是将 A、B、C 静止坐标系所表示的三相异步电动机变换到按转子磁通方向为磁场定向并以 ω_0 旋转的 M—T 直角坐标系上,即将异步电机上的交流电流矢量变换成两个独立的直流标量来分别进行调节。当然,调节后的直流量还应还原成交流量最后去控制异步电机的运行状态,因此在矢量变换控制的变频调速系统需要进行矢量的坐标变换及其逆变换。

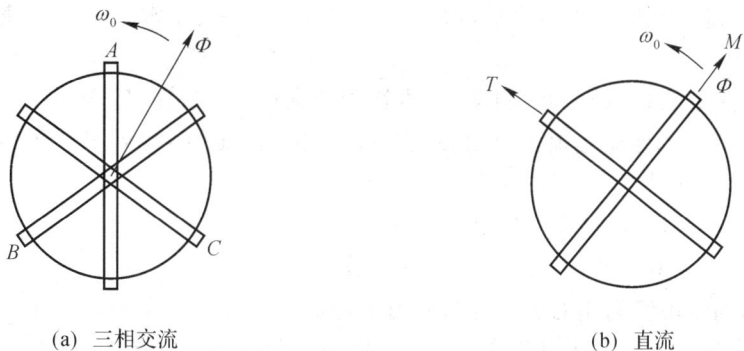

(a) 三相交流　　　　　　　　　　　　(b) 直流

图 8-37　交流绕组与直流绕组等效原理图

矢量控制变频调速的构想如图 8-38 所示。速度给定信号 U_ω^* 和速度反馈信号 U_ω 经过控制器综合,产生类同于直流电机励磁电流的给定信号 i_{m1}^* 和电枢电流的给定信号 i_{t1}^*,经过反旋

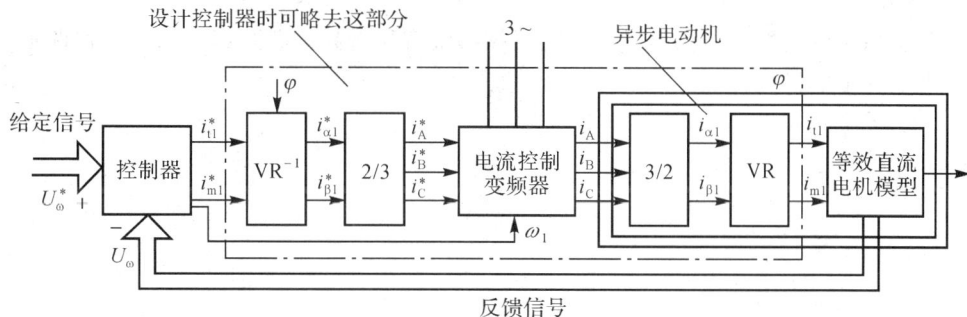

图 8-38　矢量控制变频调速的构想示意图

转变换 VR^{-1} 得到 $i_{\alpha1}^*$ 和 $i_{\beta1}^*$（$i_{\alpha1}^*$、$i_{\beta1}^*$ 为两相静止坐标系 α、β 上的电流分量），再经过二相/三相变换得到 i_A^*、i_B^* 和 i_C^*。把这三个电流控制信号和由控制器直接得到的频率控制信号 ω_1 加到带电流控制的变频器上，就可以输出异步电动机调速所需的三相变额电流 i_A、i_B、i_C。矢量控制变频调速系统的具体分析可参见有关交流电机调速的教材和文献。

习 题

8-1 在转速、电流双闭环调速系统中，速度调节器有哪些作用？其输出限幅值应按什么要求来调整？电流调节器有哪些作用？其限幅值应如何整定？

8-2 在转速、电流双闭环调速系统中出现电网电压波动与负载扰动时，各是哪个调节器起主要调节作用？

8-3 双闭环调速系统正常工作时，调节什么参数可以改变电动机转速？如果速度闭环的转速反馈线突然断掉，会发生什么现象？电动机还能否调速？

8-4 双闭环调速系统稳态运行时，两个 PI 调节器的输入偏差（给定与反馈之差）是多少？它们的输出电压应对应于何种状态的数值？为什么？

8-5 用三相交流调压电路给鼠笼式异步电机供电时，适合拖动什么负载？为什么？

8-6 某交流调压调速系统，主电路采用 Y 形连接。设负载阻抗角为 $\varphi=45°$，晶闸管采用窄脉冲触发，其脉冲宽度为 $10°$，当控制角 $\alpha=20°$ 时，系统能否正常工作，工作情况如何？为什么？

8-7 某串级调速系统，不经常起、制动，电机铭牌数据如下：$P_N=125kW$，$n_N=525r/min$，定子电压 $U_N=380V$，定子电流 $I_{1N}=266A$，转子开路线电压为 145V，转子电流 $I_{2N}=180A$，调速范围 4：1，要求：
(1)选用整流二极管、逆变变压器和晶闸管；
(2)试画出采用双闭环控制时的系统原理图。

8-8 试简述超同步串级调速的优缺点和适用场合。

8-9 分析、讨论以下几种异步电机变频调速控制方式的特性及优点：
(1)恒电压/频率比($U_1/f_1=$常数)控制；
(2)恒气隙电势/频率比($E_1/f_1=$常数)控制。

8-10 保持 $E_1/f_1=$常数的恒气隙电势/频率比控制中，低频空载时可能会发生什么问题？如何解决？

8-11 恒流源供电及恒压源供电异步电机机械特性有何差异？其原因何在？应如何改造电流源供电异步电机的特性？

附录一　实验指导

实验环节是本课程的重要组成部分。通过实验,可以帮助和加深对理论的理解,培养和提高实践动手能力、分析和解决问题的工作能力。这里列出了"电气控制技术"课程应该完成的 4 个实验,也可根据实际情况增加部分实验。实验指导中提到的实验设备是目前实验设备市场上常见的实验装置,如使用不同的实验装置,可按照相应设备的说明书来进行,而实验方法基本上是一致的。

实验一　三相桥式全控整流及有源逆变电路实验

一、实验目的

1.熟悉三相桥式全控整流及有源逆变电路的接线及工作原理。

2.了解集成触发器的调整方法及各点波形。

二、实验线路及原理

实验线路如图附-1 所示。主电路由三相全控变流电路及作为逆变直流电源的三相不控整流桥组成。触发电路为数字集成电路,可输出经高频调制后的双窄脉冲链。三相桥式整流及有源逆变电路的工作原理可参见"电力电子技术"的有关教材。

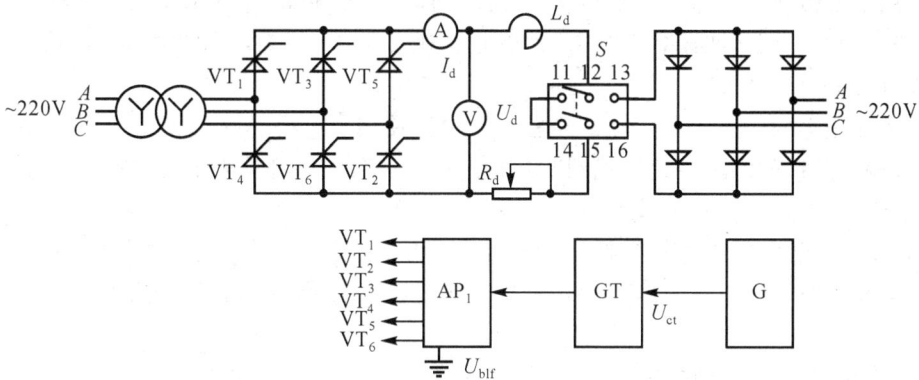

图附-1　三相桥式全控整流及有源逆变实验原理图

三、实验内容

1)三相桥式全控整流电路;

2)三相桥式有源逆变电路;

3)观察整流状态下,模拟电路在故障现象时的波形。

四、实验设备

1)电力电子技术与电机控制教学实验台主控制屏
2)MCL-18 组件
3)滑线变阻器 1.8kΩ, 0.65A
4)MEL-02 芯式变压器
5)双踪示波器
6)万用表

五、预习要求

1)阅读教材中有关三相桥式全控整流电路的有关内容,弄清三相桥式全控整流电路带大电感负载时的工作原理。
2)阅读教材中有关有源逆变电路的有关内容,掌握实现有源逆变的基本条件。
3)学习教材中有关集成触发电路的内容,掌握该触发电路的工作原理。

六、思考题

1)如何解决主电路和触发电路的同步问题?本实验中,主电路三相电源的相序能任意确定吗?
2)本实验中,在整流向逆变切换时,对 α 角有什么要求? 为什么?

七、实验方法

1. 接线与调试

(1)按图附-1 接线,未接上主电源之前,检查晶闸管的脉冲是否正常。打开 MCL-18 电源开关,给定电压 U_g 有电压显示。

(2)用示波器观察双脉冲观察孔,应有间隔均匀、相互间隔 60° 的幅度相同的双脉冲。

(3)检查相序,用示波器观察"1"、"2"单脉冲观察孔,"1"脉冲超前"2"脉冲 60°,则相序正确,否则,应调整输入电源。

(4)将面板上的 U_{blf}(当三相桥式全控变流电路使用 I 组桥晶闸管 $VT_1 \sim VT_6$ 时)接地,将 I 组桥式触发脉冲的六个按键设置到"接通"。用示波器观察每只晶闸管的控制极,阴极,应有幅度为 1～2V 的脉冲。

(5)将给定器的输出端"U_g"接至主控制屏"移相控制电压"U_{ct} 端,调节偏移电压电位器 RP,使 $U_{ct} = 0$ 时(可直接接地,以保证输入为零),$\alpha = 150°$,此时的触发脉冲波形如图附-2 所示。

2. 三相桥式全控整流电路

按图附-1 接线,S 拨向左边短接线端,将 R_d 调至最大(450Ω)。

三相调压器逆时针调到底,合上主电源,调节主控制屏输出电压 U_{uv}、U_{vw}、U_{wu},从 0V 调至 220V。

调节 U_{ct},使 α 在 30°～90°范围内,用示波器观察并记录 $\alpha = 30°$、60°、90°时,整流电压 u_d、晶闸管两端电压 u_T 的波形,并记录相应的 U_d、U_{ct} 和交流输入电压 U_2 数值。(90°时的波形可在进

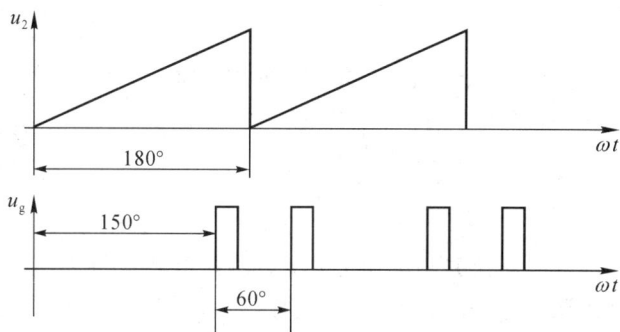

图附-2 触发脉冲与锯齿波的相位关系

行逆变实验时记录)

表附-1 三相桥式全控整流电路移相特性

α	30°	60°	90°	120°	150°
U_{ct}(记录值)					
U_d(记录值)					
U_d(计算值)					

计算公式:$U_d = 2.34U_2\cos\alpha$。

3.电路模拟故障现象观察

在整流状态,当 $\alpha = 60°$ 时,将示波器所观察的某晶闸管的触发脉冲按扭开关拨向"脉冲断"位置,模拟晶闸管失去触发脉冲的故障,观察并记录此时 u_d、u_T 的波形。

4.三相桥式有源逆变电路

断开电源开关后,将 S 拨向右边的不控整流桥,调节给定电位器逆时针到底,即给定器输 $U_{ct}=0$,使 α 仍为150°左右。

调节 U_{ct},观察并记录 $\alpha=90°$、120°、150°时,电路中 u_d、u_{VT} 的波形,并记录相应的 U_d、U_2 数值。

八、实验报告

1)画出电路的移相特性 $U_d = f(\alpha)$ 曲线;

2)作出整流电路的输入-输出特性 $U_d/U_2 = f(\alpha)$;

3)画出 $\alpha=30°$、60°、90°、120°、150°时整流电压 u_d 和晶闸管两端电压 u_T 的波形;

4)简单分析模拟故障现象。

九、注意事项

1)双踪示波器两个探头的地线端应接在电路的同电位点,以防通过两探头的地线造成被测量电路短路事故。示波器探头地线与外壳相连,使用时应注意安全。

2)为了防止过流,顺利地完成从整流到逆变的过程,应先将 α 角调节到大于90°,接近120°的位置,负载电阻 R_d 调至最大值位置,以防过流。

3)三相不控整流桥的输入端可加接三相自耦变压器,以降低逆变用直流电源的电压值。

实验二 直流并励电动机

一、实验目的

1)掌握用实验方法测取直流并励电动机的工作特性和机械特性;
2)学习直流电动机调速方法。

二、预习要点

1)什么是直流电动机的工作特性和机械特性?对于不同的特性在实验中哪些物理量应保持不变?而哪些物理量应测取?
2)直流电动机调速的原理和方法。

三、实验项目

1. 工作特性和自然机械特性

保持 $U=U_N,I_f=I_{fN}$ 不变,测取 n、T_2、$\eta=f(I_a)$ 以及自然机械特性 $n=f(T_2)$。

2. 调速特性

(1)改变电枢电压调速

保持 $U=U_N,I_f=I_{fN},T_2=$ 常值,测取电动机的转速 n 与电枢两端电压 U_a,即可得 $n=f(U_a)$。

(2)改变励磁电流调速

保持 $U=U_N,T_2=$ 常值,$R_{st}=0$ 时,测取 $n=f(I_f)$。

四、实验线路及操作步骤

实验线路如图附-3所示,图中 M 为直流并励电动机。涡流测功机作为电动机的负载。电动机与测功机之间用联轴器直接连接。直流电动的电枢电压和励磁电压来自实验柜上的直流电源。

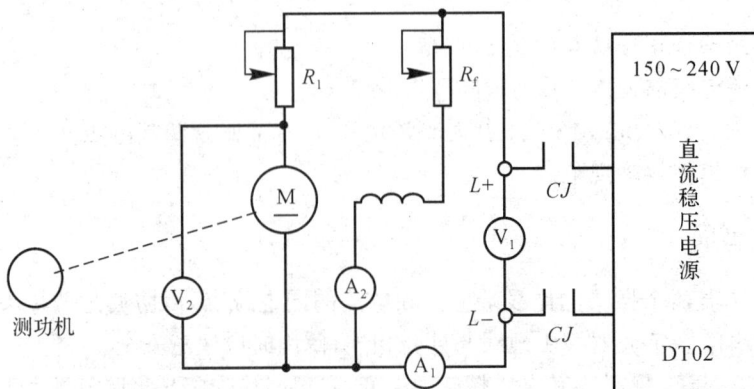

图附-3 直流并励电动机实验接线图

1. 并励电动机的工作特性和机械特性

接通电源前,将测功机加载旋钮调至零位(即沿逆时针旋到底为止),按照图附-3接线,其中 A_1、V_1 已在内部接好,A_2、V_2 需另外连接。合上直流电源,起动直流电动机,并且使其转向符合测功机标明的转向。将电动机电枢调节电阻 R_1 调至零值,同时调节直流电源调压旋钮、测功机的加载旋钮和电动机的磁场调节电阻 R_f,使电动机的 $U=U_N$,输入电流 $I=I_N$,$n=n_N$,此时电动机的运行称为额定负载运行,其励磁电流称为额定励磁电流 I_{fN}。在保持 $R_1=0$,$U=U_N$ 和 $I_f=I_{fN}$ 不变的条件下,逐次减小电动机的负载,即将测功机加载旋钮沿逆时针转动,从额定负载至空载运行范围内,测取电动机输入电流 I_a、转速 n 和测功机的转矩 T_2,共取 6～7 组数据,记录于表附-2 中,其中额定和空载两点必测。

2. 调速特性

(1)改变电枢端电压调速

直流电动机起动后,将电枢调节电阻 R_1 调至零值。然后,同时调节直流电源的调压旋钮、测功机加载旋钮和电动机磁场调节电阻 R_f,使电动机的 $U=U_N$,$T_2=0.5\text{N}\cdot\text{m}$,$I_f=I_{fN}$,在保持 $I_f=I_{fN}$ 和 T_2 不变的条件下,逐次增加 R_1 的阻值,即降低电枢两端的电压。在 R_1 从零调至最大值的范围内,每次测取电动机的端电压 U_a、转速 n 和输入电流 I_a,共取 5～6 组数据记录于表附-3 中。

表附-2　工作特性和机械特性

实验数据	I/A							
	$n/(\text{r/min})$							
	$T_2/(\text{N}\cdot\text{m})$							
计算数据	I_a/A							
	P_2/W							
	$\eta/\%$							

$U=U_N=$ _____ V;$I_f=I_{fN}=$ _____ A;$R_a=$ _____ Ω(由实验室给出)

表附-3　改变电枢端电压调速

U_a/A							
$n/(\text{r/min})$							
I/A							
I_a/A							

$I_f=I_{fN}=$ _____ A;$T_2=$ ___0.5___ N·m

(2)改变励磁电流调速

直流电动机起动后,将电枢调节电阻 R_1 和磁场调节电阻 R_f 均调至零值。调节直流电源调压旋钮和测功机的加载旋钮,使电动机的电压 $U=U_N$,$T_2=0.5\text{N}\cdot\text{m}$。在保持 $U=U_N$ 和 T_2 不变的条件下,逐次增加磁场电阻 R_f,直至 $n=1.2n_N$ 为止,每次测取电动机的转速 n、励磁电流 I_f 和输入电流 I,共取 5～6 组数据,记录于表附-4 中。

表附-4　改变励磁电流调速

$n/(\text{r/min})$							
I_f/A							
I/A							
I_a/A							

$U=U_N=$ _____ V；$T_2=$ ___ 0.5 ___ N・m

五、实验报告

1)由实验数据计算出电动机电枢电流 I_a、P_2 和 η，并绘出电动机的 n、T_2、$\eta=f(I_a)$ 及 $n=f(T_2)$ 的特性曲线。

电动机输出功率 $P_2=0.105\times n\times T_2$，单位为 W；

式中，输出转矩 T_2 的单位为 N・m，转速 n 的单位为 r/min；

电动机输入功率 $P_1=U_1 I$

电动机效率 $\eta=P_2/P_1\times100\%$

电动机电枢电流 $I_a=I-I_{fN}$

由工作特性求出转速变化率：

$$\Delta n=(n_0-n_N)/n_N\times100\%$$

2)绘出并励电动机调速特性曲线 $n=f(U_a)$ 以及 $n=f(I_f)$。分析在恒转矩负载时两种调速方法的优缺点。

六、思考题

1)当电动机的负载转矩和励磁电流不变时，减小电枢端电压，为什么会引起电动机转速降低？

2)当电动机的负载转矩和电枢端电压不变时，减小励磁电流会引起转速的升高，为什么？

3)并励电动机在负载运行中，当磁场回路断线时是否一定会出现"飞速"？为什么？

七、实验注意事项

1)电源接通的顺序：在实验装置上有多层开关，应严格按照主电源、显示、直流电源的开关顺序打开开关。

2)要首先记录铭牌数据，计算有关数据。

3)负载转矩表和转速表调零。如有零误差，在实验过程中要除去零误差。

4)为安全起动，将电枢回路电阻调至最大，励磁回路电阻调至最小。

5)起动完毕，调节电阻值到额定状态，记录额定状态下的励磁电流（额定励磁电流）。

6)转矩表反应速度较慢，在实验过程中调节负载要慢。

7)实验过程中按照实验要求，随时调节电阻，使有关的物理量保持常量，保证实验数据的正确性。

8)"机械特性测试"实验时，负载的最大调节范围为 $0\sim1.2$ N・m；额定点必测。

9)"调电枢端电压调速"实验时，电枢两端电压调节范围为 $202\sim220$ V；额定点必测。

10)"调励磁电流调速"实验时，励磁电流的调节范围为 $45\sim84$ mA；额定点必测。

实验三　三相异步电动机的起动与调速

一、实验目的

通过实验掌握三相异步电动机的起动和调速方法。

二、预习要点

1)复习三相异步电动机有哪几种主要起动方法,并比较它们的优缺点。

2)复习三相异步电动机有哪几种主要调速方法,并比较它们的优缺点。

三、实验项目

1)三相鼠笼式异步电动机的直接起动。

2)三相鼠笼式异步电动机的星形-三角形(Y-△)连接起动。

3)三相绕线式异步电动机转子绕组串入可变电阻器起动。

4)恒负载转矩下三相绕线式异步电动机降低定子电压调速实验。

5)恒负载转矩下三相绕线式异步电动机转子绕组串入可变电阻器调速。

四、实验线路及操作步骤

被试的三相鼠笼式异步电动机的编号为 D21。额定数据为:$P_N=100W$,$U_N=220V$,$I_N=0.64$(或 0.48)A,$n_N=1430$(或 1420)r/min,定子绕组为△接法。

其他所需设备有:电机导轨、交流电压表(DT01B)、交流电流表(DT01B)。

仪表量程选择为:电压表的量程为 250V,电流表的量程为 5A。

1. 三相鼠笼式异步电动机直接起动

实验接线图如图附-4 所示。

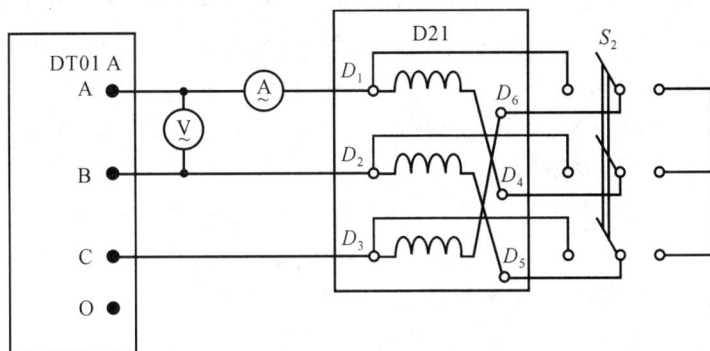

图附-4　三相异步电动机起动实验接线图

将被试电动机和测功机同轴连接,旋紧底脚固定螺钉。首先将开关 S_2 合向三角形接法侧(图中左侧)。检查 DT01A 上调压器(在控制柜左侧)输出电压是否降为零。

按下控制屏 DT01A 上的电源开关,接通三相可调电压电源,调节控制屏上的调压器,逐渐升高输出电压,使电动机起动,观察电动机的转向,是否符合测功机规定的转向要求,否则应按下 DT01A 上的交流停止开关,切断电源停机,调整外施于电动机的电源相序。

表附-5　三相异步电动机的起动

直接起动	Y-△起动	起动电流	起动转矩
I_K(冲击)(A)	I_K(冲击)(A)	I_{st}(A)	T_{st}(N·m)

按下控制屏 DT01A 上的电源开关,调节控制屏上的调压器,使输出电压达到电动机的额定电压 220V,断开电源开关,待电动机完全停转后,再合上电源开关,使电动机在额定电压下起动,读取电流表显示的最大电流,记录于表附-5 中。电流表的最大电流值,虽不能完全代表起动电流,但可以与其他几种起动方法电流表受到起动电流的冲击而显示的数值作定性比较。

定量确定起动电流值可按以下实验步骤实现:

将控制屏上的调压器输出电压降到零,切断电源停机。用销钉将测功机定、转子销住,接通电源,调节调压器使电动机定子电流达到 2 倍额定电流,测取此时的电压 U_K、电流 I_K 和转矩 T_K 并记录下来以备求取在额定电压时的起动电流 I_{st} 和起动转矩 T_{st},实验动作要迅速,通电时间不应超过 10s,以免电机绕组过热。将调压器输出电压降到零,按下交流停止开关,使电动机脱离电源,拔出测功机定、转子之间的销钉。

为简单起见,可认为漏磁路饱和影响不大,对应于额定电压时的起动电流 I_{st} 和起动转矩 T_{st},可按下式计算:

$$I_{st} = \left(\frac{U_N}{U_K} \right) I_K$$

$$T_{st} = \left(\frac{I_{st}}{I_K} \right)^2 T_K$$

式中,I_K 为起动实验时的电流,U_K 为起动实验时的电压,U_N 为额定电压,T_K 为起动实验时的转矩。

2. 星形-三角形(Y-△)起动

实验接线图如图附-4 所示。

先将开关 S_2 合向定子绕组三角形接法侧(图中左侧)。检查控制屏上调压器输出电压是否退到零,接通电源,调节控制屏上的调压器,逐渐升高输出电压,起动电动机,直至达到电动机的额定电压 220V。断开电源开关,使电动机停转,再将开关 S_2 合向三相定子绕组 Y 接法侧(图中右侧);再合上电源开关,使电动机接成 Y 接法起动,读取起动时冲击电流的最大电流值,记录于表附-5 中,与其他起动方法作定性比较。

待电动机转速升高,再把开关 S_2 合向左侧,使电动机切换成△接法的正常运行,整个起动过程结束。

3. 三相绕线式异步电动机转子绕组串入可变电阻器起动

被试的绕线式三相异步电动机 D15 的额定数据为:$P_N = 100W$,$U_{1N} = 220V$,$I_{1N} = 0.55A$,$n_N = 1420r/min$,定转子绕组均为 Y 接法。其他所需设备有:电机导轨、交流电压表(DT01B)、交流电流表(DT01B)、绕线电机调节电阻(DT05)。

仪表量程选择:电压表的量程为 250V,电流表的量程为 2.5A。

实验接线图如图附-5 所示。

将被试电动机与测功机同轴连接,旋紧固定螺钉。检查控制屏调压器输出电压是否调到

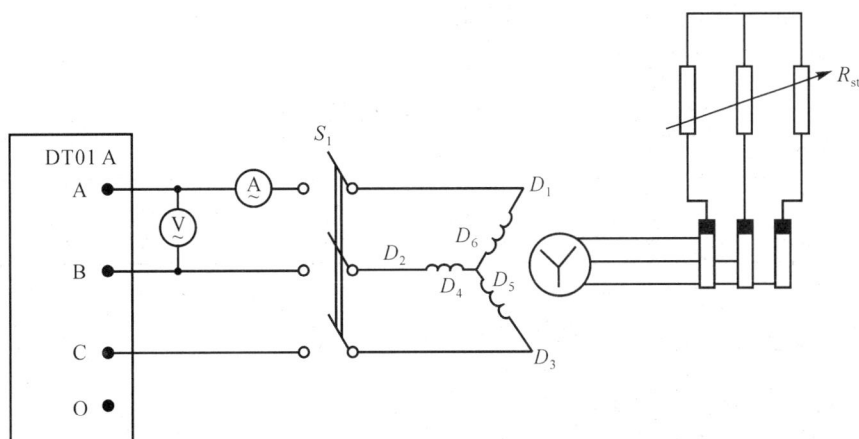

图附-5 三相绕线式异步电动机转子串电阻起动实验接线图

零,按下 DT01A 交流起动开关,调节调压器,检查电动机转向是否符合测功机的转向要求。否则应切断电源停机,调整外施于电动机的电源相序,使电动机的转向符合测功机转向要求。

将控制屏调压器输出电压退至零,调节电动机转子绕组串入的可变电阻达到最大值(约15Ω)。调节控制屏调压器,使电动机外施电压达到额定电压,并保持不变,逐级调节串入转子绕组电阻,每次起动测取电动机的定子电流和转矩,记录于表附-6中。将调压器输出电压降到零,按下交流停止开关而停机。

表附-6 串可变电阻器起动

R_{st}/Ω	15	5	2	0
I_{st}/A				
$T_{st}/(N \cdot m)$				

4. 三相绕线式异步电动机(模拟高转子电阻电机)降低定子电压调速实验

按图附-5接线。电机转子接入绕线电机调节电阻,数值可根据需要调整。

将三相电源调至零位,测功机旋钮旋至最小位置。接通电源,逐渐升高电压,起动电机,调节三相电源使之逐渐升压至额定电压(注意电机转向符合测功机加载要求)。慢慢旋动测功机加载旋钮,使电机负载接近于额定负载。记录此时电机定子电压、定子电流、转速等数据;每改变一次三相电源电压,保持电机负载转矩不变,记录上述数据于表附-7中,共测4组数据。

表附-7 调电压调速实验

U/V				
I/A				
$n/(r/min)$				

5. 三相绕线式异步电动机转子绕组串入可变电阻器调速

实验接线同图附-5。

把转子调速电阻调到最大值(15Ω),将测功机的选择开关拨到手动位置(向上),测功机励磁输出电压退到零,检查控制屏调压器输出电压是否退到零,按下控制屏 DT01A 上的起动开关,调节调压器,逐渐升高电压到额定电压220V,并保持不变,使电动机空载起动;并调节测功机励磁调压器输出电压,使电动机输出转矩接近额定转矩 T_{2N},并保持不变,逐级减小转子调速电阻,测取相应的定子电流、电动机转速,记录于表附-8 中:

表附-8　串可变电阻器调速

R/Ω	15	5	2	0
I/A				
$n/(\text{r/min})$				

五、实验报告

1)试比较异步电动机不同起动方法的优缺点。

2)三相绕线式异步电动机转子绕组串入电阻对起动电流和起动转矩的影响。

3)试比较三相绕线式异步电动机转子绕组串入电阻与调节定子绕组端电压调速对电动机转速和定子电流的影响。

六、思考题

1)起动电流和外施电压成正比,起动转矩和外施电压的平方成正比在什么情况下才能成立?

2)在恒转矩负载下,三相绕线式异步电动机串入电阻调速,理论上分析电流应保持不变,试验的实际情况如何? 为什么?

实验四　双闭环晶闸管直流调速系统

一、实验目的

1)了解双闭环不可逆直流调速系统的原理、组成及各主要单元部件的原理;

2)掌握双闭环不可逆直流调速系统的调试步骤、方法及参数的整定;

3)研究调节器参数对系统动特性的影响。

二、实验线路及原理

双闭环晶闸管不可逆直流调速系统由电流和转速两个调节器综合调节,由于调速系统的主要参量为转速,故转速环作为主环放在外面,电流环作为副环放在里面,这样可抑制电网电压扰动对转速的影响,实验系统的组成如图附-6 所示。

系统工作时,先给电动机加励磁,改变给定电压 U_g 的大小即可方便地改变电机的转速。ASR、ACR 均设有限幅环节,ASR 的输出作为 ACR 的给定,利用 ASR 的输出限幅可达到限制起动电流的目的,ACR 的输出作为移相触发电路 GT 的控制电压,利用 ACR 的输出限幅可达到限制 $\alpha_{\min}$ 和 $\beta_{\min}$ 的目的。

起动时,当加入给定电压 U_g 后,ASR 即饱和输出,使电动机以限定的最大起动电流加速起动,直到电机转速达到给定转速(即 $U_g = U_{fn}$),并在出现超调后,ASR 退出饱和,最后稳定运行在略低于给定转速的数值上。

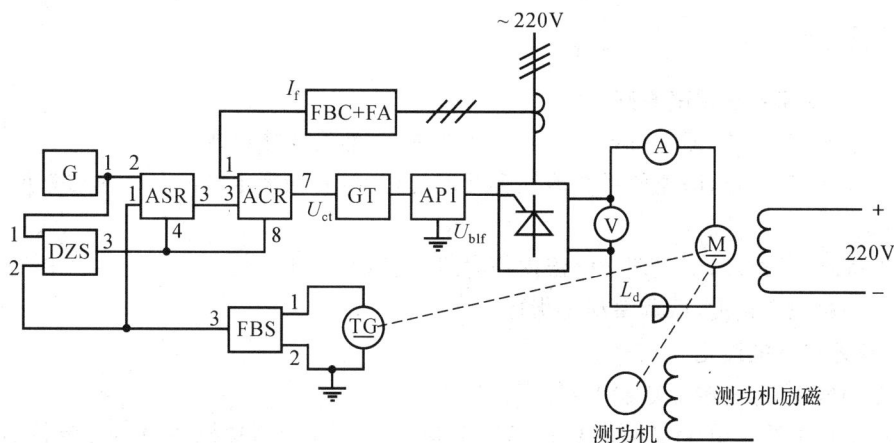

G:给定器　　DZS:零速封锁器　　ASR:速度调节器　　ACR:电流调节器　　GT:触发装置

FBS:速度变换器　　FA:过流保护器　　FBC:电流反馈　　AP1：Ⅰ组脉冲放大器

图附-6　双闭环不可逆直流调速系统原理图

三、实验内容

1)各控制单元调试;

2)测定电流反馈系数 β,转速反馈系数 α;

3)测定开环机械特性及高低速时完整的系统闭环静特性 $n=f(I_d)$;

4)闭环控制特性 $n=f(U_g)$ 的测定;

5)观察、记录系统动态波形。

四、实验设备

1)主控制屏

2)直流电动机-测功机组

3)MCL-18D

4)双踪示波器

5)万用表

五、预习要求

1)阅读教材中有关双闭环直流调速系统的内容,掌握双闭环直流调速系统的工作原理。

2)理解 PI 调节器在双闭环直流调速系统中的作用,掌握调节器参数的选择方法。

3)了解调节器参数、反馈系数、滤波环节参数的变化对系统动静态特性的影响趋势。

六、思考题

1)为什么双闭环直流调速系统中使用的调节器均为 PI 调节器?

2)转速负反馈线的极性如果接反会产生什么现象?

3)双闭环直流调速系统中哪些参数的变化会引起电动机转速的改变?哪些参数的变化会引起电动机最大电流的变化?

七、实验方法

1. 双闭环调速系统调试原则

(1)先单元、后系统,即先将各个单元的特性调好,然后才能组成系统。

(2)先开环、后闭环,即先使系统能正常开环运行,然后在确定电流和转速均为负反馈时组成闭环系统。

(3)先内环,后外环,即先调试电流内环,然后调转速外环。

(4)先调整稳态精度,后调整动态指标。

2. 开环外特性的测定

(1)控制电压 U_{ct} 由给定器输出 U_g 直接接入。

(2)逐渐增加给定电压 U_g,使电机起动,升速,调节 U_g 和测功机转矩给定电位器,使电动机电流 $I_d = I_{ed}$,转速 $n = n_{ed}$。

(3)改变转矩给定电位器,即可测出系统的开环外特性 $n = f(I_d)$,记录于表附-9 中:

表附-9　开环外特性

$n/(\text{r/min})$						
I_d/A						

3. 单元部件调试

(1)调节器的调零

将调节器输入端接地,将串联反馈网络中的电容短接,使调节器成为比例(P)调节器。将零速封锁器(DZS)上的扭子开关拨向"解除"位置,把 DZS 的"3"端接至 ACR 的"8"端(或 ASR 的"4"端),使调节器解除封锁而正常工作。调节面板上的调零电位器 RP5,用万用表的 mV 档测量,使调节器的输出电压为零。

(2)调节器正、负限幅值的调整

直接将给定电压 U_g 接入移相控制电压 U_{ct} 的输入端,用示波器观察 a 相锯齿波和 1 号触发电路输出双脉冲波形。当 U_{ct} 由零调大时,α 渐渐变小,当 α 角接近于零时,记下此时的 U_{ct}'。一般可确定移相控制电压的最大允许值 $U_{ctmax} = 0.9 U_{ct}'$,即 U_{ct} 的允许调节范围为 $0 \sim U_{ctmax}$。

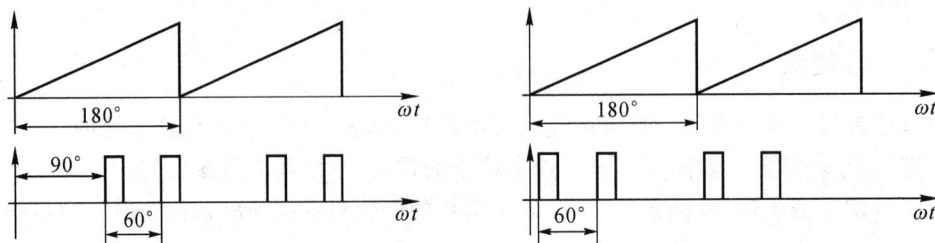

图附-7　电流调节器负限幅值的测定

本实验中,电流调节器的负限幅为 0,正限幅为 U_{ctmax};速度调节器的负限幅为 6V,正限幅为 0。

4. 系统特性测试

先将 ASR、ACR 均接成 P 调节器接入系统,形成双闭环不可逆系统,使得系统能基本运行,确认整个系统的接线正确无误;然后将 ASR、ACR 均恢复成 PI 调节器,构成实验系统。

(1)机械特性 $n=f(I_d)$ 的测定

1)发动机先空载,调节转速给定电压 U_g 使电动机转速接近额定值,$n=1400r/min$;调节测功机加载旋钮,直至 $I_d \leqslant I_{ed}$,即可测出系统静特性曲线 $n=f(I_d)$,并记录于表附-10 中。

2)降低 U_g,使 $I_d=I_{ed}$,再测试 $n=800r/min$ 时的静特性曲线,记录于表附-10 中。

表附-10　机械特性

$n/(r/min)$	1400						
I_d/A							
$n/(r/min)$	800						
I_d/A							

(2)闭环控制系统 $n=f(U_g)$ 的测定

调节 U_g 及测功机加载旋钮,使 $I_d=I_{ed}$,$n=n_{ed}$,逐渐降低 U_g,记录 U_g 和 n 于表附-11 中,即可测出闭环控制特性 $n=f(U_g)$。

表附-11　闭环控制特性

$n/(r/min)$							
U_g/V							

5. 系统动态特性的观察

用双踪示波器观察动态波形。在不同的系统参数下(速度调节器的增益、速度调节器的积分电容、电流调节器的增益、电流调节器的积分电容、速度反馈的滤波电容、电流反馈的滤波电容),观察、记录下列动态波形:

(1)突加给定 U_g 起动时电动机电枢电流波形和转速波形;

(2)突加额定负载时电动机电枢电流波形和转速波形;

(3)突降负载($20\% \ I_{ed} \Leftrightarrow 100\% \ I_{ed}$)的电动机电枢电流波形和转速波形。

电动机电枢电流波形的观察可通过 ACR 的"1"端,转速波形的观察可通过 ASR 的"1"端。

八、实验报告

1)根据实验数据,画出闭环控制特性曲线 $n=f(U_g)$;

2)根据实验数据,画出两种转速时的闭环机械特性 $n=f(I_d)$,计算静差率;

3)根据实验数据,画出系统开环机械特性 $n=f(I_d)$,并与闭环机械特性进行比较;

4)分析系统动态波形,讨论系统参数的变化对系统动、稳态特性的影响趋势。

九、注意事项

1)系统开环运行时,不能突加给定电压而起动电机,应逐渐增加给定电压,避免电流冲击;且起动电机时,需把 MEL-13 的测功机加载旋钮逆时针旋到底,以免带负载起动。

2)电源开关闭合时,过流保护、过压保护的发光二极管可能会亮,只需按下对应的复位开关 SB_1、SB_2 即可正常工作。

3)改变接线时,必须先按下主控制屏总电源开关的"断开"红色按钮,同时使系统的给定为零。

　　4)在记录动态波形时,先用示波器观察波形,以便找出系统动态特性较为理想的调节器参数,用记忆示波器记录动态波形。

　　5)进行闭环调试时,若电机转速很快达到最高速且不可调,可能是转速反馈的极性接错,形成速度正反馈。

　　6)双踪示波器的两个探头地线通过示波器外壳短接,故在使用时,必须使两探头的地线同电位(只用一根地线即可),以免造成短路事故。

附录二 部分习题答案

第一章

1-6

$P_1 = 26.506\text{kW}$

$I_N = 120.482\text{A}$

1-7

$E = 208.95\text{V}$

$n = 550.371\text{r/min}$

1-8

(1)运行于电动机状态。

(2)电磁功率 $P_{em} = 14.322\text{kW}$

电磁转矩 $T_{em} = 91.177\text{N} \cdot \text{m}$

(3)输入功率 $P_1 = 15.4\text{kW}$

效率 $\eta = 88.963\%$

1-9

(1)起动变阻器电阻值 $R_B = 1.7573\Omega$

(2)起动电流 $I_{stmax} = 1105\text{A}$

起动电流倍数 $k_{st} = 13.824$ 倍

(3)降压起动时电枢两端所需的电压 $U = 22.48\text{V}$

1-10

(1)电磁功率 $P_{em} = 2.15\text{kW}$

电磁转矩 $T_{em} = 13.687\text{N} \cdot \text{m}$

(2)电枢电流 $I_a = I_N = 10\text{A}$

转速 $n = 1290.7\text{r/min}$

1-11

(1)电磁转矩 $T_{emN} = 138.88\text{N} \cdot \text{m}$

输出转矩 $T_{2N} = 131\text{N} \cdot \text{m}$

(2)理想空载转速 $n_0 = 1089.1\text{r/min}$

(3)实际空载电流 $I_0 = 6.5848\text{A}$

实际空载转速 $n_0' = 1084\text{N} \cdot \text{m}$

1-12

(1)额定运行时的电磁转矩 $T_{emN} = 57.334\text{N} \cdot \text{m}$

　　　额定运行时的输出转矩　$T_{2N} = 54.302\text{N} \cdot \text{m}$

　　(2)理想空载转速　$n_0 = 3464.6\text{r/min}$

　　(3)稳定后的转速　$n = 2478.9\text{r/min}$

1-13

　　(1)稳定后的转速　$n = 919.23\text{r/min}$

　　　稳定后的电流　$I_{a1} = 24\text{A}$

　　(2)所需电压　$U = 113.6\text{A}$

　　　稳定后的电流　$I_{a2} = I_a = 24\text{A}$

　　(3)稳定后的转速　$n = 1180.5\text{r/min}$

　　　稳定后的电流　$I_{a3} = 28.235\text{A}$

　　(4)稳定后的转速　$n = 1000.7\text{r/min}$

　　　稳定后的电流　$I_{a4} = 26.667\text{A}$

1-14

　　(1)$R_j = 3.0667\Omega$

　　(2)$n = -500\text{r/min}$

　　(3)$R_j = 6.7333\Omega$

1-15

　　(1)可以采用降压调速和电枢回路串电阻调速的方法达到

　　　采用降压调速时所需的电压　$U = 176\text{V}$

　　　采用电枢回路串电阻调速时所需的串接电阻　$R_j = 1.8333\Omega$

　　(2)可以采用能耗制动和电动势反向的反接制动的方法达到

　　　采用能耗制动时电枢回路所需的串接电阻　$R_j = 0.4666\Omega$

　　　采用电动势反向的反接制动时电枢回路所需的串接电阻　$R_j = 9.6333\Omega$

第二章

2-4

　　原边的额定电流　$I_{1N} = 25\text{A}$

　　副边的额定电流　$I_{2N} = 625\text{A}$

2-5

　　原边的额定电流　$I_{1N} = 288.68\text{A}$

　　副边的额定电流　$I_{2N} = 458.21\text{A}$

2-6

　　可以得到的接法有四种,变比为三种

　　(1)原边额定电流　$I_{1N} = 2.2727\text{A}$

　　　副边额定电流　$I_{2N} = 22.727\text{A}$

　　(2)原边额定电流　$I_{1N} = 2.2727\text{A}$

　　　副边额定电流　$I_{2N} = 45.455\text{A}$

　　(3)原边额定电流　$I_{1N} = 4.5455\text{A}$

　　副边额定电流　　$I_{2N}=22.727A$

（4）原边额定电流　　$I_{1N}=4.5455A$

　　副边额定电流　　$I_{2N}=45.455A$

2-7

（1）X 端与 a 端连在一起，在 Ax 两端施加 330V 电压时

$$\Phi_1=\Phi_m$$

$$I_{01}=(2/3)I_0$$

$$p_{Fe}不变$$

（2）X 端与 x 端连在一起，在 Aa 两端施加 110V 电压时

$$\Phi_2=\Phi_m$$

$$I_{02}=2I_0$$

$$p_{Fe}不变$$

2-8

（1）铁芯线圈：

$$r_1=1\Omega$$

$$x_1=216.33\Omega$$

$$r_m=39\Omega$$

$$\Phi_1=4.951\times10^{-4}Wb$$

（2）空心线圈：

$$r_1=1\Omega$$

$$x_2=0.4583\Omega$$

$$\Phi_2=2.0642\times10^{-4}Wb$$

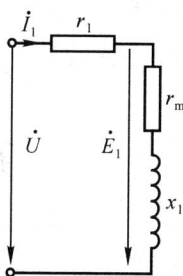

铁心线圈等效电路图　　　空心线圈等效电路图

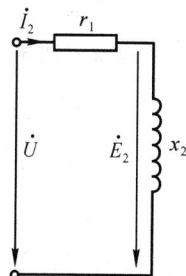

2-14

$$I_1=25.5756A$$

$$I_2=42.7453A$$

$$U_2=213.72V$$

2-15

（1）

低压侧：

激磁阻抗　　　$z_{2m}=12.777\Omega$

激磁电阻　　　$r_{2m}=3.0247\Omega$

激磁电抗　　　$x_{2m}=12.4146\Omega$

短路阻抗　　　$z_{2k}=0.012356\Omega$

短路电阻　　　$r_{2k}=0.0055656\Omega$

短路电抗　　　$x_{2k}=0.011031\Omega$

原、副边电阻　　$r_1=r_2'=0.47345\Omega$

原、副边电抗　　$x_{1\sigma}=x_{2\sigma}'=0.93838\Omega$

高压侧：

激磁阻抗　　　$z_m=2173.92\Omega$

激磁电阻　　　$r_m=514.599\Omega$

激磁电抗 $x_m = 2112.12\Omega$

短路阻抗 $z_k = 2.1021\Omega$

短路电阻 $r_k = 0.94689\Omega$

短路电抗 $x_k = 1.87676\Omega$

原、副边电阻 $r_1 = r_2' = 0.47345\Omega$

原、副边电抗 $x_{1\sigma} = x_{2\sigma}' = 0.93838\Omega$

(2)折算到高压侧的 T 形等效电路

$r_m = 514.599\Omega$

$x_m = 2112.12\Omega$

$r_1 = r_2' = 0.47345\Omega$

$x_{1\sigma} = x_{2\sigma}' = 0.93838\Omega$

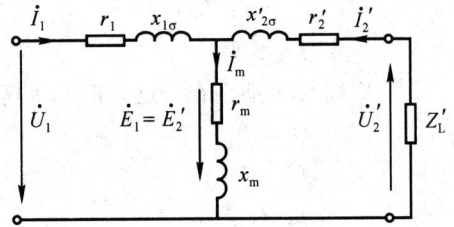

(3)电压变化率 $\Delta u = 2.09285\%$

效率 $\eta = 97.5253\%$

(4)最大效率 $\eta_{max} = 97.526\%$

第三章

3-4

(1) $I_N = 64.745$

(2) $p = 2$

(3) $s_N = 0.03333$

3-5

(1)

基波绕组系数 $k_{w1} = 0.90191$

五次谐波绕组系数 $k_{w5} = -0.03778$

七次谐波绕组系数 $k_{w7} = -0.13587$

(2)

基波 $E_1 = 3556V$

五次谐波 $E_5 = 5.9582V$

七次谐波 $E_7 = 10.93V$

3-9

(1) $U_{2N} = 84.194V$

(2)转子相电动势有效值 $E_{2s} = 1.2963V$

转子相电动势频率 $f_2 = 1.3333Hz$

3-10

(1)转子电动势的频率 $f_2 = 2Hz$

(2)转子相电动势有效值 $E_{2s} = 5.5426V$

(3)转子电流有效值 $I_{2s} = 91.566A$

3-11

　　(1)$I_1=18.231A$

　　(2)$E_{2s}=3.0497V$

　　(3)$P_{mec}=32142W$

3-12

　　电磁功率　　$P_{em}=10050W$

　　总机械功率　$P_{mec}=9758.55W$

　　转子铜耗　　$p_{cu2}=291.45W$

　　电磁转矩　　$T_{em}=63.98N\cdot m$

3-13

　　(1)转差率　　$s_N=0.05$

　　(2)转子铜耗　$p_{cu2}=1518.4W$

　　(3)效率　　　$\eta=87.861\%$

　　(4)定子电流　$I_N=55.022A$

　　(5)转子电流频率　$f_2=2.5Hz$

3-14

　　额定转速　$n_N=1455.6r/min$

　　电磁转矩　$T_{em}=67.552N\cdot m$

　　输出转矩　$T_{2N}=65.604N\cdot m$

　　空载转矩　$T_0=1.948N\cdot m$

第六章

6-1

　　(1)不亮

　　(2)亮

　　(3)不亮

6-2

　　(1)不合理

　　(2)不合理

　　(3)合理

第七章

7-1

　　(1)都能满足要求

　　(2)220V 供电

　　　　$\theta=59°$

$I_{T(AV)} = 80.35 \sim 107.13A$

$U_R = 622.3 \sim 933.4V$

$S_1 = 18.5kVA$

(3)60V 供电

$\theta = 141.1°$

$I_{T(AV)} = 49.1 \sim 64.4A$

$U_R = 169.7 \sim 254.6V$

$S_1 = 3,082kVA$

7-2

(1)无续流二极管

$U_d = 99V$

$I_d = 24.75A$

(2)有续流二极管

$U_d = 148.5V$

$I_d = 37.125A$

$I_{dT} = 12.33A$

$I_T = 21.34A$

$I_{dD} = 12.33A$

$I_D = 21.34A$

7-3

$U_d = 77.9V$

$I_d = 32A$

$I_{dT} = 16A$

$I_T = 22.63A$

$I_2 = 32A$

$I_1 = 14.55A$

7-4

$I_T = 6.56A$

$I_{DF} = 3.73A$

$I_2 = 9.28A$

$U_2 = 69.6V$

7-5

$U_d = 182V$

$I_{dT} = 6.1A$

$I_T = 10.5A$

7-6

$U_d = 186.9V$

$I_d = 18.69A$

$I_{dT} = 5.45A$

$I_T = 10.1A$

$I_{dDF} = 2.34A$

$I_{DF} = 6.6A$

7-7

(1)

$U_d = 257.5V$

$I_d = 57.5A$

$\mu = 0$

(2)

$U_d = 244.23V$

$I_d = 44.23A$

$\mu = 3.36°$

7-9

(1)$U_2 = 94V$

(2)$U_R = 460.6V$

$I_{T(AV)} = 40.5A$

可选元件 KP50-5

(3)$I_2 = 44.88A$

(4)$S_2 = 12656VA$

(5)$\cos\phi = 0.956$

(6)$120°$

7-10

不能实现有源逆变

7-11

(1)$I_d = 30A$

(2)$I_d \approx 0$

7-12

$I_d = 42.3A$

$U_d = 107.7V$

$\mu = 17.03°$

附录三 电气控制技术常用符号表

A	安培;晶闸管的阳极
a	直流电机并联支路对数;交流电机并联支路数
B	晶体管基极
B	磁通密度
BU_{cbo}	晶体管发射极开路时集电极和基极间反向击穿电压
BU_{ceo}	晶体管基极开路时集电极和发射极间击穿电压
BU_{cer}	晶体管发射极和基极间接电阻时集电极和发射极间击穿电压
BU_{cbs}	晶体管发射极和基极短路时集电极和发射极间击穿电压
BU_{cbx}	晶体管发射结反向偏置时集电极和发射极间击穿电压
C	电容器;电容量;IGBT 集电极;晶体管集电极
C_e	电动势常数
C_t	转矩常数
C_{in}	MOSFET 输入电容
$\cos\phi$	功率因数
D	MOSFET 漏极
di/dt	晶闸管通态电流临界上升率
du/dt	晶闸管断态电压临界上升率
E	IGBT 发射极
E	直流电动机反电势;直流电源电动势
e	晶体管发射极
e_L	电感的自感电动势
F	磁动势
f	频率
G	发电机;MOSFET 栅极;晶闸管门极;CTO 门极;IGBT 栅极
g_m	MOSFET 跨导
H	磁场强度
I	电流(交流表示有效值);直流电机的线路电流
I_1	变压器原边电流有效值;异步电机定子电流
I_2	变压器副边电流有效值;异步电机转子电流
i_b	晶体管基极电流
i_c	晶体管集电极电流
I_a	直流电机电枢电流
I_c	IGBT 集电极电流
I_{cM}	晶体管集电极最大允许电流

I_D	流过整流管的电流有效值；MOSFET 漏极电流
I_d	整流电路的直流输出电流平均值
I_{st}	电动机起动电流
i_D	流过整流管的电流瞬时值
i_{dD}	流过整流管的电流平均值
i_d	整流电路的直流输出电流瞬时值
I_{dD}	流过整流管的电流平均值
I_{DM}	MOSFET 漏极电流幅值
I_{dDF}	流过续流二极管的电流平均值
I_{DF}	流过续流二极管的电流有效值
I_{dT}	流过晶闸管的电流平均值
I_e	晶体管发射极电流
I_f	直流电机励磁电流
I_G	晶闸管门极电流
I_H	晶闸管维持电流
I_L	晶闸管擎住电流
I_{st}	电动机起动电流
I_T	流过晶闸管的电流有效值
i_T	流过晶闸管的电流瞬时值
$I_{T(AV)}$	晶闸管的通态平均电流
k	变压器变比
k_m	电动机过载系数
k_{q1}	基波分布系数
k_{w1}	基波绕组系数
k_{y1}	基波短距系数
k_{st}	电动机起动电流倍数
K	换向片数
K	晶闸管的阴极
L	电感；电感量；电抗器符号
L_B	变压器副边绕组漏电感
M	电动机
m	相数；一个周期的脉波数
N	线圈匝数
n	电动机转速
n_N	电动机额定转速
n_0	理想空载转速
n_1	同步转速
n_{2s}	转子基波旋转磁场相对于转子的转速
P	功率；有功功率
P_k	短路功率

P_{em}	电磁功率
P_N	额定功率
P_{mec}	异步电动机总机械功率
P_0	空载功率
P_1	输入功率
P_2	输出功率
p	极对数
p_{cua}	直流电机电枢回路铜耗
p_{cuf}	直流电机励磁回路铜耗
p_{cu1}	变压器原边(异步电机定子)绕组铜耗
p_{cu2}	变压器副边(异步电机转子)绕组铜耗
p_{Fe}	铁耗
p_{mec}	机械损耗
p_{ad}	附加损耗
P_{cM}	大功率晶体管集电极最大耗散功率
P_G	直流发电机功率
Q	无功功率
q	每极每相槽数
R	电阻器;电阻
R_a	直流电动机电枢电阻
R_f	励磁回路总电阻
r_1	异步电机定子绕组电阻;变压器原边绕组电阻
r_2	异步电机转子绕组电阻;变压器副边绕组电阻
r_m	异步电机、变压器铁耗电阻
S	MOSFET 源极;开关器件
S	视在功率;元件数
s	转差率
s_N	额定转差率
s_m	临界转差率
T	转矩
T_{em}	电磁转矩
T_l	负载转矩
T_{max}	最大转矩
T_{st}	起动转矩
T_0	空载转矩
T_1	输入转矩
T_2	输出转矩
t	时间
t_d	大功率晶体管开通时的延迟时间
$t_{d(on)}$	MOSFET、IGBT 开通延迟时间

$t_{d(off)}$	MOSFET、IGBT 关断延迟时间
t_f	大功率晶体管、GT0、MOSFTET 关断时的下降时间
t_{gr}	晶闸管正向阻断恢复时间
t_{gt}	晶闸管开通时间
t_{off}	大功率晶体管、MOSFET、IGBT 的关断时间
t_{on}	大功率晶体管、MOSFET、IGBT 的开通时间
t_q	晶闸管的关断时间
t_r	晶闸管、大功率晶体管、MOSFET 开通时的上升时间
t_s	大功率晶体管关断时的储存时间
U、V、W	逆变器输出端
U	电压；整流电路负载电压有效值
U_k	短路电压有效值
U_N	额定电压有效值
U_0	空载电压有效值
U_1	变压器原边（电源）电压有效值
U_2	变压器副边绕组相电压有效值
U_{2l}	变压器副边绕组线电压有效值
U_{ct}	移相控制电压
U_d	整流电路输出电压平均值；逆变电路的直流侧电压
U_{DRM}	晶闸管断态可重复峰值电压
U_{DS}	MOSFET 漏极和源极间电压
U_{DSM}	晶闸管断态不可重复峰值电压
$U_{G(th)}$	IGBT 的开启电压
U_{GS}	IGBT 栅极和源极间电压
$U_{GS(th)}$	MOSFET 的开启电压
U_R	晶闸管额定峰值电压
U_{RRM}	晶闸管断态可重复峰值电压
U_{RSM}	晶闸管断态不可重复峰值电压
u_d	整流电路输出电压瞬时值
u_{DF}	续流二极管两端电压瞬时值
Δu	变压器电压变化率
v	速度
VT	晶闸管；IGBT；MOSFETT
VD	整流二极管
VD_F	续流二极管
w	线圈匝数
w_1	变压器原边（异步电机定子）绕组匝数
w_2	变压器副边（异步电机转子）绕组匝数
X	电抗器的电抗值
X_L	从副边计算时的变压器漏抗

$x_{1\sigma}$	异步电机定子绕组漏电抗;变压器原边绕组漏电抗
$x_{2\sigma}$	异步电机转子绕组漏电抗;变压器副边绕组漏电抗
x_m	异步电机、变压器激磁电抗
y	节矩
Z	复数阻抗;电枢实槽数
Z_k	短路阻抗
Z_m	激磁阻抗
Z_L	变压器负载阻抗
Z_1	异步电机定子绕组漏阻抗;变压器原边绕组漏阻抗
Z_2	异步电机转子绕组漏阻抗;变压器副边绕组漏阻抗
α	角度;相邻两槽间的电角度;晶闸管的整流触发角;用于斩波电路导通占空比
β	晶闸管的逆变角;机械特性斜率
β_{min}	最小逆变角
μ	换流重叠角
β_N	自然机械特性斜率
δ	气隙
η	效率
η_N	额定效率
η_{max}	最大效率
θ	角度;温度
Λ_σ	漏磁导
μ	磁导率;谐波次数
μ_0	真空(空气)磁导率
μ_{Fe}	铁芯磁导率
τ	极距
Φ	磁通
Φ_0	空载时主磁通
$\Phi_{1\sigma}$	变压器原边(异步电机定子)漏磁通
$\Phi_{2\sigma}$	变压器副边(异步电机转子)漏磁通
Φ_m	主磁通
θ	晶闸管的导通角
φ	负载功率因数角
Ω	机械角速度
Ω_1	同步机械角速度
Ω_N	额定机械角速度
ω	电角速度
ω_1	同步电角速度

参考文献

[1] 贺益康,潘再平编著.电力电子技术基础.杭州:浙江大学出版社,1995

[2] 许大中,贺益康编著.电机控制(第2版).杭州:浙江大学出版社,2002

[3] 潘再平编著.电力电子技术与电机控制实验教程.杭州:浙江大学出版社,2000

[4] 王兆安,黄俊主编.电力电子技术(第4版).北京:机械工业出版社,2000

[5] 王毓东主编.电机学.杭州:浙江大学出版社,1990

[6] 林瑞光主编.电机与拖动基础.浙江大学出版社,2002

[7] 李仁主编.电器控制.北京:机械工业出版社,1996

[8] 袁非主编.电器控制.北京:中国轻工业出版社,1991

[9] 孔凡才.自动控制原理与系统(第2版).北京:机械工业出版社,1995

[10] 夏天伟,丁明道编.电器学.北京:机械工业出版社,1999

[11] 周军主编.电气控制及PLC.北京:机械工业出版社,2001

[12] 张勇主编.电机拖动与控制.北京:机械工业出版社,2001

[13] 贺益康,潘再平编著.电力电子技术.北京:科学出版社,2004

[14] 邓星钟主编.机电传动控制(第3版).武汉:华中科技大学出版社,2001

[15] 佟为明,翟国富等编著.低压电器继电器及其控制系统.哈尔滨:哈尔滨工业大学出版社,2000

[16] 上海微特电机研究所编.微特电机.上海:上海科学技术出版社,1988

[17] 汤蕴璆,史乃主编.电机学.北京:机械工业出版社,1999

[18] 陆文伟.三相异步电动机的控制线路.北京:水利电力出版社,1981

[19] 章望生.电机与控制.杭州:浙江省自学考试办公室,1992

图书在版编目（CIP）数据

电气控制技术基础 / 潘再平，徐裕项编著. —杭州：浙江大学出版社，2004.12（2020.9重印）

新世纪高等院校精品教材

ISBN 978-7-308-03990-1

Ⅰ.电... Ⅱ.①潘...②徐... Ⅲ.电气控制－高等学校：技术学校－教材 Ⅳ.TM571.2

中国版本图书馆 CIP 数据核字（2004）第 107221 号

电气控制技术基础

潘再平　徐裕项　编著

责任编辑	阮海潮
出版发行	浙江大学出版社
	（杭州市天目山路 148 号　邮政编码 310007）
	（网址：http://www.zjupress.com）
排　版	杭州中大图文设计有限公司
印　刷	杭州丰源印刷有限公司
开　本	787mm×1092mm　1/16
印　张	16.25
字　数	416 千
版 印 次	2004 年 12 月第 1 版　2020 年 9 月第 3 次印刷
书　号	ISBN 978-7-308-03990-1
定　价	45.00 元